城市基础设施规划方法创新与实践系列丛书

市政工程详细规划方法创新与实践

深圳市城市规划设计研究院
刘应明　朱安邦
编著

中国建筑工业出版社

图书在版编目(CIP)数据

市政工程详细规划方法创新与实践/刘应明等编著. —北京：中国建筑工业出版社，2019.5（2024.1重印）
（城市基础设施规划方法创新与实践系列丛书）
ISBN 978-7-112-23506-3

Ⅰ.①市… Ⅱ.①刘… Ⅲ.①市政工程-城市规划 Ⅳ.①TU99

中国版本图书馆 CIP 数据核字(2019)第 051663 号

本书是作者团队多年来从事市政工程规划设计研究工作的经验总结，全书梳理了市政工程规划体系，分析了市政工程详细规划产生的背景，从实际需要出发，提出了市政工程详细规划的工作内容、编制程序以及法律地位等。从工作任务、成果要求以及技术手段等多方面阐述了市政工程详细规划方法，同时选取了多个规划设计典型案例，为市政工程详细规划编制及管理提供了权威、专业、全面的建议和指导。

本书不但涉及知识面广、资料翔实、内容丰富，而且集系统性、先进性、实用性和可读性于一体，可供市政工程规划建设领域的科研人员、规划设计人员、施工管理人员以及相关行政管理部门和公司企业人员参考，也可作为相关专业大专院校的教学参考用书和城乡规划建设领域的培训参考书。

责任编辑：朱晓瑜
责任校对：赵　颖

城市基础设施规划方法创新与实践系列丛书
市政工程详细规划方法创新与实践
深圳市城市规划设计研究院
　　刘应明　朱安邦　等　编著
*
中国建筑工业出版社出版、发行（北京海淀三里河路9号）
各地新华书店、建筑书店经销
北京红光制版公司制版
北京中科印刷有限公司印刷
*
开本：787×1092毫米　1/16　印张：23　字数：545千字
2019年8月第一版　2024年1月第五次印刷
定价：**86.00**元
ISBN 978-7-112-23506-3
(33799)

丛书编委会

编　写　组

主　　编：司马晓　丁　年

执行主编：刘应明　朱安邦

编撰人员：汪　洵　林　峰　刘　亮　刘　瑶　袁　野　徐环宇　刘　冉　曹艳涛　姜　科　彭　剑　李　佩　龚敏红　邓仲梅　王　健　孙志超　韩刚团　唐圣钧　梁　骞　黄俊杰　谢鹏程　王　刚　叶惠婧　胡　萍　孙晓玉　黎祺君　蒋长志　谢庆坤

丛书序言

生态环境关乎民族未来、百姓福祉。十九大报告不仅对生态文明建设提出了一系列新思想、新目标、新要求和新部署，更是首次把美丽中国作为建设社会主义现代化强国的重要目标。在美丽中国目标的指引下，美丽城市已成为推进我国新型城镇化、现代化建设的内在要求。基础设施作为城市生态文明的重要载体，是建设美丽城市坚实的物质基础。

基础设施建设是城镇化进程中提供公共服务的重要组成部分，也是社会进步、财富增值、城市竞争力提升的重要驱动。改革开放 40 年来，我国的基础设施建设取得了十分显著的成就，覆盖比例、服务能力和现代化程度大幅度提高，新技术、新手段得到广泛应用，功能日益丰富完善，并通过引入市场机制、改革投资体制，实现了跨越式建设和发展，其承载力、系统性和效率都有了长足的进步，极大地推动了美丽城市建设和居民生活条件改善。

高速的发展为城市奠定了坚实的基础，但也积累了诸多问题，在资源环境和社会转型的双重压力之下，城镇化模式面临重大的变革，只有推动城镇化的健康发展，保障城市的"筋骨"雄壮、"体魄"强健，才能让改革开放的红利最大化。随着城镇化转型的步伐加快，基础设施建设如何与城市发展均衡协调是当前我们面临的一个重大课题。无论是基于城市未来规模、功能和空间的均衡，还是在新的标准、技术、系统下与旧有体系的协调，抑或是在不同发展阶段、不同外部环境下的适应能力和弹性，都是保障城市基础设施规划科学性、有效性和前瞻性的重要方法。

2016 年 12 月～2018 年 8 月不到两年时间内，深圳市城市规划设计研究院（以下简称"深规院"）出版了《新型市政基础设施规划与管理丛书》（共包括 5 个分册），我有幸受深规院司马晓院长的邀请，为该丛书作序。该丛书出版后，受到行业的广泛关注和欢迎，并被评为中国建筑工业出版社优秀图书。本套丛书内容涉及领域较《新型市政基础设施规划与管理丛书》更广，其中有涉及综合专业领域，如市政工程详细规划；有涉及独立专业领域，如城市通信基础设施规划、非常规水资源规划及城市综合环卫设施规划；同时还涉及现阶段国内研究较少的专业领域，如城市内涝防治设施规划、城市物理环境规划及城市雨水径流污染治理规划等。

城，所以盛民也；民，乃城之本也。衡量城市现代化程度的一个关键指标，就在于基础设施的质量有多过硬，能否让市民因之而生活得更方便、更舒心、更美好。新时代的城市规划师理应有这样的胸怀和大局观，立足百年大计、千年大计，注重城市发展的宽度、厚度和"暖"度，将高水平的市政基础设施发展理念融入城市规划建设中，努力在共建共享中，不断提升人民群众的幸福感和获得感。

本套丛书集成式地研究了当下重要的城市基础设施规划方法和实践案例，是作者们多年工作实践和研究成果的总结和提升。希望深规院用新发展理念引领，不断探索和努力，为我国新形势下城市规划提质与革新奉献智慧和经验，在美丽中国的画卷上留下浓墨重彩！

原建设部部长、第十一届全国人民代表大会环境与资源保护委员会主任委员

汪光焘

2019 年 6 月

丛书前言

改革开放以来，我国城市化进程不断加快，2017 年末，我国城镇化率达到 58.52%；根据中共中央和国务院印发的《国家新型城镇化规划（2014—2020 年）》，到 2020 年，要实现常住人口城镇化率达到 60%左右，到 2030 年，中国常住人口城镇化率要达到 70%。快速城市化伴随着城市用地不断向郊区扩展以及城市人口规模的不断扩张。道路、给水、排水、电力、通信、燃气、环卫等基础设施是一个城市发展的必要基础和支撑。完善的城市基础设施是体现一个城市现代化的重要标志。与扎实推进新型城镇化进程的发展需求相比，城市基础设施存在规划技术方法陈旧、建设标准偏低、区域发展不均衡、管理体制不健全等诸多问题，这将是今后一段时期影响我国城市健康发展的短板。

为了适应我国城市化快速发展，市政基础设施呈现出多样化与复杂化态势，非常规水资源利用、综合管廊、海绵城市、智慧城市、内涝模型、环境园等技术或理念的应用和发展，对市政基础设施建设提出了新的发展要求。同时在新形势下，市政工程规划面临由单一规划向多规融合演变，由单专业单系统向多专业多系统集成演变，由常规市政工程向新型市政工程延伸演变，由常规分析手段向大数据人工智能多手段演变，由多头管理向统一平台统筹协调演变。因此传统市政工程规划方法已越来越不能适应新的发展要求。

2016 年 6 月，深规院受中国建筑工业出版社邀请，组织编写了《新型市政基础设施规划与管理丛书》。该丛书共五册，包括《城市地下综合管廊工程规划与管理》《海绵城市建设规划与管理》《电动汽车充电基础设施规划与管理》《新型能源基础设施规划与管理》和《低碳生态市政基础设施规划与管理》。该套丛书率先在国内提出新型市政基础设施的概念，对新型市政基础设施规划方法进行了重点研究，建立了较为系统和清晰的技术路线或思路。同时对新型市政基础设施的投融资模式、建设模式、运营模式等管理体制进行了深入研究，搭建了一个从理念到实施的全过程体系。该套丛书出版后，受到业界人士的一致好评，部分书籍出版后马上销售一空，短短半年之内，进行了三次重印出版。

深规院是一个与深圳共同成长的规划设计机构，1990 年成立至今，在深圳以及国内外 200 多个城市或地区完成了 3800 多个项目，有幸完整地跟踪了中国快速城镇化过程中的典型实践。市政工程规划研究院作为其下属最大的专业技术部门，拥有近 120 名市政专业技术人员，是国内实力雄厚的城市基础设施规划研究专业团队之一，一直深耕于城市基础设施规划和研究领域，在国内率先对新型市政基础设施规划和管理进行了专门研究和探讨，对传统市政工程的规划方法也进行了积极探索，积累了丰富的规划实践经验，取得了明显的成绩和效果。

在市政工程详细规划方面，早在 1994 年就参与编制了《深圳市宝安区市政工程详细规划》，率先在国内编制市政工程详细规划项目，其后陆续编制了深圳前海合作区、大空港片区以及深汕特别合作区等多个重要片区的市政工程详细规划。主持编制的《前海合作区市政工程详细规划》，2015年获得深圳市第十六届优秀城乡规划设计奖二等奖。主持编制的《南山区市政设施及管网升级改造规划》和《深汕特别合作区市政工程详细规划》，2017年均获得深圳市第十七届优秀城乡规划设计奖三等奖。在通信基础设施规划方面，2013年主持编制了国家标准《城市通信工程规划规范》，主持编制的《深圳市信息管道和机楼“十一五”发展规划》获得2007年度全国优秀城乡规划设计表扬奖，主持编制的《深圳市公众移动通信基站站址专项规划》获得2015年度华夏建设科学技术奖三等奖。在非常规水资源规划方面，编制了多项再生水、雨水等非常规水资源综合利用规划、政策及运营管理研究。主持编制的《光明新区再生水及雨洪利用详细规划》获得2011年度华夏建设科学技术奖三等奖；主持编制的《深圳市再生水规划与研究项目群》（含《深圳市再生水布局规划》《深圳市再生水政策研究》等四个项目）获得2014年度华夏建设科学技术奖三等奖。在城市内涝防治设施规划方面，2014年主持编制的《深圳市排水（雨水）防涝综合规划》，是深圳市第一个全面采用模型技术完成的规划，是国内第一个覆盖全市域的排水防涝详细规划，也是国内成果最丰富、内容最全面的排水防涝综合规划，获得了2016年度华夏建设科学技术奖三等奖和深圳市第十六届优秀城市规划设计项目一等奖。在消防工程规划方面，主持编制的《深圳市消防规划》获得了2003年度广东省优秀城乡规划设计项目表扬奖，在国内率先将森林消防纳入城市消防规划体系。主持编制的《深圳市沙井街道消防专项规划》，2011年获深圳市第十四届优秀城市规划二等奖。在综合环卫设施规划方面，主持编制的《深圳市环境卫生设施系统布局规划（2006—2020）》获得了2009年度广东省优秀城乡规划设计项目一等奖及全国优秀城乡规划设计项目表扬奖，在国内率先提出“环境园”规划理念。在城市物理环境规划方面，近年来，编制完成了10余项城市物理环境专题研究项目，在《滕州高铁新区生态城规划》中对城市物理环境进行了专题研究，该项目获得了2016年度华夏建设科学技术奖三等奖。在城市雨水径流污染治理规划方面，近年来承担了《深圳市初期雨水收集及处置系统专项研究》《河道截污工程初雨水（面源污染）精细收集与调度研究及示范》等重要课题，在国内率先对雨水径流污染治理进行了系统研究。特别在诸多海绵城市规划研究项目中，对雨水径流污染治理进行了重点研究，其中主持编制完成的《深圳市海绵城市建设专项规划及实施方案》获得了2017年度全国优秀城乡规划设计二等奖。

鉴于以上的成绩和实践，2018年6月，在中国建筑工业出版社邀请和支持下，由司马晓、丁年、刘应明整体策划和统筹协调，组织了深规院具有丰富经验的专家和工程师编著了《城市基础设施规划方法创新与实践系列丛书》。该丛书共八册，包括《市政工程详细规划方法创新与实践》《城市通信基础设施规划方法创新与实践》《非常规水资源规划方法创新与实践》《城市内涝防治设施规划方法创新与实践》《城市消防工程规划方法创新与实践》《城市综合环卫设施规划方法创新与实践》《城市物理环境规划方法创新与实践》以及《城市雨水径流污染治理规划方法创新与实践》。本套丛书力求结合规划实践，在总结经验的基础上，突出各类市政工程规划的特点和要求，同时紧跟城市发展新趋势和新要求，系统介绍了各类市政工程规划的规划方法，期望对现行的市政工程规划体系以及技术标准进行有益补充和必要创新，为从事城市基础设施规划、设计、建设以及管理人员提供亟待解决问题的技术方法和具有实践意义的规划案例。

本套丛书在编写过程中，得到了住房城乡建设部、广东省住房和城乡建设厅、深圳市规划和自然资源局、深圳市水务局等相关部门领导的大力支持和关心，得到了各有关方面专家、学者和同行的热心指导和无私奉献，在此一并表示感谢。

本套丛书的出版凝聚了中国建筑工业出版社朱晓瑜编辑的辛勤工作，在此表示由衷敬意和万分感谢！

《城市基础设施规划方法创新与实践系列丛书》编委会

2019年6月

本书前言

城市市政基础设施是城市经济和城市空间实体赖以存在和发展的支撑，也是城市社会经济发展、人居环境改善、公共服务提升和城市安全运转的基本保障。据统计，截至2016年底，我国各大城市供水、排水、燃气、垃圾处理等服务已经基本普及，设市城市（县城）公共供水普及率达到93.1%（85.1%），污水处理率达到91.9%（85.2%），燃气普及率达到95.3%（75.9%），生活垃圾无害化处理率达到94.1%（79.0%）。但一些城市的市政基础设施老化，距离绿色、低碳和循环理念要求差距较大，由此导致的城市内涝、水体黑臭、交通拥堵、“马路拉链”“垃圾围城”、地下管线安全事故频发等各类“城市病”呈现集中爆发、叠加显现的趋势，这些问题严重影响城市人居环境和公共安全。

2017年5月，由住房城乡建设部及国家发展改革委印发的《全国城市市政基础设施建设“十三五”规划》对市政基础设施规划提出了相关要求：应充分认识市政基础设施的系统性、整体性，坚持先规划、后建设，切实加强规划的科学性、权威性和严肃性，发挥规划的控制和引领作用，有序推进市政基础设施建设，使其既要满足当前一段时间的需要，又能为未来发展预留空间，坚持问题导向与目标导向相结合，从市政基础设施系统层面进行统筹，提高管控措施的针对性、有效性，不断增强市政基础设施的承载能力和辐射作用。因此在城市规划编制过程中，为使各分散块状规划范围中的市政工程规划内容难以搭接和有机联系的问题得以整合，需要加强城市市政工程规划，将其作为专业规划加以完善和强化。

就现阶段国内市政工程规划的序列而言，城市总体规划、分区规划、城市局部地区详细规划都包含了市政基础设施规划的有关内容。近年来，一些城市也编制了诸如“给水工程规划”“排水工程规划”“电力工程规划”等专业规划，但其内容深度及表达形式仍属总体规划的序列，主要是对一些大型设施、建设标准、布局结构方面的宏观控制和展现，其内容深度难以直接作为设计和建设的依据。控制性详细规划或修建性详细规划层面的市政基础设施规划在内容深度上已具有了一定的可操作性，但其多为局部地段的规划，无法保证市政设施整体性和系统性要求。因此，在一些重要地区编制市政工程详细规划已在行业内达成共识，部分城市已对该类规划进行了积极的尝试和探索。与上述规划相比，市政工程详细规划至少解决了以下三大问题：一是系统性问题，保证区域市政设施整体性，控制和引导规划区建设开发强度；二是综合性问题，保证规划区内各类市政设施统筹协调，实现市政基础设施共建共享，提高市政基础设施运行效率和建设水平；三是实施性问题，建立近期规划建设项目库，切实指导下一步市政工程设计和建设。但是，目前市政工程详细规划的法律定位还不明确，其规划方法、工作内容、技术融合及规划管理等各个环节都亟待进行探讨和研究。因此有必要总结市政工程详细规划的经验，完善市政工程规划编制体系，为市政基础设施建设发展添砖加瓦。

深规院市政规划研究院作为国内知名的市政工程规划与研究的专业团队，早在1994年就参与编制了《深圳市宝安区市政工程详细规划》，其后陆续编制了深圳市前海合作区、大空港片区以及深汕特别合作区等多个重要片区的市政工程详细规划，至今已在全国各地编制完成了近20项市政工程详细规划，逐步形成和掌握了市政工程详细规划编制的理论和方法。本书编写团队主持编制的市政工程详细规划项目先后获得相关奖项，其中2012年编制完成的《前海合作区市政工程详细规划》获得深圳市第十六届优秀城乡规划设计奖二等奖，2016年编制完成的《南山区市政设施及管网升级改造规划》和《深汕特别合作区市政工程详细规划》均获得深圳市第十七届优秀城乡规划设计奖三等奖。

本书内容分为原理篇、方法篇和实践篇等三部分，由司马晓、丁年、刘应明负责总体策划和统筹安排等工作，刘应明与朱安邦共同担任执行主编，刘应明负责大纲编写、组织协调和文字审核等工作，朱安邦负责格式制定和文稿汇总等工作。其中原理篇主要由刘应明、朱安邦等负责编写。方法篇基本按专业内容进行分工，其中公共部分内容由刘应明、朱安邦负责编写，给水工程专业以及市政设施用地管控等内容由刘应明、朱安邦负责编写，污水工程、综合管廊、应急避难场所等专业内容由朱安邦负责编写，环卫工程和消防工程专业内容由汪洵负责编写，燃气工程和供热工程专业内容由林峰负责编写，雨水工程专业内容由刘亮负责编写，再生水工程专业内容由袁野负责编写，电力工程专业内容由徐环宇负责编写，通信工程专业内容由刘冉负责编写，竖向工程专业内容由曹艳涛负责编写。实践篇选取了一些经典案例，其中前海合作区市政工程详细规划案例及深圳市市政管线“一张图”信息平台案例均由朱安邦负责收集和整理，深圳市南山区市政设施及管网升级改造规划案例由刘瑶负责整理，深汕特别合作区市政工程详细规划案例由汪洵负责整理。附录主要包括市政工程详细规划成果要求和制图标准，主要由刘应明、朱安邦和姜科负责编写。在本书成稿过程中，姜科、王刚、黄俊杰、叶惠婧等负责完善和美化全书图表制作工作。彭剑、王健、陈永海、韩刚团、唐圣钧、梁骞、邓仲梅、谢鹏程、胡萍、孙晓玉、黎祺君、蒋长志、谢庆坤等多位同志结合自己的专业特长完成了全书的文字校对工作。深圳市市政工程咨询中心副总工程师龚敏红同志对给水排水工程专业内容提出了许多宝贵意见。本书由司马晓、丁年审阅定稿。

本书是编写团队多年来对市政工程详细规划工作经验的总结和提炼，希望通过本书与各位读者分享我们的规划理念、技术方法和实践案例。虽编写人员尽了最大努力，但限于编者水平以及所涵盖专业内容众多，因此书中疏漏乃至不足之处恐有所难免，敬请读者批评指正！

本书在编写过程中参阅了大量的参考文献，特别是由深圳市规划和自然资源局组织编制的《深圳市市政详细规划编制技术指引（试行）》（该技术指引已于2018年12月正式发布），从中得到了许多有益的启发和帮助，在此向有关作者和单位表示衷心的感谢！所附的参考文献如有遗漏或错误，请直接与出版社联系，以便再版时补充或更正。

最后，谨向所有帮助、支持和鼓励完成本书的家人、专家、领导、同事和朋友致以真挚的感谢！

《市政工程详细规划方法创新与实践》编写组

2019 年 6 月

目 录

第1篇

原　理　篇

多年之前，国内已有城市针对特定区域开展了市政工程详细规划的编制工作，实践表明市政工程详细规划能有效弥补先前规划过程中的诸多不足。但是，到目前为止，市政工程详细规划尚未纳入城市规划体系，法律定位尚不明确，因此其规划方法、工作内容、技术融合及规划管理等各个环节都亟待进行探讨和研究。

本篇章梳理了城市规划体系和市政工程规划体系，分析了市政工程详细规划产生的背景、工作任务和法律地位，并对其与其他规划以及下一步设计之间的衔接关系进行了研究，提出了市政工程详细规划的编制程序，最后整理了国内现有市政工程规划法规政策及标准规范等文件，期望能就市政工程详细规划的概念以及作用给予较为清晰的解释，以供专业人士参考。

第1章　市政工程与城镇发展建设概述

1.1　基础设施与市政工程

基础设施是指为社会生产和居民生活提供公共服务的物质工程设施，是用于保证国家或地区社会经济活动正常进行的公共服务系统。广义的城市基础设施是同时为物质生产和为人民生活提供一般条件的公共设施，是城市赖以生存和发展的基础，可以分为城市工程性基础设施和社会服务性基础设施两大类，如图1-1所示。

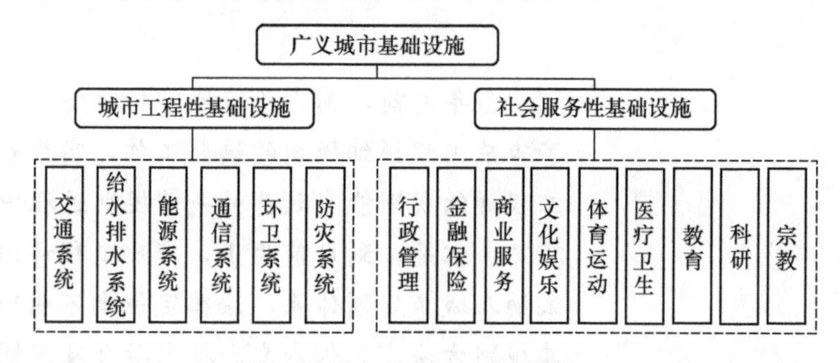

图1-1　广义城市基础设施分类示意图

在我国，一般的城市基础设施多指城市工程性基础设施，又称为市政公用工程设施或市政基础设施，简称市政工程。城市工程性基础设施一般包含了交通工程系统、给水排水工程系统、能源工程系统、通信工程系统、环卫工程系统及防灾工程系统六大专项工程系统，如图1-2所示。

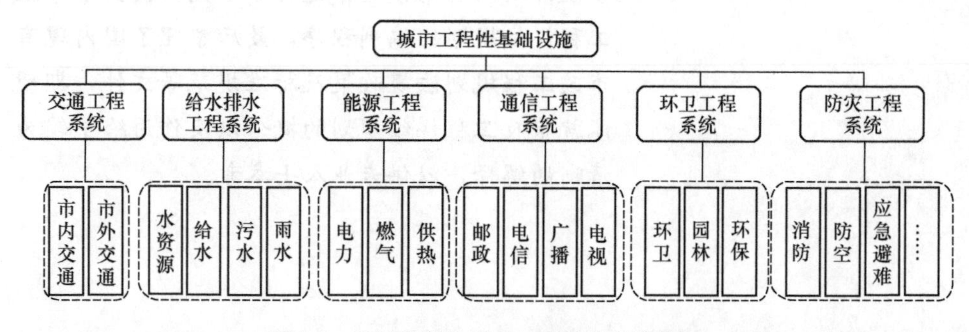

图1-2　我国常规的城市基础设施分类简图

1.1.1　交通工程系统

交通工程系统包括航空交通、水运交通、轨道交通、道路交通等分项工程系统。具有城市对外交通、城市内部交通两大功能。一般狭义的城市交通系统仅指城市道路系统。城市道路系统主要包括公路交通和城区道路交通。其中公路交通包括长途汽车站、货运站、高速公路、汽车专用道、公路和桥涵设施以及加油站、停车场等配套设施，具有区域和城市对外中、近程客货运功能；城区道路交通有各类公交场站、加油站、城区道路等设施，具有城区客货交通运输主体功能。

1.1.2　给水排水工程系统

给水排水工程系统是人们的生活、生产和消防提供用水和排除废水的设施总称。其功能是向各种不同的用户供应满足需求的水质和水量，同时收集、输送和处理用户排出的废水，消除废水中污染物质，降低对人体健康的危害，并保护水体环境。给水排水工程系统可以分为给水工程系统和排水工程系统两个部分。

给水工程系统由原水取水系统、给水处理系统及配水管网系统构成；原水取水系统包括城镇或城镇密集区水源（含地表水、地下水）、取水口、取水构筑物、提升原水的一级泵站以及输送原水到给水处理系统的输水管等设施。原水取水工程的功能是将原水取送到城镇，为城镇或城镇密集区提供足够的水源；给水处埋系统包括城镇自来水、清水池、二级泵站等设施；配水管网系统主要包括输水管道、配水管道，以及调节水量、水压的高压水池、水塔及增压泵站等设施。

排水工程系统由污水工程系统和雨水工程系统组成，可以分为排水管网系统、污水处理系统及排放和重复利用系统等。其中，污水工程系统由污水处理厂（站）、污水管道、污水检查井、污水提升泵站、污水排放口等构成；雨水工程系统由雨水管渠、雨水收集口、雨水检查井、雨水提升泵站、排涝泵站、雨水排放口等设施，还包括确保城市雨水排放所建的水闸、堤坝等设施。

一般城镇给水排水系统如图1-3所示。

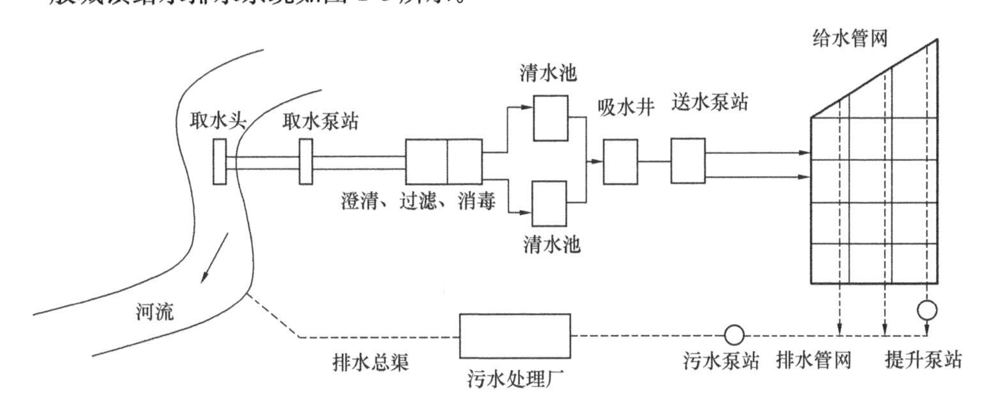

图1-3　城市给水及排水工程系统示意图

1.1.3　能源工程系统

能源工程系统包括电力工程系统、燃气工程系统、供热工程系统等。

电力工程系统主要由城市电源工程系统和输配电网络工程系统构成。其中城市电源工程主要包括城市电厂、区域变电站（所）等电源设施。城市输配电网络工程系统由城市输送电网和配电网组成。在城市电力网中，发电厂将各种类型的能量转变为电能，然后经由变电—送电—变电—配电等过程，将电能分配到各个用电场所。由于目前电能尚不能大量存储，其生产、输送、分配和使用都在同一时间段完成，所以必须把电源、输配电网络、用电设备等有机连接成一个整体。

一般城镇电力工程系统如图 1-4 所示。

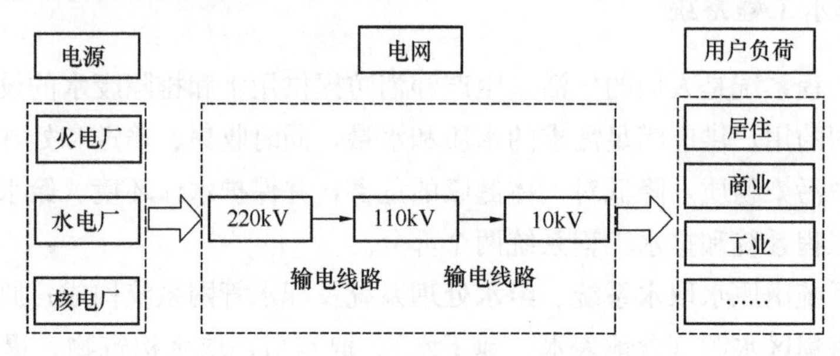

图 1-4　城市电力工程系统示意图

城市燃气工程系统由燃气气源工程、输配气管网工程等组成。城镇燃气气源工程包括煤气厂、石油液化气气化站、天然气门站等设施。石油液化气气化站是尚无天然气等气源条件时选用的气源。天然气门站收集当地或者远距离输送来的天然气气源，是城镇主要应用气源方向；输配气工程包括燃气储配站、调压站和液化石油气瓶装供应站等燃气输送和分配存储设施，以及不同压力等级的燃气输送管道和配气管道设施。

一般城市燃气工程系统如图 1-5 所示。

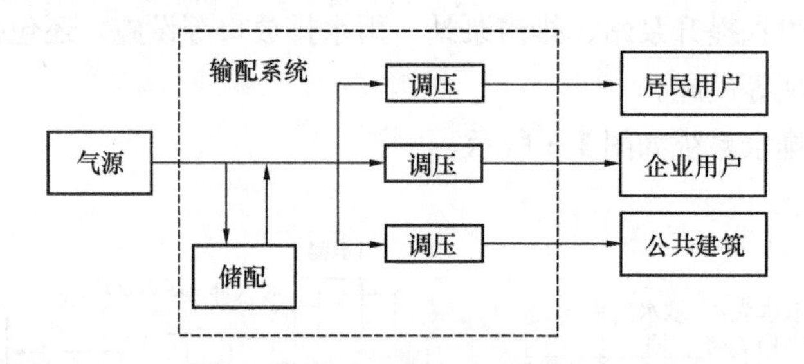

图 1-5　城市燃气工程系统示意图

城市供热工程系统由供热热源工程和传热管网工程组成。供热热源工程主要包括城市热电厂、区域锅炉房等设施。供热形式主要是采暖热水或供近距离的高压蒸汽。供热管网工程包括热力泵站、热力调压站和不同压力等级的蒸汽管道、热水管道等设施。

一般城镇供热工程系统如图 1-6 所示。

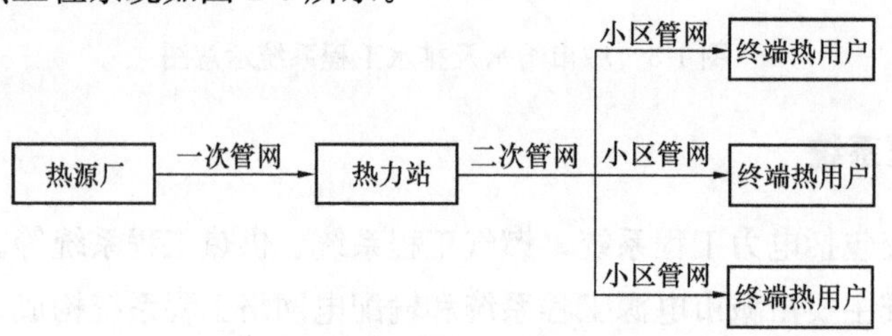

图 1-6　城市供热工程系统示意图

1.1.4 通信工程系统

城市通信工程由电信、广播电视、邮政等工程系统构成。其中，电信工程系统由电信场站和电信管网等组成，从通信方式上可以分为有线通信和无线通信；广播电视工程系统分为广播和电视工程系统；邮政工程系统主要包括邮件处理中心和提供邮政普通服务的邮政营业场所等。

1.1.5 环卫工程系统

环卫工程系统由环境卫生公共设施、环境卫生工程设施及其他环境卫生设施工程系统构成。其中环境卫生公共设施是指设置在城镇公共场所为社会公众提供直接服务的环境卫生设施，包括公共厕所、生活垃圾收集点、废物箱、粪便污水前端处理设施等；具有生活废弃物转运、处理及处置功能的较大规模的环境卫生工程设施，一般包括生活垃圾转运站、生活垃圾填埋场、焚烧厂、建筑垃圾填埋场及其他固体废弃物处理厂、处置场等设施；其他环境卫生设施包括车辆清洗站、环境卫生车辆停车场、环境卫生车辆通道及洒水车供水器等。

1.1.6 防灾工程系统[1]

城市防灾工程系统包含消防工程、防洪（潮）工程、抗震工程、人防工程等工程系统。

消防工程系统设施包括消防站、消防给水工程设施（消防给水管网、消火栓）以及消防通信设施等。

防洪(潮)工程系统设施包括防洪堤、防洪闸、截洪沟、排洪渠、蓄洪设施、排涝设施等。

抗震工程系统包括设防满足要求的建（构）筑物、生命线工程设施、避震疏散场地、避震疏散通道等。

人防工程系统包括专业的防空设施、防空掩体工事、地下建筑、地下通道以及战时所需的地下仓库、水厂、医院等设施。

1.2 市政工程与城镇发展建设

改革开放以来，伴随工业化进程加速，我国城镇化经历了一个起点低、速度快的发展过程。1978～2017 年，我国城镇常住人口从 1.7 亿人增长到 8.1 亿人，城镇化率由 17.92%提升到 58.52%，年均提高 1.02 个百分点；城市数量从 193 个增加到 657 个，其中直辖市 4 个，副省级城市 15 个，地级市 278 个，县级市 360 个（图 1-7）。

城市交通、给水、排水、供电、燃气、供热、通信、环卫、防灾等各项工程是城市建设的主体部分，是城市经济、社会发展的支撑体系。配置合理的城市基础设施不仅能满足城市各项活动的要求，而且有利于带动城市建设和城市经济发展，保障城市健康持续发展。

随着城市化进程的进一步加快，城市中的人口数量逐年增多，市政设施建设和改造稳步推进，设施能力和服务水平不断提高，城市的综合承载力和城市安全保障能力明显提

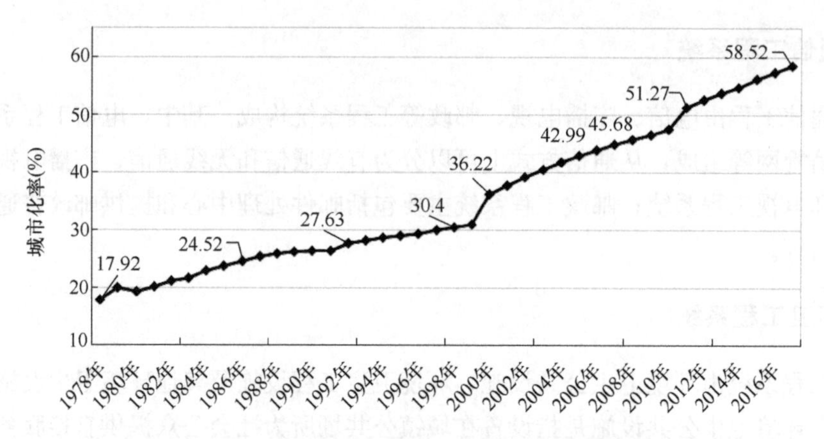

图 1-7　我国近三十年城市化率（1978～2017 年）

数据来源：国家统计年鉴及城乡建设统计公报（1978～2016）

升，支撑了城市化进程。以“十二五”期间为例，我国城市供水、排水、燃气、垃圾处理等服务已经基本普及，设市城市（县城）公共供水普及率达到 93.1%，污水处理率达到 91.9%，燃气普及率达到 95.3%，生活垃圾无害化处理率达到 94.1%（表 1-1）。

“十二五”时期全国设市城市基础设施建设情况[2]　　**表 1-1**

序号	设施类别	指标	2010 年	2015 年	增长幅度
1	道路交通	人均城市道路面积（m²）	13	16	18%
		道路长度（万 km）	29	37	24%
		开通运营城市轨道交通城市（个）	12	25	108%
		轨道交通运营里程（km）	1429	3330	131%
2	地下管线（廊）	供排水、供热、燃气地下管线长度（万 km）	136	198	46%
3	供水、排水	公共供水普及率（%）	89.5	93.1	4%
		公共供水能力（万 m³/日）	20071	23101	15%
		污水处理能力（万 m³/日）	10436	14028	34%
		污泥无害化处置率（%）	—	53	—
4	燃气、供热	城市燃气普及率（%）	92.0	95.3	3%
		城市集中供热面积（亿 m²）	44	67	54%
		城市热源供热能力（万 MW）	39	53	36%
5	环境卫生	生活垃圾无害化处理能力（万 t/日）	39	58	49%
		生活垃圾无害化处理率（%）	77.9	94.1	16 %
		生活垃圾焚烧处理能力占比（%）	21.9	38.0	16%
6	公园绿地	建成区绿地面积（万 hm²）	144	191	32%
		建成区绿地率（%）	34.5	36.4	2%
		人均公园绿地面积（m²/人）	11	13	19%

表格来源：《全国城市市政基础设施规划建设“十三五”规划》。

城市发展过程中，随着科技进步及认知水平的提升，城市的市政基础设施建设中也积极探索运用新理念、新技术，引导市政基础设施向集约、智能、绿色、低碳的方向发展。近年来，综合管廊、海绵城市、电动汽车充电设施、新型能源基础设施、低碳生态市政基础设施、智慧城市等新的基础设施的试点及推广建设，提升了市政基础设施的质量和内涵。例如，城市综合管廊的建设是解决城市“马路拉链”“空中蜘蛛网”、道路反复开挖等问题的治标之举。根据住房城乡建设部统计数据，截至2016年12月20日，全国147个城市28个县已累计开工建设城市地下综合管廊2005km。与此同时，为构建完善的城市排涝体系，国家大力推进海绵城市建设，旨在构建一种新型的城市雨洪管理理念，让城市能够像海绵一样，适应环境变化和应对自然灾害等方面具有良好的“弹性”，下雨时吸水、蓄水、渗水、净水，并对雨水加以利用（图1-8）。

图1-8 城市地下综合管廊示意图

图片来源：城市地下综合管廊，[Online Image] http：//www.sohu.com/a/164818552_99962827，08-15-2017

然而，与扎实推进新型城镇化进程的发展需求相比，市政基础设施依然是今后一段时期内影响我国城市健康发展的短板。在城市化过程中，往往“重地上，轻地下”和“重面子，轻里子”，建设水平偏低、发展不均衡和产业集中度低等问题也日益突出，成为城镇化进程中新的制约瓶颈。当前，我国不少城市因城市基础设施建设滞后而出现了各种“城市病”，如环境破坏、交通拥堵、城市内涝、无序开发、垃圾处理难、污水乱排等问题，严重影响了城市居民的生活和工作。

（1）城市市政基础设施投入不够

市政基础设施的供需矛盾仍是今后一段时期的主要矛盾。长久以来，我国市政基础设施建设的投入远低于合理水平，历史欠账巨大。城市地下管线属于隐蔽工程，在涉及规划时容易受到忽视。近年来，随着城市快速发展，地下管线建设规模不足、管理水平不高等问题凸显，一些城市相继发生暴雨内涝、管线泄漏、路面塌陷等事件，严重危害了人民群众生命财产安全和影响了城市运行秩序（图1-9、图1-10）。

图 1-9　深圳“5.21”城市内涝

图片来源：深圳内涝，[Online Image]http://y3.ifengimg.com/cmpp/2014/05/12/03/6080a190-9187-4f79-8512-c91a7cb7f468.jpg，2014.05.12

图 1-10　青岛中石化输油管线爆炸

图片来源：中石化管线爆炸，[Online Image]http://i2.sinaimg.cn/dy/o/p/2013-11-23/1385146877_bG-gzxT.jpg，2013.11.23

近年来，我国在市政基础设施建设投入总量有了较大增长，但城市市政基础设施投资占基础设施投资和全社会固定资产投资的比例持续下降。根据国家统计局数据和城乡建设统计公报数据显示，2006～2016 年间，在历经 10 年的投资高速增长后，市政公用设施建设大体完成，近几年的投资额基本稳定在 2 万亿元左右，而市政公用设施建设固定投资额占全社会固定资产投资比重却由 4.28%下降到 2.88%。这些数据一方面说明我国市政公用设施建设投入持续增加，另一方面，也说明其增长速度落后于城市建设增速(图 1-11)。

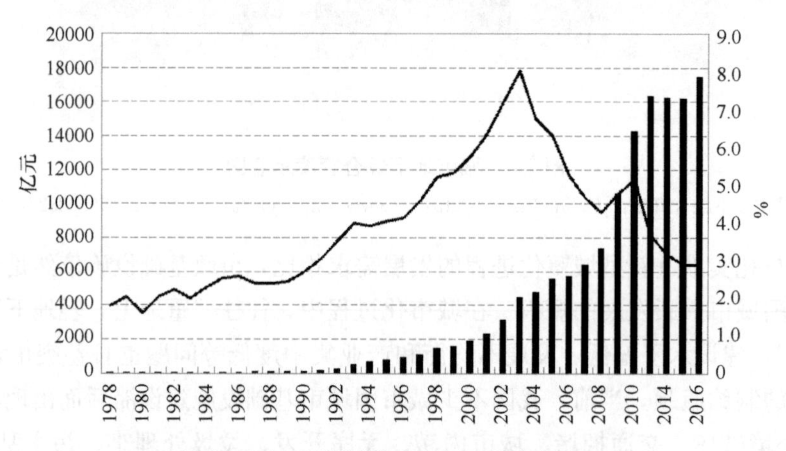

图 1-11　城市市政公用基础设施固定资产投资额占比图

数据来源：国家统计年鉴及城乡建设统计公报（1978～2016）

（2）城市基础设施建设水平落后且管理分散

市政基础设施建设水平低是导致“城市病”普遍的根本原因。比如，交通系统方面，城市路网级配不合理，路网密度普遍低于 $7km/km^2$。尤其是作为城市“毛细血管”的支路网，密度不足国家标准要求的 1/2。给水排水系统方面，城市污水的收集与处理达不到水生态环境质量要求。城市排水管网现状水平大大低于新修订的国家设计标准要求。环卫系统方面，“十三五”时期将有 300 多座垃圾填埋场面临“封场”，新建垃圾处理设施选址困难。总体来看，城市市政基础设施老化，旧账未还、又欠新账，一些城市的市政基础设施建设距离绿色、低碳和循环理念要求差距很大，从而导致的城市内涝、水体黑臭、交通拥堵、“马路拉链”“垃圾围城”、地下管线安全事故频发等各类“ 城市病”呈现出集中爆发、叠加显现的趋势。这些问题严重影响城市人居环境和公共安全。

（3）城市基础设施区域发展不均衡

市政基础设施城乡、区域间发展很不平衡，协调区域发展与实现基本公共服务均等化的压力依然很大。从区域上看，东部地区市政基础设施水平明显优于中西部地区。例如，2016 年，西部地区污水处理率仍然落后东部地区 10 个百分点左右。中西部地区建成及在建轨道交通密度为 10.5km/百万人，不足东部地区的 1/2。西部地区垃圾焚烧处理率占比仅为 24%，与东部地区 55%的水平仍有较大差距（图 1-12）[3]。

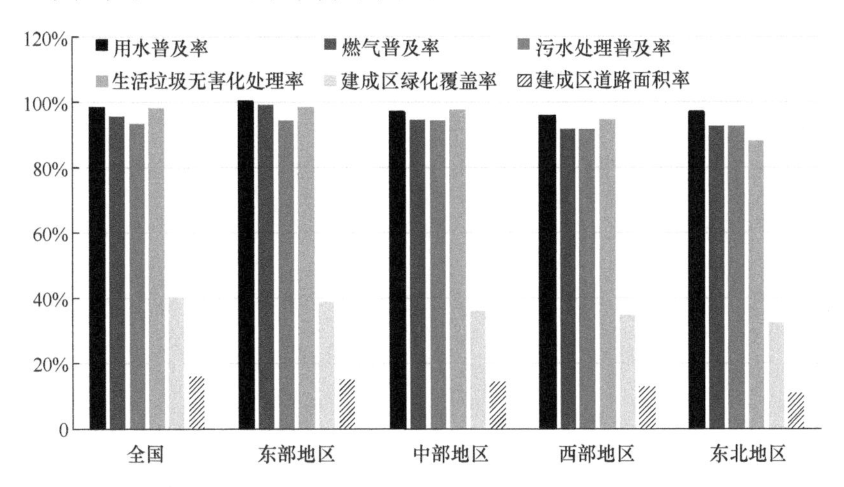

图 1-12　2016 年全国分地区市政基础设施水平比较

数据来源：2016 年国家统计年鉴及城乡建设统计公报

从城市规模等级来看，超大、特大型城市基础设施水平要优于其他规模的城市；从城乡的角度发展来看，这种不平衡更加突出。以生活垃圾无害化处理设施为例，乡镇基本没有生活垃圾无害化处理设施。老城区市政基础设施由于建成历史长、建设标准低、改造难度大等原因，设施水平明显低于城市新区，尤其是供水、排水、供热、燃气等设施的“最后一公里”，改造和维护长期不到位，严重影响老城区居民生活品质的提升。

（4）基础设施运营管理水平落后，统筹协调力度不够

一方面，由于市政基础设施监管信息化水平普遍偏低，监管手段缺乏，难以实现对大量、分散的小企业的有效监管，与规范化、精细化和智慧化管理仍有较大差距。市政公用企业“小、散、弱、差”成为制约服务水平提高的瓶颈。以供水行业为例，通过对全国 858 个县城共 891 家供水企业的抽样调查表明，供水能力前 10 位的供水企业只占调查总供水能力的 13%。其中，84%的供水企业供水能力不超过 5 万 m^3/日，24%的供水企业供水能力不超过 1 万 m^3/日，与成熟的产业发展模式差距较大，由于缺乏专业化、规范

化、规模化的建设和运营管理，城市市政基础设施的运行效率、服务质量难以有效提高，设施不能得到有效发挥，同时安全隐患也较多。

另一方面，我国城市市政基础设施专项规划编制不完善，基础设施选址和建设布局难以落实。各专项基础设施建设缺乏统筹安排和控制，专项规划设施建设用地不能得到保障，造成基础设施建设布局不合理，尤其是对环境有一定影响的垃圾处理设施往往难以选址新建或扩建。其次是各行业协调性差，普遍存在基础设施各行业分散建设现象，供水、排水、供热、燃气、环卫等项目缺少协调和统筹，造成重复建设和投资浪费。

第 2 章　市政工程专项规划体系概述

中华人民共和国成立以来，伴随我国城市化发展的进程，我国的城市规划也经历了很大的变化，形成了自身特色的城市规划体系。

2.1　城乡规划体系发展概述

城市是一个复杂的有机整体，有其自身发展的客观规律，城市规划的发展随城市的发展而不断演变，城市规划最终形成体系。在不断发展的过程中，城市规划体系的发展与一个国家和城市的政治、经济、文化、社会等因素息息相关。

我国的城市规划起源于区域规划，伴随着中国特色的城市发展，城市规划也在同步发展。新中国成立以后我国的城市规划学科，基本上是建筑学的组成部分。到 2011 年，城乡规划学科被确定为“一级学科”，下设“区域发展与规划”“城乡规划与设计”“住房与社区建设规划”“城乡发展历史与遗产保护规划”“城乡生态环境与基础设施规划”“城乡规划管理”“区域发展与规划”等 7 个“二级学科”。城乡规划学被确立为“一级学科”是城市规划专业“中国化”和“科学化”过程的体现。按照学术界的研究，我国的城市规划发展大致经历了“以苏为师”的计划经济时期、计划经济与市场经济并存的“双轨制时期”、80 年代后期的“增长注意时期”以及 2000 年后的“转型发展时期”4 个阶段[4]。

1949 年，中华人民共和国成立后，受当时的国内外政治、军事和经济形势的影响，我国与当时社会主义阵营的“领头羊”——苏联签订了《中苏友好同盟互助条约》。我国的经济建设全面学习苏联的计划经济体制。在“苏联模式”的指导下，中国迅速建立了相应的计划经济体制。在这样的社会经济背景下，中华人民共和国的城市规划也套用苏联的方法进行编制。1950 年以苏联援建“156 项工程”为契机，在构建中华人民共和国工业体系的同时，也直接催生出了我国的区域规划。

在“一五”（1953～1957 年）实践的基础上，1956 年 7 月，国家建设委员会发出了《关于 1956 年开展区域规划工作的计划（草案）》以及《区域规划编制和审批暂行办法（草案）》（以下简称《办法》）用于指导当时区域规划的编制和审批，确定了城市规划按照总体规划、详细规划两个阶段进行。《办法》规定了区域规划的任务和重点开展地区（综合发展工业地区、修建大型水电站地区和重要的矿山地区）、拟解决的重大问题和编制过程（图 2-1）。[5]

在“一五”（1953～1957 年）和“二五”（1958～1962 年）时期，城市规划工作受到很大的重视，但是城市规划开展工作的中心在于为工业服务，特别是大型工业企业的选址。在《办法》的指导下，到“二五”后期，全国大多数城市或部分县市开始着手编制

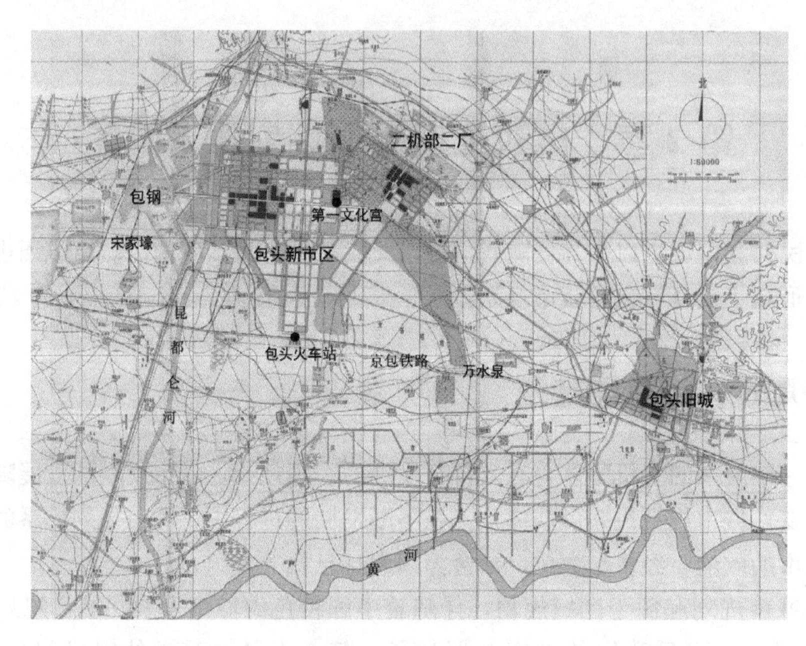

图 2-1 “一五”期间包头市城市空间规划：“一城三点”[6]

图片来源：李浩，以钢为纲：由中共中央批准的“一五”包头规划［J］. 城市规划，2018，42（1）：116-118

城市规划。不过在接下来的一段时期内，由于种种历史原因，中国的城市规划经历了“大跃进”“三年不搞城市[5]”“十年动乱”等坎坷。但《办法》却在相当长的时间里成为唯一指导我国城市规划编制的文件，总体规划、详细规划两阶段规划编制体系延续至今。

改革开放以来，城市规划得到迅速的恢复和发展。在 1980 年召开的第一次全国城市规划工作会议上，审议了新的《城市规划编制审批暂行办法》（以下简称《暂行办法》）和《城市规划定额指标暂行规定》。《暂行办法》规定，城市规划按其内容和深度的不同，分为总体规划和详细规划两个阶段。根据《暂行办法》规定，“六五”（1981～1985 年）期间在全国城市和建制镇普遍都开展了总体规划编制和审批工作，至 1988 年底，全国所有城市和县城的总体规划全部编制审批完毕。在这一时期，尽管城市发展和城市规划工作取得了极大的成就，但仍然存在不少问题，城市理论和实践仍处于不断的完善和发展过程中。比如，此阶段我国缺乏国民经济与社会发展长远计划和区域规划指导，开展城市总体规划编制的依据不足。有人提出在编制城市总体规划之前应先由政府负责，由计划经济部门组织编制城市发展规划，明确城市的区域地位、发展方向和职责，确定城市性质和人口规模[7]。

到1989 年 12 月，全国人大委员会通过了《中华人民共和国城市规划法》（以下简称《城市规划法》）。这是我国在城市规划、城市建设和城市管理方面的第一部法律，是城市建设和发展全局的一部基本法。《城市规划法》明确了编制城市规划一般分为总体规划和详细规划两个阶段。这是我国第一次以法律的形式确定了城市规划分为两个阶段。而城市规划文本也由原来的决策参考资料变成为政府依法管理城市建设的文件。

到 20 世纪 90 年代，这一时期是我国城市规划编制研究的最活跃时期，既有对 80 年代城市规划编制的反思和总结，也有对如何提高城市规划实施效果的探索。1991 年 9 月，国家建设部在《暂行办法》的基础上颁布了新的《城市规划编制办法》(以下简称《编制办法》)。《编制办法》及其实施细则的产生为规范城市规划编制提供了依据，在规范城市规划编制过程中，进一步确立了城市规划体系的构成与架构，即“总体规划↔详细规划”的两阶段架构体系。尽管从制定《编制办法》开始到 2006 年，《编制办法》已经完成 4 版修订工作，但是，历次城市规划编制办法的整体规划框架仍基本保持总体规划和详细规划两个层级。最新一版的《编制办法》已在规划主体多元化、系统性、科学性、由技术文件转向公共政策和淡化城市设计等方面发生改变[8]。

2007 年 10 月，第十届全国人民代表大会常务委员会第三十次会议通过《中华人民共和国城乡规划法》(简称《城乡规划法》)，共 7 章 70 条，自 2008 年 1 月 1 日起施行，《中华人民共和国城市规划法》(简称《城市规划法》) 同时废止。《城乡规划法》在《城市规划法》的基础上扩展了城镇体系规划、乡镇规划、村庄规划。城乡规划体系架构如图 2-2 所示。

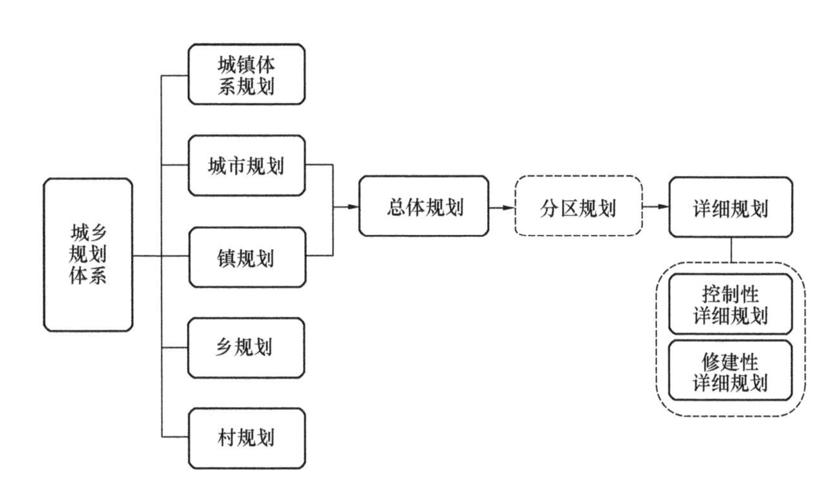

图 2-2　城乡规划体系架构示意图

《城乡规划法》规定了规划管理五项制度，包括规划编制和审批制度、建设项目规划管理制度、规划修改制度、规划监督检查制度及违反规划法律责任追究制度等。确立了城乡统筹、以人为本的立法思想，突出了城乡规划公共政策方向和公共服务职能，建立了清晰的城乡规划体系和严格的规划制定程序等。

以《城乡规划法》和《编制办法》的出台和完善为标志，我国城市规划体系的法规体系、行政体系及工作体系基本形成。但是，我国的城市规划体系还很不成熟，在城市规划的法规体系、行政体系和运作体系上都还很不完善。借鉴发达国家的经验教训，建立起既符合中国国情、又符合国际惯例的城市规划体系，是一个值得研究的重要问题[9]。

上述自中华人民共和国成立以来，我国城市规划体系发展演变过程如图 2-3 所示。

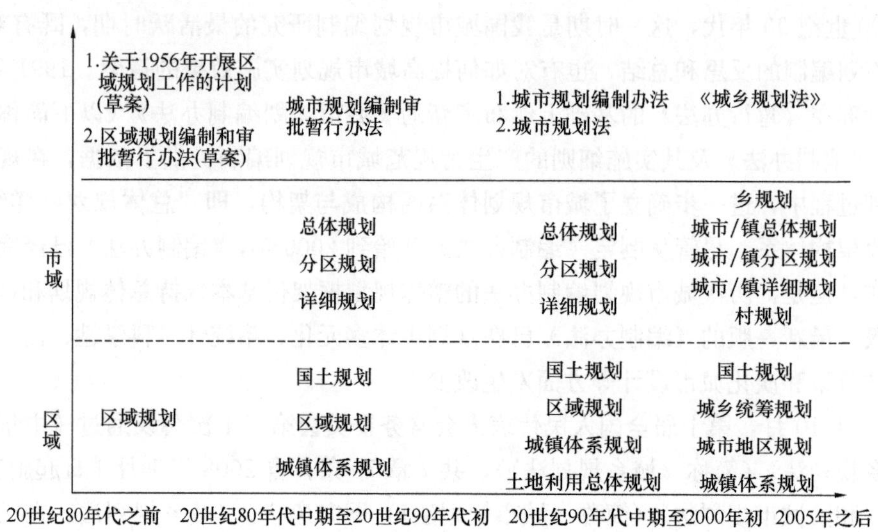

1.关于1956年开展区域规划工作的计划(草案)
2.区域规划编制和审批暂行办法(草案)
城市规划编制审批暂行办法
1.城市规划编制办法
2.城市规划法
《城乡规划法》
市域
总体规划
分区规划
详细规划
总体规划
分区规划
详细规划
乡规划
城市/镇总体规划
城市/镇分区规划
城市/镇详细规划
村规划
区域
区域规划
国土规划
区域规划
城镇体系规划
国土规划
区域规划
城镇体系规划
土地利用总体规划
国土规划
城乡统筹规划
城市地区规划
城镇体系规划
20世纪80年代之前　20世纪80年代中期至20世纪90年代初　20世纪90年代中期至2000年初　2005年之后

图 2-3　城市规划体系发展演化

2.2　规划法规体系

我国城乡规划法规体系由法律、法规、规章、规范性文件和标准规划等构成。自《城乡规划法》颁布后，我国城乡规划法规体系初步形成框架。

2.2.1　法律与规章

我国城市规划法规体系的演变过程是一个“由分到合”的城乡规划与建设法规体系。随着市场经济的进一步发展，我国的城市化进入一个高速发展阶段，使得城乡规划的有效性和法治性日益成为政府和社会关注的焦点。我国城乡规划法制建设历程见表 2-1。

我国城乡规划法规建设历程一览表　　**表 2-1**

序号	时间	事件	备注
		“以苏为师”的计划经济时期（1949 至 20 世纪 80 年代中期）	
1	1949 年 10 月	中华人民共和国成立，城市规划和城市建设进入了一个崭新的历史时期	
2	1951 年 2 月	发布了《基本建设工作程序暂行办法》，对基本建设的范围、组织机构、设计施工、计划的编制与批准等都作了明确规定	中央财政经济委员会
3	1952 年 9 月	城市建设纳入了统一领导，进入按规划进行建设的新阶段	中央财政经济委员会
4	1953 年 3 月	在建筑工程部设城市建设局，主管全国的城市建设工作	
5	1955 年 11 月	为适应市、镇建制的调整，国务院公布了城乡划分标准	国务院
6	1956 年 3 月	发布《城市规划编制暂行办法》。这是中华人民共和国第一部重要的城市规划立法	国家建委
7	1960 年 11 月	全国计划会议上提出“三年不搞规划”，持续不久的区域规划戛然而止	

续表

序号	时间	事件	备注
8	1962年10月	发布《关于当前城市工作若干问题的指示》	中共中央和国务院联合
9	1964年	国务院发布了《关于严格禁止楼堂馆所建设的规定》，要求严格控制国家基本建设规模	国务院
10	1966年5月	“文化大革命”爆发，无政府主义大肆泛滥，城市建设受到更大的冲击，造成了一场历史性的浩劫	
11	1972年4月	国务院批转国家计委、国家建委、财政部《关于加强基本建设管理的几项意见》	国务院
12	1978年3月	中共中央批准下发执行会议制定的《关于加强城市建设工作的意见》	国务院
13	1979年3月	成立城市建设总局，开始起草《城市规划法》	国务院
14	1980年10月	国务院批转《全国城市规划工作会议纪要》下发全国实施	国家建委
15	1980年12月	正式颁发了《城市规划编制审批暂行办法》和《城市规划定额指标暂行规定》两个部门规章	国家建委
计划经济与市场经济并存的“双轨制时期”（20世纪80年代中期至20世纪90年代初）			
16	1984年1月	国务院颁发了《城市规划条例》	国务院
17	1987年10月	召开了全国首次城市规划管理工作会议	建设部
18	1988年	提出建立我国包括有关法律、行政法规、部门规章、地方性法规和地方规章在内的城市规划法规体系	建设部
80年代后期的“增长主义时期”（20世纪90年代初至21世纪初）			
19	1989年12月	第七届全国人大第十一次常委会通过《中华人民共和国城市规划法》	
20	1990年4月	中华人民共和国第一部城市规划专业法律《中华人民共和国城市规划法》正式施行	国务院
21	1990年	建设部颁发《关于抓紧划定城市规划区和实行统一的“两证”的通知》	建设部
22	1991年8月	建设部、国家计委共同颁发《建设项目选址规划管理办法》	建设部
23	1992年	颁发《关于统一实行建设用地规划许可证和建设工程规划许可证的通知》，建立了《城市规划法》所规范的在城市规划区内进行各类建设必须实行的“一书二证”制度	建设部
24	1992年12月	建设部颁发了《城市国有土地使用权出让转让规划管理办法》	建设部
25	1992年	国务院批转建设部《关于进一步加强城市规划工作的请示》	国务院
26	1992年	建设部颁发了《城市监察规定》	建设部
27	1994年	建设部颁发了《关于加强城市地下空间规划管理的通知》和《城镇体系规划编制办法》	建设部
28	1995年6月	建设部颁发了《城市规划编制办法实施细则》	建设部
29	1996年6月	国务院发出《关于加强城市规划工作的通知》	国务院
30	1997年10月	建设部颁布《城市地下空间开发利用管理规定》	建设部
31	1999年4月	建设部发布《城市总体规划审查工作规则》	建设部

续表

序号	时间	事件	备注
32	2000年 2～4月	建设部颁布《村镇规划编制办法（试行）》、《县域城镇体系规划编制要点（试行）》；国务院办公厅发出《关于加强和改进城乡规划工作的通知》，强调“加强城乡规划实施的监督管理，推进规划法制化”	建设部
33	2002年5月	国务院发出《关于加强城乡规划监督管理的通知》	国务院
34	2004年10月	国务院发出《关于深化改革严格土地管理的决定》，强调要“加强城市总体规划、村庄和集镇规划实施管理”	国务院
2000年后的“转型发展时期”（2005年至今）			
35	2005年12月	建设部颁布了新的《城市规划编制办法》	建设部
36	2008年1月	《中华人民共和国城乡规划法》施行，《中华人民共和国城市规划法》同时废止	
37	2015年4月	第十二届全国人民代表大会常务委员会第十四次会议通过对《中华人民共和国城乡规划法》作出修改	

2008年1月1日，以《城乡规划法》的正式实施为标志，我国城市规划由“城市”走向“城乡”，原来的城乡二元法律法规体系转变为城乡统筹的法律体系。至此，我国的城市规划法规体系调整为城乡规划法规体系，并以《城乡规划法》为核心，进行调整、补充、修改和逐步完善。城乡规划法规体系是以法律、法规、规章、规范性文件及标准规范构成。

在总结《城市规划法》和《村庄和集镇规划建设管理条例》等法律法规实践的基础上，根据新的形势需要制定的《城乡规划法》，是城乡规划体系的主干法和基本法。《城乡规划法》规定了规划管理的五项制度，包括规划编制和审批制度、建设项目规划管理制度、规划修改制度、规划监督检查制度、违反规划法律责任追究制度等。其确立了城乡统筹、以人为本的立法思想，突出了城乡规划公共政策属性和公共服务职能，建立了清晰的城乡规划体系和严格的规划编制程序，完善了与投资体制、土地管理相协调的建设项目规划审批制度，健全了对行政权力的监督制约机制和公众参与机制，加强了对违法建筑的查处和制止力度。

城市规划规章是由国务院部门和省、直辖市、自治区以及有立法权的人民政府指定的具有普遍约束力的行政性法律规范文件。这些规章通常以“部长令”“省长令”“市长令”等形式发布，是对城乡规划法律、法规的完善和补充。现整理我国城乡规划法律法规及规章见表2-2。

我国城乡规划法律法规及规章情况一览表 **表2-2**

类别	名称	施行日期
法律	中华人民共和国城乡规划法	2008年
行政法规	村庄和集镇规划建设管理条例	1993年
	风景名胜区条例	2006年
	历史文化名城名镇名村保护条例	2008年

续表

类别		名称	施行日期
国务院部门规章与规范性文件	城乡规划编制与审批	城市规划编制办法	2006年
		省域城镇体系规划编制审批办法	2010年
		城市总体规划实施评估办法（试行）	2009年
		城市总体规划审查工作原则	1999年
		城市、镇控制性详细规划编制审批办法	2011年
		历史文化名城保护规划编制要求	1994年
		城市绿化规划建设指标的规定	1994年
		城市综合交通体系规划编制导则	2010年
		村镇规划编制办法（试行）	2000年
		城市规划强制性内容暂行规定	2002年
	城乡规划实施管理与监督检查	建设项目选址规划管理办法	1991年
		城市国有土地使用权出让转让规划管理办法	1993年
		开发区规划管理办法	1995年
		城市地下空间开发利用管理规定	1998年
		城市抗震防灾规划管理规定	2003年
		近期建设规划工作暂行办法	2002年
		城市绿线管理办法	2002年
		城市紫线管理办法	2004年
		城市黄线管理办法	2006年
		城市蓝线管理办法	2006年
		建制镇规划建设管理办法	1995年
		市政公用设施抗灾设防管理规定	2008年
		停车场建设和管理暂行规定	1989年
		城建监察规定	1996年
	城市规划行业管理	城市规划编制单位资质管理规定	2001年
		注册城市规划师执业资格制度暂行规定	1999年

2.2.2　标准规范

城乡规划技术标准体系既是编制城乡规划的基础依据，又是依法规范城乡规划编制单位行为，以及政府和社会公众对规划编制和实施进行监督检查的重要依据。现行的城乡规划技术准则标准规范涉及城乡规划编制标准、城市居住区规划、城市道路交通规划、城市公共设施规划、城市专项工程规划、城市历史文化名城保护规划、城市抗震防灾规划等有关内容，我国城乡规划技术标准体系框架已初步形成，见表2-3。

我国城乡规划技术标准列表 **表 2-3**

标准层次	标准类型	标准名称	现行标准号
基础标准	术语标准	城市规划基本术语标准	GB/T 50280—1998
	图形标准	城市规划制图标准	CJJ/T 97—2003
	分类标准	城市用地分类与规划建设用地标准	GB 50137—2011
		城市规划基础资料搜集规范	GB/T 50831—2012
通用标准	城市规划	城乡用地评定标准	CJJ 132—2009
		城乡规划工程地质勘察规范	CJJ 57—2012
		历史文化名城保护规划规范	GB 50357—2005
		城乡建设用地竖向规划规范	CJJ 83—2016
		城市工程管线综合规划规范	GB 50289—2016
	村镇规划	镇规划标准	GB 50188—2007
		城乡用地评定标准	CJJ 132—2009
专用标准	城市规划	城市居住区规划设计标准	GB 50180—2018
		城市公共设施规划规范	GB 50442—2008
		城市环境卫生设施规划规范	GB 50337—2003
		城市消防规划规范	GB 51080—2015
		城市绿地设计规范	GB 50420—2007
		风景名胜区规划规范	GB 50298—1999
		城市老年人设施规划规范	GB 50437—2007
		城市给水工程规划规范	GB 50282—2016
		城市水系规划规范	GB 50513—2009
		城市排水工程规划规范	GB 50318—2017
		城市电力规划规范	GB/T 50293—2014
		城市通信工程规划规范	GB/T 50853—2013
		城市供热规划规范	GB/T 51074—2015
		城镇燃气规划规范	GB/T 51098—2015
		防洪标准	GB 50201—2014
		城市道路交通规划设计规范	GB 50220—1995
		城市停车规划规范	GB/T 51149—2016
		城市轨道交通线网规划标准	GB/T 50546—2018
		城市道路绿化规划与设计规范	CJJ 75—1997
		建设项目交通影响评价技术标准	CJJ/T 141—2010
		城市道路交叉口规划规范	GB 50647—2011
		城市综合防灾规范标准	GB/T 51327—2018
		城镇内涝防治技术规范	GB 51222—2017
	村镇规划	镇规划标准	GB 50188—2009
		乡镇集贸市场规划设计标准	CJJ/T 87—2000

2.3 规划行政体系

城市规划行政体系是指城市规划行政管理权限的分配、行政组织的框架以及行政过程的整体。城市规划行政体系的核心是指不同层级的城市规划行政主管部门之间的职能分配及行政管理过程的结构。城市规划行政体系通常是由国家的政府行政体系和行政运作框架所决定的，也与国家法律的授权直接相关。按照《中华人民共和国宪法》规定，我国行政区划划分为省、县、乡三级：

(1) 全国分为省、自治区、直辖市；

(2) 省、自治区分为自治州、县、自治县、市；

(3) 县、自治县分为乡、民族乡、镇；

(4) 直辖市和较大的市分为区、县；

(5) 国家在必要时设立的特别行政区。

城市规划是各级政府履行行政职能的重要工具，在各级政府中设置了相应的城乡规划部门。目前我国的行政区划层次分为省、市、县、乡、村。乡和村的地域范围小，且以农业生产为主，没有实质意义的规划机构，城市建设之类的事物由上级政府管理。因此，加上中央，我国构成了以中央、省、市、县等四级城乡规划行政体系。并形成了以不同层级城市规划行政主管部门的“纵向”行政关系及其与其他政府部门之间的“横向”行政关系。

纵向体系指同一部门不同层级的城乡规划主管部门（自然资源部、自然资源厅、自然资源局）；上级对下级无管理权限但有指导和监督权力。

横向体系指不同组织编制部门，相互不能指导其他部门。例如，自然资源局不能指导住房城乡建设局如何编制，只能采用合作方式（图 2-4）。

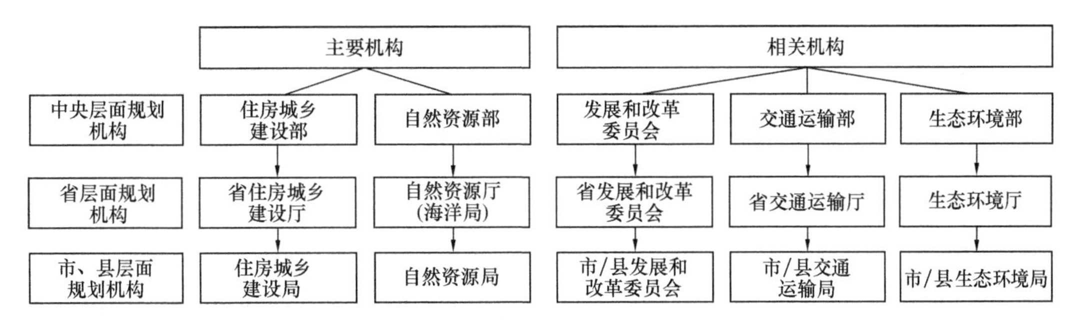

图 2-4 城市规划行政层级关系

2.3.1 城市规划纵向行政体系

我国的城市规划行政体系是实施自上而下的行政管理。在中央层级，城市规划职能一直归属于建设类部门，并由住房城乡建设部进行管理。与此同时，在新的大部制改革下，有很多部门与城市规划相关联，最主要是自然资源部、国家发展和改革委员会、交通运输部、生态环境部等部门。国家发展和改革委员会制定的许多经济发展战略和重大项目都需要城市规划部门来落实，同时国土部门所进行的全国土地利用规划也需要城市规划部门相配合。除此之外还包括环境保护部、交通运输部等与城市规划密切相关的部门[10]。

住房城乡建设部是国务院组成部门之一，在规划方面注意负责制定住房和城乡建设政策，统筹城乡规划管理，并负责编制全国城镇规划体系，用于指导省域城镇体系规划、城市总体规划的编制。

省级规划机构主要为省住房和城乡建设厅，在规划方面主要负责制定和组织起草有关地方性法规、规章草案，并且承担城乡规划监督管理，负责省人民政府交办的城市总体规划、市域城镇体系规划的审核报批和监督实施，参与土地利用总体规划等相关规划的审核。

在市、县层级，经过多年的实践和发展，不同的地方形成了多种不同的机构模式，比如我国的几个大城市：北京、上海、广州、深圳等，都根据自身的特点，相应地建立了不同的模式（表 2-4）。

我国各地方规划管理行政机构模式 **表 2-4**

	北京	上海	深圳	广州
形式	市局—分局	市局—分局	市局—分局	市局—分局
模式	市、区县和乡镇三级规划管理体制	中心区两级政府、两级管理	中心区两级政府、两级管理	两级政府、三级管理、四级网络
特点	在干部人事上垂直管理方式，各分局正副局长，领导班子由市规委任命，其他干部和工作人员区里安排，隶属于区政府，财务也由区里支出管理	区县局受市局和区县政府双重领导，财政权和人事权在区县政府，市局无干预权	分局人事、行政劳资、福利等方面均由市局负责	区规划分局由所在人民政府和市规划局双重领导，区实施行政领导，市局实施业务领导
市局职能	编制总体规划、分区规划、重要地段的控制性规划。 审批重要开发项目	编制总体规划、分区规划、重要地段详细规划。 审批重要开发项目	编制法定图则、分区规划等主要规划	编制总体规划、中心发展区分区规划、市发展地区控制性详细规划
分局职能	审批 75%以上的项目，包括城市次干道以下道路、市政工程、区级以下公共设施建设等	编制地区的详细规划，但需要报市局审批	分局具有参与规划编制权力，比如分区规划、详细规划等，但由市局负责审批。 审批小型开发项目和土地管理	单位小区详细规划、建制镇（村）和一般地区建设项目的详细规划。 辖区内大部分建设项目

表格来源：蔡泰成．我国城市规划机构设置及职能研究［D］．广州：华南理工大学．

2.3.2 城市规划横向行政体系

地方规划机构的编制工作是多个部门协调完成的。比如在城市总体规划的编制中，涉及资源与环境保护、区域统筹与城乡统筹、城市发展目标与空间布局、城市历史文化遗产保护等重大专题，地方政府通常会成立市长的领导小组，由相关领域的专家领衔进行研究。受到行政制度的影响，政府有关部门和军事机关的意见在规划部门里面是非常重要的，而且对于政府有关部门和军事机关提出意见的采纳结果，也通常作为城市总体规划报送审批材料的专题组成部分。

我国地方的城市规划的管理权限非常分散，通常会出现规划部门与其他部门的分工不明确，比如广州在编制旧城改造和城中村改造、环境整治等一些新类型的规划中，规划部门、国土部门以及地方发改委职能相互重叠和职责边界不清的问题，这一管理分工现状越来越难以适应我国城市化的快速发展带来的变化，近年国家大力推进的政府机构改革将有效改变这一局面。

2.4 规划工作体系

规划工作体系为城市规划体系的主要部分之一，是指围绕着城市规划工作和行为的开展过程所建立起来的结构体系，也可以理解为运行体系或运作体系。这一体系本身必然是遵循法律法规的规定建立起来的，并有大量的活动将依赖于城市规划的行政体系而得以展开。城市规划工作体系包括城市规划编制体系和规划实施管理体系等。

2.4.1 城市规划的编制体系

《城乡规划法》中规定城乡规划包括城镇体系规划、城市规划、镇规划、乡规划和村庄规划等五大类规划，其中，城市规划、镇规划分为总体规划和详细规划两个阶段进行编制。根据“先规划后建设”原则，城市、镇依法编制总体规划或者控制性详细规划，未确定建设用地范围及规划条件的，不得批准建设或者出让国有土地使用权。在各类规划中，城镇体系规划、城市总体规划、镇总体规划以及城市、镇控制性详细规划为法定必须编制的规划。

《编制办法》中确定城市规划分为总体规划和详细规划两个阶段。大、中城市根据需要，可以依法在总体规划的基础上组织编制分区规划。城市详细规划分为控制性详细规划和修建性详细规划。国务院建设主管部门组织编制的全国城镇体系规划和省、自治区人民政府编制省域城镇体系规划，城市人民政府负责编制城市总体规划和城市分区规划，如图2-5所示。

在《城乡规划法》以“总体规划—详细规划”为轴心的两阶段规划编制体系指导下，经过多年发展，全国各地各类型的城市规划和创新不断出现，我国的城市规划编制体系可在两阶段规划编制体系下，分为法定规划与非法定规划两种规划类型，以弥补现行规划编制体系的刚性和弹性的要求。

一类为法定规划类型，指一般各类型城市都需要编制的规划，这类规划必须经过批准并立法，分为总体规划、控制性规划两个层次。

另一类为非法定规划类型，指由各类城市自行决定编制的规划，不作统一规定，如各

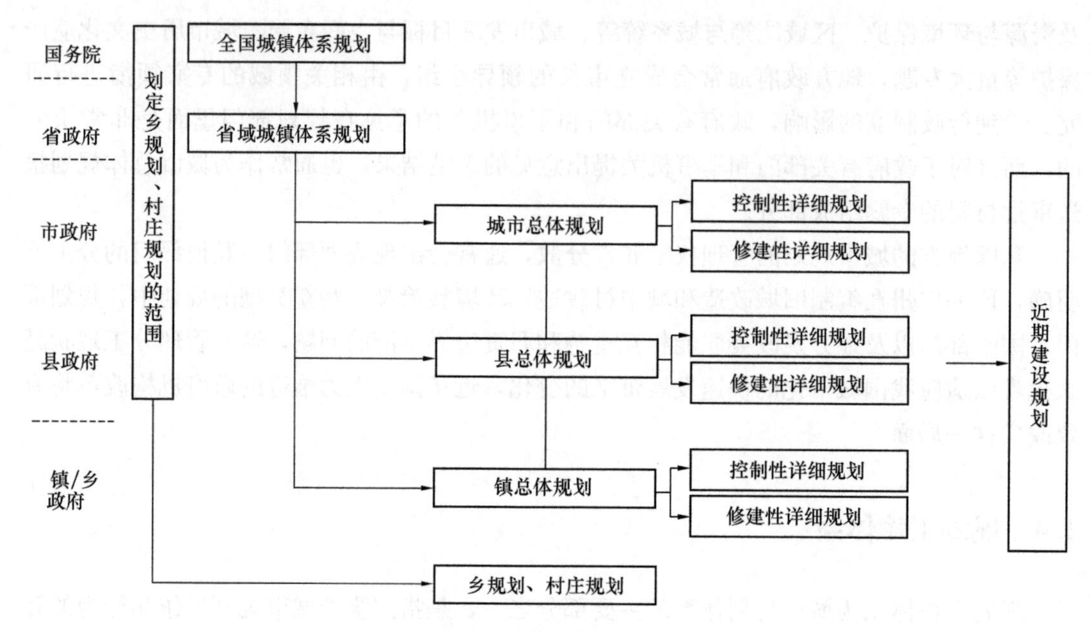

图 2-5 我国城乡规划编制关系示意图

局部地段的详细规划、各种专业规划、专项规划、近期建设规划、重大工程项目规划、特定地段的城市设计等[11]。部分省市通过出台相关城市规划规章制度，将发展战略规划、次区域规划、分区规划也列入法定规划类型。城市规划编制体系如图 2-6 所示。

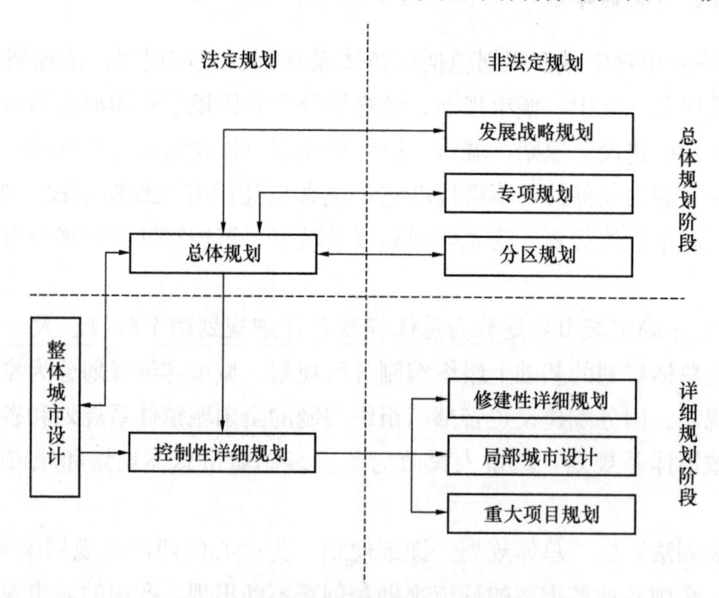

图 2-6 城市规划编制体系架构示意图

1. 城市总体规划

各城市人民政府编制城市总体规划前，应当对现行城市总体规划以及各专项规划的实施情况进行总结，对基础设施的支撑能力和建设条件作出评价。针对存在问题和出现的新情况，从土地、水、能源和环境等城市长期的发展保障出发，依据全国城镇体系规划和省域城镇体系规划，着眼区域统筹和城乡统筹，对城市的定位、发展目标、城市功能和空间布局等战略问题进行前瞻性研究，作为城市总体规划编制的工作基础。

在对全国城镇体系规划和省域城镇体系规划研究的基础上，组织编制城市总体规划。其中，组织编制直辖市、省会城市、国务院指定市的城市总体规划，应当向国务院建设主管部门提出报告；组织编制其他市的城市总体规划的，应当向省、自治区建设主管部门提出报告。城市总体规划编制基本程序如图 2-7 所示。

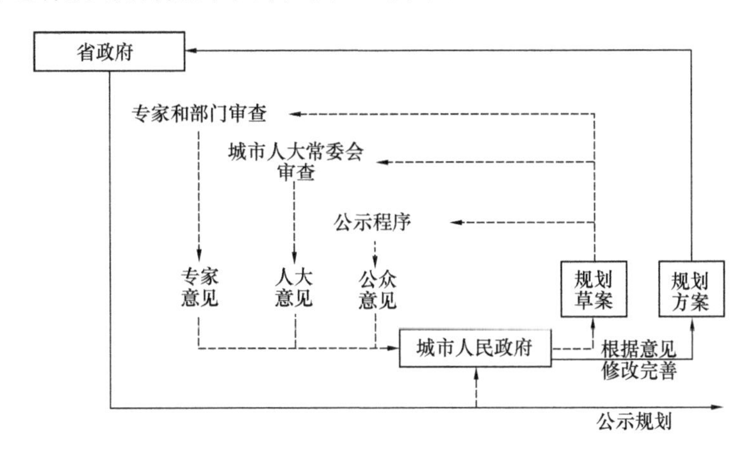

图 2-7　城市总体规划编制一般程序

城市总体规划应当包含的内容：

（1）城市规划区范围。

（2）市域内应当控制开发的地域。包括：基本农田保护区，风景名胜区，湿地、水源保护区等生态敏感区，地下矿产资源分布地区。

（3）城市建设用地。包括：规划期限内城市建设用地的发展规模，土地使用强度管制区划和相应的控制指标（建设用地面积、容积率、人口容量等）；城市各类绿地的具体布局；城市地下空间开发布局。

（4）城市基础设施和公共服务设施。包括：城市干道系统网络、城市轨道交通网络、交通枢纽布局；城市水源地及其保护区范围和其他重大市政基础设施；文化、教育、卫生、体育等方面主要公共服务设施的布局。

（5）城市历史文化遗产保护。包括：历史文化保护的具体控制指标和规定；历史文化街区、历史建筑、重要地下文物埋藏区的具体位置和界线。

2. 城市控制性详细规划

城市控制性详细规划是建设主管部门（城乡规划主管部门）发放建设项目规划许可证的依据。在编制过程中，应依据已经依法批准的城市总体规划或分区规划，考虑相关专项规划的要求，对具体地块的土地利用和建设提出控制指标。编制城市修建性详细规划，应依据已经依法批准的控制性详细规划，对所在地块的建设提出具体的安排和设计。控制性详细规划编制一般程序如图 2-8 所示。

城市控制性详细规划中应当包括下列内容：

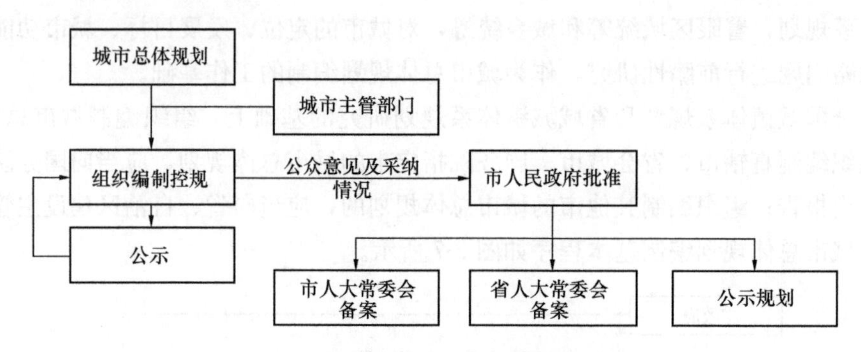

图 2-8 城市控制性详细规划编制一般程序

(1) 确定规划范围内不同性质用地的界线，确定各类用地内适建、不适建或者有条件地允许建设的建筑类型。

(2) 确定各地块建筑高度、建筑密度、容积率、绿地率等控制指标；确定公共设施配套要求、交通出入口方位、停车泊位、建筑后退红线距离等要求。

(3) 提出各地块的建筑体量、体型、色彩等城市设计指导原则；根据交通需求分析，确定地块出入口位置、停车泊位、公共交通场站用地范围和站点位置、步行交通以及其他交通设施。规定各级道路的红线、断面、交叉口形式及渠化措施、控制点坐标和标高。

(4) 根据规划建设容量，确定市政工程管线位置、管径和工程设施的用地界线，进行管线综合。确定地下空间开发利用具体要求。

(5) 制定相应的土地使用与建筑管理规定。

3. 非法定规划

城市总体规划和控制性详细规划是常见的法定规划类型，其成果是构成城市建设管理秩序的重要法规性文件。非法定规划是现代城市规划体系的重要组成部分，是法定规划的补充。在以总体规划——详细规划为主体的二级规划体系中，应重视非法定规划的作用。应将非法定规划中的创意和规划理念融入到法定规划内容中，使两者达到有机结合。尽管非法定规划是各级政府根据城市发展需要自行编制的，但是在实践中表明，只要法定规划得不到有效完善，就需要非法定规划作为补充[12]。

概念性规划：在城市总体规划的指导下，对城市某片区（地区）的开发建设提出概念性的构思和开发策略，是详细规划阶段的开发策略规划，也是目前招投标中经常采用、适于市场化运作的形式。

城市设计：我国现有城乡规划体系中尚未明确规定城市设计的地位、作用及其实施机制。尽管城市设计作为一种分析方法和设计手段，缺乏法律支撑，但不少城市已经开展了大量的城市设计工作，涉及从城市总体规划、分区规划、详细规划等各个规划层次。

专项规划：以城市总体规划、控制性详细规划为依据，编制的绿地规划、道路交通、土地利用、市政工程等专项规划。

2.4.2 城乡规划实施管理体系

按照《城乡规划法》规定，我国城乡规划实施管理体系由城乡规划实施组织、建设项目的规划管理及城乡规划实施监督检查等内容组成，三者构成了我国城乡规划管理的决策、执行及监督系统，如图 2-9 所示。

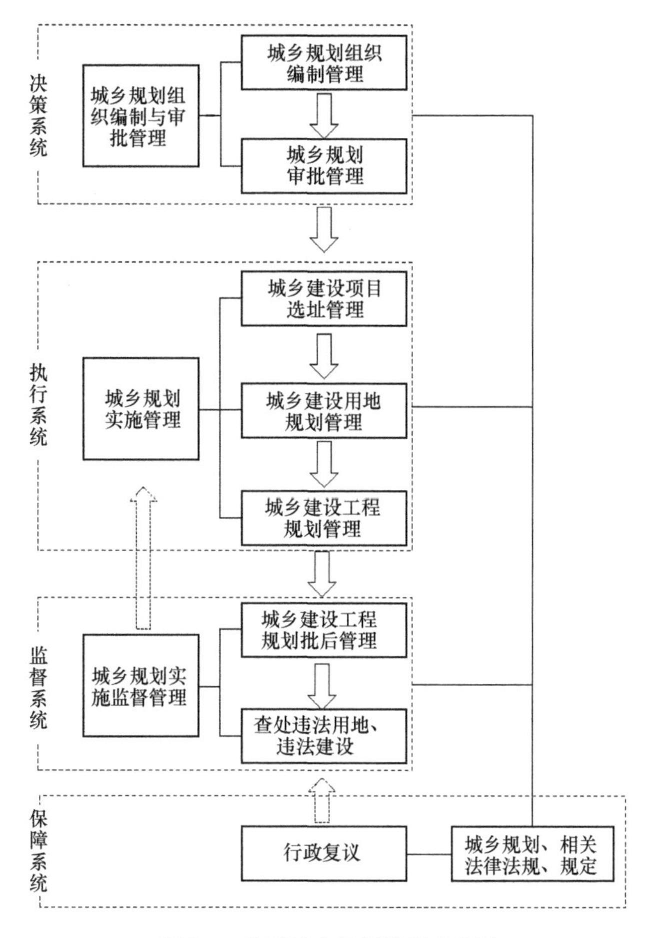

图 2-9　我国城乡规划管理系统图

资料来源：周晓曼. 中小城市城乡规划管理模式优化研究 [D]. 安徽：安徽建筑大学，2013

城乡规划的实施组织：主要由政府部门来承担，有时也可以由企业组织。

建设项目的规划管理："一书两证"——建设项目选址意见书、建设用地规划许可证、建设工程规划许可证。

城乡规划实施的监督检查：省域城镇体系规划、城市总体规划、镇总体规划的组织编制机关，需要定期对规划实施情况进行评估，并向本级人民代表大会常务委员会、镇人民代表大会和原审批机关提出评估报告，并附具征求公众意见的情况。

2.5　市政基础设施与城市规划

随着城市的发展，市政基础设施的建设内涵也不断由简单到复杂、由低级到高级、由单一到综合的变化。城市交通、给水、排水、供电、燃气、供热、通信、环卫、防灾等成为城市建设的主体。基础设施的建设与管理的分工也越来越细，并出现了相应新的职能部门。

市政基础设施作为城市最重要的设施，其建设关系到城市经济、社会、资源环境、人口等多方面的内容，对于城市可持续发展具有重大意义是城市充分发挥作用的基本保障，是城市人民生活与物质生产的基本条件，是体现城市现代化水平高低的重要标志。而随着市政基础设施投资主体多元化，市政基础设施的多部门交叉管理以及市政基础设施之间关系复杂化等问题的出现，高水平的市政基础设施建设更依赖于科学合理的规划。

市政基础设施规划是城市各专业工程的发展规划，将在一定时期内指导市政基础设施的建设，市政基础设施的建设需要以各专业工程规划为依据，以便有利于科学、合理、有序地指导各市政专业工程设施及管网的建设。市政基础设施规划的依据是城市总体规划，反映城市总体规划的思想和理念，也是城市规划的一种落实，各项市政基础设施规划必须围绕城市经济、政治和社会发展的总目标展开。市政基础设施规划与城市规划的关系如图 2-10 所示。

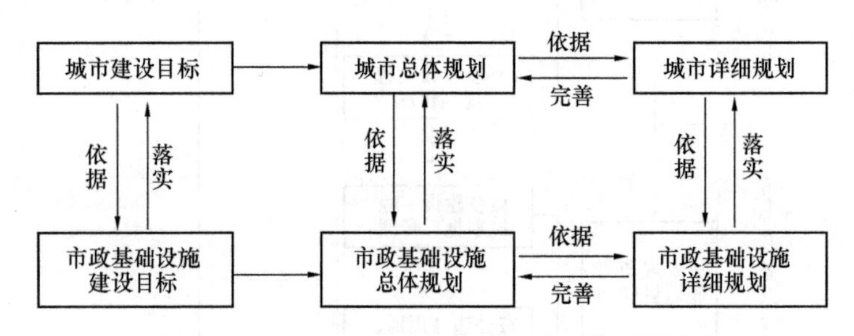

图 2-10　市政基础设施规划与城市规划的关系

2.6　市政工程规划研究内容

市政基础设施工程也称“公用设施工程”或“市政工程”，为了便于阐述，以下全部简称为“市政工程”。市政工程规划包含六大系统的内容，涉及的专业十分广泛。由于近年来对道路交通系统的研究属于研究热门，已经取得了大量的研究成果，且我国的城市交通工程已形成与城市规划协调完善的规划体系。限于篇幅，下文不将道路交通规划列入本书市政工程规划的讨论范畴。

本书讨论的市政工程主要包括给水工程、污水工程、雨水工程、电力工程、通信工程、供气工程、热力工程、再生水利用、管线综合等传统市政管线工程内容。

近年来，随着城市的发展，城市基础设施的内容在动态地发展变化。在实践过程中，市政工程规划在传统市政工程规划内容的基础上不断拓展和延伸，其类型和内涵不断充实和丰富，发展出了竖向工程、环卫工程、防灾工程、消防工程、应急避难场所等传统市政设施工程内容；与此同时，为解决城市现状问题的市政新课题也不断发展，近年来提出了海绵城市、综合管廊、水系规划、排水防涝、黑臭水体、充电汽车基础设施、区域集中供冷工程、地下空间等新型市政工程及新型市政课题。

为了便于区分，本书将市政工程规划研究内容分为传统市政管线类、传统市政设施类、新型市政工程及新型市政课题等四类，如图 2-11 所示。当然，随着城市的发展和技术的进步，市政工程的研究内容将会越来越多。

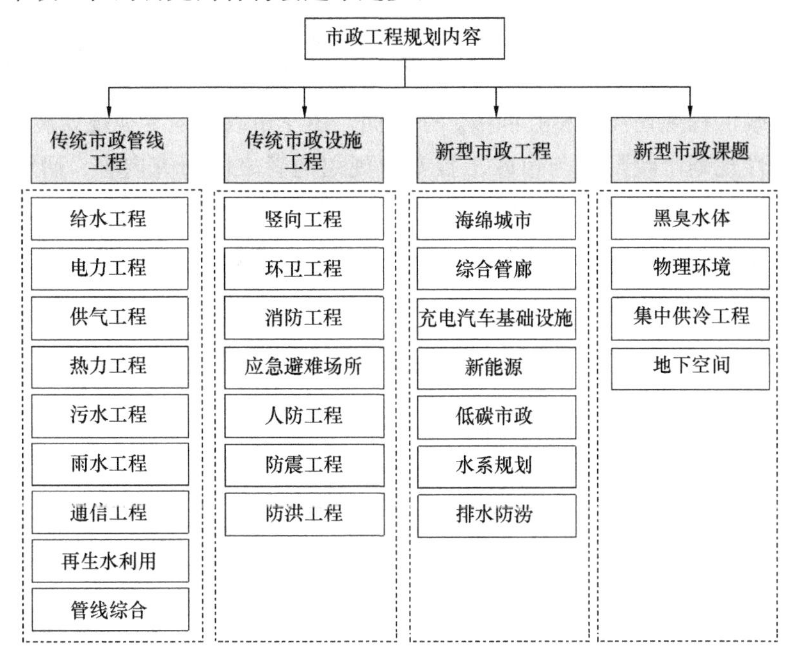

图 2-11 市政工程规划内容构成示意图

2.7 市政工程规划发展概述

目前，国内对于市政工程规划还没有一个真正意义上的理论定义。经过长期的实践和发展，我国市政工程规划有综合性规划市政配套、市政单项专业规划及市政工程详细规划三种形式[13]。

市政工程规划的三种形式实质是在实践过程中不断发展和相互演变的结果。在城市规划体系中，不同层次的综合性规划，如城市总体（分区）规划和详细规划，一般包含了城市的定位、产业布局、用地规划、空间结构、公共配套、市政配套等内容。市政配套作为综合性规划中的组成部分，是指导城市市政基础设施建设的重要依据。

在实践过程中，对市政基础设施的重视程度日益增强，原有的综合性规划市政配套无法完全满足城市建设要求，在城市规划过程中，逐渐将市政工程规划单独罗列出来，使得市政工程规划成为了一个相对独立的规划系统，即市政工程专项规划。在市政工程专项规划发展过程中，先后形成了市政单项专业规划和市政工程详细规划两种形式。

其中市政单项专业规划一般是由各专业主管部门，依据城市总体规划、区域基础设施工程发展规划而编制，可以认为是城市总体规划的一种落实。专业部门编制的单专业市政工程规划，因受到规划深度和规划条件等因素的限制，在指导下一步工程实施、设计和建设方面存在一定的局限性，如存在工程实施性差、各专业市政工程规划间缺乏协调、工程管线布局混乱等不足。

而为了弥补市政单项专业规划的不足，近年来市政工程专项规划中发展出了市政工程详细规划，在编制过程中主要依据控制性详细规划和各市政单项专业规划，其出现有利于补充和完善市政工程规划编制体系，更好地指导市政工程实施和建设。

在目前的城市规划体系架构下，市政工程规划发展成为了一个独立的规划系统，但这三种形式的市政工程规划往往相互混淆。一方面，由于市政工程专项规划规划体系尚未成熟，使得综合性规划市政配套与市政工程专项规划两者之间研究内容、研究重点等相混淆；另一方面，在市政工程专项规划体系内，市政单项专业规划与市政工程详细规划在研究深度、研究重点、作用等方面相混淆。有必要就其作为独立的城市规划子系统及其规划体系进行充分研究（图 2-12）。

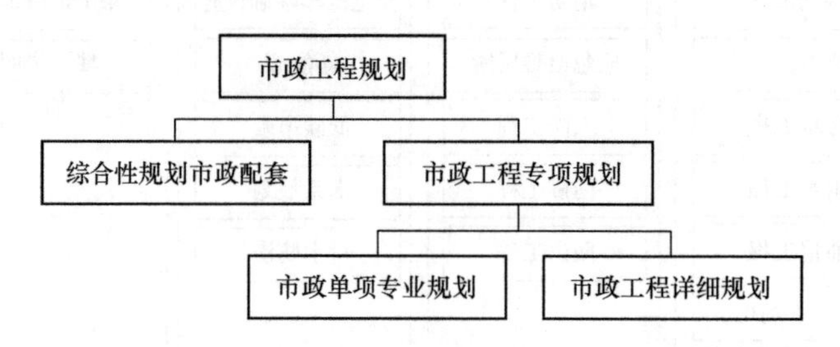

图 2-12　市政工程规划三种形式关系示意图

2.7.1　综合性规划市政配套

在城乡规划体系下的城镇体系规划、（城市/镇）总体规划、（城市/镇）详细规划（含控制性详细规划和修建性详细规划）等各层次规划中都需要包含市政基础设施规划的内容，即综合性规划市政配套。

《编制办法》中城市总体规划、市域城镇体系规划、中心城区规划、近期建设规划、分区规划、详细规划对市政基础设施的编制要求进行了要求和说明，见表 2-5。

综合性规划市政配套内容编制要求一览表　　**表 2-5**

序号	城市规划	市政配套内容编制要求
1	城市总体规划	（1）提出重大基础设施和公共服务设施的发展目标。包括：城市干道系统网络、城市轨道交通网络、交通枢纽布局；城市水源地及其保护区范围和其他重大市政基础设施；文化、教育、卫生、体育等方面主要公共服务设施的布局。 （2）提出建立综合防灾体系的原则和建设方针。包括：城市防洪标准、防洪堤走向；城市抗震与消防疏散通道；城市人防设施布局；地质灾害防护规定
2	市域城镇体系规划	确定市域交通发展策略；确定市域交通、通信、能源、供水、排水、防洪、垃圾处理等重大基础设施，重要社会服务设施，危险品生产储存设施的布局
3	中心区规划	确定电信、供水、排水、供电、燃气、供热、环卫发展目标及重大设施总体布局
4	城市近期建设规划	确定各项基础设施、公共服务和公益设施的建设规模和选址
5	分区规划	确定主要市政公用设施的位置、控制范围和工程干管的线路位置、管径，进行管线综合布局

续表

序号	城市规划	市政配套内容编制要求
6	控制性详细规划	标明规划区内及对规划区域有重大影响的周边地区现有公共服务设施（包括行政、商业金融、科学教育、体育卫生、文化等建筑）类型、位置、等级、规模等，道路交通网络、给水电力等市政工程设施、管线分布等情况等
7	修建性详细规划	（1）各项专业工程规划及管网综合； （2）竖向规划； （3）消防专篇； （4）建设时序，包括建设周期、年度建设计划安排、市政基础设施及公共配套服务设施的建设时间和周期安排等

综合规划市政配套的作用主要体现如下：

（1）综合规划市政部分作为综合规划组成部分，主要根据城市规划的人口、用地、建筑面积和道路等内容来确定市政容量，配置相应的市政设施，并保障其用地，满足未来城市发展的需要。

（2）城市总体规划或分区规划市政配套，主要结合城市规划目标，对工程资源（如水、电、气、热等）进行科学论证和供需平衡分析，提出工程资源可持续保障的战略和对策；结合城市规模和用地规划，预测工程负荷，落实重大市政设施用地和空间布局，并从系统的角度布置主要工程管线。

（3）详细规划中的市政配套规划能相对准确地预测工程设施规模和工程管线负荷，并对市政设施和各种工程管线进行定位。

然而，城市总体（分区）规划受规划深度要求、基础资料等因素的制约，该层次的市政配套规划难以对市政设施进行准确定位，无法计算工程管线的管径特别是排水管的管径，也难以在平面上和竖向上确定各种工程管线的位置。加上对现状市政设施和工程管线缺乏深度的了解，规划的工程管线与现状工程管线往往不能很好衔接。即该层次的工程规划可操作性比较差，无法对下一步市政工程的规划设计与建设进行具体的指导。

城市详细规划，受规划范围较小等因素的制约，详细规划中的市政配套系统性较差，无法对整个城市或较大区域内的工程设施、管线进行统筹安排。由于难以全面掌握规划区外围市政工程的现状和规划情况，在与区外市政设施协调和工程管线衔接时就很容易出现问题，特别是在排水工程方面问题比较多，如大管接小管、管道绕弯路，管线竖向衔接出现矛盾等。

与此同时，由于我国城市规划编制体系在实施过程中的一些历史原因，一方面，国内长期以来“重地上，轻地下”，重表面工程、政绩工程的城市建设陋习，使主要敷设于地下的市政管线设施受到轻视，从而市政基础设施规划也不受到应有的重视；另一方面，相关法律法规的缺失和不足以及缺乏专业、专职人员的持续关注等原因，使得我国综合性规划市政配套受重视程度远不及综合性规划的其他内容。城市规划体系中，各层次的综合性规划市政配套无法体现市政工程的特性，对市政基础设施的建设指导意义不大[14]。

2.7.2 市政单项专业规划

综合性的城市规划重点在于城市定位、规模、功能分区、产业和空间布局结构等方面，尽管综合规划市政配套部分从宏观上确立了基础设施的规模、布局和指标等，但在实际落地过程中会遇到重重困难。

因此，在实践过程中，很多城市都将市政工程专项规划作为一个专业性规划从城市综合性规划中独立出来，单独成为一个城市规划子系统，专门针对市政工程建设的诸多问题和特点进行规划研究。国内的一些城市的行业主管部门着手编制了诸如给水工程规划、排水工程规划、燃气工程规划等市政单项专业规划。

由各级行政主管部门牵头开展的市域给水、排水、燃气、环卫等宏观层次的专业规划，解决了市政基础设施区域化发展的需要，从宏观层面为基础设施区域化发展提供了科学依据和引导。以深圳市为例，近年来由主管部门编制了一系列市政单项专业规划，见表2-6。

近年来深圳市市政单项专业规划编制情况一览表 **表2-6**

层次 专业	市域层面规划			分区层面规划		
	名称	编制年份	编制部门	名称	编制年份	编制部门
给水工程	《深圳市给水系统布局规划（2010—2020）》	2010年（2016年修编）	深圳市规划和国土资源委员会/深圳市水务局	《龙岗区给水系统布局规划（2011—2020）》	2011年	深圳市规划和国土资源委员会龙岗管理局
				《宝安区给水系统布局规划（2011—2020）》	2010年	深圳市规划和国土资源委员会宝安管理局
				《盐田区给水系统布局规划（2011—2020）》	2013年	深圳市规划和国土资源委员会盐田管理局
污水工程	《深圳市污水系统布局规划（2010—2020年）》	2010年	市规划和国土资源委员会	《深圳市宝安区污水系统专项规划（2005—2020）》	2013年	深圳市规划局宝安管理局
雨水工程	《深圳市排水（雨水）防涝综合规划（2011—2020年）》	2013年（2018年修编）	深圳市规划和国土资源委员会和深圳市水务局	—	—	—

续表

层次 专业	市域层面规划			分区层面规划		
	名称	编制年份	编制部门	名称	编制年份	编制部门
电力工程	《深圳市电力设施及高压走廊专项规划》	2010年（2016年）	深圳市规划和国土资源委员会	《宝安区电力管网详细规划（修编）（2012—2020）》	2012年	深圳市规划和国土资源委员会和供电局
				《龙华新区电力管网详细规划（2013—2020）》	2011年	深圳市规划和国土资源委员会和供电局
				《光明新区220kV/20kV电力专项规划》	2011年	深圳市规划和国土资源委员会和供电局
				《龙岗区电力工程规划（2016—2030）》	2016年	深圳市规划和国土资源委员会和供电局
通信工程	《深圳市通信管道及机楼专项规划》	2015年	深圳市经济贸易和信息化委员会	《宝安区通信管网专项规划（2006—2020）》	2006年	深圳市规划局宝安管理局
供气工程	《深圳市燃气系统布局规划》	2006年	深圳市规划和国土资源委员会	《深圳市宝安区燃气专项规划修编（2014—2020年）》	2014年	深圳市规划和国土资源委员会宝安管理局
				《深圳市盐田区燃气工程专项规划》	2012年	深圳市规划和国土资源委员会滨海管理局
				《深圳市龙岗区燃气专项规划（2010—2020）》	2010年	深圳市规划和国土资源委员会龙岗管理局
综合管廊	《深圳市地下综合管廊工程规划》	2011年（2016年进行修编）	深圳市规划和国土资源委员	《宝安区综合管廊详细规划》	2016年	深圳市规划和国土资源委员会宝安管理局
				《南山区综合管廊详细规划》	2016年	深圳市规划和国土资源委员会龙岗管理局
				《龙岗区综合管廊详细规划》	2016年	深圳市规划和国土资源委员会龙岗管理局
				《龙华区综合管廊详细规划》	2016年	深圳市规划和国土资源委员会龙华管理局

续表

专业 \ 层次	市域层面规划			分区层面规划		
	名称	编制年份	编制部门	名称	编制年份	编制部门
消防工程	《深圳市消防发展规划暨消防设施系统布局规划》	2009年	深圳市规划和国土资源委员会/深圳市公安局	《宝安区消防规划详细》	2010年	深圳市规划和国土资源委员会宝安管理局
				《南山区消防规划详细》	2010年	深圳市规划和国土资源委员会南山管理局
环卫工程	《深圳市环卫设施规划》	2006年（2016年修编）	深圳市规划和国土资源委员会/深圳市城市管理局	《龙岗区环卫总体规划》	2010年	深圳市规划和国土资源委员会龙岗管理局/龙岗区城市管理局
应急避难场所	《深圳市应急避难场所专项规划》	2009年	深圳市规划和国土资源委员	《龙岗区应急避难场所规划方案》	2006年	深圳市规划和国土资源委员会龙岗管理局/龙岗区应急指挥中心

注：上述仅列出近年来深圳市编制的市政单项专业规划典型项目，一般情况下，市政单项专业规划每隔五年进行修编。

市政单项专业规划的开展既满足了实际建设的需要，又极大丰富了规划层次和内容深度，增强了规划的可操作性。但需要指出的是，单专业市政工程专项规划其内容深度及表达形式仍属于城市规划编制体系中的总体规划序列，主要是对城市的一些大型设施、建设标准、布局结构等方面的宏观控制和表达，其内容深度仍然难以直接作为设计和建设的依据；另一方面，由行业主管部门编制单专业规划往往局限于本行业的发展，缺乏与其他行业规划的协调，加上市政设施位置和工程管线走向与城市规划用地和路网布局衔接不够，在很大程度上影响到单项专业规划的可实施性[15]。

2.7.3 市政工程详细规划

由于城市的快速发展，建设速度太快，很多城市政府为适应这种发展，无论从经费到精力都不太可能按部就班地从宏观层面—中观层面—微观层面的规划序列来编制不同阶段的城市规划。加之在一段时期内，国家行政主管部门要求在2～3年内，县城以上城市控制性详细规划覆盖面要达到城市总体规划用地面积的70%以上。各级城市政府根据经费安排和建设的需要陆续开展了控制性详细规划的编制工作，因此，规模不等的控制性详细规划范围（从不足 1km² 到 10km²）在城市（镇）的不同地段、不同片区相继开展。几年下来，很多城市都出现了“插花式”的规划范围格局。

例如2009年初，为适应《城乡规划法》《广东省控制性详细规划条例》等法律法规的要求以及深圳城市发展新形势，深圳市规划主管部门开展了“法定图则大会战”，力争两年内基本实现城市规划建设用地的法定图则全覆盖。到2018年10月底，全市法定图则通过技术会议审议234项，覆盖率100%，基本实现了城市规划建设用地法定图则全覆盖。

因缺乏系统的专业规划的指导，加之编制时间、编制单位的不同，在分散的块状控制性详细规划中的市政配套规划内容在市政系统、管径、埋深、指标等方面难免出现相互衔接方面的矛盾和问题，甚至是较大的问题，如排水的高程衔接、大管接小管、系统脱节等问题。控制性详细规划不可能对于市政配套规划中的相关问题倾注过多内容，因此有必要编制独立的市政工程详细规划来加以整合和统一，理顺相互关系，形成与控制性详细规划相对应的市政工程规划，并注重解决操作层面的市政工程设施的系统性和整体性问题。为了适应这种需要，一些规划起步较早或某方面矛盾较为突出的城市已开始编制市政工程详细规划[16]。

总的来说，由于综合性规划市政配套的内容编制要求及成果已经不能适应指导城市建设的需要，从而慢慢地演化出市政单项专业规划和市政工程详细规划，这两种类型的市政工程专项规划是属于独立于综合性城市规划的一个子系统。需要说明的是，市政工程专项规划作为独立的城市规划子系统，其编制历程才刚刚起步，市政工程专项规划理论和实践还处于萌芽阶段，自身的成熟发展需要一个过程。

但根据近些年的实践表明，市政工程专项规划的作用体现在以下几个方面：

(1) 通过各市政工程专项规划所作的调查研究对各项城市基础设施的现状和发展前景进行了深刻的剖析，抓住主要矛盾和问题症结，制定了解决问题的对策和措施。

(2) 市政专项规划明确了各市政专业系统的发展目标和规模，统筹了本系统的建设，制定了分期建设计划，有利于市政基础设施的落实和筹建。

(3) 市政专项规划合理布局了各项工程设施和管网，提供了各项设施实施的指导依据，便于有计划改造、完善现有的市政基础设施，最大限度地利用现有设施，及早预留和控制市政设施的建设用地和空间环境。

(4) 市政专项规划对建设地区的市政基础设施和管网作了具体的布置，作为工程设计的依据，有效地指导了建设和实施。

与此同时，国内出现了市政工程专项规划编制方法的研究成果，如2005年，同济大学的戴慎志教授主编的《城市工程系统规划》是国内较早研究城市工程系统的教材，如图2-13所示。2006年，西北大学刘兴昌教授主编的《市政工程规划》是国内第一本以“市政工程”命名的教程，如图2-14所示。为了进一步解决好市政基础设施规划与建设的矛盾，更好地结合市政工程专项规划“系统性、综合性、可实施性、经济性”等特点，很有必要在中、微观层面对市政基础设施的规划和建设进行有效统筹和引导，开展全面、系统、面向实施的市政工程专项规划。

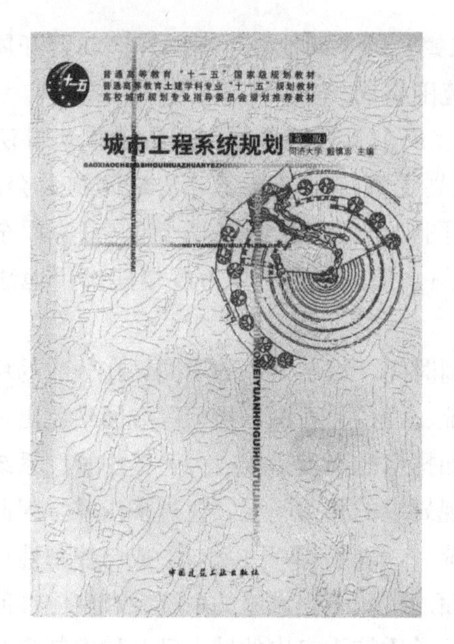

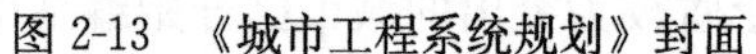

图 2-13 《城市工程系统规划》封面　　图 2-14 《市政工程规划》封面

2.8 市政工程规划编制体系

市政工程专项规划层次是由市政工程自身建设发展要求决定的，市政工程设施就其空间布局而言，一般可以分为宏观（市域）、中观（区域）、微观（片区）三个层面。宏观层面主要解决市政工程区域布局，中观层面主要解决次区域的系统和指标，微观层面侧重于区域内具体的操作和实施。由于这三个层面的存在，就使市政工程规划有阶段性，不同的阶段解决问题侧重点不同，最终形成层次分明、点面结合、分工明确、互相协调、运转高效的市政工程规划编制体系。

结合《城市规划编制办法》中城市规划编制体系的划分以及各个城市实践经验，编制市政专项规划可以分为市政工程总体规划和市政工程详细规划两个层次，大、中城市根据需要，可以依法在市政总体规划的基础上组织编制市政专项分区规划。其中，城市总体和分区层面主要解决区域体系和城市系统问题，后者重点解决规划落实和建设实施问题。

在上述市政工程专项规划的描述中，市政工程专项规划包括市政单项专业规划和市政工程详细规划两种类型，因此，一般可将市政工程专项规划分为单项专业规划和市政工程详细规划两个阶段。

市政单项专业规划可以在编制城市总体规划的同时，作为子课题进行编制，也可以在城市总体规划编制完成后，在其指导下单独进行专业规划的编制，将专业规划作为市政工程专项规划的一个阶段是由于城市一般都先期开展总体规划或分区层次的专业规划，且作为下一阶段市政工程详细规划的依据和指标框架。

综上所述，在市政工程专项规划的编制体系中，若将分区层次规划考虑在内，一般可以概括为“两阶段三层次”的市政工程规划编制体系[16]。各层次解决问题的侧重点也不同，在总体（分区）规划层次主要解决宏观层面的资源配置；详细规划层次主要是解决片区内市政工程实施性的问题。

1. 市政工程单项专业规划阶段——总体（分区）规划层次

各市政专业应结合行业发展规划和城市规划编制专项总体规划，主要形式为全市性市政专项规划，根据管理的需要，可以选择性地编制区域性（如各行政区范围、各专业所确定系统范围）市政专项总体规划，市政专项总体规划是市政专业各层次规划的依据，起全面指导作用。其中全市性市政专项规划必须编制。比如各城市编制的市政单项专业规划阶段就是在总体规划层次的表达。

需要强调的是，并不是所有的城市都需要编制市政专项分区规划，为实现市政各系统在城市用地和道路上综合协调，大、中城市可以以分区（组团）为单位编制市政专项分区规划。市政专项分区规划作为市政规划管理部门的技术操作平台，以总体规划及全市性的市政专业规划为依据，参考各市政行业发展规划，是下层次详细规划编制与实施的直接依据。

2. 市政工程详细规划阶段——详细规划层次

应在市政规划出现真空的地区或需要重点开发或改造的地区进行编制，填补和强化这些地区的市政规划指导工作。市政工程详细规划起到补丁作用，是市政规划不可缺少的组成部分。市政工程详细规划建议与城市控制性详细规划同步或在其后编制，在分区层面也可以编制市政工程详细规划，建议规划范围以建设用地不超过 100km^2 为宜。

与城市规划编制体系类似，市政工程专项总体（分区）规划、详细规划两个层面的相互关系是逐层深化、逐层完善的，是上层次指导下层次的关系，即市政工程专项总体规划（分区规划）是市政工程专项详细规划的依据，起指导作用；而市政工程详细规划是对市政工程专项总体规划（分区规划）的深化、落实和完善。同时下层次规划也可对上层次规划不合理的部分进行调整，从而使市政工程规划更具合理性、科学性和可操作性[17]，如图 2-15 所示。

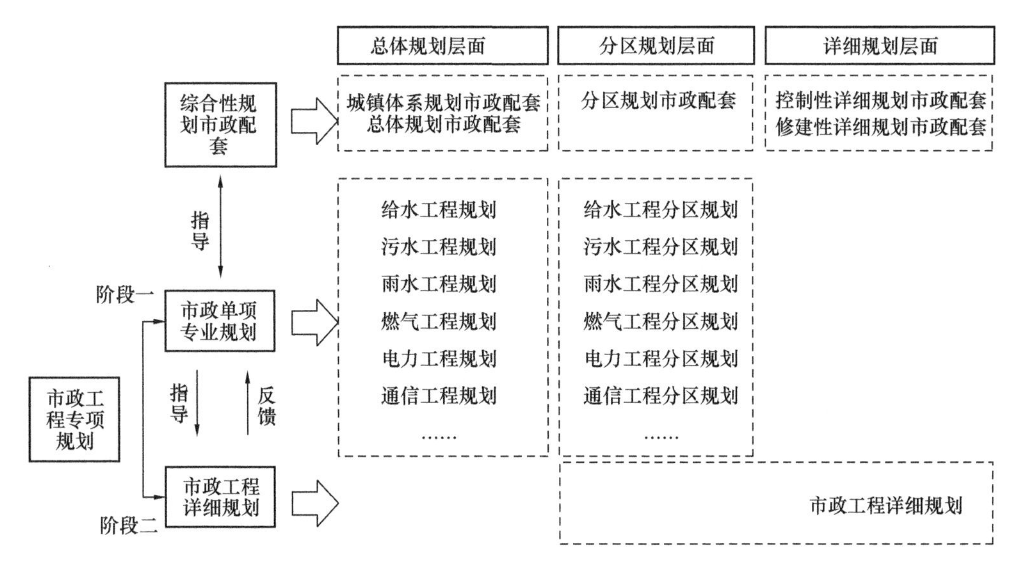

图 2-15 市政工程专项规划“两阶段三层次”关系图

2.9 与各层次规划之间的关系

作为城市规划独立子系统市政工程专项规划，是对综合规划体系的补充与完善，可根据一定的法定审批程序获取其相应的法律地位。对于综合规划中的市政部分内容与单独编制的专项规划的协调问题，如果及时更新的成本过高，可采取定期更新的方式，每年视情况选取需更新内容较多的综合规划，委托专业技术部门根据最新的专项规划成果对其进行内容的局部调整（维护而不是编制新的规划），从而保证综合规划切实发挥综合协调作用。但是，涉及专项规划对综合规划的强制性内容进行调整的事项，必须在综合规划的调整获批准后，才能批准专项规划。

（1）市政工程专项总体规划与城市总体规划相匹配，从本工程系统角度分析和论证城市经济社会发展目标的可行性、城市总体规划布局的可行性和合理性，并提出对城市发展目标和总体布局的调整意见和建议。同时依据城市总体规划确定的发展目标、空间布局，合理布局本系统的重大设施和管网系统，制定本系统主要的技术标准和实施措施。

（2）市政工程专项分区规划是市政专项总体规划和市政专项详细规划的重要衔接，是根据城市建设的实际需要，按功能分区（行政管理区、新城、新区、特殊功能区、工程系统管理分区等）范围进行编制。从本工程系统角度分析和论证功能分区内城市规划布局的可行性、合理性，并提出相关调整意见和建议；根据市政工程专项总体规划和城市功能分区的规划布局，布置本系统在功能分区内的主要设施和市政管网，制定针对本功能分区的技术标准和实施措施。

（3）市政工程详细规划与城市详细规划相匹配，从本工程系统角度对城市详细规划的布局提出调整意见和建议。同时依据上次层次专项规划和城市详细规划确定的用地布局，具体布置规划范围所有的工程设施和工程管线，提出相应的工程建设技术要求和实施措施（图 2-16）。

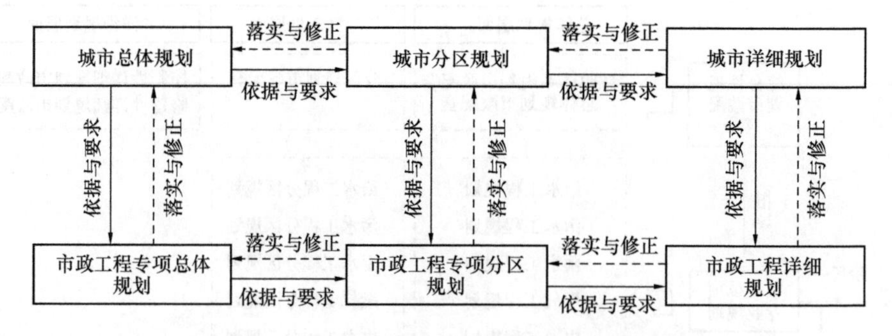

图 2-16 市政工程专项规划与城市规划的关系框图

2.10 与法定规划之间的关系

《城乡规划法》中要求各个城市都需要编制城市总体规划与详细规划，大、中城市可根据需要编制分区规划。这些规划作为城市建设的法定文件，即称为法定规划。

单独编制的市政工程专项规划是城市规划编制体系的有机组成部分，是对城市规划编制体系的补充与完善，尽管在《城乡规划法》中没有明确要求需要单独编制该类规划，其不属于法定规划，但可根据一定的审批程序及结合法定规划的审批程序可以获取其相应的法定地位，并作为城市建设的依据性文件，指导城市建设。

综合规划市政配套与市政专项规划之间是相互依托、相互补充的关系，两者之间可以互为依据、互为调整。市政工程专项规划从系统的角度对市政设施现状和规划的合理性、有效性进行研究，从而在此基础上保证市政规划在宏观、微观层面的正确性。

每个层次的城市综合规划都应有相应的市政配套内容，这些内容作为综合规划的重要组成部分，与综合规划一起具有相应的效力。特别是在综合规划中，涉及强制性内容，如市政设施与管廊用地等，应有规范性的表达，一般为文本和图则等。这些强制性内容需要通过规划审查并进行公示，保证对实施具有约束力。

第3章　市政工程详细规划原理概述

3.1　市政工程详细规划产生的背景与发展历程

城市化进程的加快使各级城市实体不断扩展，作为支撑的城市市政基础设施得到了长足的发展，实践表明，市政基础设施建设的巨大成就一方面得益于经济的发展，整体综合实力的增强，另一方面，也得力于城市规划的龙头作用。如前所述，市政基础设施规划已从无到有，包括了综合性规划市政配套、单项专业规划、市政工程详细规划三种形式；研究内容从少到多，由最初的传统市政系统发展到囊括传统市政、新型市政及其他新课题；成果深度从浅到深，从宏观到多层次结合。

3.1.1　市政工程详细规划背景

市政工程详细规划作为市政工程专项规划在详细规划层次的表达，其产生具有一定的必然性和深刻的城市建设背景。在现有的城市规划体系下，市政工程专项规划未能形成自身规划体系，在实践过程中，市政基础设施规划往往存在以下改善要求：

1. 市政基础设施规划需要对市政基础设施建设进行精细化管控

最初，城市市政工程规划多包含于城市综合性规划，如市县域城镇体系规划中的市县域基础设施规划。城市总体规划、控制性详细规划等规划中的市政配套。随着城市现代化建设快速发展进程中，居民对城市生态环境、生活质量的要求越来越高，可持续发展的理念已普遍被人们所认同。作为有效改善城市生态环境，提高城市居民生活质量的市政基础设施的建设和完善显得越来越重要。因此，原来包含于综合性规划层面的市政基础设施规划从内容深度和广度都逐渐无法满足城市建设的需要。因此，在城市建设中，各个层面的专业规划被提出，过去粗放式的城市基础设施建设管理逐渐转变为对城市精细化管理。

2. 市政基础设施规划需要能够指导市政工程设计和实施

城乡规划体系下，综合性规划市政配套在自身定位、规划理念及编制技术方法和规划内容上，近20年来基本处于停滞不前的状态，未能与时俱进，难以应对快速城镇化进程中迫切、真实的需求和日益严重的突出的现实问题，其处于逐渐被边缘化的境地。

在快速城市化的背景下，对市政基础设施建设精细化的要求使得用原有理念和方法编制出的市政配套规划难以适应和指导市政工程的设计及实施。

3. 市政基础设施规划需要对各专业进行统筹协调

各行业主管部门在城市总体规划的指引下编制了各专业的专项规划，极大地丰富了规划的层次和内容深度，增强了规划的可操作性，解决了市政设施区域化发展的需要，从宏观层面为基础设施的区域化发展提供了科学依据和引导；与此同时，城市总体规划及各专业规划解决了城市市政基础设施系统的标准问题，有利于从宏观和中观层次指导其建设发展。

尽管如此，单项市政专业规划在统筹协调性方面存在不足。一方面，由于行业部门的限制，各专业间缺乏与其他行业部门协调和统筹；另一方面，由于规划年限和规划范围常常与城市规划不吻合，加上市政设施位置和工程管线走向与城市用地和路网衔接不够，在很大程度上影响了单项市政专业规划的可实施性。

4. 市政基础设施规划需要是承上启下，把蓝图变为现实

市政工程详细规划在整个规划设计周期中处于承上启下、蓝图变为现实的结合点，既需要有规划的前瞻性，又需要有指导下一步设计的可操作性。

在各专业专项规划的基础上，对规划范围内的市政工程进行详细规划，将各单项专业规划进一步深入、细化和综合协调，为开发建设管理提供技术支持，使之成为科学、全面指导市政工程初步设计及施工图设计的依据。市政工程详细规划是协调市政各专业系统内部和系统之间存在的矛盾、统一各部门意见的规划平台。它的主要职责是通过更为细致的专题研究、部门协商和参与等渠道来解决市政工程开发建设中出现的不同利益主体之间的意见争端和矛盾等问题，达成某种程度的一致。

由于各个具体委托的市政工程详细规划设计项目的规划任务面积和用地结构不同、各地市政相关部门的行政管理体制不同、不同地域市政工程建设面临的主要技术问题和难点不同，项目业主对设计单位的工作深度要求千差万别。

总体而言，当前对市政工程详细规划自身工作阶段的特点、难点，尤其是体现市政工程详细规划成果特征的关键性技术要求和成果表达方式等方面还没有得到很好的归纳并达成共识。市政工程详细规划的出现需要面对上述的难点，对设计工作者提出了诸多挑战，这也意味着市政工程详细规划有更多创新空间的可能性[14]。

3.1.2　发展历程——以深圳为例

市政工程详细规划这一类型的专项规划并非在各个城市的规划编制体系中普遍性存在。但是，国内多个城市已经逐渐意识到现有城市规划体系下，对于指导市政基础设施建设的不足与无力。部分城市已经开始借鉴国内较发展城市的市政专项规划编制经验，着手编制了“市政基础设施统筹规划”“市政工程设计规划”等多类型的规划，这些规划主要是突出了市政基础设施规划的“系统性、综合性及可实施性”三个方面。所以，可以认为这些类型的规划本质就是市政工程详细规划。

不同的城市，市政基础设施规划的规划体系发展水平不一样。相比而言，深圳探索出了适合自身发展的市政基础设施规划体系，因此，以深圳为例叙述市政工程详细规划的发展历程。

深圳原是广东省宝安县一个紧邻香港的小镇，也是宝安县县治所在地。1979 年 1 月，撤销宝安县，设立深圳市。1980 年 8 月 26 日，经国务院批准设立深圳经济特区，从此深圳经济特区正式成立。根据深圳市自身城市规划发展的特点，结合中国政治、经济及社会的变革，将深圳城市规划发展可分为四个时期（表 3-1）：

第一期，城市基础建设时期（1979～1986 年），以设立蛇口工业区为标志，深圳城市建设开始。

第二期，规划制度的探索期（1987～1989年），随着1987年深圳率先实行土地使用制度改革，随着经济体制向市场转型，开始学习香港，尝试编制新的规划体系。

第三期，规划制度的过渡期（1990～1996年），由于1990年《中华人民共和国城市规划法》实施，并于1991年推行法定图则。由此从1990～1996年，深圳全面推广了法定图则。

第四期，规划制度的确立期（1997年至今），1998年颁布《深圳市城市规划条例》，标志着城市规划由技术性转向制度性。

深圳市城市总体规划及其规划制度主要内容一览[18] **表 3-1**

分期	名称	时间	主要内容
城市基础建设时期（1979～1986年）	城市规划设想	1979年	城市性质：发展来料加工工业； 人口规模：近期10万人，远期（2000年）20万～30万人； 规划范围：10.65km^2； 结构布局：按深圳镇、沙头角、蛇口三个点布局
	《深圳城市建设总体规划》	1980年	城市性质：工业为主，工农结合的经济特区，新型边防城市； 人口规模：近期（1985年）30万人，远期（1990年）60万人； 规划用地：49km^2； 结构布局：分4个区（市区、南头区、蛇口区、盐田区）
	《深圳经济特区社会经济发展规划大纲》	1982年	城市性质：工业为主，兼营商、农、牧、住宅、旅游等多行业综合性特区； 人口规模：近期（1985年）25万人，远期（1990年）80万人； 规划用地：98km^2； 结构布局：按深圳镇、沙头角、蛇口三个点布局
	《深圳经济特区总体规划（1986—2000）》	1986年	城市性质：以工业为重点的综合性经济特区； 人口规模：近期10万人，远期（2000年）20万～30万人； 规划用地：10.65km^2； 结构布局：分4个区（市区、南头区、蛇口区、盐田区）
规划制度的探索期（1987～1989年）	《深圳经济特区土地管理条例》	1988年	总则、土地有偿使用、土地使用期有偿转让、地政管理、法律责任、附则，共6章38条
	"三层次五阶段"规划编制体系	1989年	深圳市规划标准与准则→全市发展策略→次区域发展纲领→法定分区规划图→发展规划图
	《深圳市城市发展策略》	1989年	城市性质：对外贸易、金融、高科技工业比较发达、贸工技相结合、外向型、多功能的，基础设施完备的，具有创汇农业，环境优美的国际性大都市； 规划范围：2020km^2； 结构布局：以特区为中心，由西部开发→东部开发→全域开发的全境开拓
	《深圳市城市规划标准与准则（试行）》	1989年	总则、城市建设用地分类、主要建设用地比例和标准、工业用地标准、居住用地标准、广场用地标准、市政配套等内容

续表

分期	名称	时间	主要内容
规划制度的过渡期（1990～1996年）	《深圳市总体规划（1996～2010）》	1996年	城市性质：现代农业协调发展的综合性经济特区，华南地区重要的经济中心城市，现代化的国际性城市； 人口规模：近期（2000年）400万人，远期（2010年）430万人； 规划范围：2020km²； 结构布局：网状多中心组团结构，特区内3个组团，特区外6个组团
规划制度的确立期（1997年至今）	《深圳市城市规划标准与准则》	1997年	总则、城市规划体系、城市用地、居住用地、建筑间距、市政工程、城市防灾等，共14章73节
	《深圳市城市规划条例》	1998年	总则、城市规划委员会、城市规划编制与审批、法定图则、城市设计、建设用地规划管理、建设工程规划管理、法律责任、附则等，共9章84条
	《深圳市总体规划检讨与对策（2001—2005）》	2001年	城市性质：区域中心城市、国际城市、花园式园林城市、高科技城市； 人口规模：近期（2005年）810万人
	《深圳近期建设规划（2003—2005）》	2003年	城市性质：建设高科技城市、现代物流枢纽城市、区域性金融中心城市、美丽滨海旅游城市、高品位的文化生态城市； 人口规模：近期（2005年）560万人
	《深圳市总体规划（2010—2020）》	2010年	城市性质：全国性经济中心城市、国际化城市； 人口规模：中期（2015年）1050万人，远期（2020年）1100万人； 规划范围：1997km²； 结构布局：以中心城区为核心，以西、中、东三条发展轴和南北两条发展带为基本骨架，形成“三轴两带多中心”的轴带组团结构
	《深圳市总体规划（2016—2035）》	2017年	在编

表格来源：李百浩，王玮. 深圳城市规划发展及其范型的历史研究 [J]. 城市规划，2007，31(2)：70-76.

而伴随深圳城市规划制度的发展过程，作为城市规划体系子系统的市政工程专项规划体系也伴随众多市政工程专项的编制及城市建设实践而逐渐清晰（图3-1、图3-2）。深圳的市政工程专项规划编制体系发展相对滞后于城市规划编制体系，但大致可分为萌芽期、探索期、发展期三个阶段：

第一阶段萌芽期（1986～1998年）：以深圳第一版城市总体规划编制完成为标志。

在1986～1998年间，国家推行控制性详细规划，但控制性详细规划在深圳的实践中，无论在规划编制内容、规划编制程序、规划实施及规划管理上都存在一定的弊端[19]，这一时期编制的市政工程规划刚起步，一般只作为综合性规划市政配套的形式存在，此外依据总体规划编制了部分市政工程单项专业规划。比如1996年编制了《深圳市城市消防规划》《深圳市燃气专项总体规划》《深圳市环境卫生设施总体规划》等。此阶段，由于深圳刚成立，建成区面积小，区域的系统统筹、专业的综合协调及具体实施的要求较低，上述两类市政工程规划能够满足城市建设的需要。当然，少数部分区域也编制了市政工程详细规划，比如 1995 年，宝安区编制了《宝安区市政工程详细规划》，第一次将各个市政工程规划综合编制。

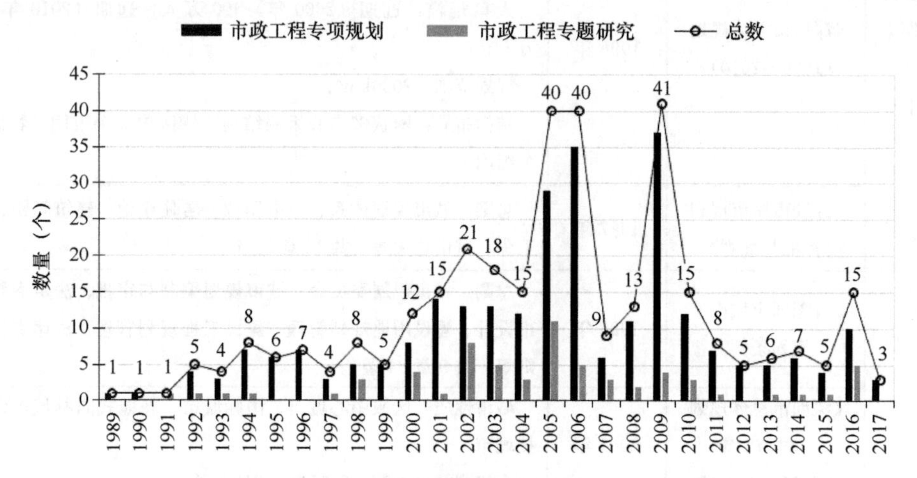

图 3-1　深圳市历年市政工程专项规划/研究编制数量

数据来源：深圳市规划和自然资源局

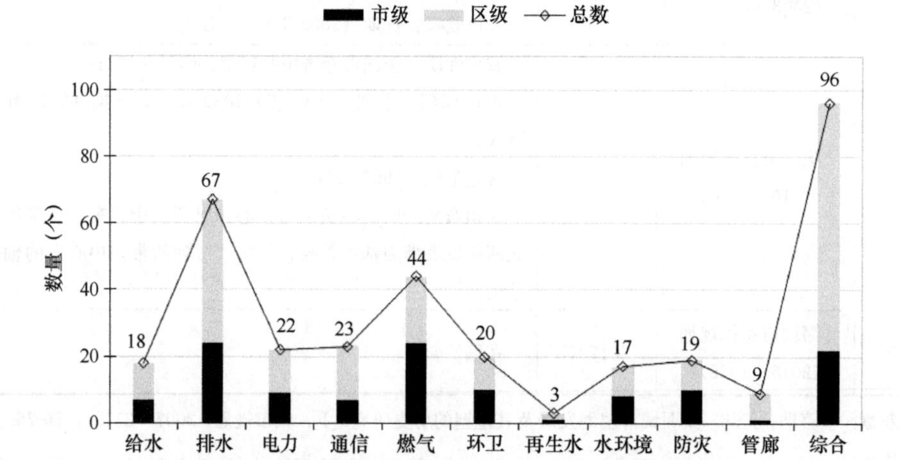

图 3-2　深圳市各类市政工程专项规划/研究编制数量

数据来源：深圳市规划和自然资源局

第二阶段探索期（1999～2010 年）：以《深圳市城市规划条例》发布为标志。

伴随 1998 年《深圳市城市规划条例》（简称《条例》）的发布，《条例》明确了深圳市以法定图则为核心的“三层次五阶段”规划编制体系。深圳市市政府及规划主管部门着手制定法定图则，法定图则虽然在技术深度上近似于控制性详细规划，但其意义远超出技术范畴，是规划管理者、规划建设者及使用者之间的共识。与此同时，《条例》也明确了市政工程专项规划是深圳市必须编制的一类规划，并要求深圳的市政基础设施建设要以市政工程专项规划为依据。

尽管，根据《条例》（2001年修正版）第十六条规定，只要求作总体规划层次的市政工程专项规划。但在实际规划编制和管理工作中，也编制了不少下层次的市政工程专项规划，并在实践过程中，有意识的根据行政区划范围的大小编制了市级、区级市政工程单项专业规划及市政工程详细规划。如以行政区为单位的市政工程单项专业专项规划。同时市政工程详细规划已经基本覆盖全市范围，如特区市政工程详细规划、宝安区市政工程详细规划及龙岗区市政工程详细规划（宝安区和龙岗区按镇编制）。

在这一时期，深圳市编制了大量的市政工程专项规划，但还未形成一个比较清晰的市政工程规划编制体系，在规划体系方面、编制深度方面及规划管理等方面存在一些问题。

（1）规划体系方面：在这一时期市政工程规划体系不完善，专项规划与配套规划关系不明确；且项目名称混乱，例如在总体规划层次，就有如下名称：系统布局规划（如深圳市城市供水系统布局规划、深圳市城市排水系统布局规划）、专项规划（如深圳市燃气专项总体规划）、发展规划（如深圳市宝安区城市燃气发展规划）、详细规划（宝安区市政工程详细规划）、工程规划（如深圳市城市给水工程规划）等。

（2）编制深度方面：由于缺少技术指导导致各个设计单位编制的市政专项规划深浅不一，导致部分规划成果失效，对下一步的建设和实施指导性不强；各专项规划与总体规划的规划期限没有统一，现行市政专项规划的规划期限一般为10年，而总体规划的规划期限为15～20年，近期为5年。此外，市政量预测标准或方法单一、落后且不统一，导致下层次规划指标超越上层次规划的控制要求屡见不鲜。

（3）规划管理方面：规划成果的质量评价机制尚未制定，同时还未形成一套规划协调和调校体制。与此同时，规划的信息化管理水平低，编制计划缺乏系统性，没有从已有规划编制的类别、范围、效力等方面综合分析，主观性和随意性较大，系统性和协调性不强，易造成重复规划的现象。

第三阶段发展期（2011年至今）：以前海合作区市政工程详细规划编制为标志。

经过20多年的实践与发展，2011年，前海合作区作为深圳一个新建区域，编制了《前海合作区市政工程详细规划》并作为前海区域市政基础设施建设的主要依据。此后，深圳市的各个区、重点片区、部分街道相继编制了市政工程详细规划。市政工程详细规划以其“系统性、综合性及可实施性”的重要特征，在指导市政基础设施建设上的优势得到体现，并得到规划管理者的青睐。

2018年12月，深圳市发布《深圳市市政详规规划编制指引（试行）》，明确了市政工程详细规划是规划深度达到控制性详细规划的综合性市政工程规划，为深圳市市政工程详细规划的编制提供了依据。深圳市市政工程专项规划编制由体系不完善、概念不明确、地位没定位、编制深度不统一、规划管理没机制的状态，逐渐形成了相对独立的市政工程专项规划“两阶段三层次”编制体系。

3.2　市政工程详细规划原理概述

综上所述，市政工程详细规划是市政工程专项规划在详细规划层次的表达，其编制深度达到控制性详细规划要求的综合性市政规划。它是市政工程面向实施的一个不可或缺的阶段，具有单项专业系统性和多项专业综合性及面向实施的特点，有利于提高市政工程规划的可实施性，尤其是适用于项目建设周期紧迫，多层次规划并列进行、大规模建设同时开展的项目[20]。

3.2.1 规划编制时机与范围

市政工程详细规划一般与城市控制性详细规划同步或之后开展，建议规划范围不宜大于 100km²。一般情况下，可根据规划区的建设发展情况每隔 5～10 年进行修编，及时修正规划内容，保障规划可实施性。

3.2.2 市政工程详细规划的特征

1. 单项专业系统性

市政工程详细规划是城市规划系统中的一个组成部分，具有系统延续性，既要落实概念规划、总体规划或分区规划的要求，又能指导市政工程设计和实施。

2. 多专业综合性

市政工程详细规划强调与其他规划专业、部门（如土地利用规划、景观规划、专业管理部门的行业规划）的协调；同时，市政工程详细规划注重内部各专业的共同参与，通过防洪、道路、给水排水、电力等各专业的合作和协调，提出市政工程规划的优化方案。

3. 可实施性

市政工程详细规划是概念规划、总体规划或分区规划向实施推进的一个阶段性规划，因此，必须强调规划方案的可实施性。

市政工程详细规划编制前后往往紧跟着市政设施施工建设的全面启动，现场实施条件的千变万化和各种未预计或新出现的问题对市政工程详细的可操作性提出直接的考验，市政工程详细规划设计成果在未最终交付前往往需要不断作出调整和应对，以解决技术上的冲突。

4. 经济性

市政工程详细规划鼓励规划方案优化，各工程专业规划应进行多方案的比较，并强调各专业规划组合在一起是最优化和最经济的方案。

3.2.3 市政工程详细规划的任务与作用

市政工程详细规划是在深入分析上层次城市规划尤其是控制性详细规划和市政工程单项专业规划的基础上，在规划区范围内，将各单项专业规划进一步深入、细化和综合协调，为下一阶段开发建设管理提供技术支持，使之成为科学、全面指导市政工程初步设计及施工图设计的依据。

实践表明，市政工程详细规划具有不可替代的作用。

（1）建设指导作用：市政工程详细规划能充分考虑地形地貌和现状市政工程的实际情况，对城市建设有很好的指导作用。市政工程详细规划合理布局了各项工程设施和管网，提供了各项设施实施的指导依据，便于有计划地改造、完善现有的市政基础设施，最大限度地利用现有设施，及早预留和控制市政设施的建设用地和空间环境。

（2）统筹协调作用：市政工程详细规划是在规划区范围内统筹协调各专业系统内部和系统之间存在的矛盾、统一各部门意见的规划平台。具有协调各工程之间的相互关系，处理好现状与规划，近期与远期的建设时序，制定出近远期规划目标和建设项目库，避免市政工程设施建设的过度超前或滞后，提高投资效率。

3.2.4　市政工程详细规划的法律地位

狭义的法定规划是指具有法律地位、依照法定程序编制和批准的规划称为法定规划，其余不是法律法规规定的规划就认为是非法定规划。我国的法定规划具体是指《城乡规划法》及《城市规划编制办法》规定的规划，包括区域城镇体系规划、总体规划，以及总体规划里的市域城镇体系规划，还有一些专项规划，特别规定是单独编制的有地下空间规划、历史文化名城保护规划和风景名胜区总体规划以及详细规划等。

广义的法定规划是指不局限于国家规划法律所确定的层面，是指通过一定的法定程序审批通过的规划，都可以称之为法定规划，比如地方性城市规划条例中确定的规划类型。因此，在广义范围内，不同的城市对于法定规划的划定可能有所不同。

比如，在《深圳市城市规划条例》中规定，经过法定程序审议通过的规划都可算做法定规划，任何单位和个人都应遵守。其中第三十五条和三十六条规定："规划主管部门及其他相关主管部门可以单独或联合组织制订专项规划，指导城市基础设施、公共服务设施、地下空间开发利用、城市更新等建设活动，对自然和历史文化遗产进行保护。……规划主管部门和相关主管部门未经规划委员会审查同意不得组织制订未列入年度计划的专项规划。……专项规划须经规划委员会审议或审批，其他相关主管部门单独编制的专项规划在提交规划委员会之前还需经规划主管部门综合协调。法律、法规规定应当由上级机关批准的专项规划经规划委员会审定后，按法定程序上报。"深圳地方性城市规划编制体系结构如图3-3所示。

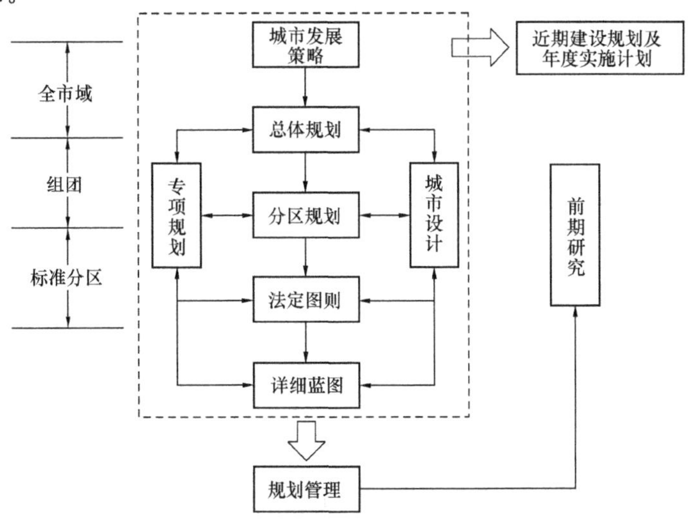

图3-3　深圳市城市规划编制体系结构示意图

市政工程详细规划属于市政专项规划，在我国并没有明确规定市政专项规划法律地位。按照狭义的法定规划定义，其不属于狭义的法定规划范畴；而按照广义的法定规划定义，不同的城市则要根据其城市规划法规规定，才能明确其是否属于广义法定规划范畴。

在大量的实践过程中，市政工程详细规划无论作为法定规划还是非法定规划，其在城市建设过程中发挥了较好的作用，是城市规划体系的重要补充和完善。为加强市政规划项目的编制和实施管理，建议相关规划法律、法规的制定中，增加市政专项规划的规定内容。根据规划体系结构的调整，市政专项规划作为规划体系中的其他城市规划内容，如涉及法定主干规划的强制性内容调整或补充，需先进行主干规划修订，如涉及主干规划的指导性内容的调整，如审批其他城市规划的程序足够严格，可视为对主干性规划的修订，并反馈至法定规划。

建议其法定内容采取以下形式：市政专项规划中关于市政基础设施布局和用地等内容，作为对法定规划的强制性内容的调整和补充，具有法律效力，应作为强制性要求，落实到相应层次的城市规划中。而其市政管网系统内容作为技术文件，为市政管网建设施工提供依据和指导[21]。

3.2.5　与控制性详细规划层面市政配套的区别

在我国城市规划编制体系中，各层次城市规划的主要作用都是为了控制和引导城市健康有序发展。控制性详细规划介于城市总体规划（分区规划）和修建性详细规划之间，是承上启下的关键编制层次。控制性详细规划中市政配套与市政工程详细规划都是属于详细规划层次的市政工程规划。

控制性详细规划的市政配套具有以下几个特征：（1）承上启下，落实上位规划要求，并为下一阶段规划设计提供指导；（2）注重地块对市政设施供应需求的预测与分析，并注重市政基础设施用地的布局和落实；（3）注重各类市政工程管线（尤其是主干管）的线位布局及规模控制。

市政工程详细规划在继承了控制性详细规划市政配套的主要内容基础上，还弥补了控制性详细规划市政配套的不足之处。主要表现为：（1）提升了在市政量的预测准确性；（2）增强了各市政专业的系统性；（3）突出了市政专业间的综合统筹与协调；（4）增加了近期市政工程建设项目库，系统指导市政工程有序建设；（5）提升了市政工程规划的可实施性等。

基于以上分析和认识，市政工程详细规划与控制性详细规划市政配套的区别主要体现在以下五个方面：

1. 规划体系不同

市政工程详细规划属于市政工程专项规划，属于非法定规划，其编制体系分为“两阶段三层次”，即市政工程专项总体规划—市政工程专项分区规划—市政工程详细规划；控制性详细规划属于法定规划体系，即城市总体（分区）规划—控制性（修建性）详细规划。

市政工程详细规划可根据规划区的实际情况有条件地选择性编制，城市总体规划和控制性详细规划是每个城市都要求必须编制的，但其包含的市政配套内容仅作为该类综合性规划的一个部分。

2. 研究范围不同

市政工程详细规划一般以市政专业系统为单元综合研究，有些专业甚至要扩大至全市范围研究，因此其研究范围一般比规划范围要大。控制性详细规划研究范围一般仅为规划范围。

3. 规划内容不同

控制性详细规划市政配套规划工作内容主要是传统市政管线（主要包括给水、污水、雨水、电力、通信、燃气、热力等）内容，且其市政专业内容以市政单项专业规划为依据，并主要落实市政工程专业规划中设施用地及市政管线内容。

而市政工程详细规划工作内容除包括传统市政管线内容以外，一般还需要包括消防工程、竖向工程、管廊工程、环卫工程等规划内容。同时对一些重要内容进行研究，如区域集中供冷、垃圾气力真空输送等。其工作内容可以根据规划区实际需要进行综合编制，同时，在工作内容中，需要以面向实施为主要规划目的，统筹协调片区市政工程设施和管网建设。

4. 规划重点不同

市政工程详细规划主要是面向实施，为解决市政系统和规划实施时序的问题，构建区域的市政设施系统。而控制性详细规划市政配套规划主要解决设施用地落实和管网细化（如修建性详细规划需要连接至建筑物）问题。

5. 规划模式不同

由于规划编制成果指导规划实施是一个动态的过程，伴随规划的实施，受各种因素的影响，如形势的变化、政策的调整、市场的需求及规划编制自身技术水平等，往往需要对规划进行完善与补充。控制性详细规划市政配套由于其编制的技术限制，在“局部、静态规划”思路下，当相关需求发生动态变化时，对市政基础设施相应的调整也仅局限于局部地块，未能从系统性、区域性角度加以调整并有效适应变化，进而产生诸如布局不合理、设施供应不足、市政基础设施服务效率不高等问题。因此，控制性详细规划市政配套由“局部、静态规划”转变为“系统、动态规划”势在必行，而市政工程详细规划可以适应这种变化。

3.2.6　与市政工程项目设计之间的衔接

市政工程详细规划的一个重要作用就是指导市政工程项目的设计。市政工程规划与单个工程设计是面与点的关系。市政工程详细规划是面向实施层面的规划，在与市政工程项目设计之间主要从以下三个方面进行衔接。

1. 市政工程详细规划编制阶段的衔接

由前述可知，市政工程详细规划在城市规划编制体系中的定位为指导市政工程初步设计，是承上启下、蓝图变为现实的结合点。一方面，市政工程详细规划在编制过程中，需要协调市政各行业部门的利益关切点，其编制人员需要在现场充分调研、与各部门充分沟通协调的基础上，既掌握实际情况又充分洞悉各部门单方面意图，最后根据自己的专业知识和丰富实践经验向项目业主提供合理可行的规划方案。另一方面，市政工程详细规划往往需要全过程紧跟市政设施施工建设，应对实施条件的千变万化和各种未预计或新出现的问题，市政工程详细规划成果在未交付前需要不断地进行调整和应对，以解决技术上的冲突。

2. 市政工程近期建设规划

市政工程近期建设规划是市政工程详细规划独有的内容，在指导规划区开发建设时，编制单位需要明确规划范围内及周边区域的开发建设时序，并在整个设计阶段保持和委托方的沟通，获取规划区最新开发建设进度及计划。与此同时，市政工程详细规划中各个市政专业工程规划以规划区的开发建设进度，制定出相应的市政基础设施分期实施建设计划。分期实施建设计划为下一步工程项目申报、立项和设计提供指导依据。

3. 市政工程管线综合规划

市政工程管线综合规划是市政工程详细规划必须包含的内容。主要用于协调各个专业市政管线在道路上敷设的空间布局，并统筹协调确定市政干线通道布局。与此同时，针对规划区内重要的管线敷设影响因素进行排查，并制定出相应的应对措施，在规划层面系统解决市政管线敷设的问题。在具体工程项目实施时，可以直接指导设计，并为项目提供协调统筹平台，推进项目建设进度。

3.3 市政工程详细规划编制程序

3.3.1 工作程序

市政工程详细规划一般包括前期准备、现场调研、规划方案、规划成果四个阶段。

前期准备阶段：指项目正式开展前的策划活动过程，需明确委托要求，制定工作大纲。工作大纲内容包括技术路线、工作内容、成果构成、人员组织和进度安排等。

现场调研阶段：工作内容主要指掌握现状自然环境、社会经济、城市规划、专业工程系统的情况，收集专业部门、行业主管部门、规划主管部门和其他相关政府部门的发展规划、近期建设计划及意见建议。工作形式包括现场踏勘、资料收集、部门走访和问卷调查等。

规划方案阶段：主要分析研究现状情况和存在问题，并依据城市发展和行业发展目标，确定各专业工程的建设目标，完成设施管网系统布局，安排建设时序。期间应与专业部门、行业主管部门、规划主管部门和其他相关政府部门进行充分地沟通协调。

规划成果阶段：主要指成果的审查和审批环节，根据专家评审会、规划部门审查会、审批机构审批会的意见对成果进行修改完善，完成最终成果并交付给委托方（图 3-4）。

3.3.2 编制主体

具体编制主体各个城市有所不同，市政工程详细规划应由城市规划管理部门单独组织编制或联合相关专业主管部门（行业管理部门）共同组织编制，见表 3-2。

3.3.3 审批程序

国家法律法规中未对市政工程详细规划的审批程序作明确的规定。国内一些城市根据自身的特点在当地规划条例中对专项规划的审批程序进行了规定。

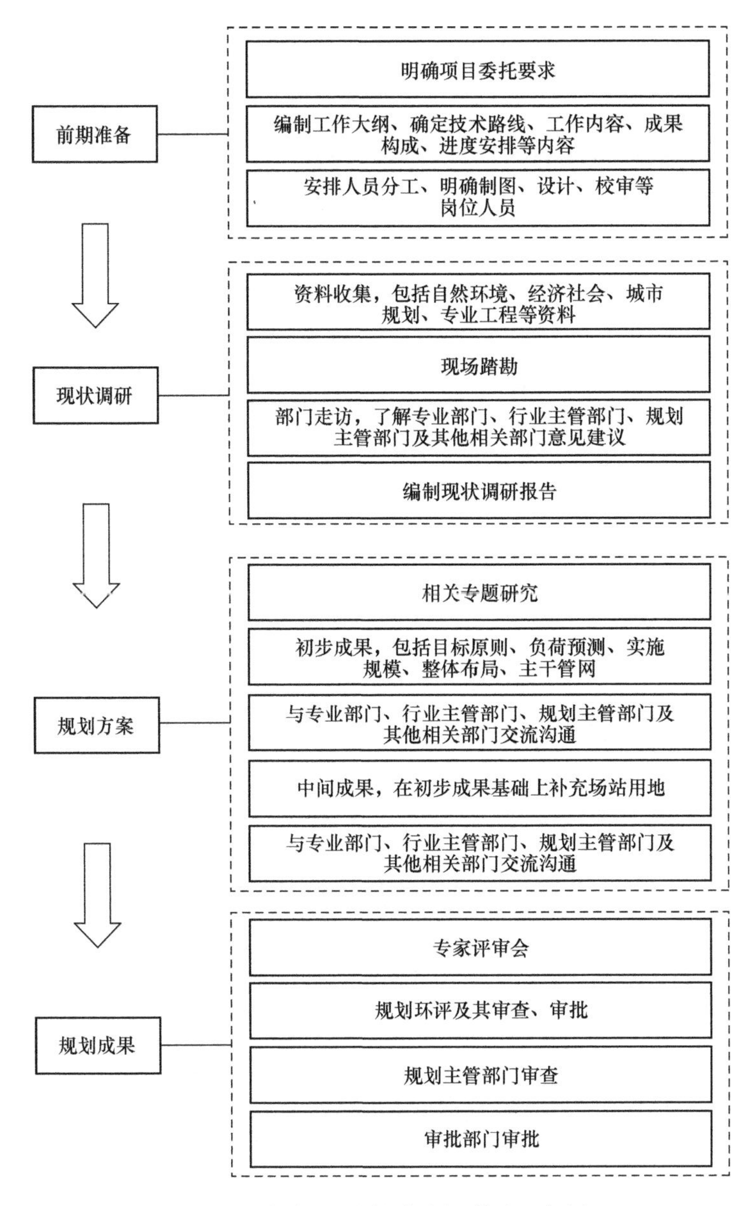

图 3-4　市政工程详细规划工作流程框图

市政工程专项总体规划（分区规划）一般由市规划委员会或市政府审批，市政工程详细规划建议由规划管理部门审批，见表 3-2。

国内主要城市专项规划编制及审批情况一览表　　表 3-2

序号	城市	编制主体	审批程序	依据	年份
1	北京	相关行政主管部门或者市规划行政主管部门	由市规划行政主管部门组织编制的，报市人民政府审批；由相关行政主管部门组织编制的，经市规划行政主管部门组织审查后报市人民政府审批	《北京城乡规划条例》	2009

续表

序号	城市	编制主体	审批程序	依据	年份
2	上海	市有关专业管理部门会同市规划行政管理部门组织编制	由市人民政府审批	《上海市城乡规划条例》	2010
3	广州	市规划行政主管部门组织编制	城乡规划主管部门审查后，由各行政管理部门报市人民政府审批	《广州市城乡规划条例》	2014
4	深圳	由城市规划管理部门单独组织编制或有关专业主管部门会同市规划主管部门组织编制	由有关专业主管部门编制的各专项规划，应经市规划主管部门综合协调后报市规划委员会审批	《深圳市城市规划条例》	2001
5	武汉	由有关部门会同市城乡规划主管部门组织编制	市人民政府或区人民政府审批	《武汉市城乡规划条例》	2013

3.4 国内现有市政工程规划相关标准规范

国内现阶段还未出台专门针对市政工程专项规划的法律法规文件，仅对市政工程规划出台了相应规划规范和设计规范。

市政工程规划标准规范主要针对给水工程、排水工程、电力工程、通信工程、燃气工程、供热工程、再生水工程、环卫工程、综合管廊、管线综合、竖向工程以及防灾工程等专业，市政工程规划规范见表 3-3。

市政工程规划主要标准规范情况一览表 **表 3-3**

序号	市政专业	规范名称	版本号
1	给水工程	《城市给水工程规划规范》	GB 50282—2016
2		《室外给水设计规范》	GB 50013—2006
3	排水工程	《城市排水工程规划规范》	GB 50318—2017
4		《室外排水设计规范》	GB 50014—2006（2016 版）
5		《城镇雨水调蓄工程技术规范》	GB 51174—2017
6		《城镇内涝防治技术规范》	GB 51222—2017
7	电力工程	《城市电力规划规范》	GB/T 50293—2014
8		《供配电系统设计规范》	GB 50052—2009
9		《35kV～110kV 变电站设计规范》	GB 50059—2011
10		《20kV 及以下变电所设计规范》	GB 50053—2013
11	通信工程	《城市通信工程规划规范》	GB/T 50853—2013
12	燃气工程	《城镇燃气规划规范》	GB/T 51098—2015

续表

序号	市政专业	规范名称	版本号
13	供热工程	《城市供热规划规范》	GB/T 51074—2015
14		《城镇供热管网设计规范》	CJJ 34—2010
15	再生水工程	《城镇污水再生利用工程设计规范》	GB 50335—2016
16	环卫工程	《城市环境卫生设施规划规范》	GB 50337—2003
17		《城市公共厕所设计标准》	CJJ 14—2016
18		《生活垃圾转运站技术规范》	CJJ/T 47—2016
19		《环境卫生设施设置标准》	CJJ 27—2012
20	综合管廊	《城市综合管廊工程技术规范》	GB 50838—2015
21	管线综合	《城市工程管线综合规划规范》	GB 50289—2016
22		《城市综合地下管线信息系统技术规范》	CJJ/T 269—2017
23	竖向工程	《城乡建设用地竖向规划规范》	CJJ 83—2016
24	防灾工程	《城市综合防灾规划标准》	GB/T 51327—2018
25		《防灾避难场所设计规范》	GB 51143—2015
26		《城市社区应急避难场所建设标准》	建标 180—2017
27		《城市防洪规划规范》	GB 51079—2016
28		《防洪标准》	GB 50201—2014
29		《城市消防规划规范》	GB 51080—2015
30		《消防给水及消火栓系统技术规范》	GB 50974—2014
31		《城市消防站设计规范》	GB 51054—2014
32		《城市消防站建设标准》	建标 152—2017

第2篇

方法篇

市政工程详细规划是一种新型的市政工程规划，其编制方法、编制内容及工作深度尚无相关规定。根据多年的规划实践，总结出市政工程详细规划编制的核心内容可概括为“面、线、点”，其中“面”是指对区域市政工程系统的研究，并对规划区建设规模进行支撑性分析；“线”是指对各类市政管线的统筹规划，并直接指导下一步设计和实施；“点”是指对各类市政设施的选址，并重点考虑集约化建设。

本篇章从工作任务、资料收集、文本内容、图纸内容、说明书内容等方面详细介绍了市政工程详细规划的工作方法和成果要求，并系统介绍了涉及各专业内容的关键技术方法，最后就市政设施用地管控、低碳市政控制要求以及规划实施保障等多方面提出编制要求，希望能为市政工程详细规划编制及管理提供专业、全面的建议和指导。

第4章　市政工程详细规划方法总论

4.1　主要工作内容

市政工程详细规划是市政工程专项规划在详细规划层次的表达，是依据城市总体规划、分区规划、控制性详细规划及市政工程单项专业规划，对给水、排水、电力、通信、供气、供热、竖向等市政设施及管线作出详细安排，并提出相关的配套政策和保障措施，为市政设施项目的设计和改造提供直接可靠的依据，达到强化城市市政工程系统性、综合性、独立性及可实施性的目的。

市政工程详细规划在工作内容的选择上具有很高的自由度，可根据规划区内的实际条件及需求有选择地编制各类市政内容。在实践过程中，市政工程详细规划一般包含的内容：给水工程、污水工程、雨水工程、电力工程、通信工程、燃气工程、环卫工程、竖向工程、管线综合等。

另外，可以有选择性地编制防洪排涝工程、综合管廊工程、应急避难场所布局、消防工程、再生水工程、供热工程、区域集中供冷工程、充电汽车基础设施布局、河道水系等规划（表4-1）。

市政工程详细规划各专业主要工作内容一览表　　表4-1

序号	类别	主要工作内容
1	给水工程	供水现状及问题分析；用水量预测；给水系统周边系统协调规划、供水水源规划；供水管网规划；节水规划等
2	污水工程	污水现状及问题分析；污水量预测；污水分区规划；污水系统周边系统协调规划；污水处理设施规划；污水管网规划等
3	雨水工程	雨水现状及问题分析；雨水排放量预测；雨水管道系统规划；雨洪控制与利用规划等
4	电力工程	电力现状及问题分析；电力负荷预测；电力工程周边系统协调规划；电厂规划；变电站规划；高压走廊规划；电缆通道规划等
5	通信工程	通信现状及问题分析；通信业务预测；邮政设施规划；电信设施规划；广播电视规划；通信管网规划；智慧城市等
6	燃气工程	供气现状及问题分析；用气量预测；气源规划；天然气设施规划；液化石油气设施规划等
7	环卫工程	环卫现状及问题分析；垃圾量预测；环卫设施规划；固体废弃物收集与处置规划；环境卫生管理等
8	再生水工程	再生水现状及问题分析；再生水用水量预测；再生水厂规划；再生水管网规划等
9	供热工程	供热现状及问题分析；热负荷预测；热源规划；热力管网系统规划等

续表

序号	类别	主要工作内容
10	管线综合	管线综合平面；竖向及交叉口布置原则；管线综合布置方案等
11	综合管廊	综合管廊建设区域规划；入廊管线；系统路由布局规划；断面选型；三维控制线划定；重要节点控制；附属设施和配套设施等
12	竖向工程	现状地形、排涝分析；竖向规划布局；道路竖向规划等
13	消防工程	消防现状及问题分析；火灾风险评估；消防安全布局规划；消防站规划；消防供水规划；消防通信规划；消防车道规划；社会抢险救援等
14	应急避难场所布局	紧急避难场所、固定避难场所、中心避难场所、室内避难场所、应急通道等

4.2　编制基础条件及基本要求

4.2.1　基础条件分析

1. 基础资料

有关城市勘察资料：主要包括城市规划区地下水资源，地震烈度区划、城市所在地区烈度的分布及活动情况，不同地段的滑坡、崩塌等基础资料。

有关城市测量资料：主要包括城市规划区地形图（1∶2000或者1∶500）、管网物探资料。

气象资料：主要包括降水、风向、冰冻等基础资料。

水文资料：主要包括江、河、湖泊、水库的水位、流量、流速、洪水位等，山区应该收集山洪、泥石流等基础资料。

城市规划设计资料：主要包括城市总体规划资料、已编的控制性详细规划或修建性详细规划资料、相关专业的规划资料（道路交通、给水、排水、电力、通信、环卫等专业）、规划区市政基础设施施工图或竣工图资料等。

2. 基础条件

基础条件研究是市政工程详细规划的基础和依据。基础条件研究应包括与市政发展目标相关的城市发展功能定位；与市政基础设施相关的城市发展规模；与管网规划相关的城市道路、轨道、地下空间规划等内容。

（1）城市发展的功能定位：解读相关的城市规划，提取规划区相关的城市发展功能定位和发展方向，并分析城市发展定位对市政基础设施规划建设的影响。

（2）市政设施规模研究：明确市政设施规模的研究依据。通过解读相关的城市规划，包括综合发展规划、控制性详细规划、城市更新规划（旧城改造规划）、土地整备规划等相关规划，分析城市发展趋势和城市市政负荷预测量指标以及城市用地规模、建筑规模、人口规模等数据，便于后期进行市政负荷预测。

（3）城市道路及轨道规划：明确规划区市政工程详细规划所依据的道路、轨道规划和相关的工程设计，整合相关的规划和设计，包括现状及规划道路的平面图、道路典型断面和竖向控制要求，形成规划区现状及规划路网（含轨道）一张图，作为市政管网规划的基础。

（4）地下空间规划：明确规划区市政规划依据的地下空间规划和相关的工程设计，整合相关的规划和设计，重点整合跨越道路以及管线建设相关的现状和规划地下空间，作为市政管网规划的基础。

4.2.2 编制基本要求

（1）编制目的：市政工程详细规划是市政工程专项规划在详细规划层次的表达，是面向实施的综合性规划。

（2）编制范围：考虑到市政工程的系统性和专业特性，市政工程详细规划范围一般包括规划范围和体现市政工程系统性的研究范围。

考虑到市政工程详细规划是面向实施的综合性市政规划，为便于规划的管理便利性，其规划范围宜在镇（或街道）级行政区、城市重点地区或有特殊要求地区编制；当行政区面积较大时，宜按单个或多个街道范围编制；当局部片区的规划条件发生重大变化时，可编制片区性（如重点开发片区）的市政工程详细规划。其规划研究范围宜根据市政工程各专业系统的特点确定。

（3）编制内容：市政工程详细规划编制应根据已经批准的城市控制性详细规划及相关市政单项专业规划，结合城市建设发展实际，分析市政配套规模，预测市政供应需求，明确规划市政设施、市政管线等内容，为规划实施和管理提供依据。

（4）编制流程：市政工程详细规划是由各个市政专业组成的综合性规划，应由规划主管部门会同各专业部门一同编制。编制前期，应通过走访、座谈、调查等多种方式，广泛、深入地收集相关政府职能部门、管线权属单位、运营单位等相关部门的诉求、规划设想及建议。方案编制过程中，应引入专业部门参与讨论，并广泛征询意见。形成初步成果后，应进行专家评审会。

各城市编制市政工程详细规划应该按照当地规划管理部门制定的专项规划管理流程进行编制，并在编制流程中体现市政工程详细规划编制的程序法定性，以保证市政工程详细规划的法定地位，便于后期规划实施。

（5）成果调整要求：市政工程详细规划经批准后，涉及对强制性内容的调整应按市政工程详细规划报批程序进行调整，不突破强制性内容的调整需报城市规划行政主管部门审批。

4.3 指导思想及规划原则

4.3.1 指导思想

市政工程详细规划编制应以生态文明建设理论为指导思想，坚持在发展中保障和改善社会民生，提升市政供应服务能力。着力推进绿色发展、循环发展、低碳发展，倡导土地、资源和能源节约利用，注重空间统筹和高效利用，以形成供应充足、安全高效、资源节约和环境友好的市政供应系统。

4.3.2 规划原则

市政工程详细规划的编制应遵循综合协调、安全保障、绿色低碳、高效集约、弹性预留和面向实施的原则。

1. 综合协调原则

应综合考虑规划范围的城市规划布局、建设需求、建设条件等因素，妥善处理各专业需求、近期与远期、局部与整体的关系。

2. 安全保障原则

应充分考虑城市安全和供应保障，提升城市品质。

3. 绿色低碳原则

应遵循和贯彻绿色低碳理念，推进生态文明建设。

4. 高效集约原则

应充分考虑用地资源紧缺问题，构建高效集约的市政系统。

5. 弹性预留原则

应充分考虑城市发展的不可预见性，弹性配套市政设施和管网。

6. 面向实施原则

应以空间的控制和管理为重点，以实施各专业总体规划的意图为目的，强化空间统筹落实和规划管理的衔接，保障规划的实施。

4.4 成果要求

成果应包含文本、规划研究报告和图集三部分，专题研究报告可根据实际要求选做。同时为了方便使用，可考虑在图集中选取重要规划成果图纸，与文本一起装订成规划成果简本。

文本应表达成果的主要结论，明确规划管理需要控制的内容，文字表述应简练清晰。文本宜参照附录3的内容要求完成，同时可在此基础上进行补充。图集内各图纸内容可参照附录4中要素及内容要求进行绘制，图例及格式可参照附录1、附录2制图规范要求绘制。

成果形式应包括纸质文件和相应的电子数据文件。电子文件应符合城市规划主管部门有关规划成果电子报批和管理的格式要求。其中文本、规划研究报告、专题研究报告正文应采用word格式；图集中涉及系统和管线的图纸应采用dwg或dxf格式。

4.5 技术路线

市政工程详细规划注重规划的“系统性、综合性及可实施性”，其中：

“系统性”主要体现在根据市政负荷量的预测，进行区域市政设施支撑分析，并提出区域市政设施改善方案。

“综合性”主要对市政设施规划和市政管网规划提出市政干线通道、综合管廊布局及市政设施用地管控等综合协调方案。

“可实施性”主要在市政设施布局与选址过程中，需要深入与相关部门探讨和实地勘测，保证设施的合理性和选址落实的可行性，针对市政管网的重要节点进行平面和竖向协调，保证管网的可实施性。在规划方案的基础上，结合规划区近期建设计划，制定规划区逐年建设项目库。

给水工程、污水工程、雨水工程、电力工程、通信工程、燃气工程、供热工程、再生水工程、环卫工程等专业详细规划具体技术路线如图 4-1 所示。

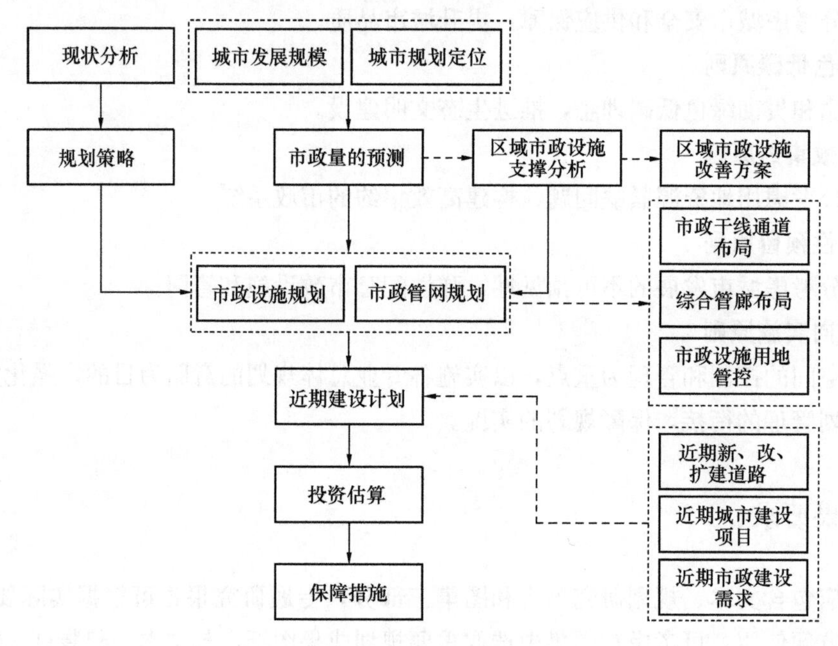

图 4-1 技术路线图

第5章　给水工程详细规划

5.1　工作任务

根据规划区城市建设规模，合理预测用水量；评估给水厂、给水加压泵站以及给水干管等区域给水设施的支撑能力；详细布局规划区内给水设施和管网系统，落实相关给水设施用地并确定建设要求；结合规划区城市建设开发时序提出给水工程近期建设计划或项目库。

5.2　资料收集

给水工程详细规划需要收集的资料包括区域水资源资料、现状供水情况资料、现状区域给水设施资料、现状给水管网资料、相关专项规划及基础资料等六类资料，具体情况见表5-1。

给水工程详细规划主要资料收集汇总表　　表5-1

序号	资料类型	资料内容	收集部门
1	区域水资源资料	(1) 城市水资源规划； (2) 水资源综合利用规划； (3) 城市近十年供水、水资源公报； (4) 区域水功能区划； (5) 区域主要河流、水库、湖泊、海域分布图； (6) 城市水源类别、位置、资源量、水源保护范围	水务部门、环境部门、规划部门、统计部门
2	现状供水情况资料	(1) 城市现状给水系统的供水范围； (2) 规划区近十年现状各类用水量增长情况； (3) 城市现状供水普及率、漏损率、重复利用率及分质供水情况； (4) 城市现状供水水质情况	自来水公司、水务部门
3	现状给水设施资料	(1) 城市现状水厂的位置、规模、处理工艺、供水压力及运行情况； (2) 城市现状加压泵站和高位水池的位置及规模	自来水公司、规划部门
4	现状给水管网资料	(1) 规划区及周边区域给水管道物探资料； (2) 区域给水干管资料； (3) 规划区在建给水工程项目施工图	自来水公司、规划部门

续表

序号	资料类型	资 料 内 容	收集部门
5	相关专项规划资料	(1) 上层次给水工程专项规划； (2) 规划区内及周边区域给水工程专项规划或给水工程详细规划	规划部门、水务部门
6	基础资料	(1) 规划区及相邻区域地形图（1/2000～1/500）； (2) 卫星影像图； (3) 用地规划（城市总体规划、城市分区规划、规划区及周边区域控制性详细规划、修建性详细规划等）； (4) 城市更新规划； (5) 道路交通规划； (6) 道路项目施工图； (7) 近期规划区内开发项目分布和规模	国土部门、规划部门、交通部门

5.3 文本内容要求

(1) 用水量预测：说明规划期末用水量预测规模、单位建设用地以及单位建筑面积平均用水指标。

(2) 给水系统规划：简要说明区域原水系统和给水系统规划布局情况、分析区域给水设施的支撑能力以及规划区用水量对区域给水系统布局的影响。

(3) 厂站设施规划：说明现状保留及新、改（扩）建的给水设施（包括给水厂、给水加压泵站、高位水池等）的数量及规模，以及对比上层次规划的调整情况。具体厂站名称、建设状态、现状及规划规模、用地面积、建设时序安排等应在附表中表达。

(4) 给水管网规划：说明现状保留及新、改（扩）建的给水管网规模以及新改建给水管网的规划布局路由情况。

5.4 图纸内容要求

给水工程详细规划图纸应包括用水量预测分布图、区域给水系统现状图、给水管网现状图、给水管网平差结果图、区域给水系统规划图和给水管网规划图等，其具体内容要求如下：

(1) 城市用水量预测分布图：以街坊规划分区或控制性详细规划分区为基础，标明各分区的预测用水量。

(2) 区域给水系统现状图：标明现状供水来源；标明现状水库及其名称；标明现状给水设施的位置、名称和规模；标明现状原水管道、给水干管的路由和规格；标明规划区给水系统与区外给水系统的衔接。

(3) 给水管网现状图：标明现状供水来源；标明现状水库及其名称；标明现状给水设施的位置、用地红线、名称和规模；标明现状原水管、给水管的路由和规格；标明现状原水管、水库的蓝线和名称。

(4) 给水管网平差结果图：标明规划区给水管网及各管线管径和长度；标明各种工况

下水头损失、水量及水压等。可采用平差软件自动生成图纸

（5）区域给水系统规划图：标明规划供水来源；标明现状保留及新改建的水库和名；标明现状保留及新、改（扩）建的给水设施（包括给水厂、原水泵站、给水加压泵站、高位水池等）的位置、名称和规模；标明规划区给水系统与区外的衔接。

（6）给水管网规划图：标明规划供水来源；标明现状保留及新改建的水库和名称；标明现状保留及新、改（扩）建的给水设施的位置、用地红线、名称和规模；标明规划给水管的路由和规格；标明现状保留及新、改（扩）建的给水管。

5.5　说明书内容要求

给水工程详细规划说明书内容包括：

（1）现状及问题分析：现状城市水源及原水系统、给水设施及管道、给水系统运行管理情况及存在问题。

（2）相关规划解读：对城市总体规划、分区规划、水资源综合规划、上层次或上版给水工程专项规划和其他相关规划的解读等。

（3）用水量预测：结合规划区范围的大小或用水特征，采用一种或多种方法预测近远期用水量。

（4）水源规划：水资源供需平衡分析；选择水源，明确水源保护范围和保护措施；根据上层次规划确定水源种类、位置、规模及原水管线路由。

（5）给水设施规划：确定给水工程整体格局，划分供水区域 ；确定给水水厂、主要加压泵站的布局、规模及用地要求；确定给水水厂、加压泵站和高位水池等设施的位置、规模及用地面积。

（6）给水管网规划：进行给水管网平差计算，确定给水主、次干管道的布局、管径及给水管道的规划原则，并进行给水管网水力计算，确定给水主次管道的布局、管径及一般管道的设置概况。

5.6　关键技术方法分析

城市给水工程详细规划的主要内容应包括：预测城市用水量，进行城市供水量与城市用水量之间的供需平衡分析，合理布局给水系统，明确给水工程设施和管网布置等内容。其中用水量的预测方法、管网水力计算方法、管网及设施承载力评估方法是城市给水工程详细规划的关键内容。

5.6.1　用水量预测方法

在市政给水工程规划中，科学合理地预测规划区域内的用水量，是给水工程规划首先必须解决的难题，用水量预测是选择给水水源和确定给水系统各部分规模的基础。城市用水量应结合水资源状况、用水特征、节水政策、环保政策、社会经济发展状况及城市规划

等要求预测。

城市用水量预测方法有多种，常用的有城市综合用水量指标法、综合生活用水比例相关法、不同类别用地用水量指标法、城市建设用地综合用水量指标法、年增长率法、分类用水加和法、数学模型法、不同类别用地单位建筑面积用水量指标法等。

城市综合用水量指标法和综合生活用水比例相关法、城市建设用地综合用水量指标法、年增长率法、分类用水加和法及数学模型法适用于总体规划中的给水工程规划和给水工程专项规划。不同类别用地用水量指标法适用于总体规划中的给水工程规划、给水工程专项规划和控制性详细规划。

在详细规划阶段，建设用地若有明确的规划建筑面积规模，可按照建筑面积采用不同类别单位建筑面积指标进行用水量测算。国内已有部分城市再次作了大量的有益探索，比如深圳市针对不同类别单位建筑面积指标制定了深圳地方标准。由于各地城市差异较大，应用不同类别建筑面积指标时，应对所在城市不同类别用地单位建筑面积用水量指标调查后分析确定[22]。

综上所述，给水工程详细规划中，若各分区有明确的规划建筑面积规模，用水量预测一般采用分类建筑面积指标法进行用水量预测，并采用分类用地面积指标法进行校核；若没有明确的建筑面积，用水量预测一般采用不同类别用地面积指标法进行用水量预测，并采用综合用水量指标法等方法进行校核。

1. 综合生活用水比例相关法

城市用水量中，工业用水占有一定比重，而工业用水量因工业的产业结构、规模和工艺的先进程度等因素，各个城市不相同，但同一城市的工业用水量与综合生活用水量之间往往有相对稳定的比例，因此可以采用“综合生活用水量指标”结合两者之间的比例预测城市生活与工业用水量。计算公式如式（5-1）。

$$Q = 10^{-7} q_i P (1 + s)(1 + m) \tag{5-1}$$

式中 Q——最高日用水量（m^3/d）；

q_i——综合生活用水量指标[L/(人·d)]，其取值可参考表 5-2；

s——工业用水量与综合生活用水量比值；

P——用水人口（万人）；

m——其他用水（市政用水及管网漏损）系数，当缺乏资料时可取 0.1～0.15。

综合生活用水量指标 q_i[L/(人·d)] **表 5-2**

区域	城市规模						
	超大城市（$P \geqslant 1000$）	特大城市（$500 \leqslant P < 1000$）	大城市		中等城市（$50 \leqslant P < 100$）	小城市	
			（$300 \leqslant P < 500$）	（$100 \leqslant P < 300$）		（$20 \leqslant P < 50$）	（$P < 20$）
一区	250～480	240～450	230～420	220～400	200～380	190～350	180～320
二区	200～300	170～280	160～370	150～260	130～240	120～230	110～220
三区	—	—	—	150～250	130～230	120～220	110～210

注：综合生活用水为城市居民生活用水与公共设施用水之和，不包括市政用水和管网漏失水量。

表格来源：《城市给水工程规划规范》GB 50282—2016。

2. 不同类别用地用水量指标法

$$Q = 10^{-4} \sum q_j a_i \tag{5-2}$$

式中　q_j——不同类别用地用水量指标[$m^3/(hm^2 \cdot d)$]，其取值可参考表5-3；

　　　a_i——不同类别用地规模（hm^2）。

不同类别用地用水量指标 q_j[$m^3/(hm^2 \cdot d)$]　　　**表5-3**

类别代码	类别名称		用水量指标
R	居住用地		50～130
A	公共管理与公共服务设施用地	行政办公用地	50～100
		文化设施用地	50～100
		教育科研用地	40～100
		体育用地	30～50
		医疗卫生用地	70～130
B	商业服务业设施用地	商业用地	50～200
		商务用地	50～120
M	工业用地		30～150
W	物流仓储用地		20～50
S	道路交通设施用地	道路用地	20～30
		交通设施用地	50～80
U	公用设施用地		25～30
G	绿地与广场用地		10～30

注：1. 类别代码引自现行国家标准《城市用地分类与规划建设用地标准》GB 50137—2011。

2. 本指标已包括管网漏失水量。

3. 超出本表的其他各类建设用地的用水量指标可根据所在城市具体情况确定。

表格来源：《城市给水工程规划规范》GB 50282—2016。

以上不同类别用地用水量指标是基于不同类别用地用水量指标调查数据的整理，同时参考了部分省市的地方标准，并考虑拟定不同类别用地可能出现的容积率。其中，居住用地用水量包括了居民生活用水及居住区的公共设施用水、居住区内道路浇洒用水和绿化用水等用水量的总和。在详细规划阶段，居住用地有明确的承载人口，宜采用“居民生活用水量指标”测算，在缺乏资料时，可参考《城市居民生活用水用量标准》GB/T 50331—2002。由于以上指标仅包括城市居民家庭日常生活用水，因而需要将居住区内的公共设施用地单独测算，缺乏资料时，可采用40～60$m^3/(hm^2 \cdot d)$。

居民生活用水定额[L/(人·d)]　　　**表5-4**

城市规模	特大城市		大城市		中、小城市	
用水情况 / 分区	最高日	平均日	最高日	平均日	最高日	平均日
一	180～270	140～210	160～250	120～190	140～230	100～170
二	140～200	110～160	120～180	90～140	100～160	70～120

续表

城市规模	特大城市		大城市		中、小城市	
用水情况 分区	最高日	平均日	最高日	平均日	最高日	平均日
三	140～180	110～150	120～160	90～130	100～140	70～110

注：1. 一区包括：湖北、湖南、江西、浙江、福建、广东、广西壮族自治区、海南、上海、江苏、安徽、重庆。

2. 二区包括：四川、贵州、云南、黑龙江、吉林、辽宁、北京、天津、河北、山西、河南、山东、宁夏回族自治区、陕西、内蒙古河套以东和甘肃黄河以东地区。

3. 三区包括：新疆维吾尔自治区、青海、西藏自治区、内蒙古河套以西和甘肃黄河以西地区。

4. 经济开发区和特区城市，根据用水实际情况，用水定额相应增加。

5. 当采用海水或污水再生水等作为冲厕用水时，用水定额可酌情减少。

表格来源：《城市给水工程规划规范》GB 50282—2016。

3. 分类加和法[23]

城市设计用水量一般由综合生活用水量（包括居民生活用水量和公共建筑用水）、工业企业用水量、浇洒道路和绿地用水量、管网漏损水量、未预见用水量和消防用水量等6个部分组成。

$$Q=Q_1+Q_2+Q_3+Q_4+Q_5+Q_6 \tag{5-3}$$

式中 Q——规划区规划期末用水量；

Q_1——综合生活用水量（包括居民生活用水量和公共建筑用水）；

Q_2——工业企业用水量；

Q_3——浇洒道路和绿地用水量；

Q_4——管网漏损水量；

Q_5——未预见用水量；

Q_6——消防用水量。

其中，综合生活用水定额和居民生活用水量定额根据规划区当地的经济、社会和环境等因素调查后确定。当缺乏实际用水资料的情况下，可按照表5-2和表5-4选用。

工业企业用水量应根据生产工艺要求确定。大工业用水户或经济开发区宜单独进行用水量计算；一般工业企业用水量可根据国民经济发展规划，结合现有工业企业用水资料分析确定。此外，该部分用水量可采用城市万元工业产值用水量指标进行估算。万元工业产值用水量是指工业企业在某段时间内，每生产1万元产值的产品的用水量。

$$Q_2=WA(1-s) \tag{5-4}$$

式中 Q_2——工业企业用水量；

W——规划期内工业万元产值用水量；

A——规划期工业总产值；

s——工业用水量重复利用率。

科技进步使水的重复利用率逐渐提高，而万元产值用水量不断减少，到一定程度再提高就存在一定困难。各类工业用水重复率正常值见表5-5。

各种工业用水重复利用率合理值　　表5-5

行业	钢铁	有色金属	石油化工	一般化工	造纸	食品	纺织	印染	机械	火力发电
重复利用率（%）	90～98	80～95	85～95	80～90	60～70	40～60	60～80	30～50	50～60	90～95

表格来源：刘亚臣，汤铭潭．市政工程统筹规划与管理［M］．北京：中国建筑工业出版社，2015.

道路浇洒和绿化用水量应根据路面种类、绿化、气候、土质以及当地条件等实际情况和有关部门的规定进行计算。通常道路浇洒用水量取1～1.5L/(m^2・次)，浇洒次数根据具体实际情况考虑，一般以2～3次/d。绿化用水量通常按照1～2L/(m^2・d)。此外该部分用水量也可以根据当地城市具体的用水量指标进行测算。

根据《室外给水设计规范》GB 50013—2006规定，管网渗漏损失水量一般可以按照Q_1、Q_2、Q_3水量之和的10%～12%计算。

根据《室外给水设计规范》GB 50013—2006规定，城市未预见用水量一般可以按照Q_1、Q_2、Q_3、Q_4用水量之和的8%～12%计算。

消防用水量应按同一时间内的火灾起数和一起火灾灭火设计流量计算确定。同一时间内的火灾起数和一起火灾灭火设计流量不应小于表5-6的规定。

城镇和居住区同一时间内的火灾起数和一起火灾灭火设计流量　　表5-6

<table>
<tr><th>人数 N（万人）</th><th>同一时间内的火灾起数（起）</th><th>一起火灾灭火设计流量（L/s）</th></tr>
<tr><td>$N\leqslant1.0$</td><td rowspan="2">1</td><td>15</td></tr>
<tr><td>$1.0<N\leqslant2.5$</td><td rowspan="2">30</td></tr>
<tr><td>$2.5<N\leqslant5.0$</td><td rowspan="5">2</td></tr>
<tr><td>$5.0<N\leqslant20$</td><td>45</td></tr>
<tr><td>$20.0<N\leqslant30.0$</td><td>60</td></tr>
<tr><td>$30.0<N\leqslant40.0$</td><td rowspan="3">75</td></tr>
<tr><td>$30.0<N\leqslant40.0$</td></tr>
<tr><td>$40.0<N\leqslant50.0$</td><td rowspan="3">3</td></tr>
<tr><td>$50.0<N\leqslant70.0$</td><td>90</td></tr>
<tr><td>$N>70.0$</td><td>100</td></tr>
</table>

表格来源：《室外给水设计规范》GB 50013—2006。

4. 分类建筑面积指标法

在详细规划阶段，给水工程详细规划通常以控制性详细规划为参考依据，若建设用地有明确的建筑面积，则可按照分类建筑面积指标法预测用水量。

具体的分类建筑面积指标与城市的经济、社会和环境有很大区别。每个城市的分类建筑面积用水量指标不同。以深圳为例，深圳市根据当地各类建筑的用水特征，制定了深圳市分类建筑面积用水量指标，并使用该指标进行用水量预测。

$$Q = 10^{-3}\sum q_j a_i(1+m) \tag{5-5}$$

式中　Q——平均日城市用水量（m^3/d）

q_j——分类建筑面积用水量指标[L/(m^2・d)]；

m——未预见水量，宜取8%～12%；

a_i——分类建筑面积（m^2）。

分类建筑面积用水量指标　　表5-7

用地类别（大类）	用地类别（中类）	用水量指标（L/m²·d）
居住用地（R）	一类居住用地（R1）	180～220L/(人·d)（按人口计算）或6～8
	二类居住用地（R2）	
	三类居住用地（R3）	
	四类居住用地（R4）	
商业服务业用地（C）	商业用地（C1）	一般为8～12，旅馆业用地可取10～14
	旅游设施用地（C5）	
公共管理与服务设施用地（GIC）	行政管理用地（GIC1）	8～12
	文体设施用地（GIC2）	
	医疗卫生用地（GIC4）	10～14
	教育设施用地（GIC5）	8～12
	宗教用地（GIC6）	
	社会福利用地（GIC7）	
	文化遗产用地（GIC8）	
	特殊用地（GIC9）	10～12
工业用地（M）	新型产业用地（M0）	7～11
	普通工业用地（M1）	6～10
物流仓储用地（W）	物流用地（W0）	5～7
	仓储用地（W1）	3.5
交通设施用地（S）	区域交通用地（S1）	8～12
	轨道交通用地（S3）	
	交通场站用地（S4）	
	其他交通设施用地（S9）	

注：本表指标为规划期平均日用水量指标，且已包括管网漏失水量。

表格来源：《深圳市城市规划标准与准则》（2014版）。

5. 总结

城市用水量预测从总体规划、分区规划、详细规划到工程实施，其用水量规模的确定是逐步深化和完善的过程，各阶段有不同的规范、标准、指标作指导。[24]

在上述几个用水量的预测方法中，国家规范和地方规范都有对指标的选取提出指导范围，但是设计人员仍可以根据各自情况在较大的变化幅度内选取。不同的设计理念与工程设计人员选取的指标不一样，且选取不同的方法计算出来的预测值也有所差异，只有建立在对现状充分调研和各类数值的分析基础上，并引入数值误差分析，才能确保预测规划用水量的科学合理性。[25]

在详细规划阶段，规划区已经明确地块开发建设的强度及要求，居住区应有容积率、层高等指标，公共建筑应有建筑量、客房数等规划条件，用水量应根据单位水量指标进行测算。各类用水量预测方法适用性分析见表5-8。

给水量预测方法适用性分析一览表　　　　**表5-8**

序号	方法名称	规划层次	指标	计算结果	来　源
1	综合生活用水比例相关法	总体规划/分区规划	综合生活用水量指标	最高日用水量	《城市给水工程规划规范》GB 50282—2016
2	不同类别用地用水量指标法	详细规划	不同类别用地用水量指标	最高日用水量	《城市给水工程规划规范》GB 50282—2016
3	分类加和法	详细规划	—	最高日用水量	《室外给水设计规范》GB 50013—2006
4	分类建筑面积指标法	详细规划	分类建筑面积用水量指标	平均日用水量	《深圳市城市规划标准与准则》(2014年版)

5.6.2　管网水力计算方法

管网的水力计算是给水管网设计中的重要一步，其包括流量、管径、水头损失、流速等参数的计算。根据管网布置的特点，管网的水力计算包括树状管网的水力计算和环状管网的水力计算（见图5-1、图5-2）。

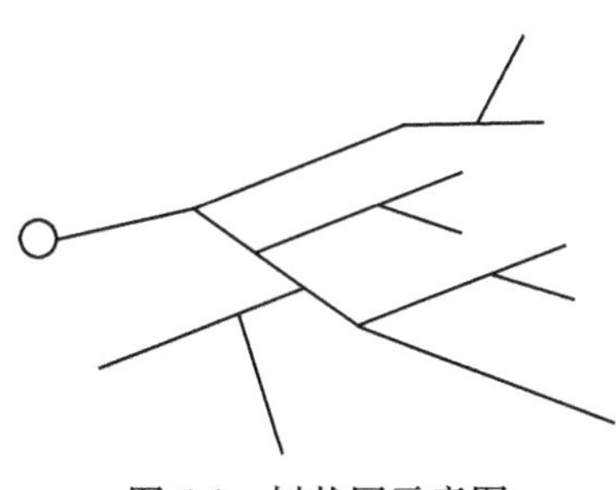

图5-1　树状网示意图

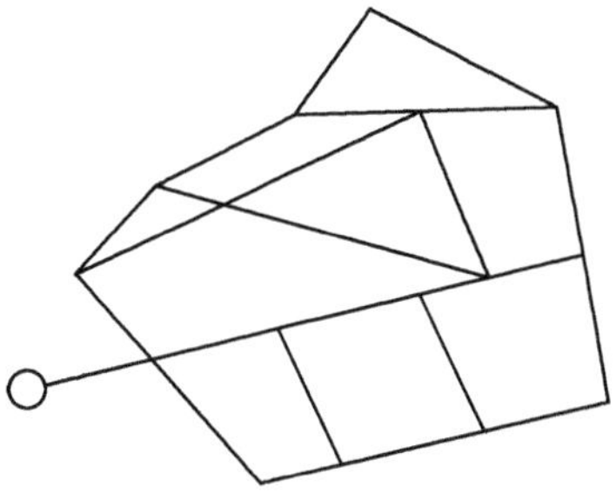

图5-2　环状网示意图

第一步：用水量分配

在进行管网平差过程中，首先结合城市给水量预测，得到最高日最高时用水量 Q_h，将用户分为两类，一类为集中用水户，另一类为分散用水户。

其中集中用水户的用水量可概化为集中流量，并以节点流量形式表示；分散用水户的流量可概化为沿线流量，沿线流量一般按管段配水长度分配计算，或按照配水管段的供水面积分配计算。

第二步：节点流量计算

将集中流量直接加到所处节点处；沿线流量是一分为二平均分配到两端节点上；另外，供水泵站或水塔的供水流量也应从节点处进入系统，但其方向与用水流量方向不同，应作为负流量。节点流量是用水时集中流量、沿线流量（分配后）和供水设计流量之和。

第三步：管段设计流量计算

1. 树状管网水力计算

对于树状管网，在管网规划布置方案、管网节点用水量和各管段管径决定以后，各管段的流量是唯一确定的，与管段流量对应的管段水头损失、管段流速及节点压力可以一次性计算完成。

2. 环状管网水力计算

对于环状管网，由于环状管网从二级泵站送到任意节点的水，并不局限于一个流向，而是可循环几条管线到达，因此不能像树状管网那样迅速地求出整个管网的水头损失。对于环状管网的计算，除满足各节点流量平衡方程外，还应满足任何一个环路内，各管段水头损失的代数和等于零。这种为消除各环水头损失闭合差，所进行的流量调整计算称为管网平差。

按解水力方程的变量分类，环状管网计算可分为解环方程法、解点方程法、解管段方程法。目前，常用的管网平差方法有：Hardy-cross 法、Newtow-Raphson 法、Linear Theroy 法、Finite-Element 法和图论法，在实际工程中，使用最多的是 Hardy-Cross 法，通称为哈代克罗斯平差法。具体如何使用哈代克罗斯平差法可参考相关教材，本文不再赘述。

第四步：确定管段直径

通过前三步可以计算出管段的设计流量，然后可以根据式（5-6）计算出管段管径，并采用平均经济流速相互校核。

$$D=\sqrt{\frac{4q}{\pi v}} \tag{5-6}$$

式中 D——管段直径（m）；

q——管段设计流量（m^3/s）；

v——设计流速（m/s）。

由于实际管网的复杂性，要从利润上计算造价和年管理费用相当复杂，且有一定难度，在设计中可采用各地统计资料计算出的平均经济流速来确定管径，得出的是近似经济管径，见表 5-9。

平均经济流速 **表 5-9**

管径（mm）	平均经济流速（m/s）
100～400	0.6～0.9
≥400	0.9～1.4

表格来源：严煦世，刘遂庆．给水排水管网系统［M］．北京：中国建筑工业出版社，2014.

第五步：消防工况校核

消防工况校核流量为最高日最大时流量加消防流量。根据《建筑设计防火规范》（2018 年版），结合规划区规划人口及各水厂或泵站服务范围内的服务人口，确定各片区室外消防用水量标准。根据表 5-6 分别确定各给水分区的消防着火点及消防水量。

第六步：事故工况校核

事故校核是在最不利管段发生事故而断水检修的情况下，核算事故时的流量和水压是否满足规范要求。最不利管段发生事故时的供水量应不低于最高日最高时用水量的70%。管网的最不利管段应分布在出厂水总干管上或者是转输流量最大的供水干管上。

第七步：最不利点水压论证（节点服务水头）

节点服务水头——即节点地面高程加上节点所连接用户的最低供水压力。对于城镇给水管网，设计规范规定了最低供水压力指标，即1层楼用户为10m，2层楼用户为12m，以后每增加一层，用水压力增加4m，见表5-10。

城镇居民生活用水压力指标　　表5-10

建筑楼层	1	2	3	4	5	6	……
最低供水压力（m）	10	12	16	20	24	28	……

表格来源：严煦世，刘遂庆．给水排水管网系统［M］．北京：中国建筑工业出版社，2014.

5.6.3 管网及设施承载力评估方法

市政管网承载力，是指在一定时期内，市政管网系统结构完善与功能正常发挥的前提下，输送生活用水、能源、信息和排水对城市居民生活及经济社会发展的承载能力。通过对市政设施及管网承载力的评价，客观反应市政管网的资源获取、输送能力和安全可靠程度，评估市政管网现有的开发利用强度和进一步满足经济社会发展需要。

近年来，国内城市规划专家相继提出要求加强城市市政设施承载能力分析和管网能力建设研究的问题。其中，水资源、能源、基础设施承载力均是“市政承载力”所涵盖的内容，基础设施承载力从微观上合理配置空间资源，有序安排城市建设和发展。

就给水管网及其设施承载力定义为某一地区给水管网在不产生破坏的情况下，其服务设施能够对城市发展起到的支撑能力，主要体现在负荷需要与供应能力之间的关系及管网能否安全可靠供应水资源。目前，国内还没有建立一套标准的管网及设施承载力评估方法，在市政工程详细规划中，市政管网及设施承载力的分析是体现各个市政专业系统性的重要内容，主要是考察规划区周边市政系统的供应情况，及供应主干管网是否满足规划区开发建设需要。

针对给水设施的承载力，经过划定供水区域、场站供水能力计算、需水量计算后，可以计算划定区域内给水设施供水承载力 H_{sg}，即给水厂供应能力 S 与需求量 Q 的比例确定，见式（5-7）。

$$H_{sg}=\frac{S}{Q} \tag{5-7}$$

当 $H_{sg}>1$ 时，表明区域内给水设施能够承载规划区的开发建设；当 $H_{sg}<1$ 时，表明区域内给水设施难以承载规划区的开发建设，需要通过给水设施供水能力、区域联合统筹供水等措施，以期其供水能力与开发建设相适应。若规划区需水量远超区域内场站供水能力，且无法通过水资源调配来支撑其开发建设，则说明应该调整规划区内产业结构、调整相关政策、加强污染物排放控制、提高水资源开发强度、提高再生水回用程度，以实现水资源的平衡。

第6章 污水工程详细规划

6.1 工作任务

根据城市自然环境和用水情况，预测污水量，划分污水收集范围；评估城市污水厂、提升泵站及污水干管等区域污水设施的支撑能力；详细布局规划区内污水设施和管网系统，落实相关污水设施用地并确定建设要求；结合规划区城市建设开发时序提出污水工程近期建设计划或项目库。

6.2 资料收集

污水工程详细规划需要收集的资料包括区域水环境资料、现状污水处理情况资料、现状区域污水设施资料、现状污水管网资料、相关专项规划资料及基础资料等六类资料，具体情况见表6-1。

污水工程详细规划主要资料收集汇总表　　表6-1

序号	资料类型	资料内容	收集部门
1	区域水环境资料	(1) 规划区及周边区域主要污水源、工业废水源分布状况； (2) 区域水体的污染情况； (3) 区域水功能区划	规划部门、水务部门
2	现状污水处理情况资料	(1) 规划区现状排水体制； (2) 城市现状污水系统的收集范围； (3) 城市现状污水收集处理率； (4) 规划区各用户现状总污水量，生活污水、工业废水产生量，历年污水量增长情况； (5) 规划区内城市污水、工业废水处理利用情况	水务部门
3	现状区域污水设施资料	(1) 规划区及周边区域现状污水厂的位置、规模、处理工艺流程及运行情况； (2) 规划区及周边区域现状污水泵站数量、位置、规模及运行情况	水务部门
4	现状污水管网资料	(1) 规划区及周边区域污水管网物探资料； (2) 区域污水干管资料； (3) 规划区在建污水工程项目施工图	水务部门、市政公用部门

续表

序号	资料类型	资　料　内　容	收集部门
5	相关专项规划资料	（1）上层次污水工程专项规划； （2）规划区及周边区域污水工程专项规划或污水工程详细规划	规划部门、市政公用部门
6	其他相关资料	（1）规划区及相邻区域地形图（1/2000～1/500）； （2）卫星影像图； （3）用地规划（城市总体规划、城市分区规划、规划区及周边区域控制性详细规划、修建性详细规划等）； （4）城市更新规划； （5）道路交通规划； （6）道路项目施工图； （7）近期规划区内开发项目分布和规模	国土部门、规划部门、交通部门

6.3　文本内容要求

（1）污水量预测：说明规划期末污水量预测规模、污水集中处理率。

（2）排水体制规划：说明规划区内排水体制规划。

（3）污水系统规划：说明区域污水系统规划情况、规划区污水量对区域给水系统布局的影响。

（4）厂站规划：说明现状保留及新、改（扩）建的污水设施（包括污水处理厂、污水泵站等）的数量和规模，以及对比上层次规划的调整情况。具体厂站名称、建设状态、现状及规划规模、用地面积、建设时序安排等应在附表中表达。

（5）污水管网规划：说明现状保留及新、改（扩）建的污水管网规模。简述新（改）建污水干管的规划布局路由情况。

6.4　图纸内容要求

污水工程规划图应包括城市污水量预测分布图、区域污水系统现状图、污水管网现状图、排水分区规划图、区域污水系统规划图和污水管网规划图等，其具体内容要求如下：

（1）城市污水量预测分布图：以街坊分区或控制性详细规划分区（规划区范围较小的以街坊分区）为基础，标明各分区的现状和规划预测污水量。

（2）区域污水系统现状图：标明现状污水系统分区或污水出路；标明现状污水设施的位置、名称和规模；标明现状污水干管（渠）的路由、规格及排水方向；标明现状区污水系统与区外的衔接。

（3）污水管网现状图：标明现状污水设施的位置、用地红线、名称和规模；标明现状污水管（渠）的路由、规格、长度、坡度、控制点标高和排水方向。

（4）区域污水系统规划图：标明规划污水系统分区或污水出路；标明现状保留及新、改（扩）建的污水设施的位置、名称和规模；标明现状保留及新、改（扩）建的污水干管（渠）的路由、规格及排水方向；标明规划区污水系统与区外污水系统的衔接。

（5）污水管网规划图：标明现状保留及新、改（扩）建的污水设施的位置、用地红线、名称和规模；标明现状保留及新、改（扩）建的污水管（渠）的路由、规格、长度、坡度、控制点标高和排水方向。

6.5 说明书内容要求

污水工程详细规划说明书内容包括：

（1）现状及问题分析：现状排水体制、污水工程现状、水体污染状况及存在问题分析。

（2）相关规划解读：包括对城市总体规划、分区规划、上层次或上版污水工程专项规划和其他相关规划的解读。

（3）规划目标：确定排水制度、污水处理率等。

（4）污水量预测：确定预测指标预测近、远期污水量。

（5）污水设施规划：确定污水工程整体格局，划分污水收集范围；复核污水水厂、主要污水泵站的布局、规模及用地要求；确定污水厂、污水泵站的位置、规模及用地面积。

（6）污水管网规划：确定污水主干管道的布局、管径及污水管道的规划原则，确定污水次干管道的布局、管径及一般管道的设置概况。

6.6 关键技术方法分析

城市排水系统是城市基础设施建设的重要组成部分，在详细规划阶段，主要是根据上层次规划，在规划区域内划定城市污水排放范围，预测规划区域污水排放量，进行污水管网设计等。其中污水量的预测、排水体制的选取及污水管网的水力计算是规划过程中的关键性内容。

6.6.1 污水量的预测方法

1. 污水排放系数

污水量的预测根据预测用水量进行推算。在详细规划阶段，可按照以下污水排放系数进行计算：

（1）生活性污水量取其平均日用水量的90%。

（2）工业和物流仓储的污水量取平均日用水量的85%。

（3）道路广场和公共绿地不计污水量。

（4）其他污水量取其平均日用水量的70%。

（5）地下水渗入量按平均日污水量的10%计算。

2. 综合生活污水量总变化系数（表 6-2）

综合生活污水量总变化系数　　表 6-2

平均日流量（L/s）	5	15	40	70	100	200	500	≥1000
总变化系数	2.3	2.0	1.8	1.7	1.6	1.5	1.4	1.3

注：1. 当污水平均日流量为中间数值时，总变化系数用内插法求得。

2. 有实际综合生活污水量变化资料时，可按实际数据采用。

表格来源：严煦世，刘遂庆．给水排水管网系统［M］．北京：中国建筑工业出版社，2014.

3. 污水量的选取

在污水工程详细规划中，污水量的计算结果值有平均日污水量、最高日污水量、平均日平均时污水量、最高日最高时污水量，在具体的计算和使用过程中选择见表 6-3。

各类污水量计算用途一览表　　表 6-3

序　号	用　途	污水量选取
1	污水厂、污水泵站设计	平均日污水量
2	污水管网设计	最高日最高时污水量

表格来源：严煦世，刘遂庆．给水排水管网系统［M］．北京：中国建筑工业出版社，2014.

需要指出的是，随着城市的发展，国内部分城市将初雨收集并处理后排出，上述污水量的计算并未考虑城市初雨的收集量。因此，我们在计算污水量时，可根据规划区实际情况综合考虑初期雨水量。

6.6.2　排水体制选取方法

城市排水体制的选择是城市排水系统规划中的首要问题。它关系到排水系统的设计、维护和管理，对城市规划和环境保护也有着深远影响，同时也影响排水系统工程的总投资、初期投资和运行管理费用。

目前，城市排水体制一般分为合流制和分流制两种类型。合流制排水系统按雨、污、废水产生的次序及处理程度的不同可分为直排式合流制、截流式合流制和全处理式合流制。分流制排水系统分为污水排放系统和雨水排放系统。根据雨水排放方式的不同，又分为完全分流制、截留式分流制和不完全分流制[26]。理论上分流制排水系统对于保护环境及防止水体污染方面无疑是较好的排水体制，但目前分流制排水系统在实施过程中却存在初期雨水径流直接排入水体，对城市水体造成了一定污染；雨、污水管道混接现象严重，污水收集率低等问题[27]。

1. 直排式合流制

将城市污水和雨水用同一管渠收集，不经任何处理就近排入水体，该排水体制对水体和生态环境的危害巨大，从环境保护和卫生防护来看，目前需要对直排式合流制逐渐加以改造（图 6-1）。

2. 截流式合流制

截流式合流制是在直排式合流制的基础上增设一根污水截流干管，晴天时所有的旱流

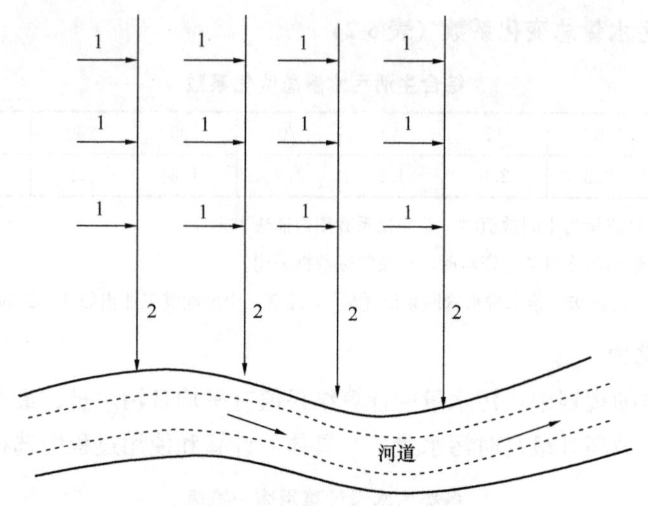

图 6-1 直排式合流制示意图

1—合流支管；2—合流干管

污水都被截流至污水厂进行集中处理。截流式合流制较好地控制了污染较重的初期雨水地表径流所带来的污染负荷，但在降雨中后期，超过截流干管输水能力而溢流进水体的部分混合污水会周期性地给水体带来污染，甚至引发水污染事故（图 6-2）[28]。

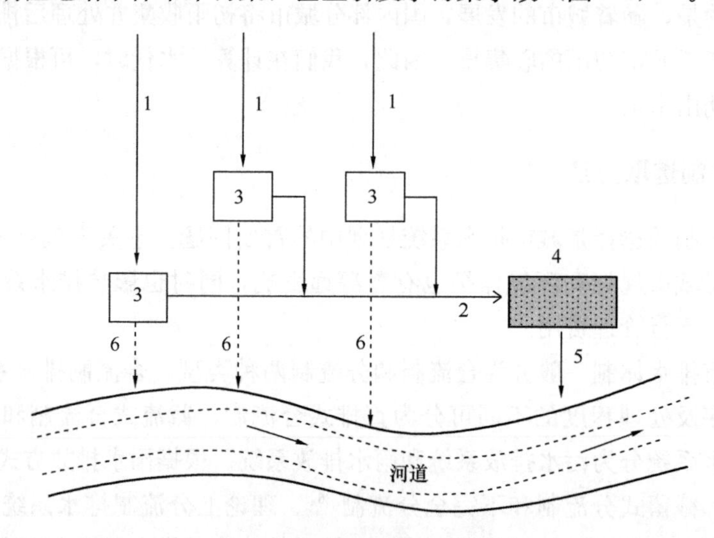

图 6-2 截流式合流制示意图

1—合流干管；2—截流干管；3—溢流井；4—污水处理厂；5—出水口；6—溢流出水口

对于截流式合流制排水系统，截流倍数的 n_0 是截流式排水体制规划中最重要的参数，也是该排水体制规划工程投资控制的重要依据。若 n_0 偏小，在地表径流高峰期混合污水将直接排入水体而造成污染；若 n_0 过大，则截流干管和污水厂的规模就要加大，基建投资和运行费用也将相应增加。我国《室外排水设计规范》GB 50014—2006（2016 年版）一般采用 $n_0=2\sim5$，同一排水系统可采用不同的截流倍数，但如何合理选用一直以来都是半经验、半理论化的方法，我国多数城市一般采用截流倍数 $n_0=2$。

3. 全处理式合流制

将雨、污水用同一管渠输送到污水处理厂。这种方式对水体和环境污染最小，可最大限度地实现污水和雨水的资源化，但其投资和运行费用高。对于街道狭窄难以改造的老城区的支户线，将其合流管道与城镇污水管道相接，可将雨污水一并送入污水厂处理（图 6-3）。

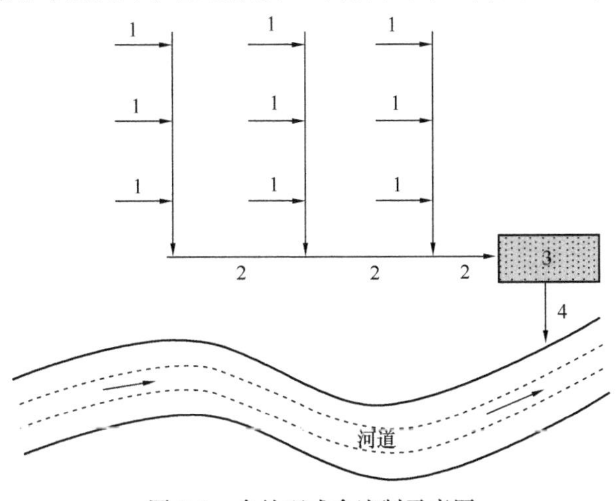

图 6-3　全处理式合流制示意图

1—合流支管；2—合流干管；3—污水处理厂；4—出水口

4. 完全分流制

完全分流制是用不同管渠分别收集和输送城镇雨、污水，适用于新建开发区（图 6-4）。

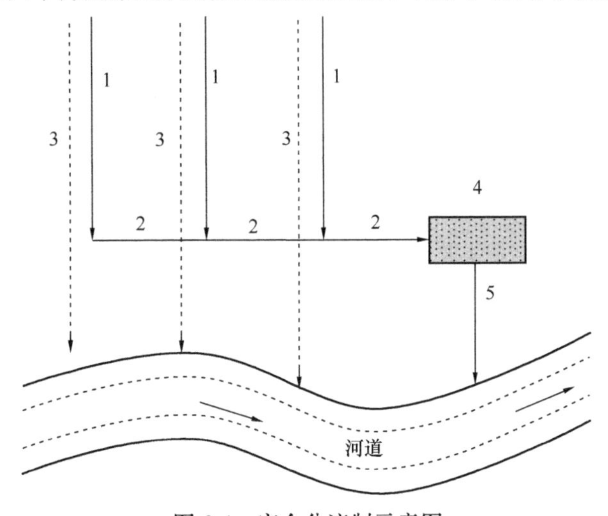

图 6-4　完全分流制示意图

1—污水干管；2—污水主干管；3—雨水干管；4—污水处理厂；5—出水口

5. 截流式分流制

截流式分流制是分别设置污水和雨水两套独立的管渠系统，并在雨水支管上每隔一定距离设置 1 座截流井，截流井内设置截流管与污水管相通。雨季时，截流井截流的初期雨水径流通过截流管就近排至附近的污水管；旱季时，截流井将误排入雨水管的少量污水也截流至附近的污水管，截流式分流制排水系统如图 6-5 所示。

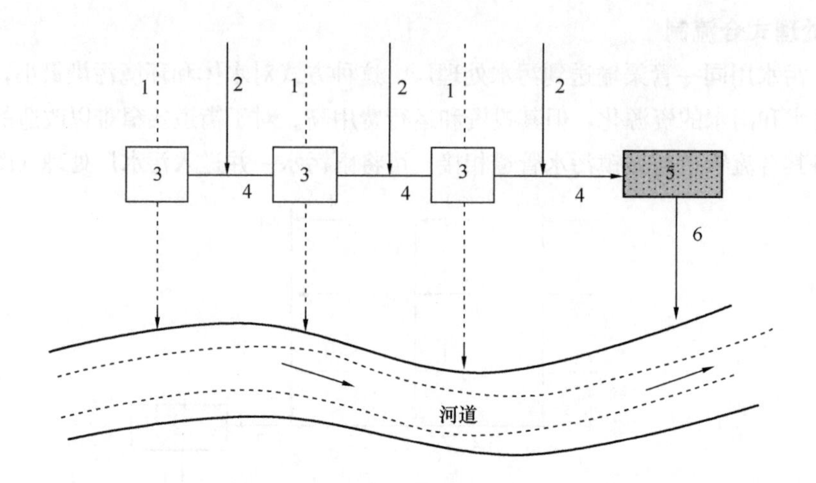

图 6-5　截流式分流制示意图

1—雨水干管；2—污水干管；3—溢流井；4—截留干管；5—出水口；6—溢流出水口

现行排水体制主要是截流式合流制和分流制两种类型。一般来讲，合流制排水系统由于只需一套管沟系统，施工较简单，造价比分流制排水系统低 20%～40%，管沟维护管理简单、费用低；而分流制排水体制流入污水处理厂的水量、水质变化较小，利于污水处理厂的运转管理，降低运行费用。

从环保角度来看，截流式合流制排水系统同时汇集了生活污水、工业废水和部分雨水送到污水处理厂，减轻了较脏的初期雨水对水体的冲击；但暴雨时通过截流井将部分生活污水、工业废水泄入水体，给水体带来一定程度的污染。分流制排水系统将城市污水送到污水厂处理，但初期雨水径流未经处理直接排入水体，对环境保护也是不利的[26]。

6. 不完全分流制

不完全分流制则只有污水排水系统或仅有部分雨水排水系统，如图 6-6 所示。

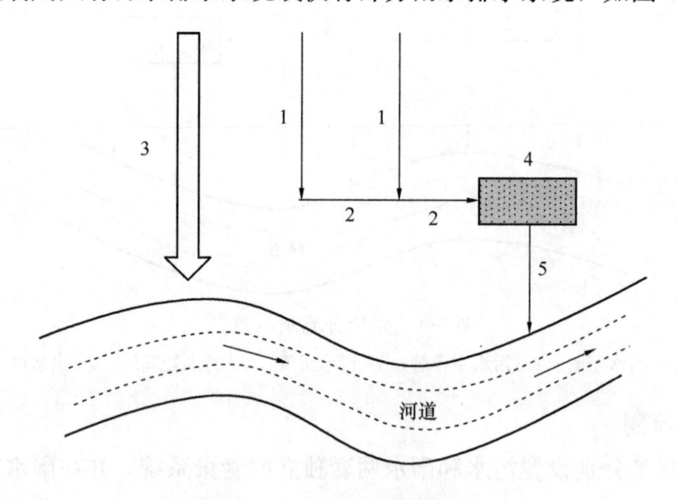

图 6-6　不完全分流制示意图

1—污水干管；2—污水主干管；3—原有管渠；4—污水处理厂；5—出水口

7. 合流制与分流制排水体制选择

在排水体制的选择上，合流制和分流制的选择一直是业界的关注焦点。分流制虽然有很多优点，但对于无法拓宽的道路，改造原有小区排水系统的老城区以及像某些城市的住房阳台改成厨房或装上洗衣机的情况，生活污水会直接进入雨水管道系统，无法实施雨、污分流，导致投资浪费和水体污染加剧。实践表明，为了进一步改善受纳水体的水质，将合流制改造为分流制的费用高且控制效果有限，若在合流制系统中建造上述补充设施则较为经济有效。因此，在排水体制的选择上应改变观念，允许部分地区在相当长的时间内采用合流制截流体系，并将提高污水的处理率作为工作的重点。在对老城市合流制排水系统改造时要结合实际制定可行方案，在各地新建开发区规划排水系统时也需充分分析当地条件、资金的合理运作，并从管理水平、动态发展的角度进行研究（表 6-4）。

合流制与分流制排水体制对比情况一览表 **表 6-4**

比较角度	合流制			分流制		
	直排式	截流式	全处理式	完全分流式	截流式	不完全分流式
环保角度	污水直排河道，对河道生态环境影响大	晴天污水可以全部处理，雨天存在溢流污染的可能	雨水和污水全部处理	污水全部处理，初降雨水未处理，但可以采取收集措施	污水全部处理，初期雨水收集后到污水处理厂处理	污水全部处理，初降雨水未处理，但不易采取收集措施
工程造价角度	低	管渠系统低，泵站污水厂高	高	管渠系统高，泵站污水厂低	管渠系统和泵站、污水厂高	初期低，长期高，灵活
管理角度	不便，费用低	管渠管理简便，费用低，污水厂泵站管理不便	污水处理设施费用高	容易	运行管理不便	容易
设计的关键点		截流倍数的选择			截流倍数的选择	

6.6.3 重力流污水管道水力计算方法

污水管网设计的主要任务是：污水管网的布置和定位，污水管网总设计流量及各管段设计流量计算，污水管网各管段直径、埋深、衔接设计与水力计算，污水提升泵站设计及污水管网施工图绘制等。其中，污水管道水力计算是关键之一。

1. 第一步：数据准备

在详细规划阶段，水力计算应准备现状污水管网的管径、管材、管长、埋深及规划道路竖向等数据。

2. 第二步：污水管网模型化

污水管网模型主要表达系统中各组成部分的拓扑关系和水力特征，将管网简化和抽象为管段和节点两类元素，并赋予工程属性，以便用水力学、图论和数学分析理论等进行表达和分析计算。[29]抽象化的管网模型一般包括节点、管段编号、管段方向与节点流向等。

按照市政工程详细规划的需要，建立污水管网规划模型，保留中等管径400mm以上的污水干管，忽略400mm及以下的污水支管，并适当保留污水井作为模型节点，对保留的污水管段和概化的节点进行编号和标明管段方向。

3. 第三步：管段设计流量计算

根据保留的污水干管，结合规划区内的地势地形条件，划分各污水干管的污水分区。

4. 第四步：污水管段水力计算

污水管网管段设计流量确定之后，即可由上游管段开始，进行各管段的水力计算，确定管段直径和敷设坡度，使管道能够顺利通过设计流量。

确定管段直径和坡度是污水管网设计的主要内容，也是决定污水管网技术合理性和经济性的关键步骤。管道坡度确定时应参考地面坡度和保证自净流速的最小坡度，使管道坡度尽可能与地面坡度平行，以减少管渠埋深，同时保证合理的设计流速，使管渠不发生淤积或冲刷。在保证合理流速和充满度的前提下，选择不同的管径，也就形成不同的本管段造价（包括管材费用和敷设施工费用），同时对下游管段的造价影响也不同。因此，必须在选择管径及确定相应的坡度时考虑经济合理性。

在污水管网设计过程中，当设计流量确定后，需要根据各管段的流量、地形、约束条件和上、下游管段的情况进行水力计算，确定管径 D、流速 v、坡度 i 和充满度 h/D。在进行水力计算时，通常先根据具体情况确定其中两个参数，再由水力计算公式求解另外两个参数。

$$Q = Av \tag{6-1}$$

式中 Q——设计流量（m^3/s）；

A——水流有效断面面积（m^2）；

v——流速（m/s）。

恒定流条件下排水管渠流速公式：

$$v = \frac{1}{n} R^{\frac{2}{3}} I^{\frac{1}{2}} \tag{6-2}$$

式中 v——流速（m/s）；

R——水力半径（m）；

I——水力坡度；

n——粗糙系数。

对于新规划的污水管网，由于污水管道的埋深对工程造价具有最重要的影响，而决定管道埋深大小的直接因素是管道坡度，因此如何控制管道坡度（或流速）是进行设计计算时需要着重考虑的问题[30]。

以圆状混凝土管为例，规划污水管通常已知 Q、n，可以通过调节坡度 i 或者 D 和 $h/$

D，使得污水管流速 v 在合理的设计范围内（表6-5～表6-7）。

排水管最大设计充满度及设计流速规定情况一览表 **表6-5**

管渠或渠高（mm）	最大设计充满度	充满度下流速
200～300	0.55	排水管道在设计充满度下最小流速0.6m/s；排水金属管道最大设计流速10m/s；排水非金属管最大设计流速为5m/s
350～450	0.65	
500～900	0.7	
≥1000	0.75	

表格来源：《室外排水设计规范》GB 50014—2006（2016年版）。

常用管径的最小设计坡度（钢筋混凝土管非满流） **表6-6**

管径（mm）	最小设计坡度	管径（mm）	最小设计坡度
400	0.0015	1000	0.0006
500	0.0012	1200	0.0006
600	0.0010	1400	0.0005
700	0.0008	1500	0.0005

表格来源：《城市排水工程规划规范》GB 50318—2017。

最小设计管径 **表6-7**

序号	区 域 位 置	最小设计管径（mm）
1	居住区和厂区内道路	干管：300
		支管：200
2	城市市政道路	300

表格来源：《城市排水工程规划规范》GB 50318—2017。

对于现状污水管网的水力校核，由于管道的坡度、管径等都已经确定，因此通常情况下采用计算污水管道的过流能力来校核现状污水管网是否满足负荷要求。

以圆形混凝土管为例，现状污水管道通常已知 Q、n、I、D 及 h/D，只需计算现状管道的过流能力 Q'，并对比 Q 与 Q' 来判断现状污水管道是否满足过流能力的要求。

第7章　雨水工程详细规划

7.1　工作任务

雨水工程规划应包含雨水排放系统及防涝系统两部分规划内容。主要任务包括：确定排水体制；划分排水分区；确定雨水径流控制、雨水管网以及排涝设施等设计标准；规划雨水管网、排涝泵站、调蓄池等设施；开展雨水综合利用规划；制定超标暴雨应急方案等。

7.2　资料收集

雨水工程详细规划资料收集主要包括现状雨水设施资料、现状雨水管网资料、相关专项规划及资料和基础资料等，详见表7-1。

雨水工程详细规划主要资料收集汇总表　　表7-1

序号	资料类型	资料内容	收集部门
1	现状雨水设施资料	（1）现状雨水泵站的数量、位置、规模及运行情况； （2）雨水调蓄（综合利用）设施位置、规模及运行情况； （3）河流水系走向、防洪工程建设情况、水质情况、保护要求等； （4）水库（湖泊）分布情况、防洪工程建设情况、主要使用功能、水质情况、保护要求等； （5）海堤建设情况； （6）区域降雨统计资料； （7）内涝点分布、积水范围、积水深度、积水时间、损失情况等； （8）城市年鉴及排水相关部门统计年鉴	规划部门、水务部门、市政公用部门、环保部门、气象部门
2	现状雨水管网资料	（1）规划区及周边区域雨水管渠物探资料； （2）截洪沟现状分布图； （3）老旧管线分布情况	规划部门、水务部门、市政公用部门
3	相关专项规划及资料	（1）水系规划； （2）防洪排涝规划； （3）其他相关雨水规划； （4）雨水管网、泵站、防洪工程等近期建设计划	规划部门、交通部门、水务部门、发展改革部门

续表

序号	资料类型	资　料　内　容	收集部门
4	其它相关资料	（1）规划区及相邻区域地形图（1/500-1/2000）； （2）卫星影像图； （3）用地规划（城市总体规划、城市分区规划、规划区及周边区域控制性详细规划、修建性详细规划等）； （4）城市更新规划； （5）道路交通规划； （6）道路项目施工图	国土部门 规划部门 交通部门

7.3　文本内容要求

雨水工程详细规划文本主要包括以下内容：

（1）标准确定：确定排水体制、雨水径流控制标准、雨水管网及设施设计标准、内涝防治标准等。

（2）雨水径流控制和资源化利用：简要说明雨水径流控制和资源化利用要求及方案。

（3）雨水管网系统规划：说明雨水主、次管（渠）的布局、管径、出口位置及一般管渠的设置概况，包括现状保留及新、改（扩）建的雨水泵站数量和规模。

（4）排涝系统规划：简要说明城市排涝系统规划，包括内河水系防洪治理要求，易涝区治理要求，行泄通道、调蓄设施的位置、规模及用地面积。

7.4　图纸内容要求

雨水工程详细规划图纸内容包括雨水工程系统现状图、雨水工程管网现状图、内涝点分布及内涝风险评估图、雨水排水分区规划图、雨水工程系统规划图、雨水工程管网规划图、雨水行泄通道规划图等，其具体内容要求如下：

（1）雨水工程系统现状图：标明现状排水分区、河流水系、雨水设施的名称、位置和规模。

（2）雨水工程管网现状图：标明现状雨水管渠的位置、尺寸、标高、坡向及出口位置；标明已有的河道、湖、湿地及滞洪区等蓝线。

（3）内涝点分布及内涝风险评估图：标明现状内涝点位置；标明现状内涝风险评估结果。

（4）雨水排水分区规划图：标明河流水系；标明汇水分区界线及汇水面积。

（5）雨水工程系统规划图：标明规划水系和名称；标明现状保留和新、改（扩）建雨水设施的名称、位置和规模；标明雨水主干管渠的布局；标明地形情况。

（6）雨水工程管网规划图：标明雨水管渠的位置、管径、标高、坡向及出口等。

（7）雨水行泄通道规划图：标明河流水系；标明雨水行泄通道的位置、规模及出口；标明地形情况。

7.5 说明书内容要求

雨水工程详细规划说明书应表达雨水工程规划的详细研究过程，主要包括以下内容：

(1) 现状及问题：现状排水体制、雨水工程现状、现状内涝点分析、内涝风险区分布及存在问题。

(2) 相关规划解读：包括城市总体规划、分区规划、防洪排涝规划、水系规划、上层次或上版雨水工程专项规划。

(3) 规划标准：明确排水体制、雨水径流控制标准、防洪标准、内涝防治标准和雨水管渠及设施设计标准等。

(4) 雨水排水分区：划分雨水排水分区，确定分区雨水排放方式、分区雨水排放标准。

(5) 雨水径流控制和资源化利用：说明雨水径流控制和资源化利用要求和方案。

(6) 雨水设施规划：确定雨水及防洪设施的位置、规模和用地面积。

(7) 雨水管网规划：确定雨水主次管渠位置、管径、出口位置及一般管渠的设置概况。

(8) 城市排涝规划：确定雨水行泄通道位置、排水规模；确定调蓄设施位置、调蓄能力。

(9) 超标雨水应急预案：制定超标暴雨应急预案。

7.6 关键技术方法分析

7.6.1 城市雨水系统衔接

根据《城市排水工程规划规范》GB 50318—2017，城市雨水系统包括源头减排系统、雨水排放系统和防涝系统三部分。虽然规范提出了各系统的设计标准，但作为城市雨水系统的组成部分，各系统之间的衔接关系并不明确；本节通过对各系统定义、任务、设计标准、设计方法进行分析，进而得到各系统的衔接关系。

1. 定义

源头减排系统：场地开发过程中用于维持场地开发前水文特征的生态设施以一定的方式组合的总体。

雨水排放系统：应对常见降雨径流的排水设施以一定方式组合成的总体，以地下管网系统为主，亦称“小排水系统”。

防涝系统：应对内涝防治设计重现期以内的降雨径流的排水设施以一定的方式组合成的总体，亦称“大排水系统”。

2. 任务

(1) 源头减排系统

源头减排系统可用于径流总量控制、降雨初期的污染防治、雨水利用和雨水径流峰值削减。

（2）雨水排放系统

雨水排放系统主要应对设计重现期内降雨的排除，雨水管渠是雨水排放系统的主要设施。

（3）防涝系统

城市防涝系统是解决城市大面积、高强度、长历时的降雨的排水问题，主要由城市雨水管渠、河流、湖泊、调蓄空间、行泄通道、雨水泵站、水闸等组成。

3. 设计标准

（1）源头减排系统

源头减排系统可以用于径流总量控制、初期雨水污染防治、雨水利用和雨水径流峰值削减，在具体设计时源头减排系统可能需要对应一个或多个目标，其设计标准需根据各类目标综合确定；当源头减排系统对应单目标时，其设计标准应根据以下要求确定：

源头减排设施用于径流总量控制时，应按当地相关规划确定的年径流总量控制率等目标计算设施规模，并宜采用数学模型进行连续模拟校核。当降雨小于规划确定的年径流总量控制要求时，源头减排设施的设置应能保证不直接向市政雨水管渠排放未经控制的雨水。

源头减排设施用于初期雨水径流污染控制时，应根据初期降雨污染物削减要求确定设施规模。

源头减排设施用于雨水利用时，设施规模应根据雨水利用量确定。雨水利用量应根据相关规划要求或根据降雨特征、用水需求和经济效益等确定。

源头减排设施用于雨水径流峰值流量削减时，应保证相同重现期下开发后的径流量不超过原有径流量。

（2）雨水排放系统

《室外排水设计规范》GB 50014—2006（2016年版）规定，各等级城市设计暴雨重现期为2～10年，下沉广场、地下通道等设计暴雨重现期采用10～50年，具体设计标准详见表7-2。

雨水管渠设计重现期（单位：年）　　**表7-2**

城区类型 / 城镇类型	中心城区	非中心城区	中心城区的中心地区	中心城区地下通道和下沉式广场等
超大城市和特大城市	3～5	2～3	5～10	30～50
大城市	2～5	2～3	5～10	20～30
中等城市和小城市	2～3	2～3	3～5	10～20

注：1. 按表中所列重现期设计暴雨强度公式时，均采用年最大法。

2. 雨水渠道应按重力流、满管流计算。

3. 超大城市指城区常住人口在1000万人以上的城市；特大城市指城区居住人口500万人以上1000万人以下的城市；大城市指城区常住人口100万人以上500万人以下的城市；中等城市指城区常住人口50万人以上100万人以下的城市；小城市指城区常住人口在50万人以下的城市（以上包括本数，以下不包括本数）。

表格来源：《室外排水工程设计规范》GB 50014—2006（2016年版）。

(3) 防涝系统

《城镇内涝防治技术规范》GB 51222—2017 中规定了各等级城市的内涝防治设计重现期为 20～100 年，详见表 7-3。

内涝防洪设计重现期 **表 7-3**

城镇类型	重现期（年）	地面积水设计标准
超大城市	100	(1) 居民住宅和工商业建筑物的底层不进水； (2) 道路中一条车道的积水深度不超过 15cm
特大城市	50～00	
大城市	30～50	
中等城市和小城市	20～30	

注：1. 表中所列设计重现期适用于采用年最大值法确定的暴雨强度公式。

2. 超大城市指城区常住人口在 1000 万人以上的城市；特大城市指城区居住人口 500 万人以上 1000 万人以下的城市；大城市指城区常住人口 100 万人以上 500 万人以下的城市；中等城市指城区常住人口 50 万人以上 100 万人以下的城市；小城市指城区常住人口在 50 万人以下的城市（以上包括本数，以下不包括本数）。

3. 本规范规定的地面积水设计标准没有包括具体的积水时间，各城市应根据地区重要性等因素，因地制宜确定设计地面积水时间。

表格来源：《城镇内涝防治技术规范》GB 51222—2017。

4. 设计方法

(1) 源头减排系统

源头减排系统主要是依据年径流总量控制率计算对应的降雨量，通过控制一定厚度的降雨实现初期雨水径流控制目标，没有重现期的概念。

(2) 雨水排放系统

雨水排放系统以满足设计重现期下的降雨径流排放为目标，主要设计内容为雨水管网。

雨水管网设计重现期一般采用 2～10 年一遇，地面集水时间一般采用 5～15min。汇水面积超过 $2km^2$ 时，应采用数学模型法计算雨水设计流量。

雨水排放系统设计工况为管道下游自由出流，上游管网满管重力流。

(3) 防涝系统

防涝系统主要通过蓄、滞、排等方法应对设计重现期内的降雨，保障城市在发生内涝防治标准以内的降雨时积水控制在可接受的范围。主要设施包括雨水管渠、河流、湖泊、调蓄空间、行泄通道、排水泵站、水闸等，主要设计内容包括调蓄空间、行泄通道、排水泵站、水闸等。

防涝系统一般采用 20～100 年一遇设计重现期，地面集水时间一般采用 3～24h。汇水面积超过 $2km^2$ 时，应采用数学模型法计算雨水设计流量。

防涝系统设计的边界条件是下游设计水位。雨水管网排涝工况为下游受河道设计水位顶托，上游管段压力流。

防涝系统需要通过管网、调蓄设施、排水泵站、行泄通道共同应对设计重现期下的降雨径流，设施规模需要通过数学模型计算确定。

5. 系统衔接

（1）源头减排系统与雨水排放系统

当源头减排系统以径流总量控制、初期雨水径流污染控制或雨水利用为目标时，其控制指标以雨水量表示，不存在设计流量的概念，而雨水排放系统以峰值流量为指标进行设计，此时源头减排系统与雨水排放系统不存在直接的对应关系。

当源头减排系统以雨水径流峰值削减为目标时，根据规范要求源头减排系统应保证相同重现期下开发后的径流量不超过原有径流量，即源头减排系统需对应开发前后径流系数差产生的径流量。

（2）雨水排放系统与防涝系统

雨水排放系统中，雨水管网工况是下游无顶托的自由出流。排涝系统中，雨水管网受上下游水位关系及管道坡度影响排水能力将会发生较大变化。

排涝系统中，雨水管网仍然是雨水径流排放的主要设施，调蓄池主要设置于管网排水能力不足的管段，雨水泵站主要应对下游水位过高或受水位顶托管道排水能力不足时雨水的排放；当调蓄设施规模不足时，可能还需要通过道路等行泄通道进行排水。

总体来说，防涝系统是雨水管网、调蓄设施、排水泵站、行泄通道等设施的集合，各设施在系统中发挥的作用取决于设施的规模，各设施的规模需要通过数学模型分析确定。

7.6.2 水力模型应用方法[31]

目前排水设计中应用的水力模型种类相对较多，本节仅以排涝系统设计中常用的Mike Flood模型为例介绍数学模型应用的基本方法。

Mike Flood是模拟城市洪水和风暴潮的动态软件，由Mike Urban、Mike 21、Mike 11等模块构成，并为不同模块之间提供了有效的动态连接方式，使模拟的水流交换过程更接近真实情况。

1. 模型组成与原理

（1）排水管网模型

Mike Urban模块是模拟城市集水区和排水系统的地表径流、管流、水质和泥沙传输的专业工程软件包，可以应用于任何类型的自由水流和管道中压力流交互变化的管网中。通过求解一维圣维南方程组来计算管网中的各项水力参数，从而精确模拟、溢流倒灌等水流现象。

（2）河道模型

采用Mike11模块模拟河道水体，可以准确地模拟河网的流向、河道截面的形状和面积、水工建筑物，以及河流的上下游边界条件对于水位的影响等。

（3）二维地表模型

Mike 21模块在对于各种流场环境，如河口、海湾、湖泊、海洋等的数值模拟中有着广泛的应用，在城市内涝灾害模型中，可用于暴雨引起的城市地表径流的模拟。

（4）产汇流原理

采用时间－面积（T-A）法作为模型中的产汇流计算原理。通过设置初损、沿程水文损失和不透水比率等参数来计算降雨产流，然后依据汇流面积的形状、尺寸和地表汇流时间来控制汇流过程。产汇流模块的输出结果是降雨产生的每个集水区的流量，计算结果可用作管流计算的输入条件（图 7-1）。

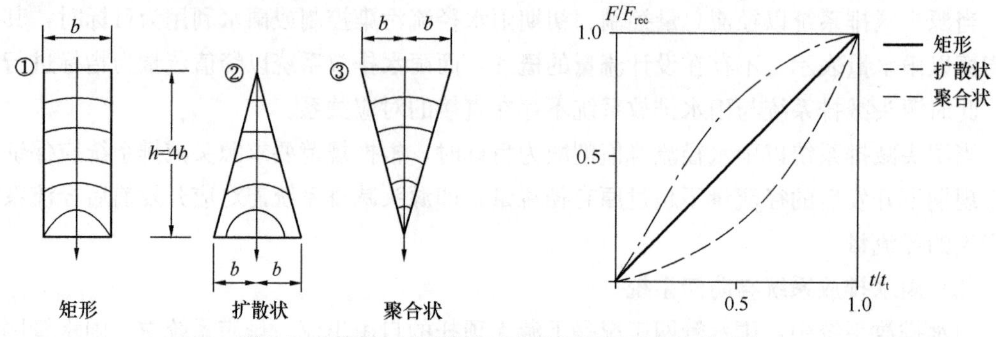

图 7-1　不同汇水区形状对应的汇流过程曲线的选取

（5）耦合计算原理

Mike Flood 是一个把一维模型（Mike Urban 或 Mike 11）和二维模型（Mike 21）进行动态耦合的模型系统，模型可以同时模拟排水管网、明渠、排水河道、各种水工构筑物以及二维坡面流，可用于流域洪水、城市洪水等的模拟研究。

2. 数据收集与整理

整合现有各类来源与格式的城市排水防涝设施数据，统一数据表格的格式与字段，建立具备查询和管理功能的综合地理数据库。为了对城市水文模型进行综合模拟，模型所需数据主要包括：

（1）降雨

通过对降雨资料进行整理和分析，推求出不同重现期下的长历时和短历时典型降雨作为水力模型的边界条件。

（2）地表高程

地表高程数据主要来源于通过物探与遥感技术获取的地形高程点；每个高程点的主要数据包括空间坐标和高程数据；以地形高程点为基础生成不同精度要求的单元网格，用于二维地表模型的制作。

（3）管网及排水设施

收集雨水管网普查勘探数据以及运营单位提供的排水管网数据。其中排水管道信息主要包括编码、类型、尺寸、材质、起始管底标高、末端管道标高、坡度、敷设日期、单位、长度等；节点信息主要包括编码、类型、内底标高、地面标高等。泵站信息主要包括位置、设计重现期、设计流量、服务范围、启泵/停泵水位等。

（4）河道

从河道的规划资料中收集河道典型横截面的位置和形状作为河道模型制作的基础。此外，河道的相关数据还包括河道上的水工建筑物信息、调度规则以及上下游水体的水位边界信息。

3. 建模流程

模型的构建和应用过程总体可分为数据整理、模型搭建、质量控制和模型应用等四个步骤，如图 7-2 所示。

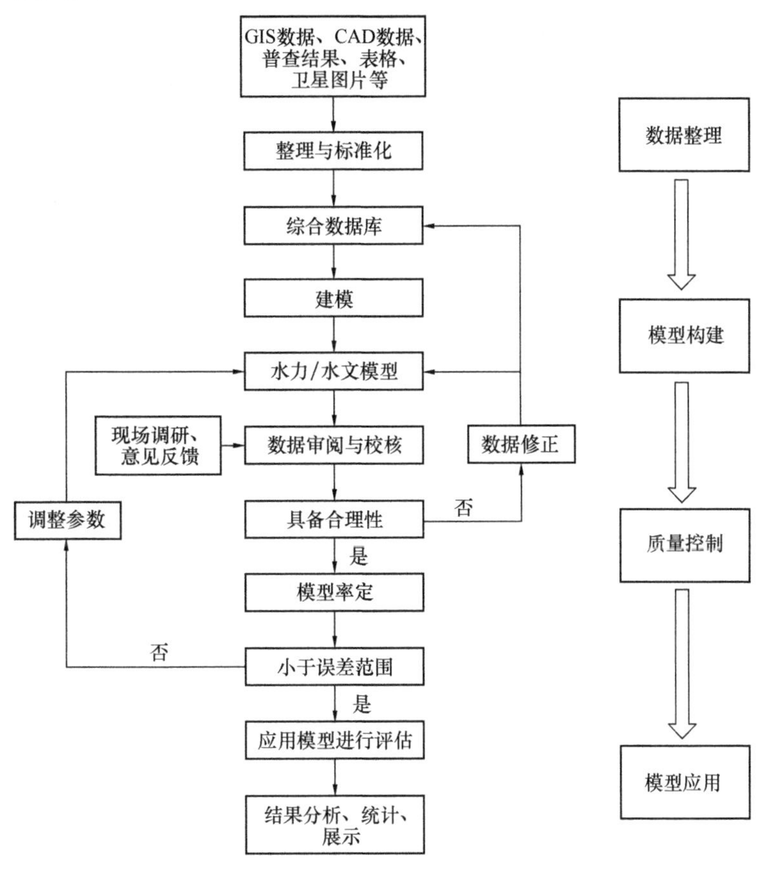

图 7-2　模型构建与应用流程图

4. 模型应用

基于城市排水系统的实际现状构建现状模型。现状模型的主要功能是用于现状排水能力和内涝风险的评估，并为风险评估和应急管理措施提供依据。规划模型是在现状模型构建完成的基础上进行修改而成的，主要的改变包括：(1) 下垫面和用地性质的改变；(2) 地表高程的改变；(3) 新增和改建的排水系统等。规划模型的主要功能是模拟规划实施后基础设施条件的变化，评估规划场景下排水系统获得的改善和面临的问题。

5. 模型率定

模型率定的基本方法是通过对比分析实测数据与模型模拟结果，并调整模型设置的参数，使模拟结果与实测数据之间的误差低于一定的阈值，从而提高模型的可靠性。

7.6.3　海绵城市规划方法[32]

1. 工作任务

根据上层次海绵城市专项规划的要求，优化空间布局，统筹整合海绵城市建设内容，统筹协调开发场地内建筑、道路、绿地、水系等布局和场地内竖向，使地块及道路径流有组织地汇入周边绿地系统和城市水系，并与城市雨水管渠系统和超标雨水径流排放系统相衔接，充分发挥海绵设施的作用。分解上层次目标到分图图则或控规地块，并明确强制性和指导性指标，分类纳入详细规划的指标表并落实到分图图则。

2. 主要技术方法

（1）基础分析方法

调查工作主要针对当地自然气候条件（降雨情况）、水文及水资源条件、地形地貌、排水分区、河湖水系及湿地情况、用水供需情况、水环境污染等情况的展开，以分析城市竖向、低洼地、市政管网、园林绿地等海绵城市建设影响因子及存在的主要问题（图 7-3）。

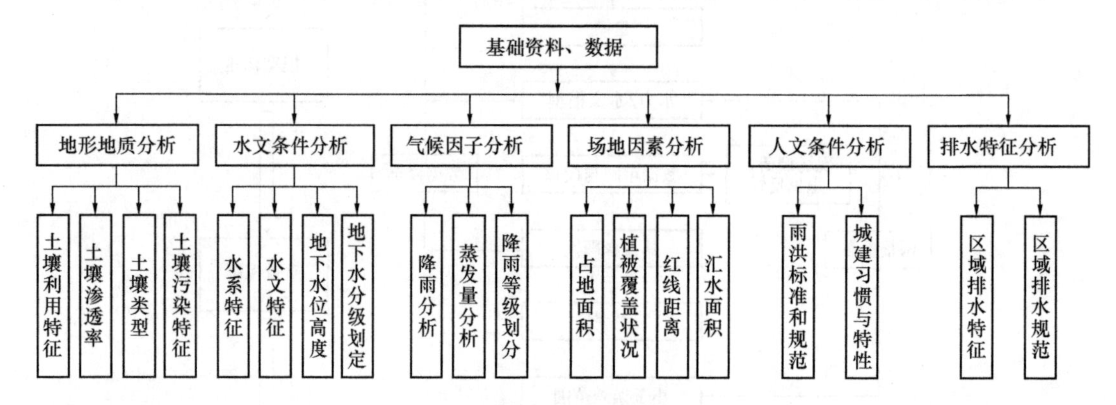

图 7-3　海绵城市关注的影响因子

（2）排水分区划分方法

排水分区划分是考虑城市的地形、水系、水文和行政区划等因素，把一个地区划分成若干个不同排水分区。考虑到水文、地形特点，排水分区一般按“自大到小，逐步递进”的原则可分为干流流域、支流流域、城市管网排水分区和雨水管段排水分区。

（3）易涝风险评估方法

易涝风险区的评估是海绵城市建设的重要内容，有助于识别城市内涝风险等级，合理布局相应的工程技术措施，避免内涝灾害发生，保障城市水安全。易涝风险评估应在明确内涝灾害标准、内涝风险等级划分方法的基础上，采用计算机模型技术进行评估。

内涝风险等级的划分应综合考虑不同设计重现期暴雨及其发生的内涝灾害后果进行综合确定分析，内涝风险是内涝事故后果与事故频率的函数。

基于计算机模型平台，耦合城市排水管网模型、城市河道水动力模型和城市二维地表模型，输入不同设计重现期降雨，模拟评估对应降雨的内涝积水分布。根据模型模拟输出结果，分析不同设计重现期下达到内涝灾害标准的内涝区域范围，输入到 ArcGIS 中。在 ArcGIS 界面，对不同设计重现期降雨积水范围图进行叠加计算，从而实现内涝灾害风险区划。

（4）海绵城市建设分区方法

首先，根据城市总体规划对于建设用地/非建设用地的划分，将海绵建设分区分为非建设用地分区和建设用地分区两大类。

非建设用地海绵分区。综合考虑城市海绵生态敏感性和空间格局，采用预先占有土地的方法将其在空间上进行叠加，根据海绵生态敏感性的高低、基质－斑块－廊道的重要性逐步叠入非建设用地，一直到综合显示所有非建设用地海绵生态的价值。

建设用地海绵分区。综合考虑城市海绵生态敏感性、目标导向因素（新建/更新地区、重点地区等）、问题导向因素（黑臭水体涉及流域、内涝风险区、地下水漏斗区等）和海绵技术适宜性，采用预先占有土地的方法将其在空间上进行逐步叠加，一直到综合显示所有海绵建设的可行性、紧迫性等建设价值。

（5）年径流总量控制率统计方法

根据《海绵城市建设技术指南》，年径流总量控制率和设计降雨量之间的关系通过统计分析方法获得，具体过程为：

1）针对本地一个或多个气象站点，选取至少近20～30年（反映长期的降雨规律和近年气候的变化）的日降雨（不包括降雪）资料。

2）扣除小于等于2mm的一般不产生径流的降雨事件的降雨量，将日降雨量由小到大进行排序。

3）统计小于某一降雨量的降雨总量（小于该降雨量的按照真实雨量计算出降雨总量，大于该降雨量的按该降雨量计算出降雨总量，两者累计总和）在总降雨量中的比率，此比率即为年径流总量控制率。

（6）径流控制目标分解方法

目前国内海绵城市建设过程中常用的指标分解方法主要有模型分解法和加权平均试算分解法等。

1）试算分解法：一般采用《海绵城市建设技术指南》中推荐的容积法进行计算，基本原理是根据各类设施的规模计算单位面积的控制容积，通过加权平均的方法得出地块的单位面积控制容积及对应的设计降雨量，进而得出对应的年径流总量控制率。

2）模型模拟分解法：根据规划区的下垫面信息构建规划区水文模型，输入符合本地特征的模型参数和降雨，将初设的海绵城市建设指标赋值到模型进行模拟分析，根据得到的模拟结果对建设指标进行调整，经过反复试算分析，最终得到一套较为合理的规划目标和指标。

3）模型模拟与加权平均试算结合法：使用模型对当地降雨、土壤、坡度、下垫类型等因素进行分析，分别得到不同地块、不同建设类型的控制目标。然后根据统计所得的全市不同建设区域、不同建设类型下垫面信息，参考模拟所得到的各种用地分类所对应的年径流总量控制目标分别核算片区、流域和城市年径流总量控制目标。

（7）海绵措施布局的规划方法

海绵城市规划主要是为了解决问题，明确目标，因此措施规划可以按照水生态、水安全、水资源、水环境等方面深入细化。

1）水资源利用系统规划

结合城市水资源分布、供水工程，围绕城市水资源目标，严格水源保护，制定再生水、雨水资源综合利用的技术方案和实施路径，提高本地水资源开发利用水平，增强供水安全保障度。

2）水环境综合整治规划

对城市水环境现状进行综合分析评估，确认属于黑臭水体的，要根据《国务院水污染防治行动计划》中的要求，结合住房城乡建设部颁发的《黑臭水体整治工作指南》，明确治理的时序。黑臭水体治理以控源截污为本，统筹考虑近期与远期、治标与治本、生态与安全、景观与功能等多重关系，因地制宜提出黑臭水体的治理措施。

结合城市水环境容量与功能分划，围绕城市水环境总量控制目标，明确达标路径，制定包括点源监管与控制、面源污染控制（源头、中间、末端）、水自净能力提升的水环境治理系统技术方案，并明确各类技术设施实施路径。要坚决反对以恢复水动力为理由的各类调水冲污、河湖连通等措施。

对城市现状排水体制进行梳理，在充分分析论证的基础上，识别出近期需要改造的合流制系统。对于具备雨污分流改造条件的，要加大改造力度。对于近期不具备改造条件的，要做好截污，并结合海绵城市建设和调蓄设施建设，辅以管网修复等措施，综合控制合流制年均溢流污染次数和溢流污水总量。

明确并优化污水处理厂、污水（截污）调节、湿地等独立占地的重大设施布局、用地、功能、规模，充分考虑污水处理再生水用于生态补水，恢复河流水动力，并复核水环境目标的可达性。

有条件的城市和水环境问题较为突出的城市综合采用数学模型、监测、信息化等手段提高规划的科学性，加强实施管理。

3）水生态修复规划

结合城市产汇流特征和水系现状，围绕城市水生态目标，明确达标路径，制定年径流总量控制率的管控分解方案、生态岸线恢复和保护的布局方案，并兼顾水文化的需求。明确重要水系岸线的功能、形态和总体控制要求。

根据《国务院办公厅关于推进海绵城市建设的指导意见》中的要求，加强对城市坑塘、河湖、湿地等水体自然形态的保护和恢复，对全市裁弯取直、河道硬化等过去遭到破坏的水生态环境进行识别和分析，具备改造条件的，要提出生态修复的技术措施、进度安排，改造渠化河道，重塑健康自然的弯曲河岸线，恢复自然深潭浅滩和泛洪漫滩，实施生态修复，营造多样生境。通过重塑自然岸线，恢复水动力和生物多样，发挥河流的自然净化和修复功能。

4）水安全保障规划

充分分析现状，评估城市现状排水能力和内涝风险。

结合城市易涝区治理、排水防涝工程现状及规划，围绕城市水安全目标，制定综合考虑渗、滞、蓄、净、用、排等多种措施组合的城市排水防涝系统技术方案，明确源头径流控制系统、管渠系统、内涝防治系统各自承担的径流控制目标、实施路径、标准、建设要求。

对于现状建成区，要以优先解决易涝点的治理为突破口，合理优化排水分区，逐步改造城市排水主干系统，提高建设标准，系统提升城市排水防涝能力。

明确调蓄池、滞洪区、泵站、超标径流通道等可能独立占地的市政重大设施布局、用地、功能、规模。明确对竖向、易涝区用地性质等的管控要求。复核水安全目标的可达性。

有条件的城市和水安全问题较为突出的城市综合采用数学模型、监测、信息化等手段提高规划的科学性，加强实施管理。

第8章　电力工程详细规划

8.1　工作任务

根据规划区电源资源和用电特点，合理预测电力负荷，确定城市电源，合理布局供电设施、电力通道和管网系统，落实相关独立用地设施的用地面积和建设时序，说明电力廊道的控制要求和电力线路的敷设形式，并结合规划区的建设要求提出电力工程近期建设计划或项目库。

8.2　资料收集

电力工程详细规划需要收集的资料包括区域电源资料、现状负荷资料、现状电网资料、相关专项规划资料和其他基础资料等五类资料。具体参见表8-1。

电力工程详细规划主要资料收集汇总表　　表8-1

序号	资料类型	资料内容	收集部门
1	区域电源资料	(1) 区域范围内电厂的位置、规模和用地面积； (2) 区域范围内电力系统地理接线图； (3) 区域范围内电力线路的敷设方式	供电部门、规划部门、发改部门
2	现状负荷资料	(1) 规划区近十年电力负荷情况； (2) 规划区典型负荷片区和重点用户负荷情况	供电部门
3	现状电网资料	(1) 现状各级变配电所的位置、规模、负荷和用地面积； (2) 现状城市电力通道的位置、规模	供电部门
4	相关专项规划资料	(1) 城市电网规划； (2) 城市能源规划； (3) 电力工程专项规划	供电部门、规划部门、发改部门
5	基础资料	(1) 规划区及相邻区域地形图（1/2000～1/500）； (2) 卫星影像图； (3) 用地规划（城市总体规划、城市分区规划、规划区及周边区域控制性详细规划、修建性详细规划等）； (4) 城市更新规划； (5) 道路交通规划； (6) 道路项目施工图； (7) 近期规划区内开发项目分布和规模	供电部门、规划部门、发改部门

8.3 文本内容要求

（1）电力负荷预测：说明规划期末负荷预测及负荷水平。

（2）区域电力负荷平衡：根据负荷预测规模，结合电力系统支撑性分析，确定变电设施规模。

（3）厂站规划：确定城市电源种类、布局、规模、高压变配电所布局和用地要求。

（4）电力通道规划：确定电力通道体系，明确主干高压走廊和高压电缆通道的布局、规模及控制要求。

（5）电力管网规划：说明现状保留及新、改（扩）建电力管网规模，确定中压电缆通道的路由。

8.4 图纸内容要求

电力工程详细规划图纸内容包括现状电力系统地理接线图、电力负荷预测分布图、规划电力系统地理接线图、规划中压电缆通道分布图等，其具体内容要求如下：

（1）现状电力系统地理接线图：重点标注现状电源位置、高压变配电设施的位置及规模；标明电网系统接线和走廊分布。

（2）电力负荷预测分布图：标明预测电力负荷分布情况。

（3）规划电力系统地理接线图：标明电厂、高压变配电设施的布局及规模；标明电力系统接线；标明高压走廊布局、控制宽度要求等；标明高压电缆通道分布。

（4）规划中压电缆通道分布图：标明市政中压电缆通道的位置及规模。

8.5 说明书内容要求

电力工程详细规划说明书内容包括：

（1）现状及问题分析：重点考察片区内现状电网存在的问题、电源主要缺口、电力负荷水平、现状电源供应情况、35kV及以上变电站的具体位置、变电站常规变压器容量、高压电力通道路由及其保护范围。

（2）负荷预测：选取合适的负荷预测指标，采用至少两种负荷预测方法，对预测结果进行相互校核，推算出规划期末最大电力负荷和负荷密度，再根据负荷预测结果推算出片区内所需的各变压等级变电站容量。

（3）电力设施规划：根据负荷预测的最大电力负荷，结合规划区电源供应能力，把规划区划分为若干个供电区域后，进行电力电量平衡，并分析计算出电力系统所需要的变电站容量。根据《城市电力网规划技术导则》和《电力系统设计技术规程》，结合城市对容载比要求，合理规划变电站数量和布局。

（4）电力通道规划：通过电网规划的变电站布局，说明现状保留、规划拆除和新建的架空线路，并结合城市用地布局和相关安全要求，控制高压走廊通道；有高压电缆通道敷设的，需说明电缆线路敷设要求，合理规划敷设的电力排管、电缆综合沟和电缆隧道等。

8.6 关键技术方法分析

8.6.1 电力负荷预测方法

城市电力负荷预测是不同层次的供电规划的重要组成部分，在电力详细规划的负荷预测中，应明确城市用电构成，提出规划期内的用电量和负荷发展，合理规划变电站、电力系统的容量以及结合用地规划落实空间位置。

1. 负荷预测方法种类

负荷预测方法主要有两种：可以从城市电量角度入手，通过城市用电量转化为用电负荷；还可以从现有的负荷密度入手，进行远期负荷预测，两种方法可以互相校核，在详细规划阶段主要以负荷密度入手。

2. 电量预测方法[17]

电量预测方法较多，分为产量能耗法、产值能耗法、用电水平法、分项分析叠加法、大用户调查法、年平均增长率法、回归分析法、时间序列建模法、经济指标相关分析法、电力弹性系数法和国际比较法等。电量预测方法较多，多数方法应用在供电部门的电量预测中，在城市规划的电力详细规划中主要采用用电水平法来预测用电量，从而预测电力负荷。

用电水平法：一般以人口或建筑面积或功能分区总面积来推算城市用电量。当以人口进行计算时，所得的用电水平即相当于人均用电量，规划人均综合用电量指标见表 8-2；如以面积进行计算时，所得的用电水平即相当于负荷密度。按下列公式计算年用电量：

$$E_n = S \times D_n \tag{8-1}$$

式中 S——指定规划范围内的人口数或建筑面积（万 m^2）或土地面积（km^2）

D_n——规划用电水平指标。以下资料可供参考：

农业区用电水平：D_n=3.5 万～28 万 kW·h/km^2；

中小工业区用电水平：D_n=2000 万～4000 万 kW·h/km^2；

大工业区用电水平：D_n=3500 万～5600 万 kW·h/km^2；

居民住宅区用电水平：D_n=4.3 万～8.5 万 kW·h/km^2（建筑面积）。

规划人均综合用电量指标（不含市辖市、县）　表 8-2

指标分级	城市用电水平分类	人均综合用电量[kW·h/(人·年)]	
		现状	规划
Ⅰ	用电水平较高城市	2501～3500	6001～8000
Ⅱ	用电水平中上城市	1501～2500	4001～6000
Ⅲ	用电水平中等城市	701～1500	2501～4000
Ⅳ	用电水平较低城市	250～700	1000～2500

表格来源：戴慎志．城市基础设施工程规划手册［M］．北京：中国建筑工业出版社，2000.

3. 负荷预测方法

在城市详细规划中，在人口规划、用地规划较为完善的基础上，宜采用负荷密度法进行电力负荷预测，并采用其他方法进行校验。负荷密度法又分为单位用地面积负荷密度法和单位建筑面积负荷密度法，详细规划阶段以采用单位建筑面积负荷密度法为主，负荷预测应结合现状用电水平，并充分考虑发展潜力，预留弹性。根据计算出的电力负荷，结合规划地块总建设用地面积和规划总人口可计算出地块负荷密度和人均用电水平，对比规划区定位和现状电力负荷可初步判断负荷预测是否合理。在表 8-3 和表 8-4《深圳市城市规划标准与准则》（2014 版）中，将各类城市建设用地和各类型建筑面积的负荷预测指标较为详细的列出，对比表 8-5 和表 8-6。《城市电力规划规范》GB/T 50293—2014 的预测指标，结合本地负荷特点后，对指标有一定程度的深化和细化，在此将两本规范的预测指标列出，对做负荷预测工作有一定参考价值。

《城市电力规划规范》[33]分类用地面积负荷预测指标　　表 8-3

用　地　类　别	负荷预测指标（kW/hm²）
居住用地（R）	100～400
商业服务业用地（C）	400～1200
公共管理与服务设施用地（GIC）	300～800
工业用地（M）	200～800
物流仓储用地（W）	20～40
道路与交通设施用地（S）	15～30
公用设施用地（U）	150～250
绿地与广场用地（G）	10～30

表格来源：《城市电力规划规范》GB/T 50293—2014。

《城市电力规划规范》分类建筑面积负荷预测指标　　表 8-4

用　地　类　别	负荷预测指标（W/m²）
居住建筑	30～70/4～16（kW/户）
公共建筑	40～150
工业建筑	40～120
仓储物流建筑	15～50
市政设施建筑	20～50

表格来源：《城市电力规划规范》GB/T 50293—2014。

《深圳市城市规划标准与准则》[34]分类用地面积负荷预测指标　　表 8-5

用　地　类　别	负荷预测指标（kW/hm²）
居住用地（R）	350～700
商业服务业用地（C）	1000～2000
公共管理与服务设施用地（GIC）	300～700
工业用地（M）	700～1300

续表

用 地 类 别		负荷预测指标（kW/hm²）
物流仓储用地（W）		150～250
交通设施用地（S）	区域交通用地（S1）	200～300
	城市道路用地（S2）	15～30
	轨道交通用地（S3）	200～300
	交通场站用地（S4）	150～200
	其他交通设施用地（S5）	100～200
公用设施用地（U）		150～250
绿地与广场用地（G）		10～15
发展备用地（E9）		＞500

表格来源：《深圳市城市规划标准与准则》（2014版）。

《深圳市城市规划标准与准则》分类建筑面积负荷预测指标　　表8-6

用地类别（大类）	用地类别（中类）	负荷预测指标（W/m²）
居住用地（R）	一类居住用地（R1）	20～30
	二类居住用地（R2）	20～40
	三类居住用地（R3）	
	四类居住用地（R4）	
商业服务业用地（C）	商业用地（C1）	50～80
	游乐设施用地（C5）	20～40
公共管理与服务设施用地（GIC）	行政管理用地（GIC1）	50～70
	文体设施用地（GIC2）	30～90
	医疗卫生用地（GIC4）	40～50
	教育设施用地（GIC5）	30～70
	宗教用地（GIC6）	30～40
	社会福利用地（GIC7）	20～30
	文化遗产用地（GIC8）	15～25
	特殊用地（GIC9）	50～70
工业用地（M）	新型产业用地（M0）	50～100
	普通工业用地（M1）	60～120
物流仓储用地（W）	物流用地（W0）	40～60
	仓储用地（W1）	10～20
交通设施用地（S）	区域交通用地（S1）	30～40
	轨道交通用地（S3）	25～35
	交通场站用地（S4）	15～25
	其他交通设施用地（S9）	15～25

表格来源：《深圳市城市规划标准与准则》（2014版）。

4. 典型负荷密度指标

在实际工作中，电力负荷预测结果是否合理，主要还是取决于各类参数的选取是否合理，包括单位建筑面积用电指标、综合同时系数、人均综合用电指标负荷密度等取值，在不同地区，城市建设发展阶段不同，使得现有指标参数在各地的适用性不尽相同。因此，在工作中需要搜集大量现状电力负荷数据资料进行计算分析，并对现行指标参数进行修正。

本书以深圳市某区电力详细规划为例，根据对片区内选取的典型建筑的现状电力负荷调研，各类建筑的负荷密度见表 8-7。

各类典型建筑负荷密度表 **表 8-7**

<table>
<tr><th>用地性质</th><th>名 称</th><th>建筑面积(m^2)</th><th>最大负荷(kW)</th><th>单位建筑面积负荷密度(W/m^2)</th><th>《深圳市城市规划标准与准则》单位建筑面积负荷密度(W/m^2)</th></tr>
<tr><td>一类居住</td><td>××云深处</td><td>52342.1</td><td>376.896</td><td>7.2</td><td>20～30</td></tr>
<tr><td rowspan="2">二类居住</td><td>××高尔夫</td><td>168610.2</td><td>2036.030</td><td>12.1</td><td rowspan="4">20～40</td></tr>
<tr><td>××雅苑</td><td>522581.7</td><td>5030.964</td><td>9.63</td></tr>
<tr><td rowspan="2">公寓</td><td>××公寓</td><td>73942</td><td>1077.220</td><td>14.57</td></tr>
<tr><td>××公寓</td><td>7856</td><td>382.200</td><td>48.65</td></tr>
<tr><td rowspan="2">办公</td><td>××大厦</td><td>88180</td><td>2671.2</td><td>30.3</td><td rowspan="6">50～80</td></tr>
<tr><td>××卡夫诺</td><td>63635</td><td>1384.176</td><td>21.75</td></tr>
<tr><td rowspan="2">酒店</td><td>××酒店</td><td>81792</td><td>2564</td><td>31.35</td></tr>
<tr><td>××酒店</td><td>82325</td><td>1761.000</td><td>21.3</td></tr>
<tr><td rowspan="2">商业</td><td>××城</td><td>130083</td><td>7686</td><td>59.08</td></tr>
<tr><td>××居</td><td>31394</td><td>1789.800</td><td>57.0</td></tr>
<tr><td rowspan="2">政府部门</td><td>××区政府</td><td>53380</td><td>1821.360</td><td>34.1</td><td rowspan="2">50～70</td></tr>
<tr><td>××检察院</td><td>33461</td><td>736.4</td><td>22.01</td></tr>
<tr><td rowspan="2">文化设施</td><td>××图书馆</td><td>19006</td><td>332.4</td><td>17.49</td><td rowspan="2">30～90</td></tr>
<tr><td>××剧院</td><td>43306</td><td>5109.6</td><td>117.99</td></tr>
<tr><td>体育设施</td><td>××体育中心</td><td>335298</td><td>14160.136</td><td>42.23</td><td>30～70</td></tr>
<tr><td rowspan="2">医院</td><td>××医院</td><td>188688</td><td>704.952</td><td>3.74</td><td rowspan="2">40～50</td></tr>
<tr><td>××医院</td><td>173970</td><td>138.66</td><td>0.79</td></tr>
<tr><td rowspan="2">学校</td><td>××大学</td><td>355358</td><td></td><td></td><td rowspan="2">30～70</td></tr>
<tr><td>××外国语小学</td><td>29457</td><td>555.110</td><td>18.84</td></tr>
<tr><td>福利设施</td><td>××社会福利中心</td><td>15334</td><td>231.070</td><td>15.07</td><td>20～30</td></tr>
<tr><td>市政设施</td><td>××汽车站</td><td>7518</td><td>1046.2</td><td>139.16</td><td>30～40</td></tr>
</table>

8.6.2 主网设施规划方法[35]

在电力系统规划中，主网规划一般指一定区域的电力骨干系统规划，在国家电网规划中，主网是指 500kV 及以上的电力系统骨干网；在城市规划中，主网一般指高压输配网。电力详细规划是以城市规划为主题的电力系统规划，故主网规划指高压输配网规划。

1. 电压等级

电压等级是在城市发展过程中可以进行优化的，对不同的负荷发展阶段结合设备的使用寿命、电网改造成本、改造效益等多方面的综合考量，选择合适的电压等级。《标准电压》中规定我国配电网电压等级为 220kV、110kV、66kV、35kV、20kV、10kV、6kV 和 0.4kV。不同的城市在选择电压等级上有所不同，但绝大部分城市的城区采用的是 220kV、110kV、10kV、0.4kV 的电压等级。在电力负荷密度高、用地紧张的城市也在采用 220kV 直降 20kV 的电力系统。

2. 常规主网规划方法

(1) 现状情况梳理

现状调研应尽量翔实，抓住片区的电力系统问题所在，分析现状电力设施存在的问题，例如变电站供应能力问题、变电站是否可扩容问题、变电站选址难的问题、以问题为导向为规划方案提供有针对性的基础数据。

(2) 电力供需平衡

电力系统的供需平衡是在合理的电力负荷预测之后开展的，电力负荷预测可采用多种预测方法互相校核，相对准确地预测规划区未来的电力负荷。特别是对城市发展过程中新区建设所带来的负荷增长和老城区中的城市更新开发强度高的特点进行有针对性地分析，提高负荷预测的准确性。

电力供需平衡是电力设施规划的基础，在宏观上确定片区电力负荷的总规模，微观上确定变电站的数量以支撑负荷需求，并保证每一个供电分区的供需平衡，为下一步变电站布点打下基础，电力供需平衡的相关内容可参考表 8-8～表 8-10。

某区各分区负荷预测情况表 **表 8-8**

序　号	区　域	负荷（万 kW）
1	现状建设区	135.4
2	2 分区	18.17
3	3 分区	44.81
4	4 分区	71.83
5	5 分区	54.33
6	6 分区	49.52
7	7 分区	49.05
8	8 分区	23.5
9	9 分区	35.85
10	10 分区	19.6
11	11 分区	38.7
总计	540.7	

某区 220kV 电力平衡表 **表 8-9**

负荷（万 kW）	356.73
远期容载比	2.0
需 220kV 装机容量（万 kV·A）	713.46
现状容量（万 kV·A）	333.0
还需容量（万 kV·A）	380.46
规划新增变电站	6
现状变电站	5
共规划变电站	11

某区 110kV 电力平衡表　　表 8-10

负荷（万 kW）	356.73
远期容载比	2.1
需 110kV 装机容量（万 kV·A）	749.13
现状容量（万 kV·A）	306.9
还需容量（万 kV·A）	442.23
规划新增变电站	23
现状变电站	20
共规划变电站	43

（3）电力设施布局

根据负荷预测和供电分区电力平衡，划分供电区域，形成指导变电站布局的重要依据。

理清城市规划意图，设施布局不仅要考虑每一个变电站的选址，还要协调变电站与周边用地的关系，考虑变电站的高压进出线方式和路由，减少变电站设施与其他敏感设施的冲突，并结合道路建设和城市景观优化电力通道布局。

每一个独立占地的设施选址都要考虑其可实施性，包括该用地的权属关系、周边规划用地的性质、初步判断地形地貌是否有工程建设的可行性，现状建筑的拆除难度、进出线实施等因素。某区变电站规划布局和变电站选址图如图 8-1、图 8-2 所示。

图 8-1　某区变电站规划布局

图片来源：《南山区市政设施及管网升级改造规划》

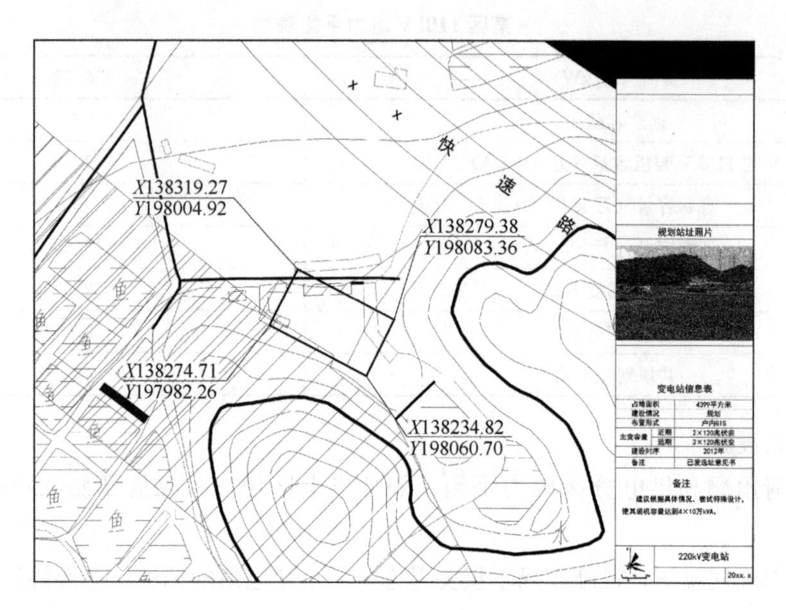

图 8-2　某变电站选址规划图

图片来源：《光明新区 220kV/20kV 电力专项规划》

（4）电力通道布局

在变电站布局基本确定后，电力通道也是电力系统的重要组成部分，电力通道主要有架空线路和电缆通道两种敷设形式。

架空线路主要在城市边缘区、对景观要求不高、城市土地价值不高、难以承担建设成本的地方使用。在已存在架空线路的地方，若规划用地与架空线路冲突，在协调供电部门可以改造架空路由的前提下，结合城市用地布局，拆除原有架空线路，释放土地资源；规划架空线路应从整体出发，合理安排，减少线路投资，根据相关规划规范控制高压线路防护绿化带。

电缆通道建设成本相对较高，在有一定经济实力的城市使用，新建电缆通道一般是随市政道路统一建设，在规划时应充分考虑电缆通道的回路数，避免敷设通道不足，在一条道路上电缆回路数较多时，可考虑建设专用电缆隧道或综合管廊；改造的电缆通道需要注意改造时实施的道路是否有空间建设电缆通道，现状道路上已有的其他管线也是需要考量的内容，某区电缆通道规划图如图 8-3 所示。

3. 新电压主网规划

在电力负荷密度高、用地紧张的区域可考虑采用新的电压序列 220kV 直降 20kV，新的电压序列对设计人员和管理人员有更高的要求，更强调电压等级的近远期衔接、项目的可操作性等。规划方案基本与常规方法一致，由现状梳理、电力平衡、设施布局、通道规划等内容组成。但有一些内容需要引起重视。

（1）全面分析论证电网架构合理性和可行性，强化规划落实

新的电网序列规划，务必在规划前期结合已经实施的国内外案例，详细分析各方面要素是否适合本片区的配网建设和远期发展趋势；征求供电部门、规划主管部门对实施新型

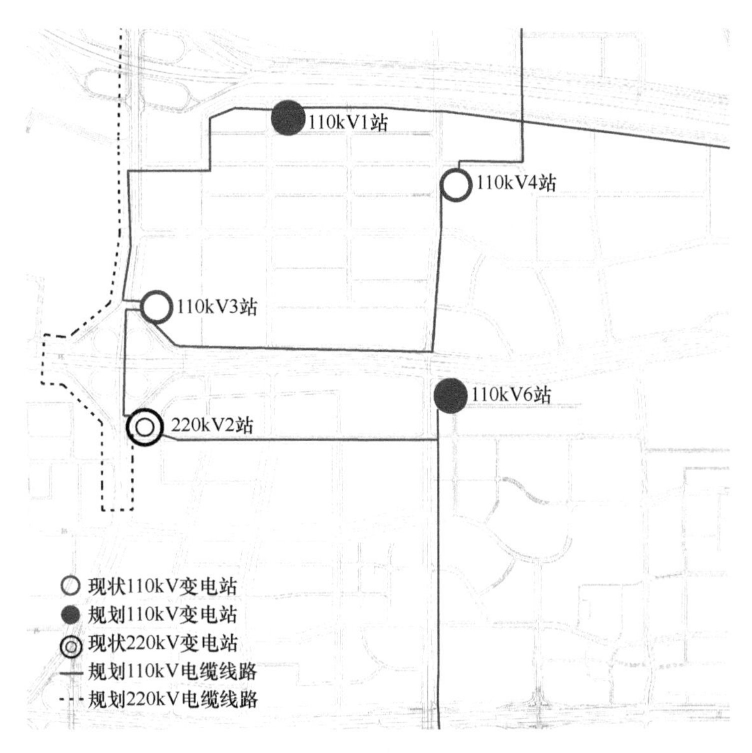

图 8-3 某区电缆通道规划布局图

图片来源：《南山区市政设施及管网升级改造规划》

电网序列的意见，合理安排变电站、变电所分布、落实用地；在现状片区改造时，电网序列需要在现状 220kV/110kV/10kV 的电压层级上改造升压，对需要改造的电力设施提出可行的改造方案和改造计划，对需要升压改造的变电站，尽可能做到改动最小，更好地融入城市电网序列；做好远近结合，变电站布局统筹考虑，近期变电站侧重满足近期片区负荷承载和满足供电的安全可靠，并考虑远期新增变电站的布局和廊道预留。

（2）合理解决 110kV/10kV 网络向 220kV/20kV 网络过渡问题

在已有供电系统的区域，不可避免地会遇到现状电网序列向新的电网序列转变时过渡的问题，一旦确定电网序列的改造升级，就会遇到停电、费用支出等问题，针对这样的问题，首先应该在电力负荷的非密集区着手改造，逐步扩展到密集区和高密区；结合城市规划的近远期开发时序和对应的负荷密度，提前布局变电站和变电所，避免新建项目就面临运行设备的升级，尽量减少对城市建设的影响。

（3）电力设施相关要求

通过对 220kV/20kV 变电站的容量分析，一般一台 220kV 变电站的主变容量可按3×120MVA 和 4×100MVA 设计。根据相关规范，主变、高压变配电、消防通道的需求，用地面积一般需要 5000m²，实际布局可根据地形地貌等因素调整；单个 220kV 变电站可出线 40～60 回的 20kV 线路，20kV 线路敷设的电缆沟一般按 1.2m×1.2m 考虑，220kV 电缆敷设的电缆沟一般按 1.4m×1.7m 的电缆综合沟考虑，220kV 电缆回路 3～4 回时，需要布置双沟的 1.4m×1.7m 电缆综合沟。某新区 220kV/20kV 系统布局如图 8-4 所示。

图 8-4 某新区 220kV/20kV 系统布局图

图片来源：《光明新区 220kV/20kV 电力专项规划》

8.6.3 配网设施规划方法[35]

城市规划的配电网指中压配电网，电压等级为 10kV 和 20kV，主要是结合城市规划和电力负荷预测，解决配电网设施的总量和空间布局，判断相关设施在城市空间的规划位置；结合城市道路网规划，进行电力通道的布局，在具体线路上，考虑电力部门的运维要求，确定通道的规模、路由和建设形式。

1. 现状配电网设施梳理

在电力工程详细规划编制前，应收集片区内配电网设施资料，了解现状配电网络的设施布局、变电所设施容量、服务水平、电力系统接线方式。在已建设电力管沟的片区了解现状电力管沟的路由和断面尺寸，梳理管沟建设薄弱的片区和道路，归纳总结现状配电网存在的问题，在规划中提出有针对性的解决方案。

2. 相关规划解读

为支撑城市的发展，在开展电力工程详细规划编制时，应对片区内的有关规划进行解读：在城市规划方面首先是城市总体规划、区域发展规划可以了解城市的区域发展信息和发展方向；其次是控制性详细规划可以了解城市空间结构、开发强度；最后是城市更新规划、大型项目近期建设规划，了解城市更新和大型项目对小范围电力负荷带来的增长，而且这类项目建设相对较快，有必要在负荷快速增长前，部署相应的配电网设施。

在电网专业规划方面，了解供电部门对配电网电源、配电网设施和配电网接线的方案和电网系统建设的常规做法，例如电缆沟尺寸、10kV系统组网方式、变电所容量等。由于电网专业规划一般期限为3～5年，难以支撑城市规划的长期发展。故电网规划一般可作为城市近期发展规划的参考，中远期规划应结合负荷预测、城市空间结构统筹考虑。

3. 电力负荷平衡

负荷预测后的负荷平衡是配电网规划的重要基础，近期负荷可按负荷自然增长和负荷大用户相结合的方式计算；远期负荷以城市规划的城市建设用地数据、城市建设建筑量数据作为基础，按照城市电力规划的常用指标进行预测，分析规划区电力负荷分布和重点保障部分。为了工作的严谨性，可以用多种预测方法、对比现状负荷、同类城市对比等方式更合理地预测片区内负荷。

电力平衡是将电力的供应电源与考虑系统损耗的负荷需求之间实现平衡，但因为城市发展是一个持续且长期的过程，有一定的不确定性。所以在城市规划的电力平衡方面会预留相对充裕的设施，强调配电设施容量与供电负荷之间的平衡。

4. 配网设施规划

配电网设施在城市规划中一般是指变电所，变电所总规模在电力负荷考虑安全供电的容载比条件后，可得出具体的数量。配电网一般采用放射式网络，大城市和特大城市配电网采用多回路式或环网式，必要时可以设置开闭所，开闭所宜与配电室联体建设。配电网建设应该不断加强网络结构，提高片区供电可靠性，对十分重要的用户可以采用双电源供电。

配电设施按相关规范，尽量节约用地面积，并考虑与建筑物合建，在用地紧张的地方可采用地下变电所，总体上变电所应与周边环境协调，里面美观，并适当提高建设标准。

5. 电力管沟规划

电力管沟规划为近远期建设的配电网线路给出空间预控方案，在变电站集中出线的路由进行规划预留，并配合城市规划方案提出道路建设的规模和时序，满足配电网建设与城市建设的和谐发展。电缆沟的路由和规模通过近远期变电站出线方向、开闭所、变配电所布局判断每条路的电缆路由及数量，由此来确定规划期末电缆沟的总体布局和规格；在电缆需求较少的城市，也可结合城市经济能力，因地制宜地选择配电网线路建设方式，采用直埋或穿管保护；在通道紧张，同一通道有较多电缆的情况，且一般电缆沟无法满足敷设需求时，可采用电缆隧道的敷设形式。某区电缆沟系统布局如图8-5所示。

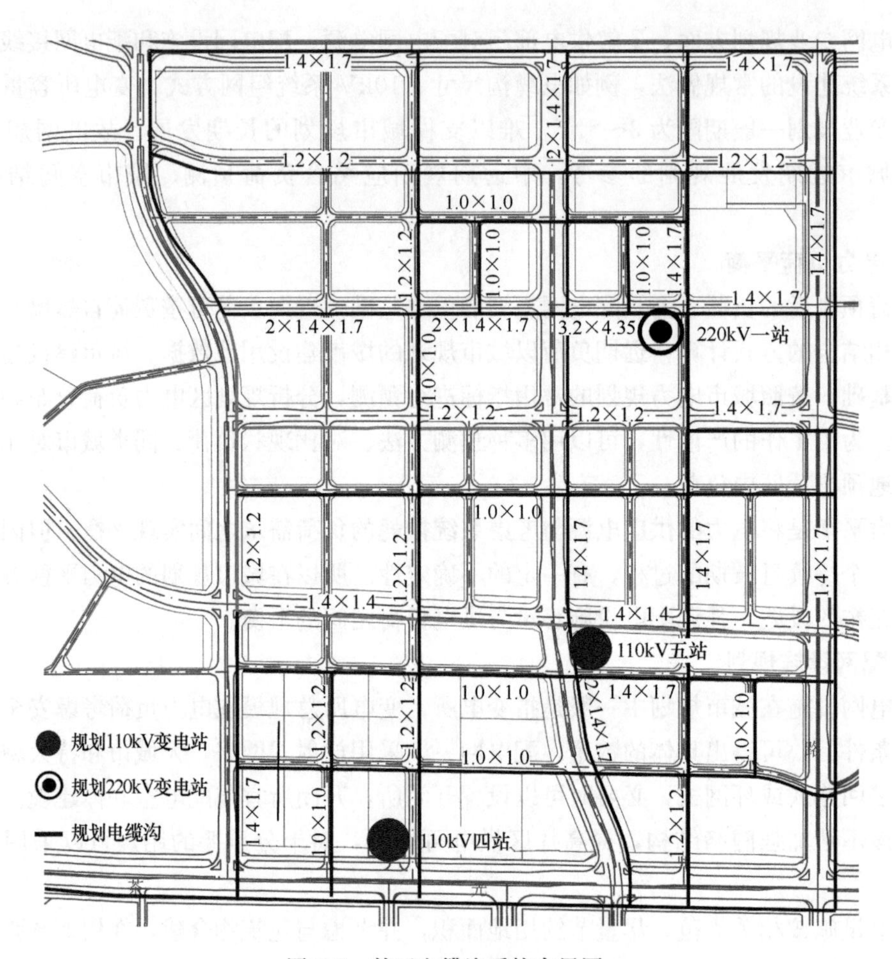

图 8-5　某区电缆沟系统布局图

图片来源：《南山区市政设施及管网升级改造规划》

第9章　通信工程详细规划

9.1　工作任务

结合未来城市规划建设规模，分析先进通信技术革新对通信基础设施产生的影响，合理预测通信业务需求量；确定电信局所、有线电视局所等设施规模、容量，并落实其位置、用地；布局各类通信设施和通信管道系统，落实相关用地并确定建设要求；结合规划区城市建设开发时序提出通信工程近期建设计划或项目库。

9.2　资料收集

通信工程详细规划需要收集的资料包括区域电信设施资料、区域广播电视资料、区域通信管道资料、相关专项规划资料及基础资料等五类资料，具体情况见表9-1。

通信工程市政工程详细规划主要资料收集汇总表　　表9-1

序号	资料类型	资料内容	收集部门
1	区域电信设施资料	(1) 区域近五年固定电话、移动电话、宽带业务用户数及发展情况； (2) 城市现状通信机楼/汇聚机房的数量、位置及主要参数（面积、产权、使用率等情况）； (3) 当地通信机楼/机房的层级结构，各类通信机楼/汇聚机房的设置条件、设置规律及设置要求（位置、用地面积、建筑面积等）	通信运营商、通信行业主管部门
2	区域广播电视资料	(1) 区域近五年有线电视用户数及发展情况； (2) 现状或在建的有线电视中心（灾备中心）、分中心（分前端）、接入机房的位置、规模及面积等相关情况； (3) 当地有线电视基础设施的层次结构，各层次的设置规律及设置要求	通信运营商、规划部门
3	区域通信管道资料	(1) 现状通信管道分布状况、容量、使用情况； (2) 现状通信管道存在的管道瓶颈、急需扩容的管道，及与其他运营商共建共享情况	通信运营商、信息管道公司、通信专网部门
4	相关专项规划资料	(1) 上一版或上层次通信工程专项规划； (2) 区域及城市通信行业发展规划	中国电信/中国移动/中国联通、有线电视公司、信息管道公司、无线电管理局、通信专网部门

续表

序号	资料类型	资料内容	收集部门
5	基础资料	(1) 城市年鉴和统计年鉴； (2) 城市总体规划、分区规划、详细规划； (3) 城市道路工程规划； (4) 通信设施规划建设标准	统计部门、规划部门、交通部门

9.3 文本内容要求

(1) 通信业务预测：预测规划期末固定通信用户数、宽带数据用户数、移动通信用户、有线电视用户数等通信业务量。

(2) 区域支撑分析：分析规划新增业务量对区域通信大型设施的影响及机楼的支撑能力。

(3) 局所设施规划：简要说明通信机楼现状处置、新建、改（扩）建情况，简述通信机楼的数量、布局、位置及规模。简要说明中型通信机房现状处置、新建、改（扩）建情况，简述中型通信机房的数量、布局等。简要说明有线电视中心及分中心数量、布局、位置、规模及用地/建筑面积。

(4) 通信管道规划：简要说明通信管道规划原则，简述城市主、次通信管道布局、规模等情况。

9.4 图纸内容要求

通信工程详细规划图包括通信业务预测分布图、现状通信设施及管道分布图、通信系统规划图等，其具体内容要求如下：

(1) 通信业务预测分布图：通常以控制性详细规划作分区（规划区范围较小时以街坊分区），标明各分区的固定通信业务用户预测量。

(2) 现状通信设施及管道分布图

1) 现状通信设施分布图：标明现状大型通信设施的名称、位置，有线电视中心（灾备中心）的名称、位置。

2) 现状通信管道分布图：标明城市支路及以上道路通信管道的路由、规格，及其与区外的衔接。

(3) 通信系统规划图

1) 通信设施规划图：标明现状、新建、改（扩）建的通信机楼，标注其名称、位置及规模，标明现状保留、新建、改（扩）建的有线电视中心（灾备中心）和分中心的名称、位置及规模。

2) 通信管网规划图：标明现状、新建、改（扩）建的通信管道的路由和规格（包括骨干、主干、次干、一般通信管道），及其与区外的衔接。

9.5　说明书内容要求

通信工程详细规划说明书内容包括：

（1）现状及问题分析：通信现状通信业发展、市场规模发展情况；规划区及周边现状大中型通信设施分布、使用情况及问题分析；区内通信管网分布、建设、使用情况及问题分析。

（2）相关规划解读：包括对城市总体规划、分区规划、各通信行业发展规划、上层次通信工程专项规划的解读；规划通信设施及管网在城市更新发展中的落实情况、问题梳理。

（3）通信业务预测：说明通信主要预测的业务类型及方法，预测规划期末固定通信用户、宽带数据用户、移动通信用户、有线电视用户通信业务量及近远期用户数。

（4）支撑分析：根据通信业务预测说明业务量发展变化情况，分析大型通信设施支撑能力，引导下一步设施及管网布局规划。

（5）通信机楼规划：确定通信机楼的现状保留、新建、改（扩）建情况，说明规划通信机楼的名称、布局、面积、承担功能及服务区域，并确定其建设方式、具体位置及建设时序，宜将具体信息附表说明。

（6）中型通信机房规划：确定中型通信机房（汇聚机房）的现状保留、新建、改（扩）建情况，说明规划中型通信机房的名称、布局、规模、业务功能及服务范围，并结合规划区地块更新与开发，说明建设方式与建设时序，宜将具体信息附表说明。

（7）有线电视设施规划：确定有线电视中心、灾备机楼及有线电视分中心的名称、布局、规模、面积，划分服务区域。

（8）通信管道规划：确定通信管道体系，说明现状管网处置情况，各级通信管道（骨干、主干管道、次干管道、一般管道等）整体布置；说明主、次干管网的需求、布局、管容等规划概况。

9.6　关键技术方法分析

在信息技术发展和信息化应用快速迭代更新的新环境下，信息通信基础设施需求随之发生较大变化，从而影响到网络结构、通信机楼、机房及通信管道规划。其中，对通信设施影响较大影响的新技术主要包括三网融合、SDN/NFV（软件定义网络）技术、智慧城市物联网、5G及下一代信息网络。首先，城域网结构趋于精简化、扁平化、大容量；其次，信息化应用（智慧交通、政务、电网等）形成大容量、流量的新型用户，对通信机楼机房（含数据中心）资源提出需求；智慧设施的部署及5G基站的密集组网，产生大量且分散的接入需求，也对通信管道的容量、分布的广泛性、通达性、完整性提出了更高要求。

9.6.1 通信业务预测方法

城市通信业务主要包括固定通信、宽带数据接入、移动通信和有线电视业务。常用的业务预测方法有普及率法、社会需求量调查法、成长曲线法、分类用地综合指标法等，采用多种预测方法并互相校核[36]。

根据城市不同阶段、层次的预测方法有所不同：总体规划阶段通信用户预测应以宏观预测方法为主，可采用普及率法、分类用地综合指标法等多种方法预测；详细规划阶段应以微观分布预测为主，可按不同用户业务特点，采用单位建筑面积用户密度法等不同方法预测。

1. 固定通信用户预测

采用单位建筑面积用户密度法作固定通信用户预测时，预测指标应参照国家及地方相关规范，综合分析城市及片区规模、社会发展水平、居民平均生活水平及公共设施建设水平等因素，确定各类建筑面积指标取值标准。以深圳市为例，表 9-2 列出了几类典型城市建筑的固定通信用户预测指标。

分类建筑面积固定通信用户预测指标表（节选） **表 9-2**

用地类别（大类）	用地类别（中类）	固定通信用户数指标（线/百 m^2）
居住用地（R）	一类居住用地（R1）	0.8～1.2
	二类居住用地（R2）	0.9～1.8
	三类居住用地（R3）	1～2
	四类居住用地（R4）	0.3～0.6
商业服务业用地（C）	商业用地（C1）	1～2
	游乐设施用地（C5）	0.5～1
工业用地（M）	新型产业用地（M0）	1.5～3.0
	普通工业用地（M1）	0.6～1.2

表格来源：《深圳市城市规划标准与准则》（2014 版）。

2. 有线电视用户预测

有线电视用户包括住宅类用户与非住宅类用户。有线电视用户预测采用普及率法，以详细规划中住宅类用户数为基础，取住宅类用户 100％入户率，核算出有线电视住宅用户，有线电视非住宅类用户按 10％的入户率计算，两者总和即规划区有线电视用户数。

3. 宽带数据用户预测

宽带数据用户的接入方式有固定通信用户、有线电视用户和直接接入多种，且单个用户和企业用户的带宽需求差异较大；企业用户以光纤接入为主，并将产生大量的综合信息需求。

宽带数据用户预测采用单位建筑面积用户密度法与普及率法，综合上述固定通信用户、有线电视用户，以此为基础来预测宽带数据用户，比例按 40％～80％计算，得出规划区宽带数据用户数。采用宽带用户普及率法进行校核，参照宽带用户普及率预测参考指标（表 9-3）。

宽带用户普及率预测参考指标（户/百人）　　表 9-3

城市规模	特大城市、大城市	中等城市	小城市
—	40～52	35～45	30～37

表格来源：《深圳市城市规划标准与准则》（2014 版）。

4. 移动通信用户预测

移动通信用户预测采用普及率法。据统计，2017 年全国移动电话用户总数达 14.2 亿户（图 9-1），移动电话用户普及率达 102.5 部/百人。普及率取值宜为 90～120 部。

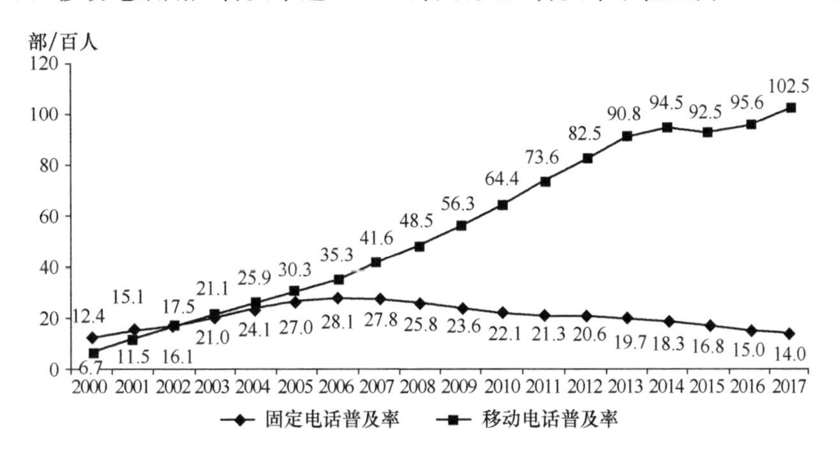

图 9-1　2000～2017 年固定电话、移动电话用户发展情况

图片来源：2017 年通信业统计公报

当移动电话用户普及率达到饱和状态下，应再考虑有效移动通信用户数。有效移动通信用户应以规划人口为基数按高峰小时的饱和率进行预测。规划人口基数按就业人口、居住人口、流动人口、交通干线平均载客人口在高峰小时按照一定比例之和计算，饱和率宜按 90%～110%选取，得出有效移动通信用户数。

5. 信息化用户

随着新型通信技术的发展，部分城市开展了物联网、大数据、云计算、云存储等新型信息化服务，通信业务用户也向移动化、视频化、云协作化、融合化的方向发展，这类新型信息化业务需要大量接入、传输、存储等通信设施作支撑。

信息化业务既有上述传统通信业务的集合，也有大量交通监测、智慧金融、智慧政务等新领域的信息数据业务，其表现形式多种多样，对带宽需求也有较大差别。此类业务有以各个单位的集团为主，也有小型企业可能通过上述个人通信业务实现接入。因此，新型信息化业务将出现多种预测类型，且信息化业务存在很多不确定因素，预测信息化业务量难以量化体系，其与通信基础设施规划之间的量化关系仍需进一步研究和探索。

9.6.2　信息通信基础设施规划方法

通过梳理国内各家运营商的传输网络，基本上可以分为四层结构：核心层、骨干层、汇聚层和接入层（图 9-2）。

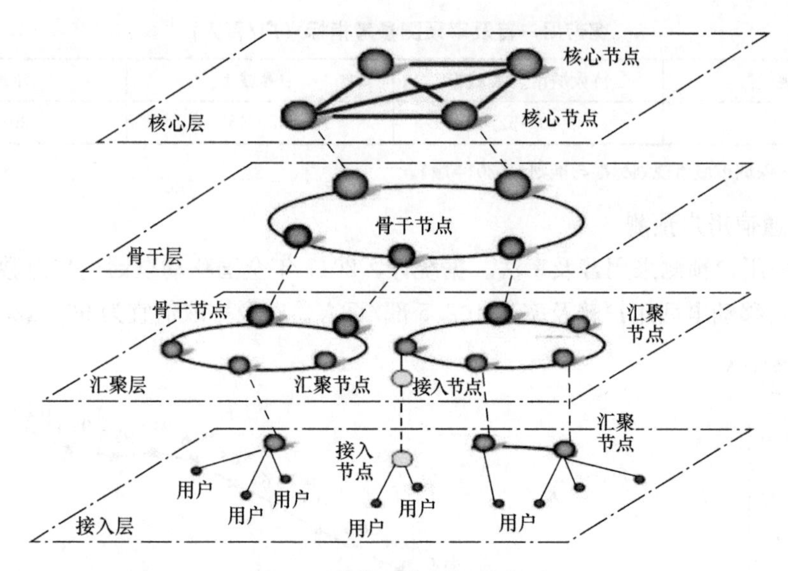

图 9-2　传输网络层级示意图

图片来源：张亚朋．新时期的通信设施专项规划编制方法探讨［A］．中国城市规划学会，贵阳市人民政府．新常态：传承与变革——2015 中国城市规划年会论文集（02 城市工程规划）［C］．中国城市规划学会，贵阳市人民政府，2015：10

各地根据自身城市特点对应传输网结构规划局所设施：

(1)《城市通信工程规划规范》GB/T 50853—2013 将电信局站分为一类局站和二类局站，位于城域网汇聚层及以上的大中型电信机房为二类局站，包括电信枢纽楼、电信生产楼等；位于城域网接入层的小型电信积分为一类局站，包括小区电信接入机房及移动通信基站等[37]。

(2)《深圳市城市规划标准与准则》(2014 版) 将通信局址分为通信机楼和通信机房。通信机楼指为用户提供固定通信、移动通信、宽带网络、有线电视和数据处理等通信业务的大型专用建筑。通信机楼是核心层和骨干层节点，全业务机楼主要分为枢纽机楼、一般机楼、数据中心（机楼）。

通信机房指设置于建筑内部，为区域、小区和单体建筑提供通信业务用房的建筑空间，用于设置固定通信、移动通信和有线电视等接入网设备。包括电光节点、宽带光节点和有线电视分中心等中小型通信局所（图 9-3）。

(3) 天津市结合自身实际情况，相关通信规划中将通信局所划分为核心局房、汇聚局房和接入局房三类。核心局房安装通信网络核心节点设备，是全网业务处理及数据交换中心。汇聚局房是为局部区域业务提供汇聚节点，主要安装传输、数据等汇聚设备。

(4) 宁波市的相关通信规划将通信局所分为核心机房、骨干机房、汇聚机房和接入机房四类。核心机房是城域骨干传送网络的核心层节点，作为运营商本地网所有业务送往省级干线的出口局房，为市级枢纽机房。骨干机房负责一定区域内业务的汇聚和疏导，主要用于汇聚层业务的收敛和收敛后的业务送往核心机房，一般作为县、区的出口局房。汇聚机房具备一定的业务交叉和汇聚能力，主要用于接入层业务的收敛和将收敛后的业务送往

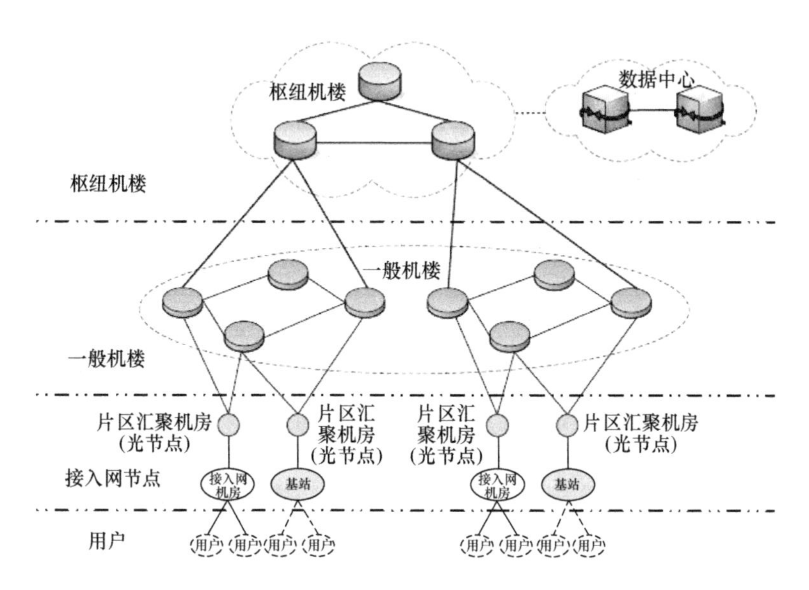

图 9-3　深圳市通信局所典型拓扑图

图片来源：《深圳市通信管道及机楼专项规划（2011—2020）》

骨干传送点。接入机房是指基站、WLAN、家庭宽带等业务接入的节点，此类机房以小区、基站为主，主要用于接入层光缆的收敛，汇聚后传送到汇聚机房[38]。

根据各城市通信局所划分方式，并结合目前运营商建设及运营模式，骨干层及以上均采用自行建设并以独立占地为主，汇聚层与接入层的机房主要结合其他建筑附设，因此结合市政详细规划深度，规划通信局所可分为通信机楼规划与通信机房规划。

1. 信息通信基础设施——通信机楼规划

（1）功能需求

目前，随着云计算、物联网等新技术发展与智慧城市业务需求，通信机楼朝着功能多样性、业务综合性等方向发展，对信息化有较大需求的产业（物流、能源、工业制造业、政务公安、水务、环境、教育、医疗等）与信息化基础设施发展融合，使得数据网络规模将逐渐庞大，占用机房空间资源呈急剧增长趋势。

通信机楼内机房面积由业务机房、传输机房、支撑网机房以及辅助设备机房四个部分构成。业务机房是决定机楼数量的最主要因素，其他三类机房随机楼内业务机房的规模而配置不同。

（2）设置规律及要求

1）通信机楼应根据城市总体规划和土地利用规划进行均衡布局，按照大容量、少局所（核心局所）、多业务接入、广覆盖的原则进行建设。

2）鼓励通信机楼由多家通信运营企业共建共享。

3）通信机楼应设置在靠近用户中心、便于管线布置的道路附近，并考虑安全因素，分散设置，避免突发事件造成大面积通信故障或瘫痪。

4）通信机楼选址应符合环境安全、服务方便、技术合理及经济实用原则，与变电站、强噪声源、强电磁场干扰源、易燃易爆危险区等的安全防护距离应满足相关标准要求。

5）通信机楼详细规划应与城市总体规划、分区规划、专项规划等相关规划进行平衡，并根据业务预测量进行布局，差异性主要取决于各运营商功能需求、业务密度、机楼服务区域及行政区划分，相关设置规律可参考表9-4。

通信机楼配置规律表 **表9-4**

业务类别	大城市、特大城市	中等城市	小城市
通信机楼（固网）	20万～30万线	10万～20万线	5万～10万线
通信机楼（移动）	50万～100万线	25万～50万线	20万～30万线

表格来源：陈永海．深圳市政基础设施集约建设案例及分析［J］．城乡规划（城市地理学术版），2013（4）：100-106.

6）通信机楼的选址应首选商用办公区。

7）通信机楼的建设应符合国家工程建设标准强制性条文要求，并符合国家和相关行业节能、环保标准。

（3）建设方式

通信机楼以一家运营商自行建设为主，为节省土地资源，实现资源共享，考虑预留20%～30%的共享机房面积供其他运营商使用；部分用地紧张区域采取附设式建设，附建式机楼需满足通信机楼的建设标准，并通过租借或购买的形式供各运营商使用。结合各城市自身条件，建筑形式应符合相关规划、规范、标准，并与周边环境相适应。为保证机楼运行安全，通信机楼用电采用双电源、独立的双出局管道（通道）保障[39]。

2. 信息通信基础设施——中型通信机房（汇聚机房）

（1）功能需求

中型通信机房（汇聚机房）是区域业务汇聚节点，主要布置电信固定网、数据通信网、移动通信网、有线电视网的汇聚设备和传输设备。随着云计算、物联网技术的变革，未来SDV/NFV应用网络向扁平化发展，汇聚机房也需承担小型数据中心（DC）使用。

（2）设置规律与要求

1）中型通信机房应根据城市通信网络发展目标，考虑固定通信和移动等多业务的统一承载要求进行布局，结合地理位置，在业务需求多、发展快的重点区域选取，并尽量位于其覆盖范围的中心区域，便于各类业务的接入。

2）中型通信机房各城市应根据实际业务预测量进行配置，并本着共建共享原则，设置标准见表9-5。

中型通信机房的配置规律表 **表9-5**

业务类别	大城市、特大城市	中等城市	小城市
固定通信业务量	4万～5万线	3万～4万线	2万～3万线
移动通信业务量	10万～20万户	10万～15万户	5万～10万户
宽带数据业务量	2万～3万户	1.5万～2.5万户	1万～2万户
有线电视业务量	4万～5万户	2万～3万户	1.5万～2万户

表格来源：陈永海．深圳市政基础设施集约建设案例及分析［J］．城乡规划（城市地理学术版），2013（4）：100-106.

3）中型通信机房宜选择在交通较为便利的城市干道交汇区域，利于管道、电力的接入，以便于传输网络的组织。

4）中型通信机房的建设除满足层高、荷载、防雷接地等要求外，还应满足环保、节能、消防、抗震、国防、人防等有关要求。

（3）建设方式

中型通信机房及以下的接入机房逐步向无源方向转变，结合大多数城市用地紧张的情况，中型通信机房可结合其他建筑物附设式建设，不单独占地。基于上述配置标准，满足一定业务量的区域内设置1处中型通信机房，每处机房建筑面积宜为100～200m^2。本着共建共享原则，中型通信机房建议集中建设，运营商隔离管理，共享出局管道等基础设施。

3. 信息通信基础设施配套条件要求

信息通信基础设施配建要求高于普通建筑物，具体要求见表9-6。

信息通信基础设施配套条件要求　　表9-6

条　件	通信机楼[用地面积(m^2)]			中型通信机房
预留面积	特大、大城市	中等城市	小城市	建筑面积100～200m^2
	6000～12000	4000～10000	4000～6000	
产权	鼓励共建共享，以一家运营商为主，为其他家预留			鼓励共建共享，核心设备自有运营管理
管道出入	双路由及以上			
建设区域	出局便利，避开加油站、化工厂等有重大安全隐患的区域，远离河流水源等低洼地			
机楼机房承重	≥1000kg/m^2			

表格来源：陈永海．深圳市政基础设施集约建设案例及分析［J］．城乡规划（城市地理学术版），2013（4）：100-106.

9.6.3 通信管道规划方法

通信管道是满足全社会通信传输敷设要求的公共管道，服务对象包括固定通信、移动通信、有线电视、数据及交通监控、信息化等通信专网等。通信管道规划方案主要考虑道路因素、管孔容量需求与建设方式。

1. 通信管道体系梳理

通信管道的体系根据通信机楼、城市道路、土地利用规划及管道的重要性等因素来综合确定，具体分为骨干、主干、次干、一般、接入通信管道5个层次，与市政详细规划相关的主要是前面4个层次，接入管道主要分布在建筑物周围和小区范围内。

骨干管道主要敷设长途线路和局间中继线路，其划分标准侧重于管道的重要性。主干、次干及一般管道主要敷设城域网的各类传输线路，其层次划分标准侧重于管道容量、综合业务密度和城市土地利用规划等相关因素，以主干、次干和一般管道容量依次递减。

2. 管道需求与管道容量计算

通信管道需求以一般遵循现状通信业务需求为基础，为通信高速发展预留适当备用量，以适应和满足不可预见因素。管道容量按规划中远期预留，尽力避免多次管道破路

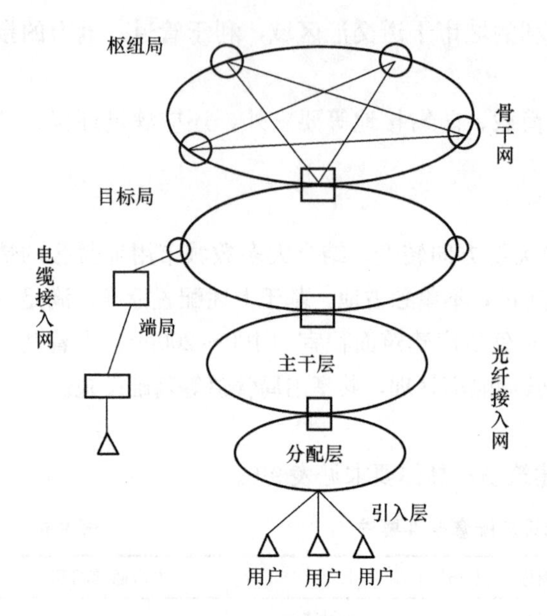

图 9-4　固定通信拓扑结构图

图片来源：陈永海，蒋群峰，梁峥．深圳市通信管道计算方法及应用［J］．城市规划，2001（09）：71-75.

扩容。

电信固定网需求：电信固定网的设备节点主要有枢纽局、目标局、光交接点（光分接点）、光节点等。目标局与汇接局、枢纽局之间采用网状网和环网；光纤接入网具有组网灵活、适应多种业务接入、备用光纤芯数多的特点，一般由主干层、分配层及接入层组成；具体情况如图 9-4 所示[40]。

信息高密区用户管道需求要考虑数据进网节点设置及光缆占用管道。用户光纤主干环在主、次干通信管道上考虑物理链接点（主、次干通信管道量相应增加 0.5 孔）；一般区域的用户管道需求是 1 根光缆最少可覆盖 2.5 万户用户，用户数的多少对管道需求影响不大。一般管道约需 0.5 孔管道，次干管道约需 1 孔管道。考虑业务分期实施的情况，分期实施对管道需求会增加 2～3 倍（特大城市按 3 倍考虑，其他城市按 2 倍考虑）。针对出局距离不同，一般端局的“中继”“用户”比例为（0.2～0.3）∶1，目标局比例为（0.3～0.4）∶1，重要（综合）枢纽局比例为（0.5～0.8）∶1，不带用户的传输枢纽局单独计算。每个目标局考虑相邻目标局（共两个）10％的重要用户电路双归保护光缆（主、次干通信管道容量相应增加 0.5 孔）；目标局周围 0.5～1km 范围内部分用户采用铜缆接入所需占用管孔，按机∶线＝1∶1.6 考虑主干电缆，1000mm×2mm×0.5mm 主干电缆占用 1 孔。在实际操作中按主干、次干、一般通信管道将上述各分项需求叠加后再备用 100％即为电信固定网的基本需求。

移动通信网需求：移动通信占通信管道主要是交换局间及交换局至基站之间光缆，移动通信物理拓扑结构如图 9-5 所示。移动通信运营商的交换局、传输节点周围占 2～

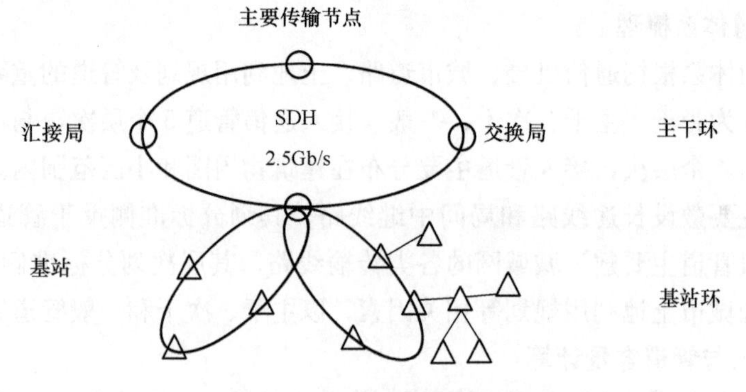

图 9-5　移动通信拓扑结构图

图片来源：陈永海，蒋群峰，梁峥．深圳市通信管道计算方法及应用［J］．城市规划，2001（09）：71-75.

6ϕ110，其他路由占1～2ϕ110。

有线电视综合信息网需求：有线电视网络目前网络由中心、光节点两级结构组成，拓扑结构为一级星形；受Internet影响，网络正从单向广播网向交互式数字体制发展，由中心（总前端）、分中心、小区管理站、片区机房（光节点）四级结构组成，拓扑结构如图9-6所示。有线电视中心各出局方向占4～6ϕ110，有线电视信息高密区（分中心、小区管理站、光节点周围500m范围）占2～4ϕ110，主干环网重叠路由占2ϕ110，一般路由占1ϕ110。

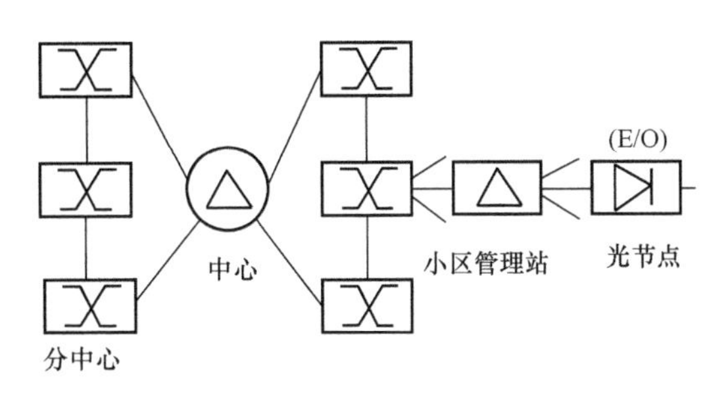

图9-6 有线电视网拓扑结构图

图片来源：陈永海，蒋群峰，梁峥．深圳市通信管道计算方法及应用［J］．城市规划，2001（09）：71-75.

通信管道的管群容量除考虑现状通信需求外还需考虑通信发展需求及以下几种情况：(1) 要长途通信路由预留管道3～6ϕ110。独立组建长途网单位日益增多，除中国电信外，还有联通、广电、军网等；(2) 一般通信管道是主干、次干通信管道的延伸段，或者位于区域特征明显路段，应适当增加1～2ϕ110；(3) 立交桥、主要街景区、山区管道、路口（相对路段）的管道宜提高30%～50%管孔数；(4) 智慧城市感知体系、物联网各类接入需单独预留通信管道1ϕ110。

通信管道容量计算：在规划新区，各类通信组网可按光纤接入一步到位，其管道容量可按下式确定：管道容量＝现状通信所有需求×通信发展需求＋其他需求。在建成区，须进行管道扩容的扩容管孔数按现有通信管道的20%～40%计算。另外，管群预留1～3ϕ114的线路，管道容量与管道排列的模数需吻合；管群还应适当搭配ϕ60管孔，以供规模较小通信单位灵活购买或租用，ϕ60管孔折合成ϕ110（1ϕ110＝4ϕ60）后占总管群的1/6～1/5左右。在复合管（梅花管）技术成熟后，ϕ60管道相应由复合管代替，复合管宜采用一管五孔组合。按照以上需求与计算思路，结合新技术需求，各级通信管道规划设置指标见表9-7[41]。

通信管道规划设置指标 **表9-7**

通信管道类型	管孔容量（孔）
骨干管道	9～16
主干管道	30～48
次干管道	18～24
一般管道	12～18

表格来源：陈永海，蒋群峰，梁峥．深圳市通信管道计算方法及应用［J］．城市规划，2001（09）：71-75.

3. 建设方式

通信管道采用共建共享模式建设，并与其他市政管道同步建设。规划扩建的通信管群在主管群旁建设，采取同沟同井的建设方式；规划新建通信管道采取单一路由建设方式；新扩建通信管道的同侧路由上若有其他市政管线（尤其是燃气管线）的新扩建规划，应与其协调同步实施。

第10章　燃气工程详细规划

10.1　工作任务

根据规划区实际情况，确定规划区的燃气气源种类、供气范围和供气原则；预测各类用户燃气用气量，评估燃气输配系统支撑能力；确定气源设施布局、燃气输配系统压力级制及调峰储气方式；布置各级燃气管网，确定管道管径；布置各类燃气厂站，确定厂站选址及规模；结合规划区的建设要求提出燃气工程近期建设计划。

10.2　资料收集

燃气工程详细规划需要收集的资料包括气源资料、现状能源、燃气供应情况资料、现状燃气设施资料、现状燃气管网资料、相关专项规划资料及基础资料等六类资料，具体情况见表10-1。

燃气工程详细规划主要资料收集汇总表　　表10-1

序号	资料类型	资料内容	收集部门
1	气源资料	（1）市级及以上级别的区域性气源规划； （2）城市气源管线的走向、设计压力、管径、供气规模； （3）城市气源厂的布局、制气工艺、供气范围和供气规模； （4）城市气源种类、气质参数	发改部门、规划部门、燃气主管部门、燃气运营企业
2	现状能源、燃气供应情况资料	（1）城市、规划区能源构成与供应、消耗水平； （2）各类公共服务设施、商业设施、工业企业现状分布和发展情况； （3）居民、公共服务和商业设施、工业企业的燃料构成、供应、消耗情况； （4）城市燃气供应概况，如城市燃气种类、供气量、用户类型、气化率等统计数据； （5）规划区供气量情况，如年、月、日及小时供气量等统计数据； （6）规划区燃气用户类型、发展情况、用气量数据； （7）规划区大型燃气用户名称、位置及历年的用气量数据； （8）城市用气量指标、各类用户用气不均匀系数等基本参数	发改部门、规划部门、经信部门、燃气主管部门、燃气经营企业
3	现状燃气设施资料	（1）城市燃气厂站布局、供气规模、供气范围及运行情况等基本情况； （2）规划区燃气厂站供气规模、供气范围、位置、用地红线、用地面积及运行情况	规划部门、燃气主管部门、燃气运营企业

续表

序号	资料类型	资料内容	收集部门
4	现状燃气管网资料	（1）规划区及周边区域燃气管道物探资料； （2）燃气管道压力级制、管径、敷设方式、管材及运营情况； （3）规划区在建燃气管道施工图	规划部门、燃气主管部门、燃气运营企业
5	相关专项规划资料	（1）市级及以上级别的区域性燃气规划、能源规划； （2）规划区及周边地区燃气工程专项规划、详细规划	规划部门、燃气主管部门
6	基础资料	（1）规划区及相邻区域地形图（1/2000～1/500）； （2）卫星影像图； （3）用地规划（城市总体规划、城市分区规划、规划区及周边区域控制性详细规划、修建性详细规划等）； （4）城市更新规划； （5）道路交通规划； （6）道路项目施工图； （7）近期规划区内开发项目分布和规模	规划部门、国土部门、交通部门

10.3 文本内容要求

（1）气源规划：规划燃气种类、气源情况及供气方式。

（2）用气量预测：供气对象、气化率、气质参数、用气量指标、用气量计算。

（3）燃气输配系统规划：分析气源的支撑能力以及规划区用气量对区域燃气系统的影响，确定输配系统压力级制、燃气调峰方式、应急储备方式。

（4）燃气厂站规划：燃气厂站的布局、规模、用地面积和控制要求。

（5）燃气管网规划：高压、次高压燃气管道的布局、管径、控制要求；中压燃气管网的规划布局情况。

10.4 图纸内容要求

图纸包括燃气气源分布图、区域燃气供应系统分布图、燃气系统现状图、燃气用气量分布图、燃气厂站规划图、燃气输配管网规划图、燃气管网平差图，其具体内容要求如下：

（1）燃气气源分布图：标明气源管线的走向、设计压力、管径、供气规模，标明气源厂的布局和供气规模。

（2）区域燃气供应系统分布图：标明区域城市燃气输配系统的基本情况，包括天然气、液化石油气等厂站的布局、供应规模，高压、次高压输气管网布局、管径，中压主干管网布局、管径；标明规划范围在区域燃气输配系统中所处位置。

（3）燃气系统现状图：标明规划范围内城市燃气输配系统的详细情况，包括天然气、液化石油气等厂站的位置、供应规模、占地面积、用地红线，高压、次高压输气管网位置、管径、设计压力，中压管网位置、管径、设计压力。

（4）燃气用气量分布图：标明各分区的天然气、液化石油气用气量。

（5）燃气厂站规划图：标明规划新增、保留、改（扩）建的各类燃气厂站位置、供应规模、占地面积、用地红线。

（6）燃气输配管网规划图：标明规划新增、保留、改（扩）建的各类燃气厂站布局；标明规划新增、保留、改（扩）建的高压、次高压输气管道位置、管径、设计压力；标明规划新增、保留、改（扩）建的中压管网位置、管径、设计压力。

（7）燃气管网平差图：包括高（次高）压管网平差图和中压管网平差图，需要绘制管网系统简图，标明节点压力及流量，各管段管径、管长、流量及单位长度压降。

10.5 说明书内容要求

说明书内容包括现状概况及存在问题分析、规划原则、规划解读及实施评估、气源规划、用气量预测、支撑能力分析、燃气输配系统规划、燃气厂站规划、燃气管网规划。

1. 现状及问题分析

简要介绍现状气源和区域燃气系统基本情况。气源情况包括气源种类、气源管线和气源厂布局和供气规模；区域燃气系统基本情况包括门站、调压站、储配站等主要燃气厂站的布局、供应规模，高压、次高压输气管网布局、管径，中压主干管网布局、管径等情况，以及燃气系统运行和经营状况，本区与区域燃气系统间关系。

介绍规划范围内燃气供应情况和系统布局情况。燃气供应情况包括区内各类燃气用户用气量、用户数及其发展特点，大型燃气用户用气量情况。燃气系统情况包括各类燃气厂站的位置、供应规模、占地面积，各级燃气管网的路由、管径等情况，以及区内燃气系统运行和经营状况。

现状存在问题应从区域能源结构、用户用气需求、燃气气化率和管道覆盖率、燃气供应系统运行情况、燃气厂站和管网布局对城市影响等方面出发，分析供气缺口或系统存在瓶颈，并提出相应的规划建议。

2. 规划解读及实施评估

对已有涉及规划范围的总体规划、分区规划、燃气规划、能源规划等进行详细分析解读，总结规划要点，包括用气量预测情况、燃气厂站和管网的规划安排，并对已有规划的实施情况进行评估，分析实施情况及存在问题。

3. 气源规划

根据气源资源条件及区域供气格局，按照上层次规划要求及燃气发展趋势，确定本区燃气的气源种类及供应方式，气源点的布局、规模、数量。

4. 用气量预测

确定供气对象，根据用气特点划分可中断和不可中断用户；确定规划指标，包括各类用户用气量指标、气化率、不均匀系数等；计算各类用户燃气用气量，应包括年总用气量、计算月平均日用气量、高峰小时用气量；计算调峰量、应急储备量。

5. 支撑能力分析

根据用气量预测结果，分析上游气源和本区燃气输配系统支撑能力，评估有关厂站的供应缺口和管网瓶颈，提出相应的改善措施和规划建议。

6. 燃气输配系统规划

确定本区燃气输配系统的压力级制和工艺流程；根据调峰和应急储备量预测量，确定调峰和应急储备方式。

7. 燃气设施规划

根据城市用地规划、气源点布局、用气量分布、燃气输配系统的压力级制和工艺流程，合理布局各类燃气厂站，包括规划新增、保留和改（扩）建厂站位置、规模、占地面积、规划用地情况、建设形式（独立占地或附建），对于需要调整用地规划的厂站提出相应措施。

8. 燃气管网规划[42]

根据城市用地规划、用气量分布、燃气输配系统的压力级制和工艺流程、燃气厂站布局，合理布局各级燃气管网，包括规划新增、保留和改（扩）建管网位置、管径、管材、设计压力，对于高压、次高压输气管道，应提出相应的廊道控制要求。

对各级燃气管网进行水力计算复核。水力计算内容包括绘制水力计算简图，对正常和事故不同工况下的燃气管网进行水力计算，优化完善管网系统的经济性和可靠性。

10.6　关键技术方法分析

10.6.1　用气量预测方法

燃气用气量按用户类型，可分为居民生活用气量、商业用气量、工业生产用气量、采暖通风及空调用气量、燃气汽车及船舶用气量、燃气冷热电联供系统用气量、燃气发电用气量、其他用气量及不可预见用气量等。

用气量预测应结合气源状况、能源政策、环保政策、社会经济发展状况及城市或镇发展规划等确定。用气量预测可采用人均用气指标法、分类指标预测法、横向比较法、弹性系数法、回归分析法、增长率法等[43]。在详细规划阶段，宜采用人均用气指标法和分类指标预测法。指标法选取的指标取决于当地的气候条件、居民生活水平及生活习惯、燃气用途等因素，下面列举几个典型城市的分类用气量指标，可作为详细规划阶段用气量预测的参考。

在详细规划阶段，深圳市居民生活用气量、商业用气量和工业生产用气量一般采用分类建筑面积年用气指标法，或建筑单体年用气指标法计算用气量。分类建筑面积年用气指标见表10-2。

深圳市分类建筑年用气指标　　表 10-2

用地类别	用地类别（中类）	分类建筑面积年用气指标（m^3/m^2·年）
居住用地（R）	一类居住用地（R1）	2.2
	二类居住用地（R2）	2.2
	三类居住用地（R3）	3.3
	四类居住用地（R4）	4.4
商业服务业用地（C）	商业用地（C1）	一般为 1.6～3.2；旅馆用地：4.0～30.8；办公用地：0.4～0.8
	游乐设施用地（C5）	≤0.5
公共管理与服务设施用地（GIC）	行政管理用地（GIC1）	0.4～0.8
	文体设施用地（GIC2）	≤0.5
	医疗卫生用地（GIC4）	0.2～4.4
	教育设施用地（GIC5）	1.1～3.3
	宗教用地（GIC6）	≤0.5
	社会福利用地（GIC7）	3.3
	特殊用地（GIC9）	0.4～2.5
工业用地（M）	新型产业用地（M0）	0.4～0.8
	普通工业用地（M1）	生活用气：0.6～1.7；生产用气按实际需求量计算
区域交通用地（S1）		≤0.5
交通场地用地（S4）		≤0.5，不含社会停车场（库）
发展备用地（E9）		0.4～2.2

注：1. 以上指标已考虑用地混合使用产生的影响。

2. 以上指标均指标准立方米天然气。

表格来源：《深圳市城市规划标准与准则》（2014 版）。

建筑单体年用气指标见表 10-3。

深圳市建筑单体年用气指标　　表 10-3

用户类别		建筑单体年用气指标
居民		$66m^3$/(人·年)
酒店	高档	$769m^3$/(床位·年)
	中档	$209m^3$/(床位·年)
	低档	$100m^3$/(床位·年)
医院		$527m^3$/(床位·年)
学校	幼儿园	$25m^3$/(人·年)
	中、小学(寄宿制)	$50m^3$/(人·年)
	中、小学(非寄宿制)	$20m^3$/(人·年)
	大、中专校	$66m^3$/(人·年)
餐饮	高档	$431m^3$/(座位·年)
	中档	$321m^3$/(座位·年)
	低档	$211m^3$/(座位·年)

续表

用户类别		建筑单体年用气指标
工业企业生活用气		50m³/(座位·年)
加气站	压缩天然气加气母站	15×10⁴m³/(座·日)
	压缩天然气加气子站\常规站	1.5×10⁴m³/(座·日)
	液化天然气\液化天然气-压缩天然气加气站	2.25×10⁴m³/(座·日)

注：以上指标均指标准立方米天然气。

表格来源：《深圳市城市规划标准与准则》(2014 版)。

深圳市各类需气产业园区单位用地面积年用气量指标见表 10-4[44]。

产业园区用气量指标统计表 [万 m^3/(年·km^2)] **表 10-4**

产业类型		用气量指标	产业类型		用气量指标
生物医药	高指标	1790	光机电、精密仪器	高指标	2330
	低指标	450		低指标	810
家电	高指标	1260	自行车	高指标	2130
	低指标	300		低指标	590
机械、金属制造	高指标	1980	汽车制造	高指标	3250
	低指标	490		低指标	1260
纺织业	高指标	730	服装	高指标	1910
	低指标	320		低指标	610
玩具	高指标	550	家具（木材）	高指标	980
	低指标	150		低指标	300
电子信息、通信设备	高指标	3850	食品	高指标	3130
	低指标	1490		低指标	810

表格来源：《深圳市燃气系统布局规划（2006～2020 年)》。

在详细规划阶段，北京市对于居民生活用气量采用人均用气指标法，商业用气量采用建设用地用气量指标法计算[45]，商业用气量指标见表 10-5。

各类建设用地商业用气量指标 [MJ/（m^2·年)] **表 10-5**

北京用地类别代码			类别名称	用气指标
主类	中类	小类		
A			公共管理与公共服务用地	17.5～87.5
	A1		行政办公用地	84.0
	A2		文化设施用地	87.5
	A3		教育科研用地	17.5～87.5
		A31	高等院校用地	17.5
		A33	基础教育用地	35.0
		A35	科研用地	87.5
	A4		体育用地	87.5
	A5		医疗卫生用地	42.0
	A6		社会福利用地	87.5

续表

北京用地类别代码			类别名称	用气指标
主类	中类	小类		
B			商业服务业设施用地	87.5～105.0
	B1		商业用地	87.5～105.0
		B11	零售商业用地	87.5
		B12	市场用地	87.5
		B13	餐饮用地	87.5
		B14	旅馆用地	105.0
	B2		商务用地	87.5
	B3		娱乐康体用地	87.5
	B4		综合性商业金融服务业用地	87.5
	B9		其他服务设施用地	87.5
D			特殊用地	87.5
G			绿地	87.5
S			道路与交通设施用地	87.5
T			铁路及公路用地	87.5
U			公用设施用地	87.5
W			物流仓储用地	87.5

表格来源：《市政基础设施专业规划负荷计算标准》DB11/T 1440—2017。

在详细规划阶段，上海市对于居民生活用气量采用人均指标和用地指标测算法计算，公共设施用气量采用用地指标测算法计算，工业用气量采用用地指标测算法计算[46]，详见表 10-6。

燃气用气量指标表 **表 10-6**

名称			用气量
居民	按人均指标测算	居民人均生活用气量	0.20～20.25m^3/(人·日)
		居住社区内配套公共服务设施用气量	居民用气量的 10%～30%
	按用地指标测算	居住用地用气量(包括配套公共服务设施用气)	6.25m^3/(hm^2·年)
公共设施	行政办公、商业服务业、文化、体育、医疗卫生、教育科研设计、商务办公用地		2.48m^3/(hm^2·年)
	其他公共设施用地		根据具体类型研究确定
工业	精品钢材、汽车制造、微电子、船舶制造、石油化工、装备产业等工业用地		15m^3/(hm^2·年)
	生物医药、家电、印染、光机电、精密仪器等工业用地		7.5m^3/(hm^2·年)
	工艺制品、服装、玩具、家具等工业用地		2.5m^3/(hm^2·年)
	其他类型工业用地		根据具体类型研究确定

表格来源：《上海市控制性详细规划技术准则》(2016 年修订版)。

其他城市的工业用气量指标见表 10-7 和表 10-8。

不同类型工业企业用气指标表[47]　　**表 10-7**

类别	用地类型	用气指标（$\times 10^4 Nm^3/hm^2$·年）
一类工业用地	中心区工业用地	3～4
	工业集聚区（电子、信息等高新产品为主）	4～6
二类工业用地	机械、轻工、食品、生物制药及纺织等	6～10
三类工业用地	陶瓷、玻璃等	30～40

表格来源：《潜江市天然气专项规划（2013～2020）》。

单位面积工业用地用气量指标[48]　　**表 10-8**

工业用地类别	用气指标（$\times 10^4 Nm^3/km^2$·年）
一类工业用地	300
二类工业用地	650～700
三类工业用地	900
化工和重工业类用地	1100

表格来源：《佛山市顺德区燃气专项规划（2015～2020）》。

10.6.2　输气管网规划策略

燃气管网根据其功能的不同，可以分为输气管道和配气管道[49]。输气管道指经城市门站调压后至配气管网之间的一段管道，配气管道指直接为用户服务的管道。输气和配气管道之间通过调压器作为分界，一般来说输气管道的压力大于配气管网。城市燃气输配系统中的高压、次高压管道均属于输气管道，输气管道压力高，而城市又是人群聚集之地，交通频繁、地下设施复杂，一旦管道破坏、危害甚大。

输气管道的规划策略如下：

1. 路由选择

应结合城市规划和有关专业规划，协调城市现状与规划的各项设施，并与公路、城镇道路、河流、绿化带及其他管廊等的布局相结合；尽量避开交通干线和繁华的街道，沿城镇规划道路敷设，减少穿跨越河流、铁路及其他不宜穿越的地区；应尽量避免与高压电缆、电气化铁路、城市轨道等设施平行敷设。

2. 城市安全

高压燃气管道通过的地区，应按沿线建筑物的密集程度划分为四个管道地区等级，并依据管道地区进行相应的管道设计。不同等级地区地下燃气管道与建筑物之间的水平和垂直净距，应符合现行国家标准《城镇燃气设计规范》GB 50028—2006 的相关规定。与建（构）筑物的水平净距应符合现行国家标准《城镇燃气设计规范》GB 50028—2006 和《城市工程管线综合规划规范》GB 50289—2016 的规定；宜布置在城市边缘或市内有足够安全距离的地带，避开居民区和商业密集区；高压燃气管道不应通过军事设施、易燃易爆仓库、历史文物保护区、飞机场、火车站、港口码头等地区。当受条件限制，管道必须在上述所列区域内通过时，必须采取有效的安全防护措施。

3. 经济合理

输气管道是城市输配系统的输气干线，必须综合考虑近期建设与远期规划的关系，以延长敷设的管道有效使用年限，尽量减少建成后改线、增大管径或增设双线的工程量；管道布置应考虑调压站的布点位置和对大型用户直接供气的可能性，应使管道通过这些地区时尽量靠近各调压站和这类用户，以缩短连接支管的长度；多级输气管网系统间应均衡布置连通管线，并设调压设施；初期建设的实际条件不具备多气源联网或成环布置时，宜在城市规划阶段预留通道，防止以后出现不合理的管网布局。

10.6.3 燃气管道水力计算方法

在详细规划阶段，涉及需要水力计算的城镇燃气管道的压力一般在1.6MPa以下，管道的基本计算公式为[50]：

$$\frac{(p_1^2-p_2^2)}{L}=1.27\times10^{10}\lambda\frac{Q_0^2}{d^5}\rho_0\frac{T}{T_0} \tag{10-1}$$

式中 p_1——管道起点燃气的绝对压力（kPa）；

p_2——管道终点燃气的绝对压力（kPa）；

L——燃气管道的计算长度（km）；

Q_0——燃气管道的计算流量（Nm^3/h）；

d——管道内径（mm）；

λ——燃气管道的摩擦阻力系数；

ρ_0——燃气密度（kg/Nm^3）；

T——燃气的绝对温度（K）；

T_0——标准状态绝对温度（273.15K）。

燃气在高、中压管道中的运动状态绝大多数处于紊流的粗糙区，雷诺数对式（10-2）的影响为高阶无穷小，可以忽略不计，计算公式如下：

1. 钢管

$$\lambda=0.11\left(\frac{\Delta}{d}\right)^{0.25}$$

$$\frac{(p_1^2-p_2^2)}{L}=1.4\times10^{9}\left(\frac{\Delta}{d}\right)^{0.25}\frac{Q_0^2}{d^5}\rho_0\frac{T}{T_0} \tag{10-2}$$

2. 铸铁管

$$\lambda=0.102\left(\frac{1}{d}\right)^{0.284}$$

$$\frac{(p_1^2-p_2^2)}{L}=1.3\times10^{9}\frac{Q_0^2}{d^{5.284}}\rho_0\frac{T}{T_0} \tag{10-3}$$

3. 聚乙烯管

聚乙烯燃气管道输送不同种类燃气的最大允许工作压力应符合我国行业标准《聚乙烯

燃气管道工程技术规程》CJJ 63—2008 的要求，其中燃气管道摩擦阻力损失计算公式同式（10-2）。

式中 Δ——管道内壁当量绝对粗糙度（mm）；钢管一般取 $\Delta=0.1\sim0.2$mm，聚乙烯管一般取 $\Delta=0.01$mm。

在进行城镇燃气管网的水力计算时，管网的局部阻力损失一般不逐项计算，可按燃气管道沿程摩擦阻力损失的 5%～10%进行估算。高中压燃气管道的计算压力降，应根据气源厂、燃气储配站、燃气调压站出口压力和下一级调压设施的进口压力要求确定。

城镇燃气管网一般成环布置，环状管网的计算不仅要确定管径的大小，还要使燃气管网在均衡的水力工况下运行。计算步骤如下：

（1）参照管网规划图绘制水力计算草图，并标明环号、节点号、管段长度、燃气负荷及集中用户负荷，气源厂、燃气储配站及燃气调压站位置等（图 10-1）。

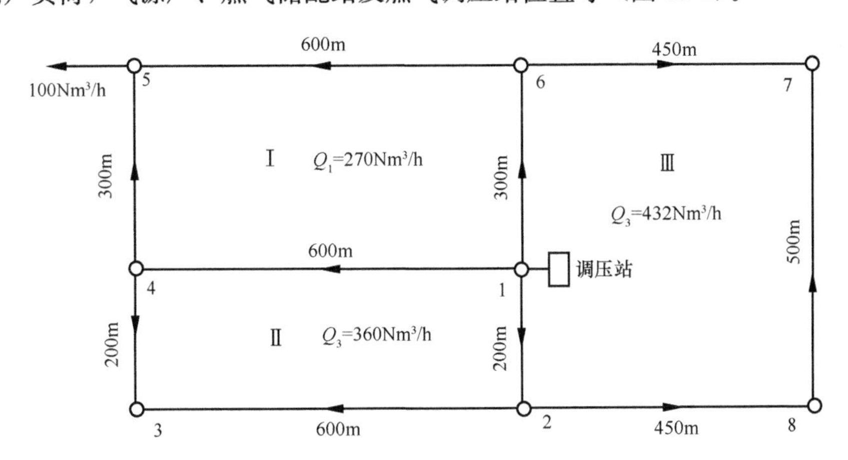

图 10-1 环形中压管网计算简图

（2）列表计算各环单位长度途泄流量、各管段的途泄流量、转输流量和计算流量。

（3）计算节点流量。利用计算机进行燃气环状管网水力计算时，常采用节点流量来表示途泄流量，节点流量为流入该节点所有管段途泄流量的 0.55 倍，加上流出该节点所有管段途泄流量的 0.45 倍，再加上该节点的集中流量。

（4）拟定环网各管段的气流方向。

（5）求各个管段的计算流量。

（6）计算单位长度平均压力降。根据管网允许压力降和供气点至零点的管道长度，求得单位长度平均压力降，据此即可按管段流量选择管径。

（7）进行各环路压力降闭合差计算。若计算得到的环路压力差<10%时，则认为符合要求，可不再计算。当环路压力降闭合差>10%时，应进行校正计算。

（8）计算零点位移。当零点位移值较大，足以影响环路闭合差时，则应按新零点位置重新进行平差计算。

（9）校正供气点至零点的总压力将是否小于且接近计算压力降，如果小于且接近计算压力降可认为所选管径是合适的，否则应调整部分管径再进行计算。

第11章 供热工程详细规划

11.1 工作任务

根据规划区实际情况，确定规划区供热负荷类型，预测各类热用户热负荷，评估供热系统支撑能力；确定供热方式，划分供热分区；布置各类供热热源，确定厂站选址及规模；结合规划区的建设要求提出供热工程近期建设计划。

11.2 资料收集

供热工程详细规划需要收集的资料包括可利用能源资料、现状供热情况资料、现状热源和供热设施资料、现状供热管网资料、相关专项规划资料及基础资料等六类资料，具体情况见表11-1。

供热工程详细规划主要资料收集汇总表　　表11-1

序号	资料类型	资料内容	收集部门
1	可利用能源资料	(1) 煤炭、燃气、电力、油品等传统能源资源情况； (2) 太阳能、地热能、风能、核能、生物质能等非常规能源资源情况； (3) 气源厂站等能源供应设施布局、规模、供应范围等情况； (4) 工业余热资源情况	发改部门、国土部门、供热管理部门、燃气管理部门、电力管理部门、能源运营企业
2	现状供热情况资料	(1) 城市集中供热普及率、供应范围等情况； (2) 城市其他分散供热方式种类、普及率和供应对象； (3) 规划区采暖热用户数量、热负荷、供热面积； (4) 规划区工业用热情况，包括用户名称、位置、用热参数、生产耗热量、自备热源情况（如锅炉型号及台数等）； (5) 室外采暖气象参数，城市居住、商业、公共和工业建筑采暖热负荷指标、节能指标等基础参数	发改部门、经信部门、气象部门、供热管理部门、供热企业、能源运营企业
3	现状热源和供热设施资料	(1) 城市锅炉房、热电厂、能源站等集中热源的位置、供热规模、供热面积、供热介质参数、燃料种类、运行情况； (2) 规划区分散燃气锅炉、热泵、地热井、太阳能、分布式能源等分散热源位置、供热规模、供应范围、运行情况； (3) 规划区中级泵站、热力站等附属设施位置、规模、运行情况	规划部门、供热管理部门、供热企业、能源运营企业

续表

序号	资料类型	资料内容	收集部门
4	现状供热管网资料	（1）规划区及周边区域供热管道物探资料； （2）燃气管道输送介质、压力级制、管径、敷设方式、管材、保温材料及运营情况； （3）规划区在建供热管道施工图	规划部门、供热管理部门、供热企业、能源运营企业
5	相关专项规划资料	（1）市级及以上级别的区域性燃气规划、能源规划、可再生能源规划、热电联产规划； （2）规划区及周边地区供热工程专项规划、详细规划； （3）非常规能源供热相关可行性研究报告和工程资料	规划部门、发改部门、供热管理部门
6	基础资料	（1）规划区及相邻区域地形图（1/2000～1/500）； （2）卫星影像图； （3）用地规划（城市总体规划、城市分区规划、规划区及周边区域控制性详细规划、修建性详细规划等）； （4）城市更新规划； （5）道路交通规划； （6）道路项目施工图； （7）近期规划区内开发项目分布和规模	规划部门、国土部门、交通部门

补充：可再生能源供热相关可行性研究报告：当地应用情况及相关案例；

11.3　文本内容要求

（1）热负荷预测：热负荷类型、集中供热率、热负荷预测结果。

（2）供热方式规划：分析热源的支撑能力以及规划区热负荷对区域供热系统的影响，确定供热方式和供热分区。

（3）热源规划：确定热电厂、锅炉房等集中供热热源厂站规模、位置及用地；确定分散供热热源厂站规模、布局、用地或附设形式。

（4）供热管网规划：确定热网介质和参数；确定热网布局、管径、敷设方式；确定热力站、中继泵站等附属设施规模、布局、用地。

（5）其他规定或说明。

11.4　图纸内容要求

图纸包括区域集中供热系统总体布局图、供热系统现状图、供热分区示意图、热源厂站规划图、供热管网规划图、供热管网水力计算图，其具体内容要求如下：

（1）区域集中供热系统总体布局图：标明区域集中供热系统的基本情况，包括热电厂、集中供热锅炉房等厂站的布局、供应规模，热水、蒸汽主干管网布局、管径；标明规划范围在区域集中供热系统中所处位置。

(2) 供热系统现状图：标明规划范围内供热系统的详细情况，包括热电厂、集中供热锅炉房等集中热源厂站的位置、供应规模、占地面积、用地红线，热水、蒸汽供热管网路由、管径、设计压力，热力站、中继泵站等附属设施规模、布局、用地，分散供热热源厂站供应规模、布局及供热范围。

(3) 供热分区示意图：划分供热分区，标明各供热分区采暖热负荷和供热面积、工业热负荷及其他热负荷。

(4) 热源厂站规划图：标明规划新增、保留、改（扩）建的集中热源厂站位置、供应范围、供应规模、占地面积、用地红线；标明规划新增、保留、改（扩）建的分散热源厂站布局、供应范围、供应规模、占地面积。

(5) 供热管网规划图：标明规划新增、保留、改（扩）建的集中热源厂站布局；标明规划新增、保留、改（扩）建的供热管道位置、管径；标明供热介质及其参数；标明中继泵站位置、规模、占地面积、用地红线；标明热力站布局、供应范围、供热面积和热负荷。

(6) 供热管网水力计算图：热水供热管网应绘制水力计算简图和水压图，水力计算简图标明热源厂站、热力站等节点，各管段计算流量、长度、管径；水压图应标明地形、建筑物高度、恒压点的位置，标明静压线、供回水管网压力曲线。蒸汽供热管网绘制水力计算简图，水力计算简图标明热源厂站、热力站等节点，各管段计算流量、长度、管径。

11.5 说明书内容要求

说明书内容包括现状及问题分析、规划解读及实施评估、热负荷预测、支撑能力分析、供热方式规划、热源厂站规划、供热管网规划。

1. 现状及问题分析

简要介绍区域能源资源、用热和供热系统基本情况。能源资源情况包括天然气、煤炭、电力等传统能源供应和利用情况，地热能、太阳能、风能、生物质能等非常规能源存量和利用情况；用热情况包括热用户类型、数量、供热方式、热负荷等；区域供热系统基本情况包括集中热源厂站的布局、供应规模、供应范围，供热主干管网的布局、管径，分散热源厂站的布局、供应规模、供应范围，本区与区域供热系统间关系。

介绍规划范围内用热情况和供热系统情况。用热情况包括区内热用户类型、数量、供热方式及其发展特点，大型热用户位置、热负荷数据、燃料类型。供热系统情况包括区内热源厂站的位置、供应规模、供应范围、占地面积，供热管网的路由、管径、供热介质及其参数等情况，以及供热系统运行和经营状况。

现状存在问题应从区域能源结构、能源资源情况、热用户需求、清洁供热普及率、供热系统运行情况、热源厂站和管网布局对城市影响等方面出发，分析热负荷缺口或系统存在瓶颈，并提出相应的规划建议。

2. 规划解读及实施评估

对已有涉及规划范围的总体规划、分区规划、供热规划、燃气规划、热电联产规划、能源规划等规划进行详细分析解读，总结规划要点，包括能源资源情况、热负荷需求、供热方式、热源厂站和管网的规划安排，并对已有规划的实施情况进行评估，分析实施情况及存在问题。

3. 热负荷预测

确定热用户类型、规划热指标、供热建筑面积、工业热用户用地面积、集中供热率等；计算各类热用户热负荷。

4. 支撑能力分析

根据热负荷预测结果，分析本区能源资源、区域集中供热系统、本区热源厂站及管网支撑能力，评估本区能源资源、热源厂站的供应缺口和管网瓶颈，提出相应的改善措施和规划建议。

5. 供热方式规划

根据本区能源资源情况、热源供应能力、热用户需求等前置条件，划分供热分区，确定各分区采用的供热方式、热负荷。

6. 热源厂站规划

根据城市用地规划、能源资源情况、供热分区划分，合理布局热源厂站。包括规划新增、保留和改（扩）建集中供热热源厂站位置、供应规模、供应范围、占地面积、规划用地情况，规划新增、保留和改（扩）建分散热源厂站布局、供应规模、供应范围、占地面积、规划用地情况，对于需要调整用地规划的厂站提出相应措施。

7. 供热管网规划

根据城市用地规划、能源资源情况、供热分区划分、热源厂站布局，合理布局供热管网，包括规划新增、保留和改（扩）建管网位置、管径、管材、设计压力、敷设形式、供热介质及其参数；确定中继泵站、热力站等附属设施布局、规模、占地面积、规划用地情况。

对供热管网进行水力计算复核，计算管道的压力损失，优化完善管道管径。热水管网水力计算还应绘制水压图，分析热网参数和经济性，确定热网连接形式。

11.6　关键技术方法分析

11.6.1　热负荷预测方法

城市热负荷预测内容宜包括规划区内的规划热负荷以及建筑采暖（制冷）、生活热水、工业等分项的规划热负荷[51]。

建筑采暖热负荷，在详细规划阶段宜采用分类建筑热指标预测，即根据详细规划阶段技术经济指标确定的各类建筑面积及相应的建筑采暖热指标，并考虑现状建筑的节能状况进行计算。建筑采暖热指标宜按表 11-2 选取。

建筑采暖指标（W/m^2） **表 11-2**

建筑物类型	底层住宅	多高层住宅	办公	医院托幼	旅馆	商场	学校	影剧院	大礼堂体育馆
未采取节能措施	63～75	58～64	60～80	65～80	60～70	65～80	60～80	95～115	115～165
采取节能措施	40～55	35～45	40～70	55～70	50～60	55～70	50～70	80～105	100～150

注：1. 表中数值适用于我国东北、华北、西北地区。
2. 热指标中已包括 5%管网热损失。

表格来源：《城市供热规划规范》GB/T 51074—2015。

建筑生活热水热负荷，在详细规划阶段宜采用分类建筑生活热水指标预测，即根据详细规划阶段技术经济指标确定的各类建筑面积及相应的生活热水热指标进行计算。生活热水热指标宜按表 11-3 选取。

生活热水热指标（W/m^2） **表 11-3**

用水设备情况	热指标
住宅无生活热水，只对公用建筑供热水	2～3
住宅及公共建筑均供热水	5～15

注：1. 冷水温度较高时采用较小值，冷水温度较低时采用较大值。
2. 热指标已包括约 10%的管网热损失。

表格来源：《城市供热规划规范》GB/T 51074—2015。

在详细规划阶段，应对现有的工业热负荷进行详细准确的调查，并逐项列出现有热负荷、已批准项目的热负荷及规划期发展的热负荷。但是，由于规划编制时，规划项目不确定，上述数据难以获得，故可采用按不同行业项目估算指标中典型生产规模进行计算或采用相似企业的设计耗热定额估算热负荷的方法。对并入同一热网的最大生产工艺热负荷应在各热用户最大热负荷之和的基础上乘以同时使用系数，同时使用系数可取 0.6～0.9。工业热负荷指标宜按表 11-4 选取。

工业热负荷指标［$t/(h \cdot km^2)$］ **表 11-4**

工业类型	单位用地面积规划蒸汽用量
生物医药产业	55
轻工	125
化工	65
精密机械及装备制造产业	25
电子信息产业	25
现代纺织及新材料产业	35

表格来源：《城市供热规划规范》GB/T 51074—2015。

各地的热指标有所差异，北京采暖热负荷及生活热水热负荷具体指标见表 11-5。

各类建设用地单位建筑面积采暖热指标（W/m^2）　　表 11-5

北京用地类别代码			类别名称	建筑采暖热指标	建筑生活热指标
主类	中类	小类			
A			公共管理与公共服务用地	45～100	5～15
	A1		行政办公用地	45	5～15
	A2		文化设施用地	80	5～15
	A3		教育科研用地	45	5～15
		A31	高等院校用地	45	5～15
		A33	基础教育用地	45	5～15
		A334	托幼用地	45	5～15
		A35	科研用地	45	5～15
	A4		体育用地	100	5～15
	A5		医疗卫生用地	70	5～15
	A6		社会福利用地	70	5～15
B			商业服务业设施用地	45～70	5～15
	B1		商业用地	45	5～15
		B11	零售商业用地	45	5～15
		B12	市场用地	45	5～15
		B13	餐饮用地	45	5～15
		B14	旅馆用地	45	5～15
	B2		商务用地	70	5～15
	B3		娱乐康体用地	70	5～15
	B4		综合性商业金融服务业用地	70	5～15
	B9		其他服务设施用地	45	5～15
G			绿地	45	5～15
S			道路与交通设施用地	45	5～15
T			铁路及公路用地	45	5～15
U			公用设施用地	45	5～15
R			居住用地	35	5～15
M			工业用地	70～120	5～15
W			物流仓储用地	10～30	5～15

注：1. 生活热水指标中冷水温度较高时采用较小值，冷水温度较低时采用较大值。

2. 热指标已包括约5%的二次管网热损失。

表格来源：《市政基础设施专业规划负荷计算标准》DB11/T 1440—2017。

11.6.2　供热方式的选择

详细规划阶段的供热规划应根据总体规划，经过方案比较，确定详细规划区内的供热方式。详细规划阶段以总体规划阶段的供热规划为指导，落实总体规划阶段确定的供热方式。如果详细规划区内有多种供热方式可以选择，则需要根据详细规划区内的具体条件进行多方案比较选择供热方式。供热方式包括集中供热和分散供热两大类。集中供热是指热源规模为 3 台及以上 14MW 或 20t/h 锅炉，或供热面积 50 万 m^2 以上的供热系统；分散供热是指供热面积在 50 万 m^2 以下，且锅炉房单台锅炉容量在 14MW 或 20t/h 以下。

集中供热方式可分为燃煤热电厂供热、燃气热电厂供热、燃煤集中锅炉房供热、燃气集中锅炉房供热、工业余热供热、低温核供热设施供热、垃圾焚烧供热等。以下介绍几种常见的集中供热方式[52-56]。

1. 燃煤热电厂供热

燃煤热电厂供热是指煤燃烧形成的高温烟气不能直接做功，需要经锅炉将热量传给蒸汽，由高温高压蒸汽带动汽轮发电机组发电，做功后的低品位的汽轮机抽汽或背压排汽用于供热。

大中型燃煤热电厂的单机容量在 135MW 以上，由电力行业运营。目前，燃煤热电厂是供暖的主力热源，承担采暖季供热的基本负荷（图 11-1）。

图 11-1　燃煤热电厂——北京市华能热电厂

图片来源：北京最后一座燃煤热电厂．[Online Image]．
http：//www.sohu.com/a/129252546_119038.03-18-2017

特点：(1) 燃煤热电厂采用高烟囱排放，环保设施齐备，通过超净排放改造，一般可以达标排放；(2) 集中供热热电联产锅炉运行效率较高，可达 85%以上；(3) 投资高、建设周期长。

适用性：(1) 具备电厂建设条件且有电力需求时，应选择以燃煤热电厂系统为主的集中供热；(2) 适合作为大中型城市集中供热基础热源，新建热电联产应优先考虑背压式热电联产机组。

2. 燃气热电厂供热

燃气热电厂一般采用蒸汽—燃气联合循环方式，即燃气轮机做功后，其高温排烟进入余热锅炉将水加热成蒸汽，再将蒸汽引入蒸汽轮机做功。燃气热电厂原动机的单机容量大于 60MW，多采用 E 级以上机组（图 11-2）。

特点：(1) 采用高烟囱排放，环保措施齐全（含脱氮），燃气热电厂可达标排放；(2) 与燃煤热电厂相比，建设周期短、投资少、占地小；(3) 大型天然气热电厂虽然节能显

图 11-2 燃气热电厂——北京西北热电中心京西燃气热电厂

图片来源：大型燃机．[Online Image]．http：//www. ceec. net. cn/art/2017/11/28/art _ 11019 _ 1526841. html. 11-28-2017

著，但由于大部分的天然气用于发电，只有少部分天然气用于能取得较大环境效益的供热领域，对区域电价造成很大压力，还需要较大的热网投资。

适用性：(1) 对于大中型城市，尤其是重点旅游城市与沿海地区，在条件允许的情况下，可发展燃气热电厂供热；(2) 天然气充裕和环保要求高的特殊地区，可发展燃气热电厂供热；(3) 对大型天然气热电厂供热系统应进行总量控制。

3. 燃煤集中锅炉房供热

锅炉是一种生产蒸汽或热水的换热设备，按功能包括两大部分。一部分是通过燃烧煤、油、气以及其他如甘蔗渣等燃料，将化学能转化为热能；另一部分是各种形式的受热面，将燃料燃烧释放出的热能通过各种传热方式，传递给炉水使之升温、汽化、过热以产生所需要的蒸汽，或加热所需要的高温热水供动力机械或其他设备使用。

燃煤集中锅炉房锅炉单台容量一般在 14MW 以上，是我国传统的供热方式（图 11-3)。

特点：(1) 大型燃煤锅炉的热效率能达到 80％以上，比分散的小型锅炉房的热效率 (50％～60％) 高得多；(2) 与热电厂相比，投资低、建设周期短，厂址选择容易；(3) 集中减少了锅炉房占地面积，有利于土地资源的合理使用；(4) 煤的燃烧效率随锅炉的吨位增加而提高；(5) 与分散燃煤锅炉房相比，更为环保。大大减少了烟囱数量，便于烟气高空排放；配用效率较高的除尘脱硫设备，改善了环境状况；(6) 与分散燃煤锅炉房相比，易于实现科学管理，提高自动化程度；(7) 燃料费用低。

适用性：(1) 适合作为集中供热的调峰热源，与热电联产机组联合运行；(2) 不具备电厂建设条件时，宜选择以燃煤集中的锅炉房为主的集中供热；(3) 在大热网覆盖不到、供热面积有限的区域，也可作为基础热源；(4) 有条件的地区，燃煤集中锅炉房供热应逐步向燃煤热电厂系统或清洁能源供热过度，燃煤集中锅炉房宜作为补充或过渡的供热方

图 11-3 燃煤集中锅炉房——超低排放多流程循环流化床燃煤锅炉

图片来源：燃煤集中锅炉房.［Online Image］.

http：//www.nowva.com.cn/en/Article/index/id/391/aid/43647.11-25-2017

式；（5）锅炉吨位宜大不宜小，尽量集中设置。

4. 燃气集中锅炉房供热

燃气集中锅炉房供热指一个小区或几个小区的多个建筑共用一个燃气锅炉房采暖，采用二次热网，设有中间换热站，外热网规模较大。采暖面积可达数百万平方米，烟气高空排放（图 11-4）。

图 11-4 燃气集中锅炉房——大庆乘风地区燃气锅炉房

图片来源：燃气集中锅炉房.［Online Image］.

https：//heilongjiang.dbw.cn/system/2012/11/24/054393814.shtml.11-24-2012

特点：（1）锅炉热效率基本能达到 90％左右；（2）燃气锅炉只在冬季运行，燃气供应不易做到季节平衡；（3）燃气是优质能源，应阶梯利用，如果只用于供暖，属于优质低用；（4）天然气管道输送方便；（5）集中或分散对燃烧效率影响很小；（6）天然气燃烧污染排放小，但 NO_x 的排放与锅炉的燃烧温度成正比，锅炉吨位越大燃烧温度越高；（7）天然气锅炉自动化水平高。可实现集中管理，方便维修和用户使用；（8）燃料费用高；（9）对煤改气项目，可利用直接原有的供热管网系统和锅炉房附属设备，节省初期投资。

适用性：（1）对于新规划建设区，不宜选择独立的天然气集中锅炉房供热；（2）天然气充裕和环保要求高的特殊地区，可发展燃气集中锅炉房供热，宜作为调峰热源；（3）有条件的地区应将环保难以达到超低排放的燃煤调峰锅炉改为燃气调峰锅炉；（4）大热网覆盖不到、供热面积有限的区域，在气源充足、经济承受能力较强的条件下也可作为基础热源。

5. 工业余热供热[57-62]

工业余热是在工业生产工艺过程中所产生的热量。其余热热源可分为：高温排烟余热，可燃废气、废液、废料的余热，高温产品和炉渣的余热，冷却介质的余热，化学反应热，废汽、废水的余热（图 11-5）。

图 11-5　工业余热供热——石家庄循环化工基地周边工业余热热泵供热项目

图片来源：工业余热供热．[Online Image]．http：//guoqi. hebnews. cn/zt/node _ 59627. htm. 03-15-2013.

特点：（1）工业余热资源丰富。我国北方供暖地区冬季平均时长按 4 个月计算，有关高能耗工业部门排放的余热量可大约折合 1 亿 t 标准煤；（2）热源温度品位较低，较难利用。工业余热中以低于 300℃的低品位余热为主。回收低品位工业余热所得的热量品位一般不超过 100℃；（3）热源载体含有烟尘或具有腐蚀性。这些物质都有可能对余热回收设备造成腐蚀；（4）稳定性差。工业生产一般是周期性或间断性的，余热总量随着产量的波动而变化；一旦工业设备检修或其他问题停运，调峰热源的供热能力难以满足供热需求，不利于系统供热稳定性；（5）热源参数不可随意改变。工业余热热源的利用必须以不影响生产工艺为前提，因此热源温度是恒定的；（6）距离热用户较远。绝大部分工业企业地处偏远，周边热用户稀疏，不易形成规模供热，使建设成本较高，运行调节难度较大。

适用性：（1）供热规模或供热范围不宜过大，用户以采用地板辐射采暖方式为宜；（2）余热量的波动在可接受的范围内；（3）有较大的温差；（4）热用户用热时间和余热回收时间相匹配；（5）余热介质的污染和腐蚀性较小；（6）主要提供基础负荷，必须与其他形式的热源配合，宜接入城市集中供热系统联网运行。

6. 其他非常规集中供热方式

为了解决煤和石油等化石燃料燃烧产生的诸如温室气体排放等严重的环境污染以及能源短缺问题，自20世纪70年代以来，加拿大、俄罗斯、德国、法国、瑞典、瑞士和捷克等国先后开展了核能供热技术的研究，开发用于供热的游泳池式堆和承压壳式堆[63]。

2017年11月28日，中核集团在京正式发布了其自主研发的“燕龙”泳池式低温供热堆，如图11-6所示，可用来实现区域供热。据其测算，一座400MW的“燕龙”低温供热堆，供暖建筑面积可达到约2000万m^2，相当于20万户三居室。作为一种技术成熟、安全性高的堆型，“燕龙”具有“零”堆熔、“零”排放、易退役、投资少等显著特点，在反应堆多道安全屏障的基础上，增设压力较高的隔离回路，确保放射性与热网隔离。池式低温供热堆选址灵活，内陆沿海均可，非常适合北方内陆。泳池式低温供热堆使用寿命为60年。在经济方面，热价远优于燃气，与燃煤、热电联产有经济可比性。反应堆退役彻底，厂址可实现绿色复用[64]（图11-6）。

图11-6 低温核供热设施供热——“燕龙”泳池式低温供热堆

图片来源：低温核供热设施供热．[Online Image]．http：//news.sznews.com/mb/content/201801/13/content_18250226.htm.11-13-2018

随着城市的发展和人民生活水平的提高，城市垃圾的产生量大幅度增加，在我国得到广泛应用的城市垃圾处理、处置技术主要有卫生填埋、焚烧和堆肥，其中最主要的是卫生填埋技术，但随着城市规模的扩大、城市人口的增加，我国土地资源日益紧张，越来越多地采用垃圾焚烧处理方式，垃圾焚烧既可以达到无害化的处理，又能够获得能源（图11-7）。

垃圾焚烧供热是垃圾能源的一种利用方式。垃圾焚烧供热包括垃圾焚烧余热直接利用和热电联产两种方式。余热直接利用是通过布置在垃圾焚烧炉之后的余热锅炉或其他热交换器，将烟气热量转化成一定压力和温度的热水、蒸汽；热电联产可以提高垃圾热能的利用效率，可达到50%左右，甚至达到70%[65]。

分散供热方式可分为分散燃煤锅炉房供热、分散燃气锅炉房供热、户内燃气采暖系统供热、热泵系统供热、直燃机系统供热、分布式能源系统供热、地热和太阳能等可再生能

图 11-7 垃圾焚烧供热——淄博市淄川垃圾焚烧项目

图片来源：淄博市淄川垃圾焚烧项目发电+供热让垃圾变废为宝.［Online Image］.
http：//www.yangben.cc/news/2017-3-1/75140.html.03-01-2017.

源系统供热等，具体内容如下。

（1）分散燃煤锅炉房供热[66,67]

分散燃煤锅炉房单台锅炉容量在14MW以下，一般与热用户采用直接连接。这些小型锅炉房的建设是为了解决城市集中供热设施发展滞后所带来的新建建筑的供热问题。

特点：1）热效率低。大多数锅炉为链条炉，总体工艺水平较差，导致运行效率低，仅为55%左右；2）锅炉房及储煤、储灰场占地面积大，分散布置造成土地资源浪费；3）污染严重。除尘与脱硫技术低，燃煤锅炉污染物排放高；4）小锅炉机械化、自动化程度很低，加煤、拨火和除尘等工作全部由人工操作。

适用性：1）不允许新增分散燃煤锅炉房作为供热热源；2）14MW以下燃煤锅炉全部拆除，具备条件且无其他替代热源的地区，应置换为燃气锅炉。

（2）分散燃气锅炉房供热[68]

分散燃气锅炉房供热是指单个建筑或几个相邻的使用性质相同的建筑使用一个燃气锅炉房采暖。采用一次热网，没有中间换热站。

特点：1）建设灵活，周期短，占地面积小；2）每个系统供热面积小，便于调节和控制；3）供热效率低于单户采暖，高于区域锅炉采暖。外网规模小，无中间换热站，热损失和动力消耗小，易克服水力失调，节约能源，综合采暖效率一般在80%～90%；4）锅炉数量多，管理分散；5）NO_x排放量低于大型燃气锅炉。

适用性：1）是城市集中供热的重要补充方式。2）对于城市集中热网难以普及的地区，可采用分散燃气锅炉房供热。3）大气环境质量要求严格并且天然气供应有保证的地区和城市，宜采用分散燃气锅炉房供热。4）适用于公共建筑、商用建筑采暖和集中住宅区。

(3) 户内燃气采暖系统供热[69]

目前大部分用于分户独立采暖的热源设备是燃用天然气的壁挂炉。一般以独立的居住单元设置独立的供热、采暖系统。它通过壁挂炉燃烧天然气加热系统循环水，经室内管将热量送入各个房间的散热器实现居住单元采暖的目的。

特点：1）效率高、功能多。一家一户自成系统，同时解决采暖和热水供应问题。2）节能。分户式燃气壁挂炉的供热效率与燃气锅炉基本相当。但分户式系统根据燃气用量收取费用，促进了主观节能。3）生活舒适性好。用户可根据自行需要选择供暖时间、调节温度，而且可随时使用生活热水。4）操作方便。构造简单，安装方便，居民不需要专业知识背景也可进行操作。5）分户采暖系统缺乏定期的维护保养，燃用燃气存在泄露、爆炸的安全隐患。

适用性：1）是城市集中供热的重要补充方式。2）适用于建筑密度较低的地区和城市居民住宅区。

(4) 热泵系统供热[70-72]

热泵作为一种由电力驱动的可再生能源设备，获取环境介质、余热中的低品位能量，提供可被利用的高品位热能。常见的热泵系统包括空气源热泵系统、水源热泵系统、地源热泵系统等。空气源热泵是从空气中吸收热量进行制热（制冷）的热泵空调装置。水源热泵是以水（地下水、河流、湖泊等地表水源或浅层水源）作为热泵系统的低温热源，使低温位热能向高温位热能转移的一种装置。土壤源热泵以土壤作为低温热源（图 11-8）。

图 11-8　热泵系统——空气源热泵采暖工程现场

图片来源：德能空气源热泵采暖工程．[Online Image]．

http：//blog. sina. com. cn/s/blog _ b46bc3f00102vhew. html. 01-19-2015

特点：1）空气源热泵具有不受地理位置及所需资源限制、不会对土壤和水域造成影响的优势。对于冬季较寒冷或室外空气较潮湿的地区，空气源热泵机组在运行时易结霜，使得机组效率明显降低；2）地表水源热泵虽然水源易获得，但其水温易受气候的影响，因而热泵机组在冬季运行时 COP（性能系数）较低。浅层水源的水温受汽化的影响较小，因而机组在冬季仍可获得较高的 COP。地下水式水源热泵存在的水源回灌困难、可能对地下水体造成污染等问题；3）土壤源热泵在北方地区以供热为主，土壤源热泵的热平衡处理难度高，可能存在影响生态平衡的地质环境变化。土壤源热泵单孔出热量小、施工空间大。换热孔施工需要较大的空间，在我国建筑密度高的区域无法大面积实施。土壤源热泵初始投资高。地下钻孔埋管和打井都需要较大的工程建设费。

适用性：1）空气源热泵机组通常需要设除霜装置，较适合于在我国长江以南地区使用；2）空气源热泵适用于小型用户，宜以户为单元分散供暖；3）水源热泵适合于附近有水域，且水域特性符合热泵系统的使用要求，一般用于使用时间固定、负荷稳定的公共建筑；4）土壤源热泵较适合我国夏热冬冷地区使用，制定系统方案之前需要对项目进行地质勘察，评估冬夏热负荷对土壤热平衡的影响；5）土壤源热泵适合建筑周围有大量绿化空地，且使用时间固定、负荷稳定的公共建筑；6）鼓励空气源、水源、地源热泵系统与天然气、地热、太阳能等供热方式耦合。

（5）直燃机系统供热[73~76]

一般指直燃型溴化锂吸收式冷热水机组，以燃气、燃油为能源，通过其直接燃烧产生高温烟气作为加热源，利用吸收式制冷循环的原理，制取冷热水，供夏季制冷、冬季采暖使用。直燃机按功能不同分为单冷型、空调型和标准型。单冷型只可实现制冷功能；空调型可实现制冷和供暖两种功能；标准型则可分别或同时实现三种功能：制冷、供暖、生活热水。

特点：1）直燃机采暖、制冷消耗的是天然气，属于清洁能源；2）直燃机供热时热效率与燃气锅炉相当，但制冷 COP 低于电制冷；3）供热制冷时间灵活，供热制冷的质量较高；4）直燃机可实现一机三用，可供冷、供热和提供生活热水；5）在夏季电力高峰期间，燃气低谷期间，可起到削峰填谷的作用，提高电力和燃气设施的利用率；6）燃气直燃机初投资费用大，但运行费用低，一般在较短的时间内即会收回成本；7）当热负荷大于机组供热量时，一般通过加大高压发生器和燃烧器以增加供热量，运行不经济。

（6）分布式能源系统供热[77,78]

分布式能源是一种新型的建于用户当地或附近的发电系统，产生电能及其他形式能量，并优先满足当地用户需求，由用户来支配管理。以天然气为燃料的分布式能源系统，通过冷热电三联供等方式实现能源的梯级利用，综合能源利用效率在70%以上，并在负荷中心就近实现能源供应的现代能源供应方式，是天然气高效利用的重要方式（图 11-9）。

特点：1）高能高用、低能低用、温度对口、梯级利用，能源利用效率高；2）能源点距离末端用户的位置近，减少电力长距离输送损耗及影响；3）增强电力供应可靠性；4）夏季能够平衡城市电力和燃气供应的峰谷差；5）采用天然气作为燃料，二氧化碳及其他污染物排放少；6）设备年运行有效时间越长，设备利用率越高，经济效益越好；7）对站址用地资源条件和管网输入输出条件要求高；8）存在一定的运行噪声、冷却塔等设备飘水、热量排放等问题；9）孤网运行的分布式能源系统的设计、配置、运行变得复杂且低效，难以发挥系统优势；10）单位容量的建设成本相对传统集中电厂大大增加。

图 11-9　分布式能源系统——上海市第一人民医院松江分院

图片来源：天然气分布式能源系统介绍．[Online Image]．https：//wenku.baidu.com/view/a42512d6dc88d0d233d4b14e852458fb760b3841.html? from=search. 08-29-2017

适用性：1）宜在燃气供应充足，有电力需求的地区采用；2）用户应具有良好的负荷环境，设计及运行技术参数可达到国家相关要求；3）具备建站用地条件和各类管道敷设条件；4）具有电网并网上网许可；5）可获得良好的社会环境效益、可通过市场经济实现获益和持续经营；6）推荐包括但不限于以下应用情形：有常年稳定电、冷（热）负荷需求的产业或产业集群；电、冷（热）负荷持续时间长的 CBD、医院、酒店等场所；用电安全性要求高，电、热（冷）负荷大且稳定的公共建筑，如机场、大中型医院、金融、数据中心、大型交通枢纽等；建筑功能不同，负荷时间特性良好互补的建筑群；与可再生能源综合利用可产生较好效益的场合。

（7）地热系统供热[79,80]

地热资源是指能够经济地被人类所利用的地球内部的地热能、地热流体及其有用组分，目前可利用的地热资源主要包括：天然出露的温泉、通过热泵技术开采利用的浅层地热能、通过人工钻井直接开采利用的地热流体以及干热岩体中的地热资源。利用地热资源进行供暖，是对地热资源最直接的利用方式。

水热型地热供暖是指利用开采井抽取地下水，通过换热站将热量传递给供热管网循环水，输送至用户。地源热泵是利用地下浅层地热资源既能在夏天供冷又能在冬天供热的一种新型空调系统。截至目前对干热岩的都是在发电层面，利用干热岩进行供暖还没有研究（图 11-10）。

水热型地热特点：1）水热型地热供暖供热量稳定，供热面积大，单井供暖面积在 20 万 m^2左右；2）运营费用要远低于集中供暖和燃气锅炉供暖；3）环境效益巨大，利用地热供暖可以有效地减少石化能源使用和 CO_2的排放，降低雾霾污染；4）地热水的不合理开采将造成地下热水水位、水温、水压下降，破坏了地下热水赋存环境；5）系统可能存在腐蚀、结垢的问题；6）尾水若直接排放，将导致当地土壤环境污染。

图 11-10 地热系统——太原 TD-1 井地热站

图片来源：我国地热资源开发现状及"十三五"规划布局．[Online Image]．https：//wenku. baidu. com/view/9fef3a0c0a4e767f5acfa1c7aa00b52acfc79ced. html. 06-21-2017

水热型地热供暖适用性：1）经过地热资源勘查，表明地热资源丰富，地下水条件良好且易于回灌，开采及回灌满足经济性要求的区域开展水热型地热供暖；2）地下水资源是宝贵的自然资源，为保护资源环境可持续发展，地热尾水宜按 100%同层回灌进行控制，对于尾水回灌困难的情形，应经过地热尾水回灌技术研究，在实现回灌率目标后再行开采；3）结合热泵技术进行地热水梯级利用，降低地热尾水温度、充分利用地热能；4）供热规模或供热范围不宜过大，用户以采用地板辐射采暖方式为宜。

地源（土壤源）热泵特点：1）绿色环保。2）运行、维护费用低。3）一机三用。冬天可以制热和提供生活热水，夏天可以制冷。4）安全可靠。地下部分使用寿命在 50 年以上，地上部分在 30 年以上。5）单孔出热量小、施工空间大。换热孔施工需要较大的空间，在我国建筑密度高的区域无法大面积实施。6）初始投资高。地下钻孔埋管和打井都需要较大的工程建设费。

地源（土壤源）热泵供暖适用性：1）土壤源热泵较适合我国夏热冬冷地区使用，制定系统方案之前需要对项目进行地质勘察，评估冬夏热负荷对土壤热平衡的影响；2）土壤源热泵适合建筑周围有大量绿化空地，且使用时间固定、负荷稳定的公共建筑。

干热岩特点：1）温度高，干热岩本身具有很高的温度，呈干热状态，温度在 150～650℃；2）选址困难，一般位于板块构造带或者构造活动带；3）开采困难，成本高，目前国内开采技术未成熟。埋深超过 2000m，技术过于复杂不利于大范围推广，并且有可能会引发地震等地质问题。

（8）太阳能系统供热[81,82]

将太阳能转换成热能，供给建筑物冬季采暖和全年其他用热的技术，有被动和主动两种技术类型。

被动太阳能供暖通过对建筑朝向和周围环境布置、建筑内外空间布局、建筑材料、围护结构的合理选择和处理，使建筑物本身可具有在冬季集取、贮存和分配太阳热能，在夏季遮蔽太阳辐射、散逸室内热量的功能。主动太阳能供热采暖系统设置专用设备、为建筑物冬季供暖和提供全年其他用热的系统。

被动式类型只能为建筑物供暖或降温，不能提供生活热水等其他用热；主动式类型则既可为建筑物供暖，又可提供生活热水等其他用热。此处仅讨论主动太阳能供热采暖系统（图 11-11）。

图 11-11　太阳能系统——太阳能集热供暖系统

图片来源：晴华圣洁北京太阳能供暖．［Online Image］．http：//www. cnlist. org/product-info/22747225. html. 06-25-2018

特点：1）太阳能供热采暖系统需要安装的太阳能集热器面积数量较大，特别是大、中型区域太阳能供暖热力站；2）太阳能是一种不稳定热源，会受到阴天和雨、雪天气的影响，当地的太阳能资源、室外环境气温和系统工作温度等条件对太阳能集热器的运行效率有影响；3）由于太阳能供热采暖系统中的太阳能集热器是安装在建筑物的外围护结构表面上，会给系统投入使用后的运行管理维护和部件更换带来一定难度；4）建筑物的使用功能对系统选型的影响不大，而建筑物的层数对系统选型的影响相对较高；5）太阳能集热器的工作温度越低，室外环境温度越高，其热效率越高；6）太阳能供热采暖系统是根据采暖热负荷确定太阳能集热器面积进行系统设计的，所以系统在非采暖季可提供生活热水的建筑面积会大于冬季采暖的建筑面积。

适用性：1）应根据所在地区气候、太阳能资源条件、建筑物类型、功能，以及业主要求、投资规模、安装等条件确定；2）适用于建筑有足够的外围护结构面积或有较大面积空闲土地的地区，用户以采用地板辐射采暖方式为宜；3）太阳能供热采暖系统应做到全年综合利用，采暖期应为建筑物供热采暖；非采暖期应进行蓄热，并应向本建筑物或相邻建筑物提供生活热水、夏季供冷空调或其他用热；4）设有太阳能供热采暖系统的新建、改建、扩建、改造的既有供暖建筑物，其建筑热工与节能设计不应低于国家现行相关标准的规定；5）系统中必须设置其他辅助热源，辅助热源应根据当地能源特点和经济发展水平进行选择；6）适宜推广地区：有丰富太阳能资源、地广人稀、采暖季长的西部地区；东部经济发达地区的大城市郊区、乡镇、农村。

11.6.3 供热管网水力计算方法

供热管网水力计算的主要任务是按已知的热媒流量和压力损失，确定管道的管径；或者按已知的热媒流量和管道管径，计算管道的压力损失；也可以按已知管道管径和允许压力损失，计算或校核管道中的流量。

供热管网水力计算的方法及步骤如下：

（1）绘制管道平面布置图或计算简图，并在图上标明：

热源和用户的流量与参数；各管段的计算长度；管道附件等（图 11-12）。

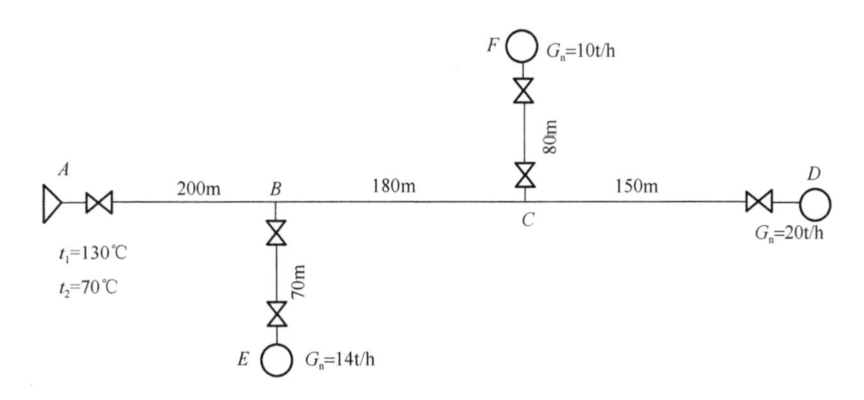

图 11-12 某供热管网水力计算简图示意

（2）确定各管段的计算流量，选择管网主干线，确定经济比摩阻。

管段的计算流量就是该管段所负担的各个用户的计算流量之和，对热水管网，可用式（11-1）确定。对蒸汽管网，可用式（11-2）确定，对于主干线管段，应根据具体情况，乘以各热用户的同时使用系数。

$$G_{\mathrm{n}} = 3600 \frac{Q_{\mathrm{n}}}{c(t_1 - t_2)} \tag{11-1}$$

式中 G_{n}——热用户的计算流量（t/h）；

Q_{n}——供暖用户系统的设计热负荷（MW）；

c——水的比热容［kJ/(kg·℃)］，可取 c =4.1868kJ/(kg·℃)；

t_1、t_2——管网的设计供、回水温度（℃）。

$$G'_{\mathrm{n}} = 3600 \frac{Q'_{\mathrm{n}}}{r} \tag{11-2}$$

式中 G'_{n}——热用户的计算流量（t/h）；

Q'_{n}——热用户的计算热负荷（W）；

r——用汽压力下的气化潜热（kJ/kg）。

管网水力计算是从主干线开始计算。管网中平均比摩阻最小的一条管线，称为主干线，通常从热源到最远用户的管线是主干线。一般情况下，热水管网主管线的设计平均比摩阻可取30～70Pa/m进行计算。过热蒸汽管道的最大允许流速在公称直径$DN>200$mm时，不得大于80m/s；公称直径$DN\leqslant200$mm时，不得大于50m/s。饱和蒸汽管道的最大允许流速在公称直径$DN>200$mm时，不得大于60m/s；公称直径$DN\leqslant200$mm时，不得大于35m/s。

(3) 根据主干线各管段的计算流量和初步选用的平均比摩阻，根据水力计算表，确定主干线各管段的标准管径和相应的实际比摩阻。用同样的方法确定支干线、支线的管径。支干线、支线的热水流速不应大于3.5m/s，同时比摩阻不应大于300Pa/m。支干线、支线的蒸汽流速规定与主干线一致。

(4) 根据选用的标准管径，核算各管段的压力损失和流速，并对管网最远用户和热媒参数有要求的用户核算是否满足设计要求。当管道阻力超过允许值、用户压力不足时，应考虑适当增加管径，重新按上述步骤计算，直到达到要求。

管道压力降常采用单位长度沿程阻力损失法和局部阻力当量长度百分数估算法，公式如式（11-3）。

$$\Delta P = RL + \Delta P_j = RL + RL_{\mathrm{d}} = R(L + L_{\mathrm{d}}) = RL_{\mathrm{zh}} \tag{11-3}$$

式中 ΔP——管道总阻力损失（Pa）；

RL——管道沿程阻力损失（Pa）；

ΔP_j——管道局部阻力损失（Pa）；

L——管道长度（m）；

L_{d}——管道局部阻力当量长度（m）；

L_{zh}——管道折算长度（m）；

R——每米管长的沿程阻力损失，即比摩阻（Pa/m）。

局部阻力当量长度L_{d}可按管道长度L的百分数来计算，即式（11-4）。

$$L_{\mathrm{d}} = \alpha L \tag{11-4}$$

式中 α——局部阻力当量长度百分数（%）。

第12章　再生水工程详细规划

12.1　工作任务

根据规划区水资源供需紧缺状况、城市建设规模及城市社会经济发展目标，结合城市污水厂规模、布局，在满足不同用水水质标准条件下，分析区域再生水回用方向，合理预测区域不同回用方向的再生水量；确定区域再生水设施的规模、布局，布置各级再生水管网系统；提出促进再生水利用的应用对策，落实相关再生水设施用地并明确建设要求；结合规划区城市建设开发时序提出再生水工程近期建设计划或项目库。

12.2　资料收集

再生水工程详细规划需要收集的资料包括现状区域污水厂情况、现状再生水设施和管网情况、相关专项规划及基础资料等四类资料，详见表12-1。

再生水工程专项主要资料收集汇总表　　表12-1

序号	资料类型	资料内容	收集部门
1	现状区域污水厂情况	(1) 城市现状及规划污水厂分布、规模、用地、运行情况； (2) 城市现状污水厂处理工艺流程，现状污水厂出厂水质； (3) 城市现状污水厂近几年污水处理量情况	水务部门、规划部门、市政公用部门、污水厂
2	现状再生水设施及管网情况	(1) 城市现状再生水水厂的分布、规模、处理工艺、水质、供水能力、供水压力及运行情况； (2) 城市现状再生水加压泵站的数量、位置、规模； (3) 城市现状再生水管道、管径、管材及运行情况； (4) 城市现状再生水系统运行模式； (5) 再生水回用对象、成本状况； (6) 城市其他非常规水水资源利用情况	水务部门、规划部门、市政公用部门、污水厂
3	相关专项规划	(1) 上层次再生水工程专项规划； (2) 规划区内及周边区域再生水工程专项规划或再生水工程详细规划	水务部门、规划部门、市政公用部门、污水厂
4	基础资料	(1) 规划区及相邻区域地形图（1/2000～1/500）； (2) 卫星影像图； (3) 用地规划（城市总体规划、城市分区规划、规划区及周边区域控制性详细规划、修建性详细规划等）； (4) 城市更新规划； (5) 道路交通规划； (6) 道路项目施工图； (7) 近期规划区内开发项目分布和规模	国土部门、规划部门、交通部门

12.3 文本内容要求

（1）再生水利用对象及需求预测：明确利用对象，说明规划期末再生水量的预测指标和预测规模。

（2）负荷分析：说明规划新增用再生水量对原再生水系统布局的影响。

（3）厂站规划：说明现状保留及新、改（扩）建的再生水设施（包括再生水厂、再生水加压泵站等）的数量及规模，以及对比上层次规划的调整情况。具体厂站名称、建设状态、现状及规划规模、用地面积、建设时序安排等应在附表中表达。

（4）再生水管网规划：说明现状保留及新、改（扩）建的再生水管网规模以及新改（扩）建再生水管网的规划布局路由情况。

（5）取水口规划：说明再生水取水口规划数量；说明再生水取水口及生态补水点规划布局。

12.4 图纸内容要求

再生水工程详细规划图纸应包括再生水系统现状图、再生水量预测水量分布图、再生水系统规划图、再生水管网规划图等图纸，其具体内容要求如下：

（1）再生水系统现状图：标明现状再生水来源；标明现状再生水设施（包括再生水厂、加压泵站等）的位置、名称和规模；标明现状再生水干管的路由和规格。

（2）再生水预测水量分布图：按规划分区划分示意图划定的分区为基础，标明各分区规划预测再生水量，分别标明再生水大用户、重点供水区域的分布等。

（3）再生水系统规划图：标明现状保留及新、改（扩）建的再生水设施的位置、名称和规模；标明现状及新、改（扩）建新建的再生水干管的路由和规格。

（4）再生水管网规划图：标明现状及新、改（扩）建的再生水设施的位置、用地红线；标明现状及新、改（扩）建的再生水管路由和规格；标明现状保留和新、改（扩）建的取水口及生态补水点位置。

12.5 说明书内容要求

再生水工程详细规划说明书主要内容包括：

（1）现状及问题分析：现状再生水设施、管道及回用对象；再生水系统运行管理情况及存在问题。

（2）相关规划解读：包括城市总体规划、片区控制性详细规划、非常规水资源利用规划、上层次或上版再生水工程专项规划和其他相关规划的解读等。

（3）基础条件分析：主要包括对规划片区现状自然和社会经济、现状给水排水系统、现状再生水系统和现状非常规水资源利用情况等多方面进行系统分析、综合研判。

（4）再生水利用对象调研及分析：主要包括再生水利用对象分析、再生水用量分析、再生水利用水质分析。

（5）再生水用水量预测：主要包括预测各类利用对象再生水近远期再生水用量。

（6）再生水设施规划：确定再生水供水水质目标、再生水水厂处理工艺、再生水系统的布局，确定再生水水厂及加压泵站的位置及规模。

（7）再生水管网规划：确定再生水主干管布局、管径及再生水管道的规划原则，并进行再生水管网平差计算；确定再生水主次管道布局、管径及一般管道的设置情况。

12.6 关键技术方法分析

12.6.1 再生水用户确定方法

再生水用户确定的目的是通过翔实的调研工作，深入了解再生水潜在用户的水质、水量需求，从而较为准确地把握现状潜在用户、合理预测未来用户，为再生水系统的规划和实施奠定良好的基础。

1. 再生水利用对象分类

根据国家《城市污水再生利用分类》GB/T 18919—2002，我国城市污水再生利用对象分为五大类，详见表12-2。

城市污水再生水利用分类[83]　　表12-2

序号	分类	范围	示例
1	农、林、牧、渔业用水	农田灌溉	种籽与育种、粮食与饲料作物、经济作物
		造林育苗	种籽、苗木、苗圃、观赏植物
		畜牧养殖	畜牧、家畜、家禽
		水产养殖	淡水养殖
2	城市杂用水	城市绿化	公共绿地、住宅小区绿化
		冲厕	厕所便器冲洗
		道路清扫	城市道路的冲洗及喷洒
		车辆冲洗	各种车辆冲洗
		建筑施工	施工场地清扫、浇洒、灰尘抑制、混凝土制备与养护、施工中的混凝土构件和建筑物冲洗
		消防	消火栓、消防水炮
3	工业用水	冷却用水	直流式、循环式
		洗涤用水	冲渣、冲灰、消烟除尘、清洗
		锅炉用水	中压、低压锅炉
		工艺用水	溶料、水浴、蒸煮、漂洗、水力开采、水力输送、增湿、稀释、搅拌、选矿、油田回注
		产品用水	浆料、化工制剂、涂料

续表

序号	分类	范围	示例
4	环境用水	娱乐性景观环境用水	娱乐性景观河道、景观湖泊及水景
		观赏性景观环境用水	观赏性景观河道、景观湖泊及水景
		湿地环境用水	恢复自然湿地、营造人工湿地
5	补充水源水	补充地表水	河流、湖泊
		补充地下水	水源补给、防止海水入侵、防止地面沉降

表格来源：《城市给水再生利用分类》GB/T 18919—2002。

2. 再生水利用对象确定过程

再生水利用对象分析，重点考虑景观、城市杂用及工业等几个方面，优先考虑用水量大、水质要求低、便于敷设管道的用户。用水用户调查工作分调查分析、筛选潜在用户、确定用户三个阶段进行：

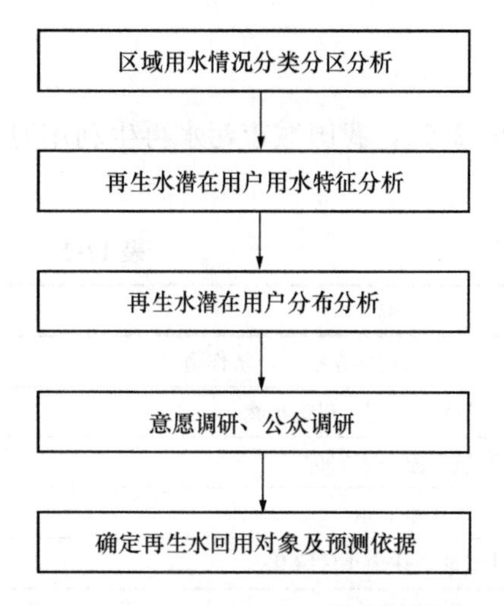

图 12-1　再生水潜在用户调研技术路线

（1）调查分析阶段

针对再生水的回用对象进行全面分析，收集整理用水大户的资料，包括生态景观用水（河道、湖泊）、城市杂用（道路绿化、消防、车辆冲洗等）、工业（冷却、洗涤、锅炉等）等用户用水量情况，梳理现状用水特点。

（2）筛选潜在用户阶段

按利用对象的用水量、用途、水质要求、经济条件等因素筛选出再生水利用对象和潜在用户。

（3）确定用户阶段

针对工业及城市杂用潜在用户进行问卷调研和统计，了解潜在用户的再生水使用意愿，从而确定再生水系统的规模和水质目标。细化利用用户的输水线路和需水量等方面的要求，根据技术经济分析，确定最终用户，为下一阶段设计奠定基础，确保再生水系统规划成果能落到实处（图 12-1）。

12.6.2　再生水用户调研分析

利用收集到的再生水潜在用户的资料，通过科学的分析方法进行分析，合理确定再生水系统的潜在用户是决定再生水系统设计的重要依据。涉及再生水量的预测、再生水厂规模、工艺，同时也决定着整个再生水输配系统的布置等。

在再生水工程详细规划中，再生水用户的确定分以下几个步骤：

首先，依据区域的规划发展定位、土地利用规划情况可以初步得到适用于区域的回用类别。

其次，结合片区的现状用水结构可以初步判断再生水回用的重点关注领域。

再次，调查片区内的现状用水大户，根据用水性质不同进行分类筛选，并结合计划用水量，在调研用户使用意愿的基础上，确定片区内潜在的再生水用水大户的用量和分布情况。

最终，得到潜在用地类型和潜在大用户两者点面结合的潜在再生水回用对象（图 12-2）。

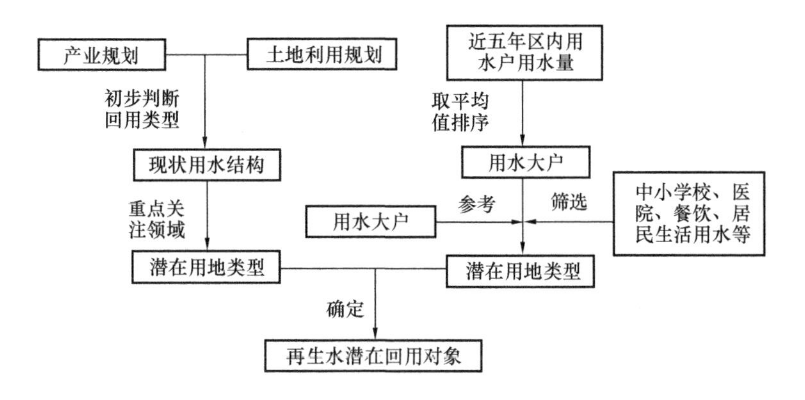

图 12-2　确定再生水潜在回用对象技术路线

图片来源：何瑶，刘应明，张亮，任心欣．深圳前海与横岗片区再生水管网规划思路对比［J］．中国给水排水，2014，30（10）：9-13

1. 农、林、牧、渔业用水

再生水用于农田灌溉时，其水质应符合国家现行的《农田灌溉水质标准》GB 5084—2005 的规定，考虑到目前对于大部分高度建成的城市而言，农、林、牧、渔业用水所占比重很小，且分布分散，很少有相对集中的大片用地，再生水使用困难。因此，再生水用于农、林、牧、渔业用水要综合考虑。

2. 城市杂用水

依据《城市污水再生利用分类》GB/T 18919—2002，城市杂用水再生水潜在用户主要有：绿化浇洒用水、道路浇洒用水、冲厕用水、车辆冲洗用水、建筑施工用水、消防用水等市政详细规划阶段要对各项杂用水用量及特征进行详细调研，以确定再生水潜在用户和用量。

（1）绿化浇洒用水调研

随着城市建设生态化发展，城市绿化面积大幅度增加，相应的城市绿化用水量将显著上升，在选用适合的耐旱草种和使用喷灌等节水型灌溉技术来控制用水量的同时，利用达到一定水质标准的再生水来灌溉城市园林和绿地，是节水型城市建设理念的重要体现，不仅可以满足植物生长的需要，还可以通过土壤净化对再生水进行一系列物理、化学和生物反应，削减进入环境的污染物总量。

绿地可划分为：公共绿地、生态保护区、风景名胜区、地质公园、郊野公园等生态防护绿地。按照绿地的特点，需要浇洒的主要是公共绿地，其主要包括公园和街头绿地。

（2）道路浇洒用水调研

道路广场浇洒用水可保持道路广场的清洁，增加空气湿度，减少扬尘，在夏季还可以起到一定的降温和保护路面的作用，其对水质的要求低，可使用再生水代替。

道路浇洒用水应优先利用再生水，沿再生水主干管道合理设置再生水取水栓，供洒水车取用。道路浇洒的时间根据每个城市实际情况来确定。

例如，深圳市道路浇洒用水一般是由洒水车在固定取水栓取水，每个取水栓的服务半径约为1.5km，浇洒时间主要是夜间和早上，实际浇洒道路用水约为0.4L/(m^2·d)，每天2次，每年浇洒150天左右。

(3) 冲厕用水调研

冲厕用水目前采用自来水，主要分布于建筑单体中，公共厕所冲厕用水所占比例极小。

冲厕用水具有用水量大、水质要求低、用水量稳定的特点，可利用再生水。但需建设进入用户的再生水供水管道系统，要防止二次装修带来的错接误用风险，要做好安全监测工作和防护工作，实施难度大。

考虑到目前城市建成区建筑单体供水管网系统改造难度大、二次装修带来的再生水误接误用风险大以及居民心理接受程度低等因素；鼓励再生水管网布置区域内、有良好物业管理的建筑单体（如公厕、集体宿舍、政府安置小区、办公楼、大型公建、商场等）使用再生水代替冲厕用水，政府可给予一定的经济鼓励或政策优惠。冲厕用水使用再生水以示范为主。

(4) 车辆冲洗用水调研

目前我国洗车场规模小、分布零散，有一些城市已要求洗车场自行收集、处理洗车用水后再反复使用，车辆冲洗用水量已大幅度降低。可根据城市的实际情况和车辆冲洗用水水价进一步提高后，示范推广洗车场采用再生水。

(5) 建筑施工用水调研

建筑施工降尘用水需求量大，同时其对水质要求低的特点也适合利用再生水，但建筑工地较为分散，建议周边市政道路建有再生水管道的建筑施工工地和建筑材料制备企业采用再生水。

建筑施工工地用水应使用再生水，但因其量小且分散，不计入再生水水量供需平衡，由再生水供水设施的弹性余量来确保供水。

(6) 消防用水调研

城市消防是城市防灾的重要设施，消防用水的范围包括消火栓用水、喷淋用水等。消防用水对水质要求较低，可由再生水代替。

目前城市消防系统与城市给水系统统一建设，消防用水由自来水提供。城市消防用水发生的几率小，在通常情况下只作为备用水源，且大量的已建设施和城市自来水系统联系紧密、改造难度大。

3. 工业用水

工业企业用水受到企业性质、企业建设水平、人员密集程度、企业生产生活条件等多因素的影响，用水情况千差万别。工业企业内部用水可分为生产用水、冷却用水、锅炉用水、生活用水。

(1) 生产用水

工业行业门类众多，对生产水质的要求千差万别，因此生产用水能否采用再生水，应由企业根据再生水水质和企业需求来综合确定。但达到《城市污水再生利用　工业用水水质》GB/T 19923—2005 标准的再生水已能基本满足低品质生产用水的需求（包括冲灰、除尘等），完全可以用再生水替代低品质工业用水。内部设有工业水处理设施的企业，如再生水能满足工业水处理设施的进水标准，也可对再生水进行补充处理，直至达到相关工艺与产品的供水水质指标要求。

（2）冷却用水

工业冷却用水对水质的要求主要是碱性、硬度、氯化物以及锰含量等，达到或高于《城市污水再生利用　工业用水水质》GB/T 19923—2005 的再生水已能基本满足冷却用水（包括直流冷却水和敞开式循环冷却水系统补充水）的水质需求，因此工业冷却用水应优先考虑采用再生水。当再生水用做工业冷却时，循环冷却水系统监测管理参照《工业循环冷却水处理设计规范》GB/T 50050—2017 的规定执行。

（3）锅炉用水

锅炉用水对水质要求较高，达到《城市污水再生利用　工业用水水质》GB/T 19923—2005 的再生水后尚不能直接补给锅炉，还需根据锅炉工况，对再生水进行软化、除盐等处理，直至满足相应工况的锅炉水质标准。考虑到锅炉使用再生水需进行大量的配套改造工作，因此再生水替代锅炉补给水源主要考虑在规划远期实现。

（4）生活用水

工业企业生活用水中杂用水约占到 30%～40%，主要用于楼面浇洒、绿化、冲洗、冲厕等方面。达到或高于《城市污水再生利用　城市杂用水水质》GB/T 18920—2002、《城市污水再生利用　工业用水水质》GB/T 19923—2005 标准的再生水能充分满足厂内杂用水的需要，厂内生活用水中的杂用水应优先考虑采用再生水。从实际来看，部分城市的少数企业建有分散性再生水回用设施提供厂内杂用水，运行情况良好。因此未建分散式再生水回用设施的工业企业应优先考虑使用再生水替代厂内杂用水。

综上，充分考虑城市产业用水结构及实施的难易程度、企业的意愿，以“先大后小、先易后难、弹性要求、逐步推广”为原则确定工业用水用户。

4. 环境用水

环境用水对水质的要求相对较低。满足《城市污水再生利用　景观环境用水水质》GB/T 18921—2002 中河道类景观用水的相关标准，景观补水对有机物、氮、磷等可引起水体富营养化的指标有一定的要求。*BOD*、氮、磷的指标基本相当于《城镇污水处理厂污染物排放标准》GB 18918—2002 中一级 A 排放标准。一般认为一级 A 出水经简单地深度处理后即可作为景观补水水源。

用水量集中，供水方式较简单。景观补水一般沿水系选取一个或几个点集中补水，只需敷设自再生水厂至补水点的输水管道即可，且管道可结合河道整治工程沿河敷设，征地施工难度较小；而且某些再生水厂处于景观河道中、上游，可直接向下游放水，无需敷设管道，更方便了再生水的利用。

回用风险较小。景观补水所要求的供水保证率较低，运行管理难度相对较小；景观补水的供水管道路由与自来水供水管道重合部分较少，再生水管道与自来水管道混接的可能性较小。

5. 补充水源水

补充地表水：当再生水用于补充地表水时，再生水的水质必须满足一定的水质要求，控制参数包括微生物学质量、总无机物量、重金属和难降解有机物等。还应根据受纳水体的环境功能要求、水体上下游用途、水体稀释和自净能力以及污水特点，选择相应的深度处理技术，使再生水水质符合国家或者地方有关标准。当排入封闭或半封闭水体（包括湖泊、水库、江河入海口）时，为防止富营养化发生应注意控制出水中 TN 和 TP 的浓度，严格控制致病菌含量的同时，需关注痕量有机物的存在和毒性的污染状况，充分考虑原水体的自净能力。

补充地下水：再生水用于地下水回灌时，其水质要求因回灌地区水文地质条件、回灌方式、回用用途的不同而有所变化。当回用水对饮用水含水层进行回灌时，要求污水经二级处理、过滤、消毒和进一步的深度处理，水质控制指标：pH 值为 6.5～8.5，浊度＜2NTU，无大肠杆菌检出，余氯＜1mg/L；此外水质指标还需满足饮用水水质的各项标准[84]。

目前我国再生水补充水源水应用先例并不多，未来再生水满足要求可作为城市水源的技术储备补充地表水。沿海片区海水咸潮入侵现象严重时，可适当考虑利用再生水进行补充。

12.6.3 再生水水质目标分析

国家再生水水质标准按照再生水的不同用途进行分类制定，分别为《农田灌溉水质标准》GB 5084—2005、《城市污水再生利用　城市杂用水水质》GB/T 18920—2002《城市污水再生利用　景观环境用水水质》GB/T 18921—2002、《城市污水再生利用　工业用水水质》GB/T 19923—2005。分类的水质标准有利于减轻再生水设施的经济投入，非常适于回用对象单一的再生水设施。但对于供水对象复杂的市政再生水设施，往往较难确定水质目标。

国家再生水水质标准是城市污水再生回用的基础性依据文件，各地地方标准应以国家相关规范为基础，再根据各地再生水潜在用户的不同情况制定。

1. 农、林、牧、渔业用水水质

再生水用于农田灌溉时，其水质应符合国家现行的《农田灌溉水质标准》GB 5084—2005 的规定，详见表 12-3。

农田灌溉用水水质基本控制项目标准值[85]　　表 12-3

序号	项目类别	作物种类		
		水作	旱作	蔬菜
1	五日生化需氧量（mg/L）　≤	60	100	40^1，15^2
2	化学需氧量（mg/L）　≤	150	200	100^1，60^2
3	悬浮物（mg/L）　≤	80	100	60^1，15^2
4	阴离子表面活性剂（mg/L）　≤	5	8	5

续表

序号	项目类别	作物种类		
		水作	旱作	蔬菜
5	水温（℃）　≤	35		
6	pH	5.5～8.5		
7	全盐量（mg/L）　≤	1000°（非盐碱土地区），2000°（盐碱土地区）		
8	氯化物（mg/L）　≤	350		
9	硫化物（mg/L）　≤	1		
10	总汞（mg/L）　≤	0.001		
11	镉（mg/L）　≤	0.01		
12	总砷（mg/L）　≤	0.05	0.1	0.05
13	铬（六价）（mg/L）　≤	0.1		
14	铅（mg/L）　≤	0.2		
15	粪大肠菌群数（个/100mL）　≤	4000	4000	2000[1]，1000[2]
16	蛔虫卵数（个/L）	2		20[1]，1[2]
17	铜（mg/L）　≤	0.5	1	
18	锌（mg/L）　≤	2		
19	硒（mg/L）　≤	0.02		
20	氟化物（mg/L）　≤	2（一般地区），3（高氟区）		
21	氰化物（mg/L）　≤	0.5		
22	石油类（mg/L）　≤	5	10	1
23	挥发酚（mg/L）　≤	1		
24	苯（mg/L）　≤	2.5		
25	三氯乙醛（mg/L）　≤	1	0.5	0.5
26	丙烯醛（mg/L）　≤	0.5		
27	硼（mg/L）　≤	1[4]（对硼敏感作物），2[5]（对硼耐受性较强的作物），3[6]（对硼耐受性强的作物）		

注：1. 加工、烹调及去皮蔬菜。
2. 生食类蔬菜、瓜类和草本水果。
3. 具有一定的水利灌排设施，能保证一定的排水和地下水径流条件的地区，或有一定淡水资源能满足冲洗土体中盐分的地区，农田灌溉水质全盐量指标可以适当放宽。
4. 对硼敏感的作物，如黄瓜、豆类、马铃薯、笋瓜、韭菜、洋葱、柑橘等。
5. 对硼耐受性较强的作物，如小麦、玉米、青椒、小白菜、葱等。
6. 对硼耐受性强的作物，如水稻、萝卜、油菜、甘蓝等。

表格来源：《农田灌溉水质标准》GB 5084—2005。

2. 城市杂用水和工业用水水质

对于工业用水、城市杂用水的水质标准分别参照《城市污水再生利用　城市杂用水水质》GB/T 18920—2002、《城市污水再生利用工业用水水质》GB/T 19923—2005。

已编制的再生水水质标准是城市污水再生回用的基础性依据文件，各地的城市再生水水质标准应以国家相关规范为基础，再根据各地再生水潜在用户的不同情况制定（表12-4、表12-5）。

再生水用作工业用水水源的水质标准[86]　　表 12-4

序号	控制项目	冷却用水		洗涤用水	锅炉补给水	工艺与产品用水
		直流冷却水	敞开循环冷却水			
1	pH值	6.5～9.0	6.5～8.5	6.5～9.0	6.5～8.5	6.5～8.5
2	悬浮物（SS）（mg/L）⩽	30	—	30	—	—
3	浊度（NTU）⩽	—	5	—	5	5
4	色度（度）⩽	30	30	30	30	30
5	生化需氧量BOD（mg/L）⩽	30	10	30	10	10
6	化学需氧量COD（mg/L）⩽	—	60	—	60	60
7	铁（mg/L）⩽	—	0.3	0.3	0.3	0.3
8	锰（mg/L）⩽	—	0.1	0.1	0.1	0.1
9	氯离子（mg/L）⩽	250	250	250	250	250
10	二氧化硅（mg/L）⩽	50	50	—	—	30
11	总硬度（$CaCO_3$计mg/L）⩽	450	450	450	450	450
12	总碱度（$CaCO_3$计mg/L）⩽	350	350	350	350	350
13	硫酸盐（mg/L）⩽	600	250	250	250	250
14	氨氮（以N计mg/L）	—	10	—	10	10
15	总磷（以p计mg/L）⩽	—	1	—	1	1
16	溶解性总固体（mg/L）⩽	1000	1000	1000	1000	1000
17	石油类（mg/L）⩽	—	1	—	1	1
18	阴离子表面活性剂（mg/L）⩽	—	0.5	—	0.5	0.5
19	余氯（mg/L）⩾	0.05	0.05	0.05	0.05	0.05
20	粪大肠菌群（个/L）⩽	2000	2000	2000	2000	2000
21	嗅	—				
22	溶解氧（mg/L）⩾	—				
23	总大肠菌（个/L）⩽	—				
24	总氮（mg/L）⩽	—				
25	动植物油（mg/L）⩽	—				

表格来源：《城市污水再生利用　工业用水水质》（GB/T 19923—2005）。

城市污水再生利用城市杂用水水质[87] 表 12-5

序号	控制项目	《城市污水再生利用 城市杂用水水质》GB/T 18920—2002				
		冲厕	道路清扫、消防	城市绿化	车辆冲洗	建筑施工
1	pH 值	6.0～9.0				
2	悬浮物（SS）(mg/L)≤	—				
3	浊度（NTU）≤	5	10	10	5	20
4	色度（度）≤	30				
5	生化需氧量 *BOD*（mg/L）≤	10	15	20	10	15
6	化学需氧量 *COD*（mg/L）≤	—				
7	铁（mg/L）≤	0.3	—	—	0.3	—
8	锰（mg/L）≤	0.1	—	—	0.1	—
9	氯离子（mg/L）≤	—				
10	二氧化硅（mg/L）≤	—				
11	总硬度（$CaCO_3$计 mg/L）≤	—				
12	总碱度（$CaCO_3$计 mg/L）≤	—				
13	硫酸盐（mg/L）≤	—				
14	氨氮（以 N 计 mg/L）	10	10	20	10	20
15	总磷（以 P 计 mg/L）≤	—				
16	溶解性总固体（mg/L）≤	1500	1500	1000	1000	—
17	石油类（mg/L）≤	—				
18	阴离子表面活性剂（mg/L）≤	1.0	1.0	1.0	0.5	1.0
19	余氯（mg/L）≥	接触 30min 后≥1.0，管网末端≥0.2				
20	粪大肠菌群（个/L）≤	—				
21	嗅	无不快感				
22	溶解氧（mg/L）≥	1.0				
23	总大肠菌（个/L）≤	3				
24	总氮（mg/L）≤	—				
25	动植物油（mg/L）≤	—				

表格来源：《城市污水再生利用 城市杂用水水质》GB/T 18920—2002。

3. 环境用水水质

《城市污水再生利用景观环境用水水质》GB/T 18921—2002 共有检测项目共计 16

项，对于不同功能的景观环境用水及不同性质的景观用水都作了详细的规定。并考虑水体自净能力弱，环境容量允许值，不给水环境达标增加新的“污染负荷”。因此需要严格控制*COD*指标，远期执行与其受纳水体环境功能目标相适应的水质目标（表12-6）。

城市污水再生利用景观环境用水水质[88] **表12-6**

序号	项目	观赏性景观环境用水			娱乐性景观环境用水		
		河道类	湖泊类	水景类	河道类	湖泊类	水景类
1	pH值	6～9					
2	悬浮物（SS）（mg/L）≤	20	10		—		
3	浊度（NTU）≤	—			5.0		
4	色度（度）≤	30					
5	生化需氧量*BOD*（mg/L）≤	10	6		6		
6	化学需氧量*COD*（mg/L）≤	—					
7	铁（mg/L）≤	—					
8	锰（mg/L）≤	—					
9	氯离子（mg/L）≤	—					
10	二氧化硅（mg/L）≤	—					
11	总硬度（$CaCO_3$计mg/L）≤	—					
12	总碱度（$CaCO_3$计mg/L）≤	—					
13	硫酸盐（mg/L）≤	—					
14	氨氮（以N计mg/L）	5					
15	总磷（以P计mg/L）≤	1.0	0.5		1.0	0.5	
16	溶解性总固体（mg/L）≤	—					
17	石油类（mg/L）≤	1.0					
18	阴离子表面活性剂（mg/L）≤	0.5					
19	余氯（mg/L）≥	0.05					
20	粪大肠菌群（个/L）≤	10000		2000	500	不得检出	
21	嗅	无漂浮物，无令人不愉快的嗅和味					
22	溶解氧（mg/L）≥	1.5			2.0		
23	总大肠菌（个/L）≤	—					
24	总氮（mg/L）≤	15					
25	动植物油（mg/L）≤	—					

表格来源：《城市污水再生利用　景观环境用水水质》GB/T 18921—2002。

4. 补充水源水水质

水质指标还需满足饮用水水质的各项标准，再生水补充地表水时，水质满足《地表水环境质量标准》GB 3838—2002，再生水补充地下水时，水质满足《地下水质量标准》GB/T 14848—2017，见表12-7、表12-8。

地表水环境质量标准基本项目标准值（mg/L）[89]　　　　**表 12-7**

序号	分类	Ⅰ类	Ⅱ类	Ⅲ类	Ⅳ类	Ⅴ类
1	水温（℃）	人为造成的环境水温变化应限制在： 周平均最大温升≤1； 周平均最大温降≤2				
2	pH值（无量纲）	6～9				
3	溶解氧≥	饱和率90% （或7.5）	6	5	3	2
4	高锰酸盐指数≤	2	4	6	10	15
5	化学需氧量（*COD*）≤	15	15	20	30	40
6	五日生化需氧量（BOD_5）≤	3	3	4	6	10
7	氨氮（NH_3-N）≤	0.15	0.5	1.0	1.5	2.0
8	总磷（以P计）≤	0.02 （湖、库0.01）	0.1 （湖、库0.025）	0.2 （湖、库0.05）	0.3 （湖、库0.1）	0.4 （湖、库0.2）
9	总氮（湖、库以N计）≤	0.2	0.5	1.0	1.5	2.0
10	铜≤	0.01	1.0	1.0	10	1.0
11	锌≤	0.05	1.0	1.0	2.0	2.0
12	氟化物（以F^-计）≤	1.0	1.0	1.0	1.5	1.5
13	硒≤	0.01	0.01	0.01	0.02	0.02
14	砷≤	0.05	0.05	0.05	0.1	0.1
15	汞≤	0.00005	0.00005	0.0001	0.001	0.001
16	镉≤	0.001	0.005	0.05	0.05	0.1
17	铬（六价）≤	0.01	0.05	0.05	0.05	0.1
18	铅≤	0.01	0.01	0.05	0.05	0.1
19	氰化物≤	0.005	0.05	0.02	0.2	0.2
20	挥发酚≤	0.002	0.002	0.002	0.01	0.1
21	石油类≤	0.05	0.05	0.05	0.5	1.0
22	阴离子表面活性剂≤	0.2	0.2	0.2	0.3	0.3
23	硫化物≤	0.05	0.1	0.2	0.5	1.0
24	粪大肠菌群（个/L）≤	200	2000	10000	20000	40000

表格来源：《地表水环境质量标准》GB 3838—2002。

地下水质分类指标[90] **表 12-8**

序号	类别	Ⅰ类	Ⅱ类	Ⅲ类	Ⅳ类	Ⅴ类
1	色（度）	≤5	≤5	≤15	≤25	>25
2	嗅和味	无	无	无	无	有
3	浑浊度（度）	≤3	≤3	≤3	≤10	>10
4	肉眼可见物	无	无	无	无	有
5	pH	6.5～8.5			5.5～6.5，8.5～9	<5.5，>9
6	总硬度（以 $CaCO_3$ 计 mg/L）	≤150	≤300	≤450	≤550	>550
7	溶解性总固体（mg/L）	≤300	≤500	≤1000	≤2000	>2000
8	硫酸盐（mg/L）	≤50	≤150	≤250	≤350	>350
9	氯化物（mg/L）	≤50	≤150	≤250	≤350	>350
10	铁（Fe）（mg/L）	≤0.1	≤0.2	≤0.3	≤1.5	>1.5
11	锰（Mn）（mg/L）	≤0.05	≤0.05	≤0.1	≤1.0	>1.0
12	铜（Cu）（mg/L）	≤0.01	≤0.05	≤1.0	≤1.5	>1.5
13	锌（Zn）（mg/L）	≤0.05	≤0.5	≤1.0	≤5.0	>5.0
14	钼（Mo）（mg/L）	≤0.001	≤0.01	≤0.1	≤0.5	>0.5
15	钴（Co）（mg/L）	≤0.005	≤0.05	≤0.05	≤1.0	>1.0
16	挥发性酚类（以苯酚计 mg/L）	≤0.001	≤0.001	≤0.002	≤0.01	>0.01
17	阴离子合成洗涤剂（mg/L）	不得检出	≤0.1	≤0.3	≤0.3	>0.3
18	高锰酸盐指数（mg/L）	≤1.0	≤2.0	≤3.0	≤10	>10
19	硝酸盐（以 N 计 mg/L）	≤2.0	≤5.0	≤20	≤30	>30
20	亚硝酸盐（以 N 计 mg/L）	≤0.001	≤0.01	≤0.002	≤0.1	>0.1
21	氨氮（NH_4）（mg/L）	≤0.02	≤0.02	≤0.2	≤0.5	>0.5
22	氟化物（mg/L）	≤1.0	≤1.0	≤1.0	≤2.0	>2.0
23	碘化物（mg/L）	≤0.1	≤0.1	≤0.2	≤1.0	>1.0
24	氰化物（mg/L）	≤0.001	≤0.01	≤0.05	≤0.1	>1.0
25	汞（Hg）（mg/L）	≤0.00005	≤0.0005	≤0.001	≤0.001	>0.001
26	砷（As）（mg/L）	≤0.005	≤0.01	≤0.05	≤0.05	>0.05
27	硒（Se）（mg/L）	≤0.01	≤0.01	≤0.01	≤0.1	>0.1
28	镉（Cd）（mg/L）	≤0.0001	≤0.001	≤0.01	≤0.01	>0.01
29	铬（六价）（Cr^{6+}）（mg/L）	≤0.005	≤0.01	≤0.05	≤0.1	>0.1
30	铬（六价）（Pb）（mg/L）	≤0.005	≤0.01	≤0.05	≤0.1	>0.1
31	铍（Be）（mg/L）	≤0.00002	≤0.0001	≤0.0002	≤0.001	>0.001
32	钡（Ba）（mg/L）	≤0.01	≤0.1	≤1.0	≤4.0	>4.0
33	镍（Ni）（mg/L）	≤0.005	≤0.05	≤0.05	≤0.1	>0.1
34	滴滴涕（μg/L）	不得检出	≤0.005	≤1.0	≤1.0	>1.0
35	六六六（μg/L）	≤0.005	≤0.05	≤5.0	≤5.0	>5.0
36	总大肠菌群（个/L）	≤3.0	≤3.0	≤3.0	≤100	>100
37	细菌总数（个/mL）	≤100	≤100	≤100	≤1000	>1000
38	总 α 放射性（Bq/L）	≤0.1	≤0.1	≤0.1	>0.1	>0.1
39	总 β 放射性（Bq/L）	≤0.1	≤1.0	≤1.0	>1.0	>1.0

表格来源：《地下水质量标准》GB/T 14848—2017。

12.6.4　再生水水量预测方法

在进行再生水详细规划时，再生水的用水量是确定再生水厂规模、再生水管网系统布局以及工程建设投资的基础依据。再生水水量受到当地国民经济和发展规划、城市特点、气候条件、水资源的综合利用程度等多个方面的影响，目前我国的再生水水量预测是按用水量的百分比来确定的，再生水水量预测需综合考虑各个因素的影响，确定这个百分比，使预测的结果经济合理、可信度强、符合时代的发展要求。

1. 农、林、牧、渔业再生水水量预测 Q_1

$$Q_1 = F_1 \times q_1 \times k_1 \tag{12-1}$$

式中　Q_1——农、林、牧、渔业设计再生水量（m^3/d）；

F_1——农、林、牧、渔业用地面积（m^2）；

q_1——农、林、牧、渔业用地用水指标[$m^3/(m^2 \cdot d)$]；

k_1——农、林、牧、渔业再生水占给水的百分比（%）（根据当地实际情况确定）。

2. 城市杂用再生水水量预测 Q_2

$$Q_2 = F_2 \times q_2 \times k_2 \times T_2 \tag{12-2}$$

式中　Q_2——城市杂用用水设计再生水量（m^3/d）；

F_2——城市杂用用地面积（m^2）；

q_2——城市杂用用水指标[$m^3/(m^2 \cdot d)$]；

k_2——城市杂用再生水占给水的百分比（%）（根据当地实际情况确定）；

T_2——每年使用的天数。

根据《城市给水工程规划规范》GB 50282—2016，绿地浇洒、道路浇洒等用水按用地面积计算水量，用水标准为 10～30$m^3/(hm^2 \cdot d)$。可根据当地实际情况采用当地标准。

道路、绿化浇洒天数根据当地的气候条件确定，如：深圳按 180d 计，大连市按 270d（绿化浇洒）和 210d（道路浇洒）计。

3. 工业再生水水量预测 Q_3

$$Q_3 = F_3 \times q_3 \times k_3 \tag{12-3}$$

式中　Q_3——工业设计再生水量（m^3/d）；

F_3——工业用地面积（m^2）；

q_3——工业用地用水指标［$m^3/(m^2 \cdot d)$］；

k_3——工业再生水占给水的百分比（%）（根据当地实际情况确定）工业的种类不同，再生水占给水的比例也不同，因此在实际规划过程中，要对当地的工业业态作详细的调研确定 k_3。

根据《城市给水工程规划规范》GB 50282—2016，工业用地用水按用地面积计算水量，用水标准为 30～150$m^3/(hm^2 \cdot d)$。可根据当地实际情况采用当地标准。

4. 环境再生水水量预测 Q_4

河道生态需水量预测的常用方法有：

（1）最小生态需水量法：当河道内生态用水占河流多年平均流量的比值低于10%时河流生态环境功能就可能受损或遭致死亡，因此河流生态用水占多年平均流量的10%即为河流最小生态需水量（表12-9）。

河流生态用水流量状况标准表（%） **表12-9**

流量级别及其对生态的有利程度	河流生态用水流量占年平均流量的百分比（10月至次年3月）	河流生态用水流量占年平均流量的百分比（4～9月）
最大	200	200
最佳范围	60～100	60～100
极好	40	60
非常好	30	50
好	20	40
中或差	10	30
差或极小	10	10
极差	0～10	0～10

（2）蒙大拿法（Montana method）：即Tennant法，是应用较多的计算河道生态环境需水量的综合方法，该法是脱离特定用途的综合型计算方法，属非现场测定类型的标准设定法。根据生态环境和水文条件特点，在分析历史流量记录的基础上，取年天然径流量的百分比作为河流生态环境需水量。在美国，该法通常作为在优先度不高的河段研究河流流量推荐值使用，或者作为其他方法的一种检验。

5. 根据河道换水的次数计算补水量Q_5

$$Q_5 = F_4 \times \varepsilon \times H \times T_4 \tag{12-4}$$

式中 Q_4——河道设计再生水量（m^3/d）；

ε——河道换水率（河道景观水在48h内置换一次，换水率为0.5）；

H——换水深度（m）（一般河道平均换水深度按照1.0m计）；

T_4——每年换水天数（根据当地实际情况确定）。

6. 补充水源再生水水量预测Q_6

目前我国由于水处理技术的限制以及对补充水源水风险的担忧，且回灌地下水对场地、水质、水文等条件要求严苛，处理费用昂贵，对于再生水用于地下回灌用水一直持保留态度。对于再生水补给地表水也仍然处于前期研究和试验阶段，还没有工程实例和相关经验，未来随着再生水处理工艺的逐步成熟，水质随之提高，可以考虑再生水补充水源，水量可根据实际的需求确定。

12.6.5 再生水供水模式选择方法

1. 统一供水

统一供水模式是指污水处理厂的尾水，经过统一的再生处理设施处理达到污水再生回用相关水质标准后，经统一的加压设备及输配水管网输送至再生水用户（图12-3）。

2. 分质分压

分质分压供水模式是由组合处理工艺、不同加压泵组、不同输配水管网组成，将一部

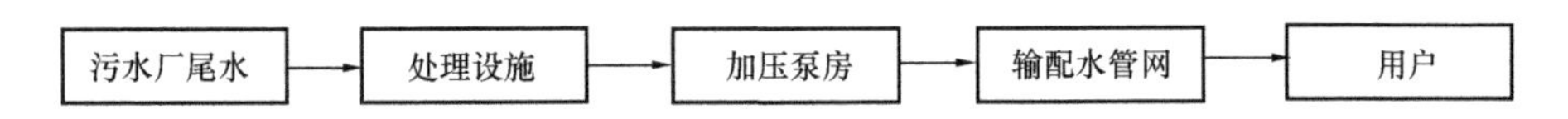

图 12-3　再生水统一供水模式示意图

图片来源：杨晨．城市再生水供水模式初探——以深圳市沙井再生水厂为例［A］．中国城市规划学会，南京市政府，转型与重构——2011中国城市规划年会论文集［C］．中国城市规划学会，南京市政府，2011：7

分污水厂尾水处理达到工业、城市杂用水相关水质标准后，经一组加压设施和输配水管网送至用户；将另外的尾水处理达到城市污水再生利用景观环境用水水质标准后，经另一组加压设施和输配水管网送至河流补水点（图 12-4）。

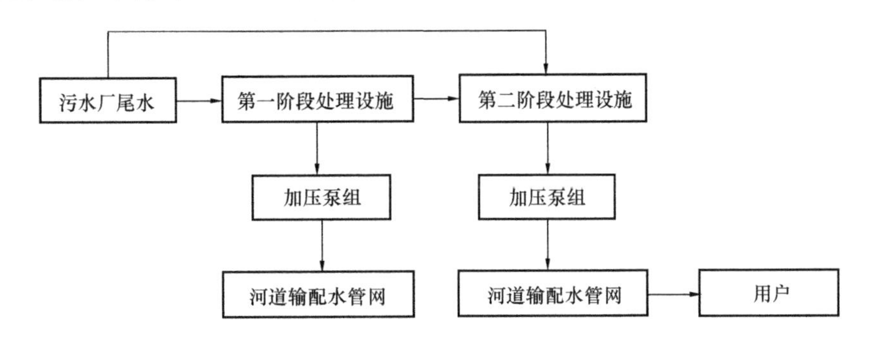

图 12-4　再生水分质供水模式示意图

图片来源：杨晨．城市再生水供水模式初探——以深圳市沙井再生水厂为例［A］．中国城市规划学会，南京市政府．转型与重构——2011中国城市规划年会论文集［C］．中国城市规划学会，南京市政府，2011：7

3. 分散式再生水系统

分散模式通常在城乡结合部、农村和偏远区域使用。然而，分散模式面临的挑战是其可靠性差，包括运行维护可靠性差、缺少替代系统、水质和水量变化大等。

第 13 章　环卫工程详细规划

13.1　工作任务

根据规划区城市建设规模，合理预测城市生活垃圾产生量；评估区域现状垃圾收运与处理设施的支撑能力；合理确定垃圾分类收集与回收利用模式，选择合适的垃圾转运站建设形式；详细布局规划区内生活垃圾转运站，落实相关环卫设施用地并确定建设要求；结合规划区城市建设开发时序提出环卫工程近期建设计划或项目库。

13.2　资料收集

环卫工程详细规划需要收集的资料包括现状垃圾收运情况资料、现状垃圾分类收集及回收利用情况、现状环境卫生工程设施情况、相关专项规划资料及基础资料等五类资料，详见表 13-1。

环卫工程详细规划主要资料收集汇总表　　　　**表 13-1**

序号	资料类型	资料内容	收集部门
1	现状垃圾收运情况资料	(1) 城市环卫法规和管理办法； (2) 城市现状生活垃圾的产生量、组成、产生源、物化特性； (3) 城市道路保洁清扫面积、机械化清扫率、责任单位等； (4) 城市环卫队伍基本情况（包括一线环卫职工人数、车辆、清洁公司、保洁清运费用等）； (5) 环卫部门年度工作报告	规划部门、环卫部门
2	现状垃圾分类收集及回收利用情况	(1) 现状生活垃圾分类收集情况； (2) 现状生活垃圾回收利用情况	规划部门、环卫部门
3	现状环境卫生工程设施情况	(1) 现状垃圾处理厂的位置、工艺类型、处理规模、服务范围、使用年限和运行情况等； (2) 城市现状生活垃圾转运站的位置、分布、数量、转运能力、占地面积、服务范围、责任单位、建设时间等情况	规划部门、环卫部门
4	相关专项规划资料	(1) 上层次环卫（设施）专项规划； (2) 规划区内及周边区域环卫工程专项规划或环卫工程详细规划； (3) 环卫设施建设可行性研究报告或项目建议书	规划部门、环卫部门、建设部门
5	基础资料	(1) 规划区及相邻区域地形图（1/2000～1/500）； (2) 卫星影像图； (3) 用地规划（城市总体规划、城市分区规划、规划区及周边区域控制性详细规划、修建性详细规划等）； (4) 城市更新规划； (5) 道路交通规划； (6) 道路项目施工图； (7) 近期规划区内开发项目分布和规模	国土部门、规划部门、交通部门

13.3 文本内容要求

（1）垃圾产生量预测：预测城市近远期生活垃圾产生量。

（2）垃圾收运系统规划：简要说明区域环卫系统规划布局情况，确定主要生活垃圾运输路线，分析区域环卫设施的支撑能力以及规划区生活垃圾产生量对区域环卫系统布局的影响。

（3）环卫工程设施规划：确定生活垃圾转运及处理设施的位置、规模、用地面积及卫生防护要求。具体为：现状保留及新、改（扩）建的生活垃圾转运及处理设施（包括环境园、生活垃圾焚烧厂、垃圾填埋厂、再生资源分拣场所等）的数量和规模，以及对比上层次规划的调整情况。

（4）环卫公共设施规划：确定城市公共厕所、环卫车辆停车场、洗车场、环卫工人休息场所等的布局、规模、设置原则和建设标准。

13.4 图纸内容要求

环卫工程详细规划的图纸内容有环卫设施现状布局图、垃圾产生量分布图、收运设施规划图、处理设施规划图、环卫设施用地选址图集等，具体要求为：

（1）环卫设施现状布局图：标明现状生活垃圾转运站、处理厂等各类环卫设施位置与规模；

（2）垃圾产生量分布图：标明各分区预测生活垃圾产生量；

（3）收运设施规划图：标明垃圾转运站的布局、规模和主要垃圾运输路线（标明垃圾转运站的位置、规模及主要垃圾运输路线）；

（4）处理设施规划图：标明规划垃圾处理设施的位置、处理规模及服务分区；

（5）环卫公共设施规划图：标明重要城市公共厕所、环卫车辆停车场、环卫洗车场、环卫工人休息场所等的位置、规模；

（6）环卫设施用地选址图集：标明环卫设施的功能、规模、用地面积、防护范围及建设等要求。

13.5 说明书内容要求

（1）现状及问题：道路清扫作业系统现状情况；生活垃圾处理、处置的主要技术路线与作业管理情况；各种环卫设备（垃圾清扫转运车辆与设备、垃圾处理与处置设备等）的数量、型号、分布和使用情况；环卫管理体制和运行机制、作业组织与管理、设施与设备的数量（布局）情况和先进程度、资金投入情况、专业技术人员情况，生活垃圾处理与处置的技术水平的评价分析；

（2）发展策略：确定垃圾收集、转运、处理模式和发展策略；

（3）相关规划解读：对城市总体规划、分区规划、上层次或上版环卫专项规划、行业发展规划及其他相关规划的解读；

（4）垃圾产生量预测：根据城镇总体规划，综合考虑服务范围内人口和人均日产垃圾量的变化趋势，在现有资料基础上采用两种以上方法（如人口模型、统计学模型、模糊数学模型等）进行预测，科学确定近、远期生活垃圾产生量。对生活垃圾成分的发展变化作出判断和预测。预测对近、远期的清洁作业面积，并明确作业等级要求；

（5）收运设施系统规划：确定规划转运设施布局与规模，确定主要垃圾运输路线（确定规划转运设施位置、规模及服务范围，确定主要垃圾运输路线）；根据城镇总体规划，结合各片区生活垃圾收运处置需求，合理确定各类环卫工程设施的布局（位置）、规模、服务范围和用地控制计划；

（6）处理设施系统规划：确定处理设施的位置、规模、工艺、用地面积、服务范围、服务年限等；

（7）环卫公共设施规划系统规划：确定城市公共厕所、环卫车辆停车场、洗车场、环卫工人休息场所等的布局、规模、设置原则和建设标准。

13.6 关键技术方法分析

13.6.1 生活垃圾转运量预测方法

1. 垃圾产生特点及分类

垃圾是指人们在日常生活和生产过程中产生的，对持有者没有继续保存和利用价值的固体废弃物。由于排出量大，成分复杂多样，且具有污染性、资源性和社会性，需要无害化、资源化、减量化和社会化处理，如不能妥善处置，就会造成环境污染，资源浪费，影响社会生活。

按产生源的不同，一般可将垃圾分为生活垃圾、普通工业垃圾、建筑垃圾、医疗废弃物、危险废弃物等，人们在日常生活和生产过程中产生的垃圾如图13-1所示。在环卫工程详细规划中，主要需要考虑生活垃圾的收集转运、无害化处理和资源化利用。

2. 生活垃圾产生量的预测

规划中生活垃圾产生量的预测方法较多，常用的有人均指标法、增长率法、回归分析预测法，可以根据具体情况采用多种方法计算并结合历史数据进行校核。

（1）人均指标法

生活垃圾产生量与城镇人口、人均生活垃圾产生量直接相关，人均指标法由人均垃圾产生量乘以规划预测人口数便可以得到生活垃圾产生总量。具体公式为：

$$Q = \delta n q / 1000 \tag{13-1}$$

式中　Q——规划期末生活垃圾产生量（t/d）；

δ——生活垃圾产生量变化系数，按当地实际资料采用，若无资料时，一般采用

城市中的生活垃圾

企业人员给工业垃圾浇水降温

违规回收的医疗垃圾

堆成小山的建筑垃圾

图 13-1　日常生活和生产过程中产生的垃圾

图片来源：城市中的生活垃圾，笔者自摄，11-10-2015；
企业人员给工业垃圾浇水降温，［Online Image］http：//news.sina.com.cn/o/p/2014－08－01/060930612263.shtml，08-01-2014；
违规回收的医疗垃圾，［Online Image］http：//money.163.com/photoview/0AK00025/26611.html＃p＝BQG9M0VN0AK00025，06-26-2016；
堆成小山的建筑垃圾，［Online Image］http：//news.sina.com.cn/s/2015-07-15/024032108048.shtml，07-15-2015.

1.3～1.4；

n——规划期末的规划人口规模（人）；

q——人均生活垃圾产生量［kg/(人·d)］。

其中，人口规模的影响集中体现为上式中的n，其数据比较容易获得，规划中一般采用常住人口作为预测依据。而人均生活垃圾产生量的影响因素较多，几乎涉及社会生活中的各个方面，包括经济发展水平、居民收入水平、社会消费水平、民用燃料结构、饮食习惯、气候条件、商品包装化、一次性商品销售以及废品回收水平等。因此，要准确预测计算生活垃圾产生量，关键在于准确地预测人均生活垃圾产生量q。根据调查，我国各大城市人均生活垃圾日产量为0.7～2.0kg之间，这个值的变化幅度较大，主要受城市地理条件、经济发展水平、居民消费水平、生活习惯和城市居民燃料结构等多因素影响。

根据2011年国内外各大城市、地区生活垃圾人均（常住人口）清运量的数据，供相应规模城市地区作为参考，详见表13-2。

国内外各大城市、地区2011年生活垃圾人均清运量　　表13-2

城市名称	人均清运量[kg/(人·d)]	城市名称	人均清运量[kg/(人·d)]
北京	1.00	洛阳	0.62
上海	0.82	淮北	0.54

续表

城市名称	人均清运量[kg/(人·日)]	城市名称	人均清运量[kg/(人·日)]
广州	0.88	亳州	0.91
深圳	1.26	濮阳	1.02
杭州	1.74	邢台	0.71
厦门	1.00	香港	1.27
桂林	0.91	首尔	0.95
南京	1.03	台北	0.39
吉林	0.48	东京	0.77

表格来源：《中国城市生活垃圾管理状况评估报告》发布［J］．中国资源综合利用，2015，33（05）：11-13；香港资源环境循环蓝图 2013-2022.

依照国外先进城市的发展经验，随着城市居民生活水平的逐步提高，人均生活垃圾转运量一般呈逐年增长趋势，但其增长幅度随经济总量的增大会逐步趋缓。根据国家规范，人均生活垃圾转运量取值可采用 0.8～1.4(kg/人·d)，取值范围较为宽泛，根据笔者对市政工程专项规划及相关专项规划的编制经验，指标宜取 0.9～1.3kg/(人·d)，并结合当地燃料结构、居民生活水平、消费习惯、消费结构变化、经济发展水平、季节和地域情况进行分析比较后选定。

案例：

随着前海定位、功能发生重大变化，前海合作区的开发建设量和人口将相应大幅提高；与此相对应，垃圾产生量也会大大增加，环卫设施的数量、布局、建设方式也会发生变化，需要全面提高标准，以支撑前海产业的可持续发展，并参考深圳成熟的中心城区人均垃圾产生量情况，取人均生活垃圾产生指标为 1.25kg/(人·d)。居住人口按 20 万人计，其他人口按 55 万人计，其他人口的生活垃圾产生当量系数取 0.7，据此预测前海合作区生活垃圾的产生量为：

$$Q=\delta nq/1000=1.3\times1.25\times(20+55\times0.7)\times10^4\div1000=950\text{t/d}$$

（2）增长率法

根据现状垃圾转运量和历年平均增长率预测规划年的城市生活垃圾总量。具体公式为：

$$W_t=W_0(1+i)^t \tag{13-2}$$

式中 W_t——规划年城市生活垃圾转运量（t）；

W_0——基准年城市生活垃圾转运量（t）；

i——年增长率；

t——预测年限。

该方法要求根据历史数据和城镇发展的可能性，确定合理的增长率，城镇生活垃圾增长率随城镇人口增长、规模扩大、经济发展水平、居民生活水平提高、当地燃料结构改善、消费习惯和消费结构及其变化而变，但一般情况下不考虑突变因素。结合发达国家的经验，其增长规律类似一般消费品近似 S 曲线，即城镇垃圾产生量达到一定程度后，增加幅度会逐渐降低直至饱和，1980～1990年欧美国家城市生活垃圾产量增长率已基本在3%以下。我国城市垃圾自1979年以来一直处在直线增长阶段，年平均增幅为8%～9%，但2006年以后开始呈现平稳下降趋势，年均增长率为－0.5%。因此，规划时，对于近期、远期不同阶段可考虑选取不同的增长率。

根据相关资料，我国部分地级以上城市生活垃圾增长率情况如下：北京－1.5%、上海－2.8%、广州6.3%、深圳1.9%、杭州4.8%、厦门1.7%、桂林4.5%、南京1.1%。2006～2012年我国平均及部分城市人均生活垃圾清运量情况，如图13-2所示。

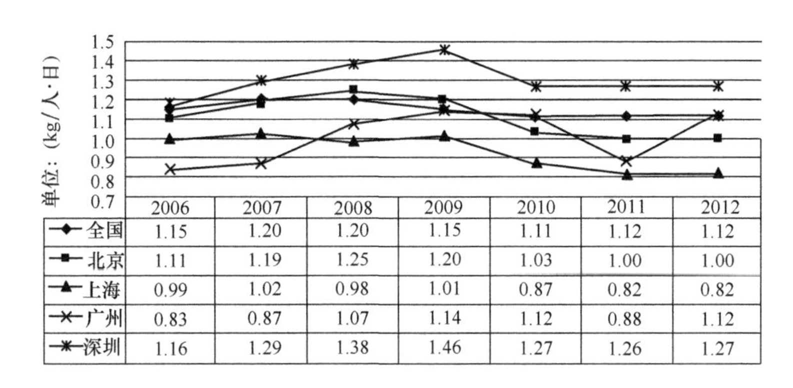

	2006	2007	2008	2009	2010	2011	2012
全国	1.15	1.20	1.20	1.15	1.11	1.12	1.12
北京	1.11	1.19	1.25	1.20	1.03	1.00	1.00
上海	0.99	1.02	0.98	1.01	0.87	0.82	0.82
广州	0.83	0.87	1.07	1.14	1.12	0.88	1.12
深圳	1.16	1.29	1.38	1.46	1.27	1.26	1.27

图13-2　2006～2012年我国平均及部分城市人均生活垃圾清运量

图片来源：再协.《中国城市生活垃圾管理状况评估报告》发布[J].中国资源综合利用，2015(5)：11-13

13.6.2　生活垃圾收运方法

城市生活垃圾的收运系统应和城市总体规划中的环境卫生规划相统一，与垃圾产生量及其源头分布和末端垃圾处理处置设施规划相适应。生活垃圾的收运与处理，受城市地理、气候、经济、建筑及居民生活习惯及文明程度的影响，收运及处理方式应结合城镇的具体情况，选择合理的方式。应尽量封闭作业，以减少对环境的污染。建筑垃圾一般由建设单位自行运至处理场所或由环卫部门代运，工业固体废弃物由生产企业负责收运。

生活垃圾的收运与运输，指生活垃圾产生后，由容器将其收集起来，集中收集后，用清运车辆运至转运站或者处理场。生活垃圾收运设施作为连接垃圾产生源和末端处理设施的重要环节，相关资料显示，我国垃圾收集与转运费用约占垃圾处理总成本的70%[91]。

1. 城市生活垃圾收运系统发展阶段分析

垃圾收运系统发展的阶段性规律是指任何城市的生活垃圾收运系统的发展都不能超越该城市的社会发展水平。垃圾收运系统从初步使用环卫设备到基本使用环卫设备再到全面使用环卫设备都需要一个过程。一般来说，垃圾收运系统发展大体可分为以下三个阶段。

(1) 初级阶段

以发展生活垃圾收运系统的单台设备为特征，以改善作业条件、提高效率为核心。在这个阶段，环卫装备设施以散装垃圾运输车为主，而各种环卫装备设施的关联性比较差。散装垃圾运输车的典型代表为环卫工人人力运输垃圾，如图13-3所示。

图 13-3　环卫工人人力运输垃圾

图片来源：湖南省常德市澧县环卫工人，[Online Image] http://dp.pconline.com.cn/photo/3250188.html，01-22-2014

(2) 中级阶段

以发展生活垃圾收运系统的单条工艺线的装备为特征，以提高效率、改善环境为核心。在这个阶段，环卫装备设施主要以普通压缩式运输车为主，开始配备转运站，环卫装备设施之间的关联性得到加强，初步形成环卫作业的工艺体系。普通压缩式运输车如图 13-4 所示。

图 13-4　普通压缩式运输车

图片来源：马鞍山市压缩式对接垃圾车，[Online Image] http://www.zhka.com/qynews/2016/0311/8028.html，03-11-2016

(3) 高级阶段

以发展全面、多系统工艺线的环卫装备为特征，以改善环境、适应城市的社会总体发展目标及提高全系统技术水平与技术集成为核心。在这个阶段，主要以集装箱压缩式垃圾运输车为主，并建设与集装箱相适应的转运站，环卫装备设施之间的关联性非常高，形成完整、科学的生活垃圾收运工艺体系。生活垃圾收运系统技术集成是环卫装备发展到高级阶段的重要标志。[92]生活垃圾收运系统的最终环节是通过封闭式运输，送往城市的垃圾集中处理中心，例如垃圾焚烧发电厂，深圳市老虎坑环境园内的垃圾焚烧发电厂如图 13-5 所示。

图 13-5 深圳市老虎坑环境园内的垃圾焚烧发电厂

图片来源：深能环保盐田环保发电厂，李月平摄，2018-01-25

因此，生活垃圾收运系统的发展都是逐步由低级走向高级，应用先进的环卫技术和环卫设备不可能一步到位。详细规划中环卫工程规划的编制，环卫工程详细规划应结合城市的社会发展水平和作业单位的需要，通过科学的评价和研究工作确定生活垃圾收运系统的发展重点、步骤和速度。与此同时，作业单位也应进行相关的技术经济分析，确定其是否切实可行。

不同收运系统发展阶段的规划建议如下：

（1）面对环卫收运体系还较为薄弱的城市及地区，应通过优先建设先进的压缩式全密闭收运系统，配置充足的环卫公共设施，逐步提高生活垃圾收运效率。

（2）面对环卫装备处于中级阶段向高级阶段过渡期的城市及地区，应当倡导环境园理念，以环境园为中心集中布局环卫设施，优化处理工艺、降低处理成本高、提高综合效益。

（3）面对发达城市，其环卫装备大多已经发展到高级阶段，应该从源头分类、末端分选，推广实施垃圾分类来减少垃圾进入环卫收运系统，对收集到的混合垃圾实施末端分选作业，进一步提高废弃物的回收利用率，降低处理处置成本，节约土地资源。

2. 生活垃圾分类方法

（1）粗分法与细分法的选择

按照分类类别的数量不同，生活垃圾分类收集方法可分为粗分和细分。粗分一般是指将垃圾按处理的需要分为有限的几类，分类类别一般超过五类，每一类中可能包含了性质相近的多种垃圾组成，图 13-6 为深圳市某小区按粗分法设置的垃圾桶；而细分是指将生活垃圾按回收利用的需要详细地分为若干类，分类类别一般超过十类，图 13-7 为日本国内按细分法回收生活垃圾的宣传材料。

图 13-6　深圳市某小区按粗分法设置的垃圾桶

图片来源：垃圾分类垃圾桶，李晓玲摄，2018-08-20

垃圾分类回收与垃圾减量是先进的垃圾管理理念，但是必须认识到，我国生活垃圾与发达国家不同，我国有一个庞大的“拾荒”队伍，垃圾中的大部分可回收物都已通过卖废品的方式回收利用。这些废品如报纸、旧书、金属、塑料等约占生活垃圾产生量的 10%～15%，而进入生活垃圾处理系统的垃圾中的可回收物已很少[93]。鉴于这一特点，我国不适于仿效国外复杂的垃圾分类方法。

分类收集工作的开展应遵循循序渐进的规律。根据我国大部分城市进行的生活垃圾的分类收集实践经验，环卫部门发现居民的积极配合是生活垃圾分类收集能否成功的关键因素，而居民的环境意识的培养又是一个与经济、文化同步成长的过程。因此，分类收集工作的开展必须与居民的环境意识相适应。鉴于我国大部分城市的居民环境意识目前尚处于发展中阶段，在环卫工程详细规划中，推荐生活垃圾分类收集宜采用粗分方法，分类类别不宜多于五类。

（2）餐厨垃圾宜单独做收集

有机易腐性垃圾主要指居民家庭产生的厨余和餐饮机构产生的泔脚，它们具有含水率高、易生物降解的特点，是造成生活垃圾收集、处理过程中发臭的主要原因，也是垃圾渗滤液的主要来源之一。若采用焚烧方法处理生活垃圾，有机易腐性垃圾的存在还将降低燃烧温度、减少发电总量，并提高二噁英类物质产生的可能性。因此，有机易腐性垃圾宜单

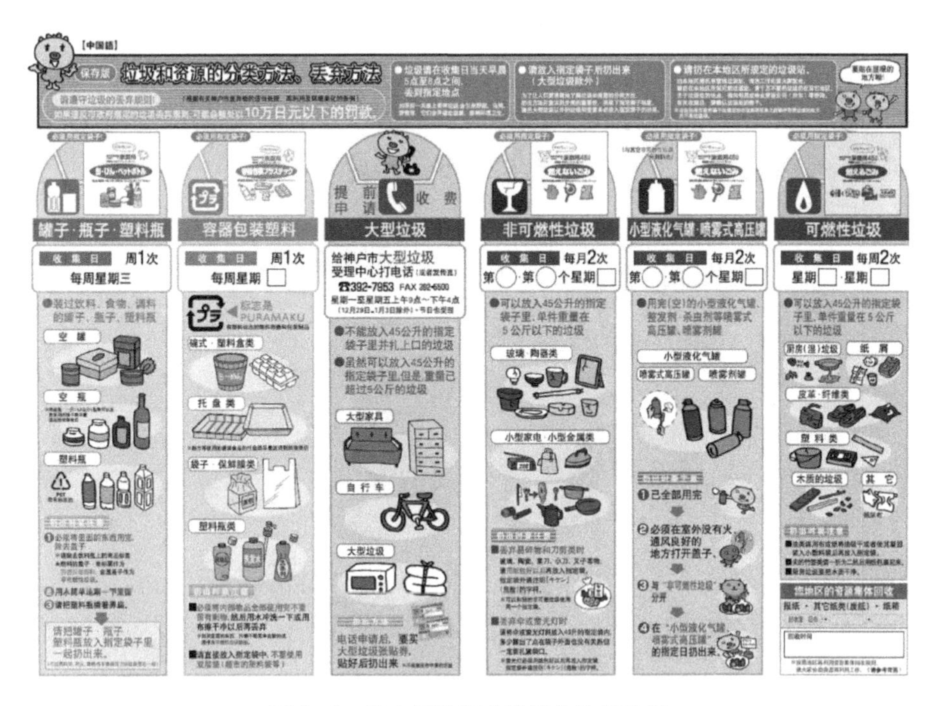

图 13-7　日本国按细分法回收生活垃圾

图片来源：日本神户市垃圾和资源的分类方法、丢弃方法，[Online Image] http：//www.gd-esa.com/news/xinxixinwen/368.html，07-23-2015

独作为一类进行收集。餐厨垃圾收运工作情况如图 13-8 所示。

图 13-8　餐厨垃圾收运工作情况示意图

图片来源：长沙市餐厨垃圾收运工作，[Online Image] https：//www.icswb.com/newspaper_article-detail-68959.html，2012-06-14

(3) 可回收物、危险废物应各作为一类收集

可回收物具有一定的经济价值，单独作为一类收集可直接纳入再生资源回收利用系统，不必再进入清运系统，图 13-9 为四川某小区居民将可回收物投进小区内专设分类垃

圾箱中。危险废物一般具有易燃性、腐蚀性、爆炸性或传染性，混入生活垃圾中将造成严重的二次污染，图 13-10 为深圳市某小区内单独设置的有害垃圾回收箱。因此，可回收物、危险废物应各作为一类进行单独收集。

图 13-9　可回收物收集箱

图片来源：四川某小区居民将可回收物投进小区内专设分类垃圾箱中，[Online Image] http：//sc. cnr. cn/sc/2014jiaodiantu/20170823/t20170823 _ 523914475. shtml，2017-08-23

图 13-10　有害垃圾回收箱

图片来源：深圳市某小区内单独设置的有害垃圾回收箱，笔者自摄，2018-09-01

（4）按功能区的不同确定不同的分类方案

不同功能区产生的垃圾组成往往大不相同，如集贸市场产生的垃圾和办公场所产生的垃圾就相差甚远，若采用同样的分类收集方案自然难以满足垃圾处理的要求。因此，不同的功能区应该采用不同的垃圾分类收集方案。

3. 生活垃圾收集方法

车辆流动收集方式、收集站收集方式和动力管道收集方式是三种主要的生活垃圾收集方式。

车辆流动收集方式是指驾驶垃圾收集车辆至各垃圾产生源沿路、沿线收集垃圾的方法，图 13-11 为青岛市黄岛区通过车辆流动收集生活垃圾。车辆流动收集方式的优点是其灵活性较大，收集点可随时变更，适用于人口密度低、交通疏松、车辆方便进出的地区，目前在西欧使用很普遍，国内一些人口密度较低的中小城市或大城市的郊区也多采用这种收集方式。但由于车辆必须到收集点进行收集作业，常对收集路线的周边环境造成较大影响（如噪声、粉尘等）。

图 13-11 车辆流动收集示意图

图片来源：青岛市黄岛区通过车辆流动收集生活垃圾，[Online Image] http://xihaian.bandao.cn/news.asp? id=2744888，2015-12-30

转运站收集方式是利用设立于垃圾产生区域的固定站点来进行垃圾收集的一种方法。来自产生源的垃圾一般通过手推车或小型机动车运至小型转运站，转运站内安装有将垃圾由手推车或小型机动车向大中型运输车或集装箱转移的设施。转运站收集方式适用于人口密度高、区内道路窄小的地区，对一些对噪声、粉尘等污染控制要求较高的地区以及实行上门收集、分类收集的地区也较适宜于采用这种收集方式，图 13-12 为深圳市坂田街道设置的固定垃圾转运站。

动力管道收集方式是一种利用真空涡轮机和垃圾输送管道为基本设备的密闭化垃圾收集方式，主要组成部分包括垃圾通道、垃圾投入孔通道阀、垃圾输送管道、机械中心和垃

图 13-12　固定垃圾转运站示意图

图片来源：深圳市坂田街道某处垃圾转运站，笔者自摄，2015-11-10

圾转运站。居民将分类袋装的垃圾由投入孔投入输送管道后，垃圾在真空涡轮机所产生的空气流的作用下在输送管道内向垃圾转运站流动，从而实现垃圾收集作业。动力管道收集方式技术先进，收集效率相当高，适用于居住密度较大的大型高层住宅群。但这种收集方式投资相当大，日常运行费用也较高，仅在东京、香港、上海、天津等少数城市有应用实例，图 13-13 为天津生态城南部片区的垃圾气力输送系统。

垃圾分离器

抽风机

垃圾集装箱及压实机

控制柜

图 13-13　垃圾气力输送系统示意图

图片来源：天津生态城南部片区垃圾气力输送系统，[Online Image] http://www.bhghgt.gov.cn/ui/specialworkfolder/earthday/earthday47/47_Earth_Day_lest_05.html，2015-12-23

国内部分城市现状交通状况不良，堵车现象频繁，采用车辆流动收集方式非但不能体现其方便、灵活的优点，而且大量流动收集车辆将使得本已脆弱的城市交通雪上加霜。动力管道收集方式虽然收集效率高，但由于具有投资巨大和运行费用高昂等缺点，目前在国内全面推广这种生活垃圾收集方式也不现实。因此，大部分城市应以转运站收集方式为主，以车辆流动收集方式为辅，在某些对环境要求相当高的高档小区可考虑采用动力管道收集方式。

4. 生活垃圾转运方法

只要垃圾运输距离适中，采用收集车辆将垃圾直接运至处理场是最常用、最经济的垃圾运输方法。但当垃圾处理场远离垃圾产生源，采用收集车辆直接将垃圾运送到处理场就不经济了，转运自然就成为必然的选择。

当处理场远离垃圾产生源且垃圾清运量较大时，是否设置转运站，究竟采用一级转运还是二级转运，应视整个收运过程是否经济而定。这主要取决于两个方面：

（1）设置转运站是否有助于降低收运过程的成本。

（2）对转运站、大型运输工具或其他必需设备的大量投资是否会提高收运成本。

因此，是否设置转运站，究竟采用一级转运还是二级转运，应根据当地条件和要求进行深入的分析，一般来说，运输距离愈长，设置转运站愈经济。《城市环境卫生设施规划规范》GB 50337—2003 规定，当垃圾运输距离超过 20km 时，应设置大、中型垃圾转运站。

依据城市生活垃圾无害化处理设施的现状及规划分布情况，分析各区域的垃圾运距，确定不同地区的生活垃圾转运方式：

（1）垃圾运输距离超过 20km，人口密集、垃圾产量高，规划采用二级转运模式，在该区域内应建设适量的大型转运站。

（2）垃圾运输距离超过 20km，但相关区域人口规模小、垃圾产量低，设置二级转运站极不经济，因此规划采用“收集→小型机动车→一级转运站→处理场”的一级转运方式。

（3）在人口稀少的边远郊区，垃圾产量低、垃圾产生源也相当分散，设置垃圾转运站并不经济，规划采用“定点设置垃圾桶→后装式垃圾压缩车清运”的零转运方式。

（4）在不属于上述三类区域的其他建成区，垃圾运输距离小于 20km，且垃圾产量高，因此规划采用“收集→小型机动车→一级转运站转运→处理场”的一级转运方式。

5. 生活垃圾收运技术路线

生活垃圾收运系统的总体发展应朝着改善城市市容环境、适应城市总体发展目标、提高全系统技术水平及技术集成的方向发展。在借鉴国内外经验的基础上，建议采用半挂式集装箱为核心环卫设备，建设压缩式垃圾转运站，将是目前国内生活垃圾收运系统合乎规律的必然发展方向。图 13-14 为规划生活垃圾收运技术路线。

13.6.3 环境园规划方法

1. 环境园的定义与工作原理

所谓环境园，就是将分选回收、焚烧发电、高温堆肥、卫生填埋、渣土受纳、粪便处理、渗滤液处理等诸多处理工艺集于一身的环卫综合基地。园内各种处理工艺有机结合，

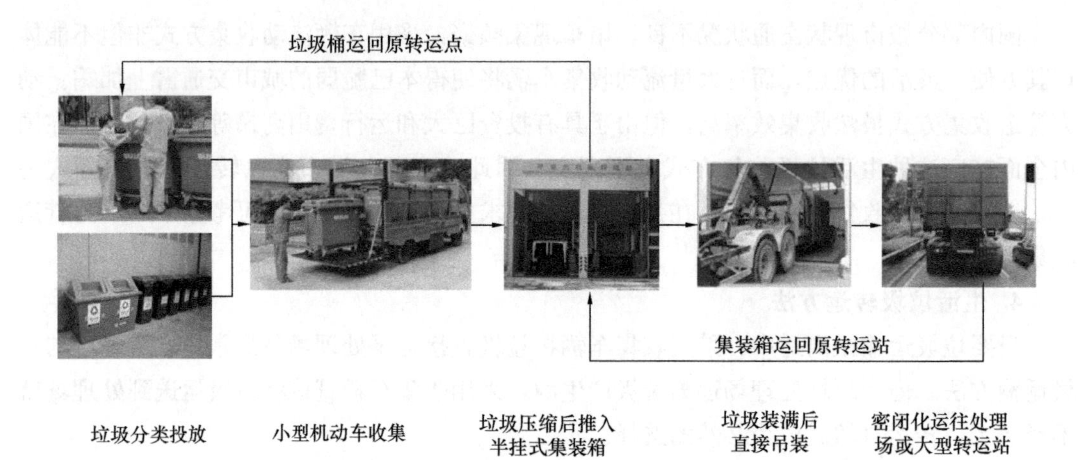

图 13-14 规划生活垃圾收运技术路线

图片来源：深圳市环境卫生设施系统布局规划，项目编绘，2008-10-09

处理设施布局优化，园区实施全面绿化，并可一同建设研发、宣教等附属环卫设施，最终将环境园建成一个技术先进、环境优美、环境友好型的环卫综合基地。环境园内的作业流程如图 13-15 所示。

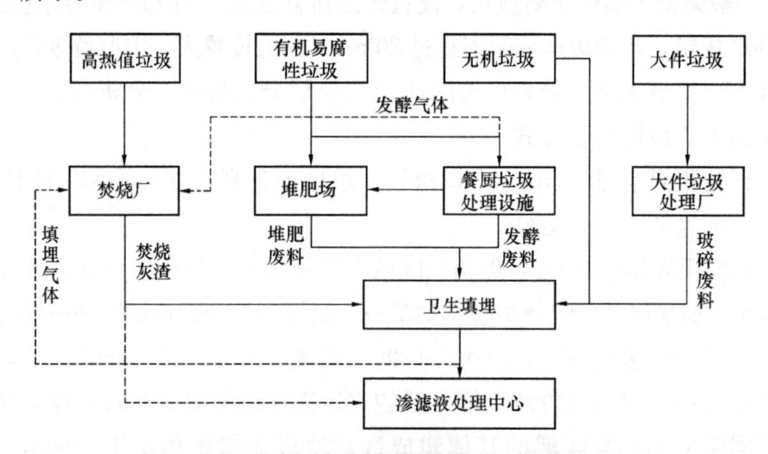

图 13-15 环境园内的作业流程图

图片来源：唐圣钧，丁年，刘天亮等．以环境园为核心的城市垃圾处理设施规划新方法 [J]．环境卫生工程，2010，18（2）：55-58

城市垃圾被送入环境园内后，将依据其物化性质的不同被送往不同的处理设施进行处理，如有机易腐性垃圾将被送入餐厨垃圾处置中心处理，大件垃圾将被送入大件垃圾处理厂处理，高热值垃圾将被送入焚烧厂进行焚烧发电，而灰土砖石部分则直接被送往卫生填埋场填埋处理。

环境园内的处理设施之间还可存在物质流动。如餐厨垃圾处置中心、堆肥场、焚烧厂产生的残渣都可送往卫生填埋场填埋处理或作为覆盖材料，填埋场和餐厨垃圾处置中心产生的甲烷可送往焚烧厂作为辅助燃料。

环境园内的各处理设施可集中建设二次污染控制设施。如焚烧厂、填埋场和堆肥场的渗滤液可集中处理，堆肥场、分选中心产生的废气可集中处理，不仅可降低二次污染控制成本，还可节约用地。

环境园内多种处理设施的集中设置，特别是卫生填埋场和焚烧发电厂的集中设置，还有利于延长填埋场的使用寿命：一方面现状产生的大量生活垃圾采用焚烧方法处理，减容效果明显，减少了填埋场库容的消耗；另一方面，对于填埋场中已填埋的原生垃圾可将其开挖、筛分后送入焚烧发电厂处理，待烧为灰渣后再送入填埋场重新填埋，在某种程度上来说这是一种有效增加填埋场现有库容的方法。

环境园内还可配套建设环卫宣传中心，以方便市民进入环境园了解环卫作业知识。居民可在环境园内亲身感受垃圾产生量的巨大、垃圾处理程序的复杂，理解垃圾减量化的重要性，既宣传了环卫知识，又提高了他们的环境意识。居民还可在环境园内看到自身参与过的分类收集后的垃圾是采用何种技术处理、采用何种方式循环利用的，这将大大提高居民参与分类收集的积极性。

2. 环境园的选址标准

环境园主要提供城市垃圾处理服务。城市垃圾经济运距一般为 20km 以内，因此环境园的服务半径按 15～20km 考虑为宜。对于选址在城市行政区划边界的环境园，还应将服务面积适当折减。环境园的全部用地面积（含防护用地）可根据具体情况按 300～1000hm^2 考虑，其中城市垃圾处理设施的建设用地应不低于 20%。划定环境园的用地时，应将城市垃圾处理设施的防护用地一并划入，这样可通过城市规划部门的强力控制，避免其他城市建设活动侵占该用地。防护距离应根据环境园内规划的处理设施不同具体划定，一般为 500～800m。图 13-16 为深圳龙岗区红花岭环境园的服务半径分析。

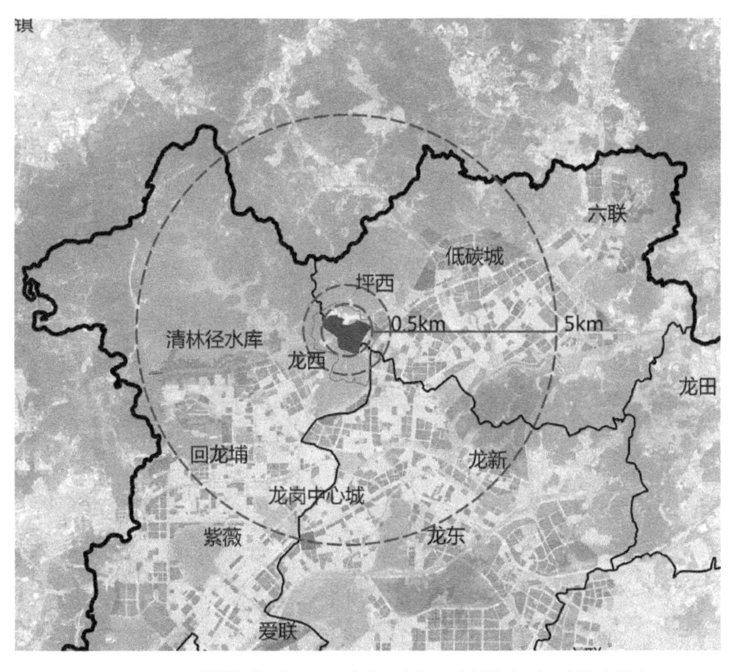

图 13-16　深圳龙岗区红花岭环境园的服务半径分析图

图片来源：龙岗区红花岭低碳生态环境园详细规划项目，项目编绘，2015-02-04

防护用地内应禁止新建居民住宅，现有居民和工业企业逐步搬迁至环境园范围之外。防护用地可作为公园用地、林业用地和道路交通用地，但不能作为居住用地、工业用地和农业用地。

3. 环境园的建设条件分析

环境园内包括生活垃圾卫生填埋场、生活垃圾焚烧发电厂、污泥焚烧厂、工业危险废物安全填埋场、医疗垃圾处理设施等。其中，生活垃圾卫生填埋场是环境园中最重要的设施，也是各种城市垃圾处理后的最终消纳场所。因此，环境园应主要根据卫生填埋场对地形、地质、气象、水文等方面的要求开展选址工作。只要满足卫生填埋场的选址要求，保证填埋场较大的设计库容，确保环境园的可持续运转，并避免位于地质断裂带、居民点上风向和其他环境敏感对象旁边，环境园就具备了完备的建设条件。对深圳龙岗区红花岭环境园的自然条件和社会条件的分析如图 13-17 所示。

图 13-17　深圳龙岗区红花岭环境园地形地貌与建设条件分析

图片来源：龙岗区红花岭低碳生态环境园详细规划项目，项目编绘，2015-02-04

4. 环境园的内部布局

环境园内部根据用地面积、城市垃圾处理需求、配套设施要求等规划建设各类项目，按功能基本可分为垃圾处理类项目、环卫配套项目、研发类项目及办公与生活类项目等四类。其中垃圾处理类项目及环卫配套项目，包括垃圾焚烧厂、大件垃圾处理厂、垃圾分拣中心、有机易腐垃圾处理厂、沼气提纯净化厂和废橡胶综合处理厂等。

在内部布局方面，根据内部道路、山体地形等条件将园区适当分成若干片区。以深圳清水河环境园为例[94]，其中环境园 A 区位于清平快速路西侧，距离周边城市生活区较远，规划将垃圾处理类项目和环卫配套项目设置其中；环境园B区位于清平快速路东侧，离城市生活区较近，规划将不会对周边环境造成污染的研发、办公及生活类项目设置其中。这样的功能布局不仅使物料流程顺畅，同时垃圾处理类项目对园内研发、办公及生活类项目的影响也明显降低。

此外，详细规划中还明确要求所有进入环境园区的规划项目必须经过环境园管理机构与环保局的严格审查，以确保该项目符合环境保护原则。

13.6.4　垃圾处运新技术的应用与思考

1. 垃圾焚烧技术

(1) 垃圾焚烧技术与传统填埋技术对比

卫生填埋作为唯一的生活垃圾最终处置技术，与其他处理技术相比，具有建设投资少、技术要求低、对垃圾性质无特殊要求等优点。但与其他处理技术比较，采用填埋技术处理等量的生活垃圾占用的土地面积是其他处理技术的3～15倍。因此，在我国大部分城市土地资源日益紧缺的新形势下，继续贯彻“以填埋为主，其他处理方式为辅”的处理策略显然已不合时宜。

垃圾焚烧技术具有占地面积小、选址难度低、减容效果明显、可回收能源等优点，先进的焚烧技术空气污染程度极低，适用于垃圾热值较高、土地资源紧缺且经济较发达的城市，垃圾焚烧与垃圾填埋的能量效益对比见表13-3。截止到2016年12月底，我国建成并投入运行的生活垃圾焚烧发电厂250座、总处理能力达（2.38×105）t/d、总装机超过4906MW，已经积累了一定程度的垃圾焚烧发电厂运营管理经验[95]。因此，应逐步提高焚烧技术在城市垃圾处理中所占的比例。

垃圾焚烧与垃圾填埋的能量效益对比　　表13-3

垃圾处理方式	每吨垃圾可以产生的电力能源净收益	详细说明
卫生填埋	约为0	我国生活垃圾填埋场垃圾填埋后产生的可燃气体收集率一般很难超过20%，发电总量不足25kW·h/t，其中填埋作业与污水处理需要消耗相应的能源，因此净产出几乎为0
垃圾焚烧	200kWh	每吨垃圾焚烧时产生的总电量为250kW·h/t，其中焚烧过程需要消耗电力50kW·h/t

表格来源：王亦楠．我国大城市生活垃圾焚烧发电现状及发展研究［J］．宏观经济研究，2010（11）：12-23.

(2) 垃圾焚烧选址规划的关键影响因子

随着社会公众对焚烧项目的关注程度不断提高，生活垃圾焚烧厂在规划选址所应考量的因素中，环境影响因子已经成为最重要的控制指标，直接决定项目选址的可行性。以深圳市东部垃圾焚烧处理项目选址为例，研究通过对两处备选场址：石碧场址（备选场址A）和阪破场址（备选场址B）进行了对比。通过综合分析焚烧选址规划的关键影响因子，进一步优化选址，在项目实践中取得了较好效果[96]。其关键影响因子主要包括：

1）工程条件，主要包括垃圾焚烧厂备选厂址的空间区位、地形地势、植被覆盖和地质条件等自然条件，直接决定焚烧厂建设的工程可行性。

2）环境影响，作为备选场址比选的重要因子，在规划环节即力求焚烧厂对城市生态环境的不良影响最小化，图 13-18 为东部垃圾焚烧处理项目备选场址 B 周边环境影响分析。

3）规划协调，主要研究备选场址与各层级规划，基本农田，黄线、蓝线、橙线等市政三线有无冲突。

4）工程造价，在规划阶段，可以估算项目建设场地平整、拆迁补偿等前期费用。

图 13-18　深圳市东部垃圾焚烧处理项目备选场址 A 周边环境影响分析图

图片来源：奉均衡，唐圣钧，叶彬．垃圾焚烧项目规划选址环境因子影响研究——以深圳东部垃圾焚烧项目选址优化为例［C］// 2012 中国城市规划年会，2012

（3）垃圾焚烧厂建设和运行质量要求

我国现状垃圾焚烧时产生的二次污染的风险尚未完全得到有效控制，公众对垃圾焚烧可能产生的二噁英等有毒产物存在恐惧心理，质疑政府的监管不到位。而大量实践已经证明，二噁英污染在现代垃圾焚烧技术手段下是完全可以解决和控制的，但是垃圾焚烧厂建设和运行质量却是这些先进技术手段能否发挥效力的关键。因此，在规划方案中还应明确提出以下要求[91]：

1）建厂投资要保证。焚烧厂需采用先进技术，保证所采用的设备高质量、高标准，严防投资缩水、产品以次充好，特别是焚烧炉和烟气净化处理这些关键设备。

2）运营管理要严格。必须确保焚烧炉在二噁英充分分解的工况下运行，并严格遵守烟气净化处理程序，大力加强二噁英等污染物的监测，对运行状态的各项指标数据向社会公开。

3）政府的垃圾补贴资金必须落实到位，不能让运营者迫于生存压力而在运营上偷工减料，降低运营管理水平。

同时，垃圾焚烧也不能消极对待“邻避效应”，而应积极进行技术、管理和商业模式的创新，把“邻避”改变为“邻利”效应。可以通过艺术化建筑设计，增强建筑亲和力，图 13-19 是采用艺术化建筑设计的宁波市洞桥生活垃圾焚烧发电厂。通过加强宣传和舆论引导，与项目当地居民进行良性有效互动，让社会更多的民众正确了解、认识和支持垃圾焚烧对城市的正面效益[98]。

图 13-19 宁波市洞桥生活垃圾焚烧发电厂图

图片来源：在灯光的映衬下的洞桥生活垃圾焚烧发电厂，[Online Image] http：//huanbao. bjx. com. cn/news/20180115/874004. shtml，2018-01-15

2. 垃圾气力输送技术

（1）基本概念

垃圾自动收集系统是指生活垃圾气力管道收集系统，即通过预先铺好的管道系统，利用负压技术，将生活垃圾送到中央垃圾收集站，再经过压缩运送至垃圾处置场的过程。主要由投放系统、管道系统和中央收集站系统组成。图 13-20 为垃圾自动收集系统示意图。

（2）案例介绍

垃圾自动收集系统在我国的上海、广州、深圳及香港等地均有示范项目，各项目的具体情况如下：

上海：该系统应用于世博园区，服务面积 0.5km^2，收运规模为 30～40t/天，气力输送总管长 6800m，管径 DN500，中央垃圾收集站占地面积 2835m^2，总投资为 5983.43 万元，地面投放口及地下气力输送管道如图 13-21 所示。

广州：该系统应用于金沙洲居住新城，共有 4 套系统，服务面积 9.08km^2，服务人口

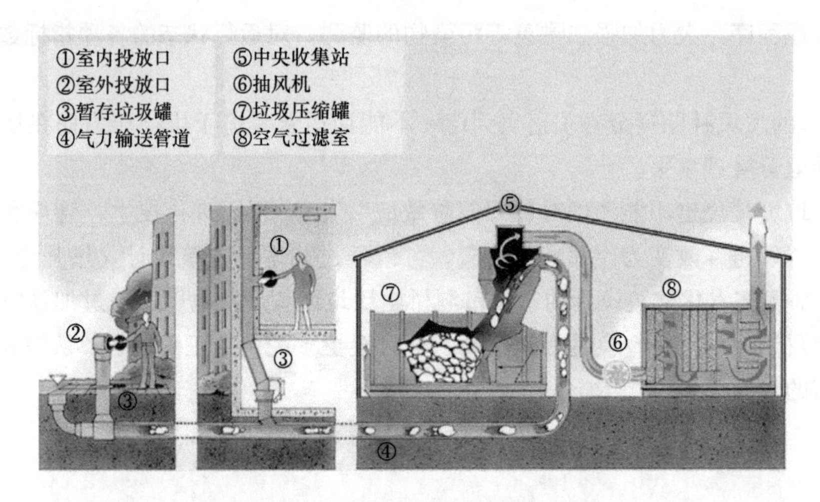

图 13-20　垃圾自动收集系统示意图

图片来源：前海合作区市政工程详细规划，项目编绘，2013-01-04

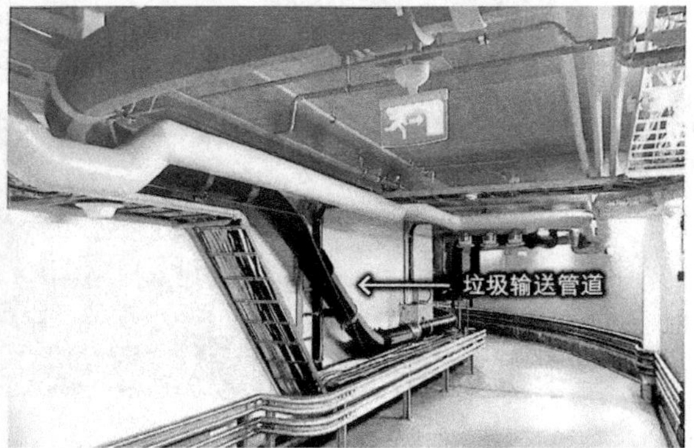

图 13-21　垃圾气力输送系统的地面投放口与地下气力输送管道

图片来源："智能化垃圾气力输送系统"投放口，[Online Image]

http://2010.people.com.cn/GB/11593091.html，05-14-2010

垃圾气力输送系统地下输送管道，[Online Image]

http://baijiahao.baidu.com/s?id=1582879237769608708&wfr=spider&for=pc，11-01-2017

11 万人，总收运规模 165t/天，总投资约 3 亿元。

深圳：该系统应用于大运村，服务面积约 0.5km²，服务建筑面积约 47.8 万 m²，服务人口 1 万余人，收运规模 6.3t/天。

香港：该系统应用于香港科技园一期，服务 22 栋办公楼，服务人口约 1 万人，管道里程 4200m，收运规模为 10t/天。

(3) 技术优势

该系统在使用过程中有其优点，主要体现在两个方面：一方面是改变了前端垃圾收集模式，家庭至转运站之间的垃圾收运路线由地面转至地下，由先前的地面暴露收运转变为地下封闭收集，解决了垃圾泄露问题，有助于改善市容环境卫生；另一方面是改变了先前的人工收集方式，转变为全自动的机械化操作，改善了环卫工人的工作条件。

（4）适用性分析

1）该系统不适合大件垃圾、易燃易爆物品、危险化学品、坚硬物品、黏性物品、膨胀物品、厨余垃圾等固体废弃物的投放，增加了系统的管理难度和系统稳定运行的风险。

2）部分城市的生活垃圾含水率高，在管道抽吸过程中将产生大量渗滤液，由此带来的腐蚀性及臭气问题将是决定垃圾自动收集系统能否应用的重要决定因素，需要进行充分的论证。

3）广州金沙洲垃圾自动收集系统并未成功，目前已基本停用，原因主要包括居民垃圾分类意识差、使用及维护费用高、管理存在诸多缺陷等，其他城市及地区也同样面临此类问题，倘若在这些问题尚未探讨清楚或解决之前，贸然上马垃圾自动收集系统，很可能会步广州金沙洲后尘，成为摆设。

4）由于国外供应商技术垄断等原因，现有自动垃圾收集系统造价昂贵[99]，按照上海和广州的投资造价比例，估算成本是传统收集方式投资的40～60倍。

综合上述分析，垃圾自动收集系统前期投资巨大而其运行稳定性又面临多方面的考验，因此，大部分国内城市不推荐大规模应用该套系统，宜采用压缩式垃圾转运站的收集方式；局部地区的规划建设过程中，可结合实际情况和需要，进一步开展垃圾自动收集系统的适用性研究及应用。

第14章　消防工程详细规划

14.1　工作任务

根据规划区城市建设规模、功能分区、各类用地分布状况、基础设施配置状况等，综合评估城市火灾风险；确定城市消防安全布局；详细规划公共消防基础设施，明确消防装备建设要求；结合规划区城市建设开发时序提出消防工程近期建设计划或项目库。

14.2　资料收集

消防工程详细规划需要收集的资料包括现状火灾及救援资料、现状城市消防安全布局、现状公共消防基础设施建设情况、相关专项规划资料及基础资料等五类资料，见表14-1。

消防工程专项主要资料收集汇总表　　表14-1

序号	资料类型	资料内容	收集部门
1	现状火灾及救援资料	（1）近五年火灾次数、所在区域、死亡人数、烧伤人数、经济损失； （2）火灾及抢险救援成因统计； （3）各消防站或专职消防队消防警力及出警情况； （4）火灾报警形式、受理方式；消防指挥调度形式	消防部门
2	现状城市消防安全布局	（1）现状工业、仓储、居住、商业等用地分布情况； （2）现状老旧城区、高层建筑、加油加气站等燃气工程设施分布情况； （3）现状重点消防单位名称及分布情况	规划部门、燃气部门、消防部门
3	现状公共消防基础设施建设情况	（1）各消防站位置、占地面积、建筑面积、辖区范围； （2）各消防站或专职消防队消防装备情况； （3）现状消防有线及无线通信资料； （4）现状消防供水资料； （5）现状主要道路交通情况	消防部门、通信部门、供水部门、交通部门
4	相关专项规划资料	（1）上层次消防专项规划； （2）规划区内及周边区域消防工程专项规划或消防工程详细规划； （3）消防设施建设可行性研究报告或项目建议书	规划部门、消防部门、建设部门

续表

序号	资料类型	资料内容	收集部门
5	基础资料	（1）规划区及相邻区域地形图（1/2000～1/500）； （2）卫星影像图； （3）用地规划（城市总体规划、城市分区规划、规划区及周边区域控制性详细规划、修建性详细规划等）； （4）城市更新规划； （5）道路交通规划； （6）道路项目施工图； （7）近期规划区内开发项目分布和规模	国土部门、规划部门、交通部门

14.3　技术路线

消防工程技术路线图如图14-1所示。

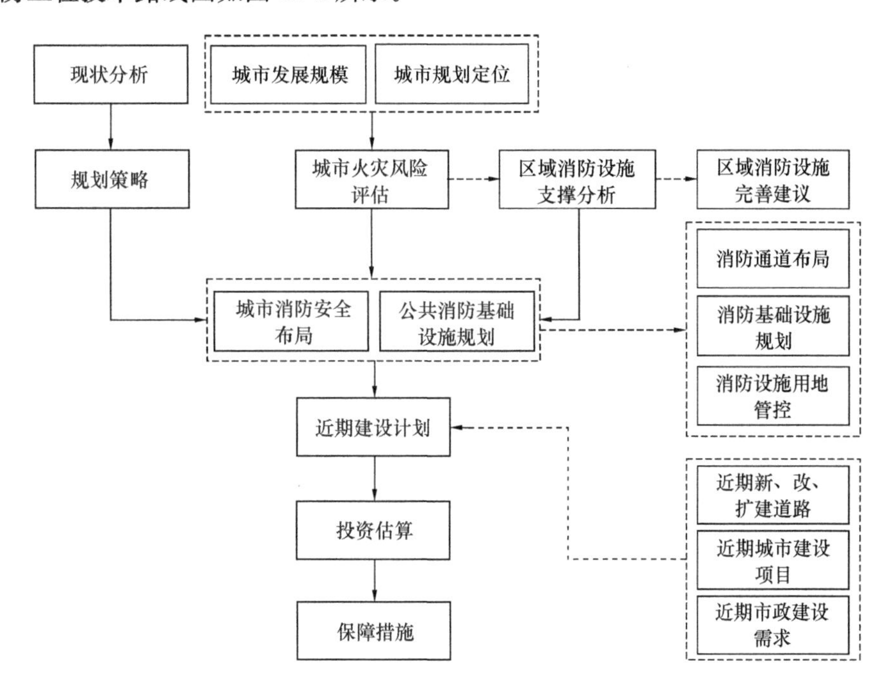

图14-1　消防工程技术路线图

14.4　文本内容要求

（1）城市消防安全布局：结合城市规模、功能布局，确定城市消防安全布局；

（2）消防站布局规划：确定消防站位置、站级及辖区范围，消防装备配置要求；

（3）消防通信规划：确定消防指挥中心位置、设备配置要求，确定移动消防指挥中心设备配置要求，确定消防调度系统、有线通信系统、无线通信系统等消防通信规划方案；

(4) 消防供水规划：预测消防水量；落实消防供水水源；优化给水主干管网；确定消火栓设置原则；

(5) 消防车通道规划：划分一、二、三级消防车通道；确定危险品运输通道方案。

14.5 图纸内容要求

消防工程详细规划图纸包括消防工程现状图、消防安全布局图、公共消防设施布局规划图等，其具体内容要求如下：

(1) 消防工程现状图：标明现状大型易燃易爆危险品单位；标明现状消防站、消防水源位置及规模等，标明现状消防供水主干管道位置及管径；标明现状一、二级消防车通道等；

(2) 消防安全布局图：标明火灾危险性相对集中区域，重大消防危险源、避难疏散场所位置、分布；

(3) 公共消防设施布局规划图：标明消防站位置、站级及辖区范围；标明消防通信设施位置及规模；标明消防供水水源位置及规模，供水主干管位置及管径；标明一、二、三级消防车通道名称及位置。

14.6 说明书内容要求

消防工程详细规划说明书内容的具体要求为：

(1) 现状及问题分析：现状消防发展历史沿革及总体抗灾能力、现状城市消防安全布局、现状消防站及市政消防基础设施情况及存在问题分析；

(2) 相关规划解读：包括对城市总体规划、分区规划、上层次或上版消防工程专项规划、其他市政专项规划及行业规划等相关规划的解读；

(3) 火灾风险评估：现状火灾风险评估和规划火灾风险评估。建立火灾风险评估指标体系对区域进行定量风险评估，如无法定量分析，则可以采用“城市用地消防分类定性评估方法”，即通过城市用地的消防分类，确定城市重点消防地区、一般消防地区、防火隔离带及避难疏散场地，定性处理城市或区域的火灾风险问题；

(4) 消防安全布局：根据城市性质、规模、用地布局和发展方向，考虑地域、地形、气象、水环境、交通和城市区域火灾风险等多方面的因素，按照城市公共消防安全的要求，合理利用城市道路和公共开敞空间（广场、绿地等）以控制消防隔离与避难疏散的场地及通道，综合研究公共聚集场所、高层建筑密集区、建筑耐火等级低的危旧建筑密集区（棚户区）、城市交通运输体系及设施、居住社区、古建筑及文物、地下空间综合利用（含地下建筑、人防及交通设施）的消防问题并制定相应的消防安全措施，使城市整体在空间布局上达到规定的消防安全目标；

（5）消防站布局规划：确定消防站位置、规模及辖区范围；在定性评估城市不同地区各类用地的火灾风险的基础上，合理调整城市消防安全布局，合理划分城市消防站的服务区，合理确定消防站站级、位置、用地面积和消防装备的具体配置，进而提高城市公共消防安全决策、消防安全布局和城市消防站布局的科学性和合理性；

（6）消防通信规划：确定消防指挥中心位置、设备配置要求，确定移动消防指挥中心设备配置要求，确定消防通信确定消防调度系统、有线通信系统、无线通信系统等消防通信系统；

（7）消防供水规划：结合城市给水系统、消防水池及符号要求的其他人工水体、天然水体、再生水等水源布局城市消防供水系统；根据城市规模等因素预测消防用水量，并分区核定；确定消防供水水源、主干管网布局及规模；确定消火栓设置原则；

（8）消防车通道规划：结合城市各级道路、居住区和企事业单位内部道路、消防车取水通道、建筑物消防车通道等设置消防车通道；确定一、二级、三级消防车通道及危险品运输通道布局。

14.7　关键技术方法分析

14.7.1　城市火灾风险评估方法

随着我国社会经济的快速发展，城市化发展不断加快，作为人口活动高度集中区域，城市的火灾风险因素也逐步增多，火灾形势越来越严峻。进行合理、科学的城市（区域）火灾风险评估，可以帮助城市（区）政府及有关部门充分了解城市面临的消防安全状况，按照城市消防安全的客观要求，根据火灾风险的高低排序、轻重缓急，采取相应的措施解决各种消防安全问题，进而确定消防保护措施的类型和数量，提高消防安全决策的科学性。因此，进行城市火灾风险评估对于减少火灾事故的发生，特别是防止重大恶性火灾事故的发生，具有非常重要的作用，能够为城市区域的消防规划提供依据。

火灾风险评估方法具有一定通用性，但是由于火灾风险评估的目的和决策水平的不同，所形成的具体火灾风险评估方法也不尽相同。根据现有的技术条件，目前国内各地在编制城市消防规划时，广泛采取的城市火灾风险分析评估的实用方法，是“城市用地消防分类定性评估方法”，即通过城市用地的消防分类，确定城市重点消防地区、一般消防地区、防火隔离带及避难疏散场地，定性处理城市或区域的火灾风险问题。在对城市火灾风险评估过程中，通过对结果产生影响的因素进行分析，发现决策、计划中的薄弱环节和问题，并进行适当地改进与优化，以保证决策的正确性。

1. 指标体系的建立

建立城市火灾风险评估指标体系是辨识城市火灾风险的影响因素的过程。从降低城市区域火灾风险的总目标出发，首先可以确定城市区域火灾风险评估的四个基本准则。

（1）待评估的城市区域特征明显

城市防火首先要求城市功能分区明确。只有城市功能分区明确的区域，发生火灾或者规划消防系统建设时，才能有明显的针对性。城市区域特征中，下列因素对城市火灾的起火、灭火和火灾后果有重要影响：

1）气象因素

火灾的发生与天气气候有着密切的联系，其中空气温度、湿度、风力、连续无降水日数、降水量等是最直接相关的因素。以风速为例，资料统计表明，当日平均风速大于4.0m/s，火势蔓延速度很快，极易造成较大损失。

2）经济发展状况

经济发展状况是决定消防力量重点投入方向的一个参考因素。一般经济发展状况好的区域，往往各类危险源存在数量较多，是容易发生火灾的高风险地区，发生火灾后造成的后果也比较严重。

3）交通状况

迅速有效地灭火是减少人员伤亡和财产损失的最重要的条件之一，而发达的交通路线以及消防通道是消防灭火最基本的保证。交通状况区分为道路的建设和道路畅通情况两类因素。在道路建设方面，市政道路的宽度不应小于街道两侧的建筑物的防火间距，而在交通通畅方面，在建筑物的周围应当留出一定宽度的消防车道，以便消防车能够接近起火建筑物，避免发生消防车无法通过的情况。

4）建筑物的密度

建筑密度较高的地区，其发生火灾的危害和着火面积扩展的可能性较大，进而火灾风险较大。

5）人口密度

人口密度不仅是划分城市区域的重要参考指标，而且对火灾的后果有重要影响。人口密度越高的区域，发生火灾的可能性和危害性越高。

6）建筑物的安全等级

建筑物的安全等级将决定建筑物内部发生火灾的风险，包括起火的概率、起火后有效灭火的可能性以及避免起火后影响其他建筑的一些因素，如安全疏散情况、消防设施设备的完好率、管理工作人员灭火疏散演练情况等。

（2）降低区域内火灾发生的可能性

城市区域内存在火灾风险的概率往往通过该区域内的火灾负荷量来衡量。城市生活中，必然需要各种能量。如城市的工业区中，往往存在含有大量的易燃易爆危险源的企业，这些危险物品在生产、运输、贮存或使用过程中容易发生火灾，且发生火灾后往往能造成重大人员伤亡及财产损失。在居民区和普通建筑中，发生火灾的因素往往与燃气管网的建设、电路载荷情况有关系。所以通过该区域内易燃易爆危险源的数量，包括电力载荷和燃气管网的工作情况，可以反映该区域内发生火灾的概率。此外，汽车加油加气站也是城市中最常见的火灾危险源，往往建设于城市的主次干道，周围与居民区、行政区、工厂相邻，且加油、卸油操作频繁，加油站工作环节多，一旦发生火灾可能殃及四邻，其数量和储量也是城市区域火灾危险性的重要影响因素。

城市中的消防安全重点单位火灾风险高，一旦发生火灾损失严重，可能威胁城市整体的安全。因此在城市火灾风险评估中需要明确城市消防重点单位的数量及性质。同时，城市中危旧房屋往往由于建成较早、建设年代较久，存在房屋间距小、耐火等级较低、消防设施不足等问题，是城市中火灾风险较高的区域。

(3) 尽量保证该区域内发生火灾时灭火的成功性

消防系统是城市功能的重要组成部分，合理的消防系统规划与建设，可以有效地把火灾事故消灭在萌芽状态，减少火灾损失，从整体上降低火灾的风险。城市消防实力可以从以下几方面进行评定：

1) 119 指挥中心的建设情况

城市消防指挥中心及接警调度自动化系统的实现，是消防能力强的重要表现。《消防通信指挥系统设计规范》GB 50313—2013 对火警调度技术、无线通信设备的配备技术和图像传输设备的技术要求标准，都作了具体规定。

2) 市政消防供水能力

目前，消防扑救所用的灭火剂主要是水，因此合理布置消火栓和供给消防用水是城市防火安全系统建设的一项重要内容。城市消防供水管网的建设应能保证消防队到达火场后有足够的供水来源，以便顺利地对火灾施救。主要需要保证取水源数量、水压和消火栓数量等指标满足相关规范要求。

3) 5min 消防时间达标率

迅速出警是有效降低火灾危害的重要保证，同时也是消防实力水平建设的最终体现。根据当前消防管理的惯例，一般采用 5min 消防时间达标率来衡量出车的速度和消防中队的建设水平，该指标与消防站的合理布局相关。

4) 专业消防人员数量

专业消防人员是指现役和地方公安编制的消防人员以及民办专业、企事业专职消防人员。城市中总是配有专门的消防队伍，其占城市人口比例、分布的合理与否、作战水平的高低直接影响扑救火灾的有效性。《城市消防站建设标准》建标 152—2017 中对消防站应配备的消防人员数量等进行了规定。

5) 专业消防设备配备水平

固定消防装置的配备情况是扑灭初期火灾的重要手段；而消防站设置的密度、装备各类灭火车辆的数量以及使用状况、完好情况等都直接显示了城市消防的整体实力，是控制火势发展、蔓延的重要力量。《建筑防火设计规范》GB 50076—2014 (2018 年版) 及《城市消防站建设标准》建标 152—2017 中对于上述配备给出了详细的规定。

(4) 提高公众的安全消防意识

良好的公众安全消防意识可以在各个环节降低火灾的风险。例如可以通过加强对点火源的管理来降低起火概率，同时通过向大众普及消防知识，在起火初期有效灭火，以降低火灾的危险性。公众安全消防意识的程度可以通过社会管理的水平来体现，主要包括义务消防组织情况、社会消防培训情况、大众消防安全素质水平、消防安全意识情况，以及防火监督管理情况等。

基于以上分析，构建城市区域火灾风险评估指标体系的具体内容，见表 14-2。

城市火灾风险评估指标体系　　表 14-2

分类指标	具体指标
城市区域特征	气象因素
	经济发展状况
	交通状况
	建筑密度
	人口密度
	建筑物安全等级
火灾发生概率	易燃易爆危险源存在程度
	燃气管网情况
	电量荷载情况
	重点防火单位数量
	危旧房屋数量
消防实力水平	119 指挥中心
	市政消防供水能力
	5min 消防时间达标率
	专业消防人员数量
	专用消防设备配备水平
社会管理水平	义消组织情况
	社会消防培训情况
	大众消防安全素质
	相关部门协同救援能力
	防火监督管理情况

2. 评估值的计算

建议采用以下公式进行城市区域火灾风险评估值的计算：

$$W = R \cdot A^{T} = \sum_{i=1}^{n} R_i \cdot A_i \tag{14-1}$$

式中 W——火灾风险评估结果；

R_i——底层指标评价得分；

A_i——底层指标评价权重。

其中，采用层次分析法（AHP）来确定各参评指标的权重，即确定 A_i 值。首先，采用 1～9 标度法对火灾风险评价指标中准则层的因素（即表 14-2 中的分类指标）进行两两之间相对重要性的排序，经过准则层指标的层次单排序一致性检验，得出准则层的相对重要性判断矩阵。采用对判断矩阵中第一行数据进行归一化处理的方法计算各指标的权重。

通过对城市区域火灾风险评价因素的无量纲化处理和同趋化处理后，确定底层各评价指标的得分，评分原则如下：

气象因素：越容易起火和不利于灭火的气象条件，火灾风险越大。

经济发展状况：经济发展速度越快的地区，火灾风险越大。

交通状况：交通状况越恶劣的地区，越不利于消防和疏散人群，火灾风险越大。主要考虑道路建设情况和通畅情况。其中道路建设情况根据我国大、中城市路网比例统计结果，以 6～8km/km^{2}为中等。

建筑密度：建筑密度越高的地区，发生火灾的危害和着火面积扩展的可能性越大，火灾风险越大。

人口密度：人口密度越高的区域，发生火灾的可能性和危害性越高，以人口密度 1 万人以上/km^{2}为风险最高，取值 5 分。

建筑物安全等级：建筑物安全等级评价越低的地区，越容易发生火灾。

易燃易爆危险源存在程度：易燃易爆危险源存在数量越多，火灾风险越大。以易燃易爆危险源的燃烧总量为计算依据，主要是加油加气站的数量，根据统计结果，每公里 25t 燃油为高风险状态，得分为 5 分。

燃气管网情况：燃气管网密度越大，越容易发生火灾，且不宜灭火。按照当地燃气日消耗总量为依据，超过 1000m^3/min，得分为 5 分。

电量荷载情况：电量荷载越大，越容易发生火灾；以当地人均电量载荷为依据，考虑工业用电情况，超过 500kW・h/每人为高风险状态，得分为 5 分。

重点防火单位数量：重点防火单位数量越多的区域，火灾风险越大，以每平方公里 10 个以上为风险最高，得分为 5。

危旧房屋数量：危旧房屋数量越多的区域，火灾风险越大。

119 指挥中心：指挥中心建设条件越好的城市，火灾风险越低；以《消防通信指挥系统设计规范》GB 50313—2013 为依据，按评比结果优秀、良好、中等、及格和不及格，分别得 1～5 分。

市政消防供水能力：市政消防供水能力越强，火灾风险越低。以消火栓检查点的水流量为依据，每秒 500L 得分为 1，每秒 400L、300L、200L 及以下依次得 2～5 分。消火栓数量按 16 个/km^{2}以上得分为 1，12 个、8 个、4 个及以下依次得 2～5 分。

5min 消防时间达标率：达标率越高，火灾风险越低。按照实际调查结果，优秀、良好、中等、及格和不及格分别对应 1、2、3、4、5 得分。

专业消防人员数量：以消防人员的满编率为依据，满编率越高，火灾风险越低；当满编率达到 100%时得分为 1 分，90%、80%、70%以上得分 2～4 分，低于 70%为 5 分。

专用消防设备配备水平：以设备满编率和完好率为依据，达标率越高，火灾风险越低；按照《城市消防站建设标准》，以消防设备满编率和完好率为依据，两者均为 100%时，得 1 分，90%、80%、70%得 2～4 分，任意指标低于 70%得 5 分。

社会管理水平相关：根据城市专职和义务消防队建设水平进行打分。

社会消防培训情况：通过消防开放站建设和消防公益广告宣传、消防志愿者组织培训等多种方式进行消防宣传，利于市民提供消防安全意识和火场逃生自救能力，取得良好效果。同时考虑消防宣传人力和经费等问题。并综合城市流动人口、人员基础素质、教育水平等差异。综合以上因素，对社会消防培训情况进行打分。

3. 区域火灾风险水平

将城市区域火灾风险评估指标权值与火灾风险评估底层指标得分，依照上述公式进行计算，可以得到城市火灾风险的最终得分。采用最大隶属度法，参照火灾风险等级划分标准，可知该区域的火灾风险水平，评价结果与火灾风险等级之间的对应关系见表 14-3。以深圳市龙岗区为例，其火灾风险等级情况见表 14-3。

评价结果与火灾风险等级之间的对应关系　　表 14-3

评价结果	0～1	1～2	2～3	3～4	4～5
风险等级	很低	较低	一般	高	极高

14.7.2 城市消防站布局规划方法

1. 一般的消防站布局规划方法

一般的消防站布局规划，依据《城市消防规划规范》GB 51080—2015，采取以下方法确定消防站的位置、数量及其责任区范围：

（1）根据城市规划确定的用地性质来安排消防站，以消防站点为中心，以 5min 消防时间（由指令出动时间 1min 和行车到场时间 4min 构成）消防车所能到达的最远距离为半径，所覆盖的范围即为该消防站的责任区范围。

（2）普通消防站的辖区面积不应大于 $7km^2$，设在城市建设用地边缘地区、新区且道路系统较为通畅的普通消防站，其辖区面积不应大于 $15km^2$。同时综合考虑城市经济规模、地域特点、地形条件和火灾风险等因素，确定消防站数量及布局分布。以深圳市龙华区规划消防站为例，其规划布局如图 14-2 所示。

通过上述方法布局的消防站点责任区面积应覆盖整个城市范围，尽量避免重叠。在实际工作中，灭火救援行动大都需要通过道路来实现；同时道路系统也是灾害发生时进行人员疏散、派遣营救人员和运送救灾物资的主要通道；因此，城市的道路交通状况直接影响整个灭火救灾工作是否能够顺利开展。

城市道路交通状况又受路网密度、道路等级、行车速度、行车时段、交通管制、单行道、道路之间的通达性等多种条件约束和限制，所以消防站的责任区边界不可能如此简单地以圆来表示，因此《城市消防站建设标准》建标 152—2017 提出了消防站辖区面积计算公式，其辖区范围如图 14-3 所示。

消防站责任区面积 A 计算公式为：

$$A = 2P^2 = 2 \times (s/\lambda)^2 \tag{14-2}$$

式中 A——消防站责任面积（km^2）；

P——消防站至责任区最远点的直线距离，即消防站的保护半径（km）；

s——消防站至责任区边界最远点的实际距离，即消防车 5min 的最远行驶路程（km）；

λ——道路曲度系数，即两点间实际交通距离与直线距离之比，通常取 1.3～1.5。

2. 通过 ArcGIS 路网分析优化消防站布局方法

（1）由于大部分消防救灾活动需要通过城市路网来实施，而城市道路通行能力和消防

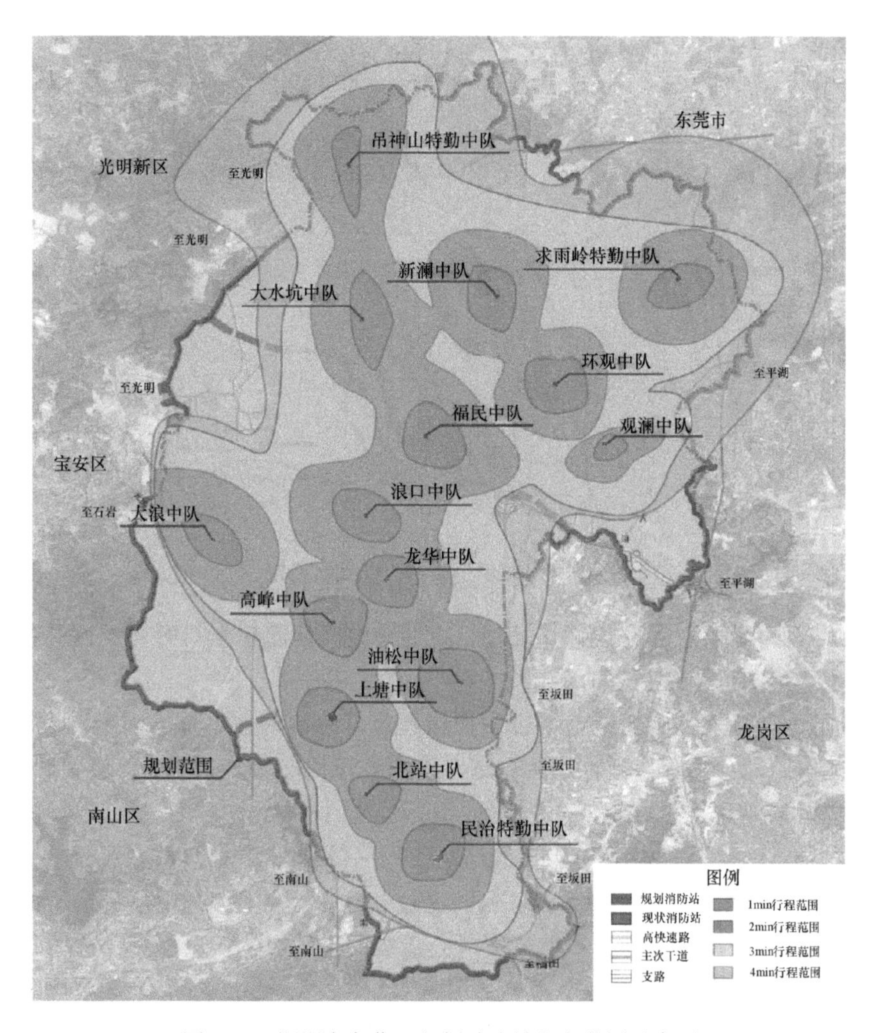

图 14-2　深圳市龙华区规划消防站服务范围示意图

图片来源：深圳市龙华新区消防专项规划，项目编绘，2016-02-04

时间，决定了每个消防站实际能够覆盖的消防责任范围。通过 ArcGIS 软件对城市路网进行分析时，需要进行合理的抽象和简化。

将道路交汇点抽象为网络节点，路网本身抽象为节点之间的连接线，建立网格状的数据结构，形成网拓扑关系。

对每条道路输入规划行车速度、早晚高峰时段、限行条件等参数，尽可能模拟真实的通行情况，最终确定每条道路的消防车行车速度。

以规划消防站点为中心，模拟消防车沿着不同道路，以不同速度行驶，确定其所能达到的最远点，连接每个最远点组成的范围，即为该消防站点较为合理的消费责任区域。其辖区范围如图 14-4 所示。

(2) ArcGIS 分析首先需在 GIS 中建立路网网

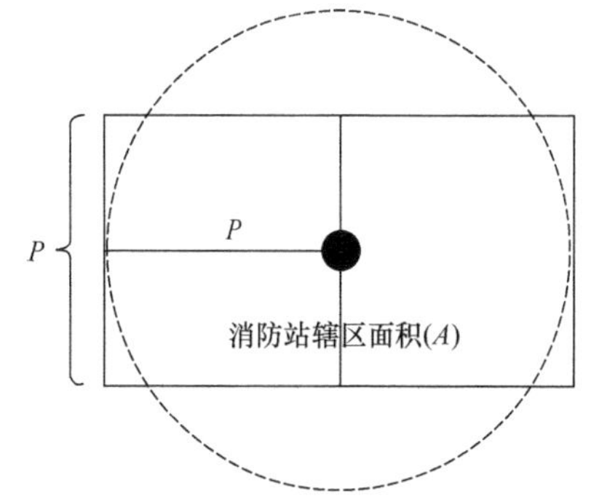

图 14-3　消防站辖区服务范围示意图

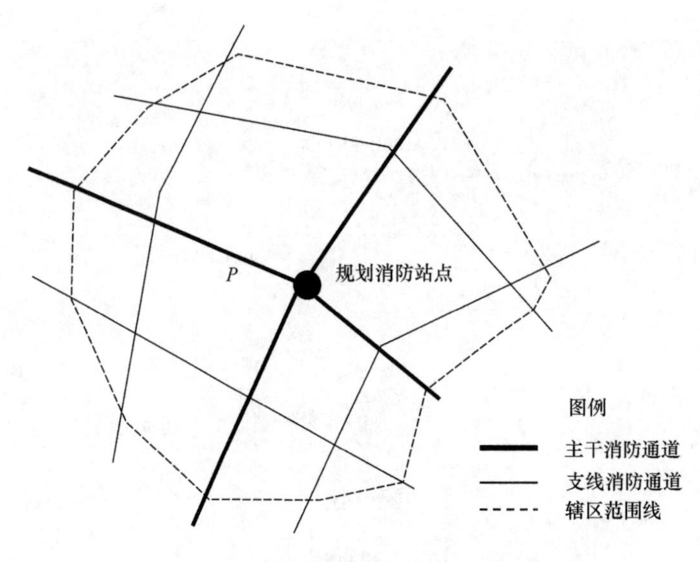

图 14-4　规划消防站点的辖区范围

络，然后在该网络上放置服务点，并设置相应的参数，从而建立 GIS 服务区分析模型：

1）城市路网 GIS 网络的建立

为配合规划，针对路网的道路等级、拥堵程度、高峰时段、通行方向、路口直行/左拐/右拐影响、路障信息等来计算最大行车速度等实际情况，建立了 GIS 路网模型。

2）服务区的建立与分析

路网模型建好后即可利用 GIS 技术建立服务区分析模型。但需设置适当的“裁切”值，如果该值设置过小，容易造成结果有明显枝杈现象，如图 14-5 阴影部分所示，这对于消防站布局规划来说，在计算覆盖范围时会造成一定的影响；选择了合适的“裁切”值

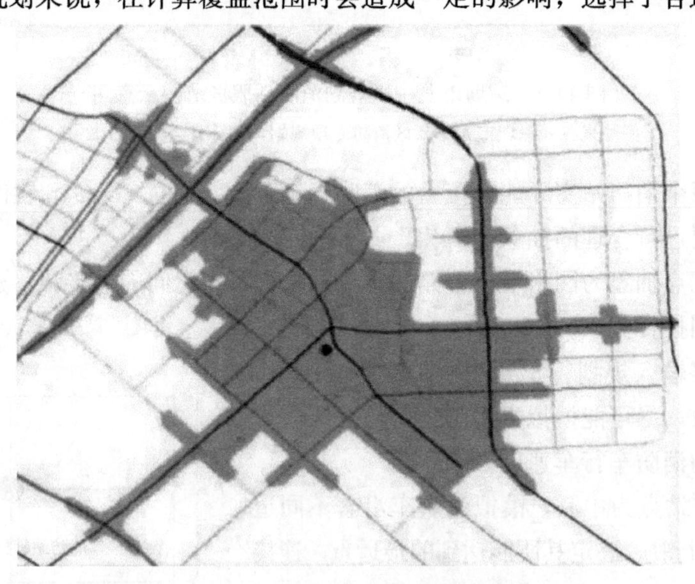

图 14-5　“裁切”值设置不合理

图片来源：邓轶，李爱勤，窦炜．城市消防站布局规划模型的对比分析［J］．地球信息科学，2008（02）：242-246

后的结果，如图 14-6 阴影部分所示[100]。

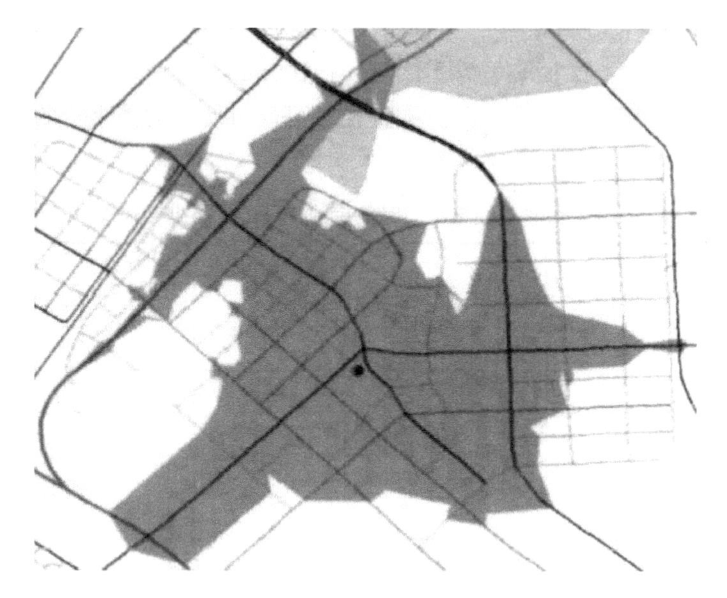

图 14-6 “裁切”值设置较合理

14.7.3 消防供水保障规划方法

1. 市政管网供水能力保障

城市消防供水与城市供水合用一套系统，在设计时应保证在生产用水和生活用水高峰时段，仍能供应全部消防用水量。高压（或临时高压）消防供水应设置独立的消防供水管道，应与生产、生活给水管道分开。在进行市政消防给水管网设计时，应满足以下要求：

（1）管网应采用环状管网，以保证消防用水的安全。在给水管网建设初期，采用环状管网有困难时，可采用枝状管网，但应考虑将来有连成环状管网的可能。一般居住区，如果消防用水量不大，设置环状管网有困难时也可采用枝状管网。

（2）在设计城镇和企事业单位的给水管网时，应按同一时间内的火灾次数，将着火点消防用水量布置在管网的最不利点进行校核计算。当生产生活用水量达到最大时，仍应保证消防用水量。

（3）为确保火场用水，避免因个别管段损坏导致管网供水中断，环状管网应设置必要的分隔阀门。布置分隔阀门时应分析可能发生故障的概率、检修时的状况影响范围的大小，合理布置。两阀门间的管道上消火栓数量一般不应超过 5 个。

确定了消防水量和给水管网系统的设计用水量后，可以通过合理布置给水管网系统的配水管网、确定给水管网的管径和压力，满足管网所需的设计用水量。一般采用水利模型软件计算管网流量、管径和压力，并最终实现管网配置。

管径计算公式：

$$D=(4Q/\pi v)^{1/2} \tag{14-3}$$

式中 D——配水管直径（m）；

Q——管网设计输水量（m^3/s）；

v——管网设计流速（m/s），宜采用经济流速，一般不宜大于 2.5m/s。

市政消火栓的配水管最小公称直径不应小于 100mm，有消防任务的小区给水管道最小公称直径不宜小于 150mm。配水管公称直径与可同时使用的消火栓的推荐最大数量关系见表 14-4。

配水管公称直径与可同时使用的推荐最大消火栓数量　　表 14-4

配水管公称直径（mm）	可同时使用的最大消火栓数量（个）	
	枝状管网	环状管网
100	—	1
150	2	3
200	4	6
250	8	12
300	12	18

表格来源：中华人民共和国公安部消防局．消防规划 公共消防设施 建筑防火设计［M］．上海：上海科学技术出版社，2006.

市政消防给水系统采用低压供水制。最小供水压力不应低于 0.15MPa。单个消火栓的供水流量不应小于 15L/s，商业区宜在 20L/s 以上。在供水管网末梢及水量水压不足处设置消防水池、加压泵站，建立高压或临时高压给水系统，以保证消防用水。消防水池的容量应根据保护对象计算确定。消防水池的最小容积不宜小于 30～50m^3。

2. 市政消火栓

（1）市政消火栓设置要求

市政消火栓等消防供水设施的设置数量或密度，应根据被保护对象的价值和重要性、潜在的火灾风险、所需的消防水量、消防车辆的供水能力、城市未来发展趋势等因素综合确定，要满足如下要求：

在市政道路上新建给水管道，必须严格按 120m 间距及十字路口 60m 范围内设置市政消火栓，超过 40m 宽的道路两侧均要设置消火栓，且距路边不应超过 2m、距建（构）筑物外墙不宜小于 5m。

对于消火栓的数量达不到要求的地区，应制定详细的补建计划，并限期强制补建。

城市重点消防地区应适当增加消火栓密度及水量水压。

市政消火栓规划建设时，应统一规格型号，一般为地上式室外消火栓，其地上部分外观如图 14-7 所示。

图 14-7　地上式室外消火栓地上部分外观图

（2）市政消火栓管养要求

1）明确管养主体，重视市政消火栓的建设和管理

目前，市政消火栓由供水公司负责管养，每季度进

行排查，确保正常使用；小区、城中村（旧村）与工业区中的消火栓由所委托的物业管理公司负责管养。建议市政消火栓的维护保养除由水务部门承担以外，更应发动社会力量。一是发动公安派出所消防专职民警的力量，让每一个消防专职民警在外出检查单位时，有意识地留意城市消火栓的完好情况；二是城建、供水等部门应组建消火栓维护志愿队，志愿队员可以由出租车司机、社区居民组成，让他们共同关注消火栓。

2）制定和完善市政消火栓的管理制度

消防部门和供水部门每年要对街道内所有的消火栓进行全面、细致、深入的调查，逐一登记造册，建立档案资料，编制消火栓手册，根据责任区消火栓发生变更情况及时修改档案资料，对每一处消火栓建立档案卡和标志牌，并利用现代科学技术制作电子地图，以便于使用和管理。

3）加强宣传，从认识上提高市民维护城市消火栓的意识

一是通过社会媒体宣传，作为消防部门，可主动联系有线电视、报纸媒体等社会传媒单位，播放或刊登有关保护消火栓的公益广告，让居民百姓了解消火栓在灭火救援中的重要性，共同关注身边的消火栓；二是通过加强消防宣传，在平时的日常生活中，更要通过自身的言行来维护好消火栓。

4）加大惩处力度，减少破坏消火栓行为的发生

为减少和杜绝消火栓盖帽、出水铜口被盗、受损情况，可采用PVC硬塑材质仿真配件取代铁质或铜质配件，对坏损的消火栓进行及时修复。公安消防等职能部门要认真履行消防监督的职责，对擅自开启、损坏消防设施的行为要进行严肃处理，对造成损坏的，要追究相应责任。

3. 人工水体的消防综合利用

（1）鼓励建设人工消防水体，对于暂时无法接通市政供水管网或市政供水管网不完善的地区，则应强制要求建设人工消防水池。每个水池的容量宜为100～300m^3，水池之间的间距宜为200～300m。

（2）现有的许多泳池、喷泉等人工水源，应充分加以利用，这对于缺乏天然水源的市区的消防供水具有重要的战略意义。建议对现有的泳池、喷泉，设消防取水口，留出消防车驶近的通道，并保证消防车的吸水高度不超过6m，设立明显的标志，严禁占用。

（3）应共享和综合利用小区与高层建筑内部设置的消防水池。在设计小区与高层建筑消防水池时，除满足自身消防需要外，还应同时考虑市政消防用水的应急需求，如设消防取水口，留出消防车驶近的通道等。

（4）考虑到再生水水质、水量与管网系统等各种因素，暂不采用再生水作为主要消防水源，但在紧急需求的情况下，可以使用再生水进行火灾扑救，其水质应符合国家有关城市污水再生利用水质标准。

《城市污水再生利用　城市杂用水水质》GB/T 18920—2002中规定了用于城市和建制镇消火栓系统的水质要求，在此列出其中的部分指标作为参考，详见表14-5。

（5）城市内修建的地下雨水贮留库，在解决防洪问题的同时，也可以将贮存的雨水作为消防水源。

城市杂用水水质标准（消防用水） 表 14-5

序号	项目	消防用水
1	pH	6.0～9.0
2	色(度)⩽	30
3	嗅	无不快感
4	浊度(NTU)⩽	10
5	溶解性总固体(mg/L)⩽	1500
6	五日生化需氧量(*BOD*5)(mg/L)⩽	15
7	氨氮(mg/L)⩽	10
8	阴离子表面活性剂(mg/L)	1.0
9	铁(mg/L)⩽	—
10	锰(mg/L)⩽	—
11	溶解氧(mg/L)⩾	1.0
12	总余氯(mg/L)	接触 30min 后⩾1.0，管网末端⩾0.2
13	总大肠菌群(个/L)⩽	3

表格来源：《城市污水再生利用　城市杂用水水质》GB/T 18920—2002。

4. 天然水体的消防综合利用

天然水体作为消防水源应当满足以下条件：

（1）水质。天然水源作为消防供水时，应考虑消防泵、消防水带和消防水枪对水质的要求，通常固定消防泵间歇运转时间较长，使用较差水质容易产生锈蚀导致泵轴咬死，并且受污染的天然水源或海水容易造成消防管道的腐蚀，因此应用于消火栓系统的天然水源有关指标应满足一定的条件。

（2）水量。天然水源必须满足一定的水量要求才能作为有效的消防供水。水量大多受季节和天气变化的影响，农田灌溉也会影响水源的充足性，并且水源的最低水位要满足水泵自灌要求，北方冬天天然水源还会结冰，影响消防车取水。因此应该综合考虑这些因素，确保发生火灾时天然水源能够有效供给。

以深圳市坪山区红花岭水库为例，深圳市坪山区红花岭水库 2001～2015 年水域面积变化情况图如图 14-8 所示，由于其水域面积变化过大，并不适合作为消防供水的天然水源。

（3）便利程度。天然水源周边的地形应便于取水，可根据情况设置消防码头，码头形式有塘坎式、凹道式 、斜坡式或栈桥式等，可加固消防取水点以便能承受消防车的驶入。直接取水有困难时，可建立消防自流井。对于天然水源深度不足的，可挖掘消防水泵吸水坑或吸水井，对于较浅的河流可通过修建拦河坝，抬高水位蓄水以供消防用水。

（4）常见水体的利用。城市内部的河流考虑其容易受到城市污染，一般情况下难以作为消防备用水源。海水作为消防系统用水，在沿海、海岛城市[101]或石油化工企业和油库[102]中，具有一定的可行性，但由于现有大多数消防系统是以淡水作为水源，需要进行合理改造，选用耐腐蚀的材料，合理布局服务范围，并配套相应的取水及水处理设施，使

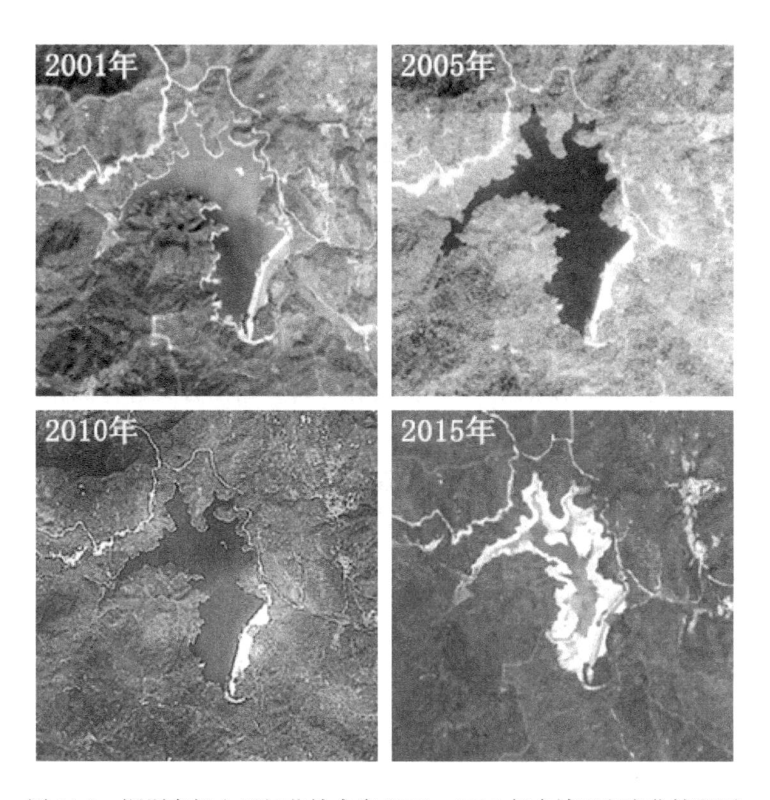

图 14-8 深圳市坪山区红花岭水库 2001～2015 年水域面积变化情况图

图片来源：GOOGLE 卫星图，2001～2015

之成为符合规范的消防水源。

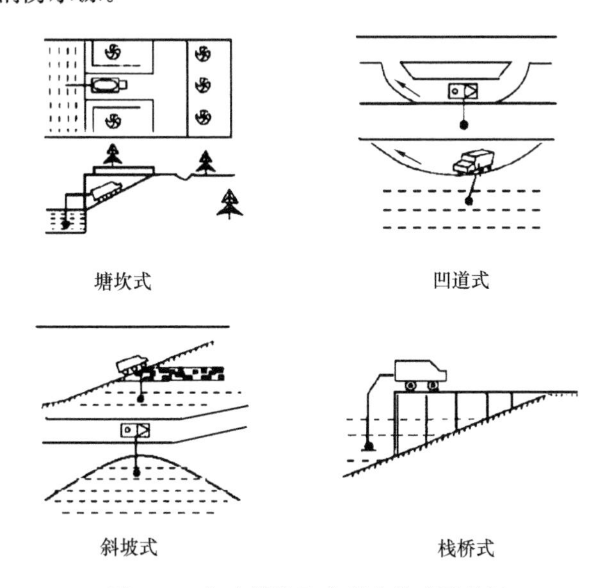

图 14-9 海水消防取水码头类型示意图

图片来源：胡海燕等．海水用作沿海、海岛地区消防供水的探讨［J］．水上消防，2009（06）：26-29

第15章　综合管廊工程详细规划

15.1　工作任务

对综合管廊专项总体规划确定的干、支线综合管廊路由方案进行优化和完善，重点结合市政主干通道详细布局干线、支线综合管廊及缆线管廊。对各类综合管廊位置、纳入管线、断面设计、配套设施、附属设施、三维控制线、重要节点控制、投资估算等内容进行详细研究；结合道路实施计划、土地开发、轨道建设、地下空间开发等建设情况合理制定综合管廊建设建设计划或项目库。

15.2　资料收集

综合管廊工程详细规划需要收集管网资料、道路交通资料、城市规划资料及基础资料等四大类资料，详见表15-1。

综合管廊专项详细规划主要资料收集汇总表　　表15-1

序号	资料类型	资料内容	收集部门
1	管网资料	（1）规划区现状市政管网物探资料； （2）规划区旧管分布情况（注：旧管是指使用年限超过20年的市政管线）； （3）高压电力电缆下地情况资料； （4）规划区管线综合规划资料； （5）规划区近期管网建设计划； （6）各市政专项详细规划资料	各管线单位、规划部门
2	道路交通资料	（1）现状道路（含城市支路）分布情况； （2）规划新建、改扩建道路（含城市支路）分布情况； （3）城市地下道路、轨道规划以及现状情况； （4）近期道路与轨道交通建设计划情况； （5）规划及现状道路横断面资料； （6）道路施工图	道路部门、规划部门
3	城市规划资料	（1）规划区密度分区规划资料； （2）规划区地下空间规划资料； （3）规划区竖向规划资料； （4）与综合管廊有间距要求的设施现状及规划情况资料	规划部门、发改部门

续表

序号	资料类型	资料内容	收集部门
4	基础资料	（1）规划区及相邻区域地形图（1/2000～1/500）； （2）卫星影像图； （3）用地规划（城市总体规划、城市分区规划、规划区及周边区域控制性详细规划、修建性详细规划等）； （4）城市更新规划； （5）近期规划区内开发项目分布和规模	规划部门、建设部门、发改部门

15.3　技术路线

综合管廊详细规划主要是在综合管廊专项总体规划的前提下，对规划区内干、支线综合管廊路由方案进行优化和完善，同时增加缆线管廊布局方案，在入廊管线分析及综合管廊布局规划的基础上对综合管廊的断面、三维控制线、重要交叉节点、配套及附属设施等内容进行深化和细化；再结合规划区近期新、改、扩建道路，近期城市建设项目，近期市政建设需求等，制定综合管廊近期建设计划和投资估算，并提出相应的保障措施，具体技术路线如图 15-1 所示。

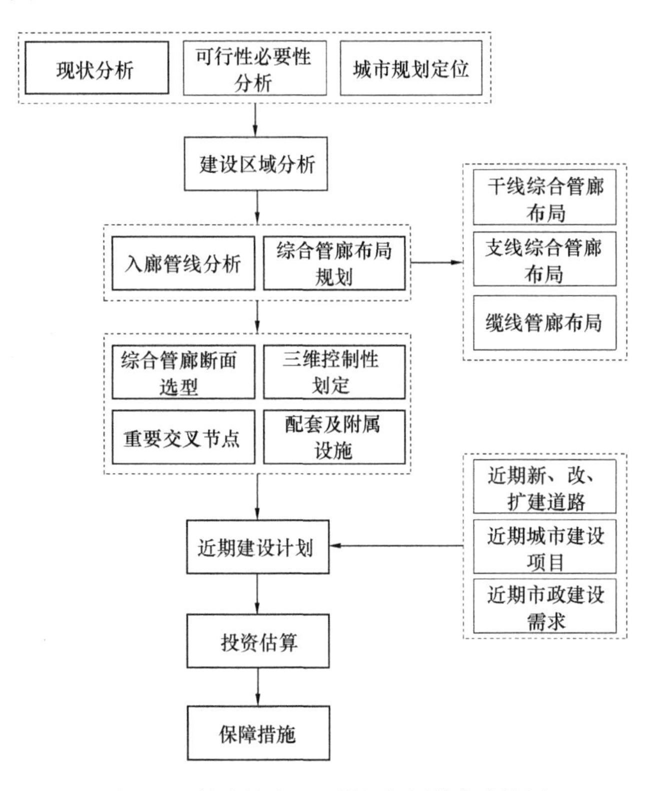

图 15-1　综合管廊工程详细规划技术路线图

15.4 文本内容要求

综合管廊专项详细规划文本结构可与综合管廊专项总体规划一致，但内容深度有所区别，文本主要包括以下内容：

（1）规划目标和规模：根据规划区的规划建设情况，明确规划区综合管廊分期建设目标和建设规模。

（2）系统布局：根据规划区的功能分区、空间布局、开发建设等，结合道路建设，确定综合管廊干线综合管廊、支线综合管廊、缆线管廊的布局。

（3）管线入廊分析：根据管廊建设区域内有关道路、给水、排水、电力、通信、广电、燃气、供热等工程规划和新（改、扩）建计划，以及轨道交通、人防建设规划等，确定入廊管线，分析项目同步实施的可行性，确定管线入廊的时序。

（4）管廊断面选型：根据入廊管线种类及规模、建设方式、预留空间等，在详细规划阶段需要对综合管廊的断面进行深入研究，确定管廊分舱、断面形式及控制尺寸。

（5）三维控制线划定：明确综合管廊的规划平面位置、竖向规划控制要求，指导综合管廊的工程设计。

（6）重要节点控制：明确管廊与道路、轨道交通、地下通道、人防工程及其他设施之间的间距控制要求，并制定出相应的方案。

（7）配套设施：合理确定控制中心、变电所、投料口、通风口、人员出入口等配套设施规模、用地和建设标准，并与周边环境相协调。

（8）附属设施：明确消防、通风、供电、照明、监控和报警、排水、标识等相关附属设施的配置原则和要求。

15.5 图纸内容要求

综合管廊专项详细规划的图纸包括综合管廊建设现状图、综合管廊建设分区图、综合管廊系统布局规划图、管廊断面方案图、三维控制线划定图、重要节点竖向方案图、配套设施用地选址图等，其具体内容如下：

（1）综合管廊建设现状图：标明规划区内现状综合管廊情况（选做）。

（2）综合管廊建设分区图：标明综合管廊宜建区、优先建设区及慎重建设区。

（3）综合管廊系统布局规划图：标明干线、支线及缆线管廊规划布局图。

（4）管廊断面方案图：标明各段管廊对应的标准断面、断面尺寸、纳入管线等；

（5）三维控制线划定图：标明各段综合管廊横断面、纵断面等信息。

（6）重要节点竖向方案图：标明规划综合管廊与规划区内水系、地下空间、地下管线、地铁等重要设施的交叉控制信息。

（7）配套设施用地选址图：包括监控中心、变电所等配套设施的用地选址。

15.6　说明书内容要求

综合管廊工程详细规划说明书内容主要包括：

（1）解读综合管廊：主要包括综合管廊定义、分类以及优缺点分析。

（2）综合管廊发展概况：介绍国内外综合管廊发展现状。

（3）相关规划解读：包括城市详细规划、道路交通详细规划、各市政专项详细规划、城市地下空间详细规划等。

（4）综合管廊必要性和可行性分析：有条件可对每条道路建设综合管廊进行技术经济评价。

（5）管线入廊分析：依据综合管廊专项总体规划，根据城市有关道路、给水、排水、电力、通信、广电、燃气、供热等工程规划和新（改、扩）建计划，以及轨道交通、人防建设规划等，确定入廊管线，分析项目同步实施的可行性，确定管线入廊的时序。

（6）综合管廊建设区域分析：依据综合管廊专项总体规划，根据城市建设、规划、发展情况和市政管线分布及需求情况，确定综合管廊建设的区域，并对建设区域进行分类，提出针对性的规划建设指引。

（7）综合管廊系统布局规划：根据城市功能分区、空间布局、土地使用、开发建设等，结合新改建道路、高压电力电缆下地、轨道建设、排水暗渠、地下空间开发等因素，确定管廊（包括缆线管廊）的系统布局和类型等；提出对各专项规划的调整建议，并确定结合排水防涝设施建设综合管廊的规划线路方案。

（8）管廊断面选型：根据入廊管线种类及规模、建设方式、预留空间等，确定每条管廊的断面设计方案和断面尺寸。

（9）三维控制线划定：提出管廊的规划平面和竖向位置，引导管廊工程下一步工程设计。

（10）重要节点控制：提出管廊与地下道路、轨道交通、地下通道、人防工程及其他地下设施之间的间距控制方案。

（11）配套设施：提出控制中心、变电所、投料口、通风口、人员出入口等配套设施布局方案、用地和建设标准，并与周边环境相协调。

（12）附属设施：明确消防、通风、供电、照明、监控和报警、排水、标识等相关附属设施的配置方案。

（13）安全防灾：明确综合管廊抗震、防火、防洪等安全防灾的原则、标准和基本措施。

15.7　关键技术方法分析[103]

15.7.1　管廊建设区域划分类型及方法

综合管廊的建设区域分析是综合管廊规划的重要部分，也是综合管廊规划中的难点。

2015 年 5 月由住房城乡建设部印发的《城市地下综合管廊工程规划编制指引》中要求管廊工程规划应合理确定管廊建设区域，规划编制内容中应包含建设区域的分析，编制成果中应包含相应章节。《城市地下综合管廊工程规划编制指引》中只是对建设区域作了概括性的描述，暂无具体的分析要求，也没有规范的区域分类和划分的标准依据，因此综合管廊建设区域的分类、划分方法和技术手段等仍值得探讨。

根据《城市综合管廊工程技术规范》GB 50838—2015 中的有关要求，当遇下列情况之一时，工程管线宜采用综合管廊的方式集中敷设：

(1) 交通运输繁忙或地下管线较多的城市主干道路以及配合轨道交通、地下道路、城市地下综合体等建设工程的区域和地段；

(2) 城市核心区、中央商务区、地下空间高强度成片集中开发区、重要广场，主要道路交叉口、道路与铁路或河流的交叉处、过江隧道等；

(3) 道路宽度难以满足直埋敷设多种管线的路段；

(4) 重要的公共空间；

(5) 不宜开挖路面的路段。

依据《城市地下综合管廊工程规划编制指引》，敷设两类及以上管线的区域可划为管廊建设区域。高强度开发和管线密集地区应划为管廊建设区域，主要是：

(1) 城市中心区、商业中心、城市地下空间高强度成片集中开发区、重要广场，高铁、机场、港口等重大基础设施所在区域；

(2) 交通流量大、地下管线密集的城市主要道路以及景观道路；

(3) 配合轨道交通、地下道路、城市地下综合体等建设工程地段和其他不宜开挖路面的路段等。

从规范中可以总结得出综合管廊的适用条件有“点、线、面”三个层次，其中，“点”主要关注特殊的交叉口、交叉处，“线”以有具体需求的道路路段为载体，而“面”则侧重区域性、地段性的分析。因此，建设区域的分析应重点关注高强度开发、地下空间成片开发区、管线密集的地区等。

根据以上分析，综合管廊建设区位分析的技术路线如图 15-2 所示。将城市建设区中

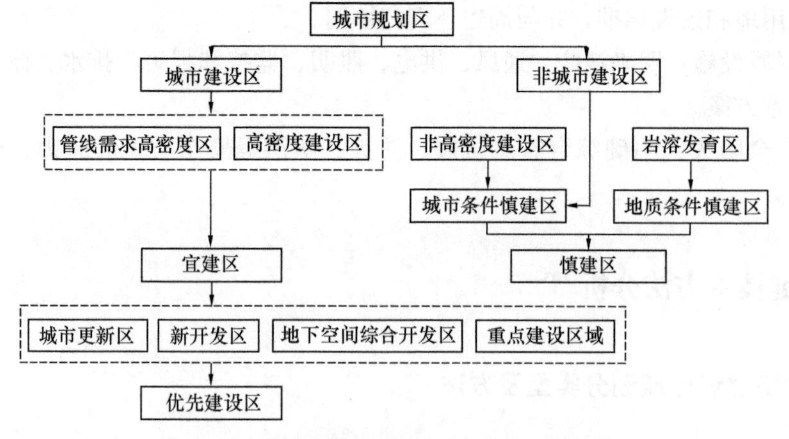

图 15-2 综合管廊建设区位分析技术路线图

管线需求高密度区和高密度建设区划为宜建区，将城市建设区中非高密度建设区和地质条件不适宜区域划为慎建区，然后结合城市更新、新开发区、地下空间综合开发区和重点建设区域，在宜建区范围内划定优先建设区。

综合管廊建设区域的影响因素分为积极因素和消极因素两类。积极因素主要包含国家规范和成熟案例中总结出的适宜建设综合管廊的区域因素，而消极因素主要考虑生态控制区、地质条件不适宜建设综合管廊的区域，具体见表15-2。

建设区域影响因素分析表 **表15-2**

积极因素	城市建设密度	高强度开发区、高密度建设区、中心区、商务区、产业园区等
	管线敷设密度	规划新增管线、市政老旧管线改造等
	新开发区	新城建设、重点建设区域等
	城市更新	较大范围的城市更新、整体改造区
	地下空间开发	已规划的地下空间综合开发区
限制因素	城市生态控制区、低密度建设区	
	没有计划改造的建成区等	
	现状管线不宜改造区、非规划管线密集区	
	地质条件不适宜等	

表格来源：刘应明．城市地下综合管廊工程规划与管理［M］．北京：中国建筑工业出版社，2016.

（1）城市建设密度——高强度开发区、城市核心区、中央商务区等

城市核心区、中央商务区的建筑密度高，人口密集，交通繁忙，道路通畅要求高、经济和社会地位高，若因管线事故、频繁的管线扩容造成路面开挖，会对城市的形象、经济等方面造成不利影响，因此应作为综合管廊建设区域分析的一级影响因素。

（2）管线敷设密度——规划新增管线、老旧管线改造

由于综合管廊是市政管线的敷设空间和载体，因此分析管线敷设密度对综合管廊的建设区域分析十分必要。

（3）市政老旧管线集中区域

城市老旧管线面临更新换代的需求，在这样的老旧管线密集、更换需求较高的区域，结合综合管廊的敷设，不但可以更新管线，还应变革管道的敷设方式。

（4）地下空间高强度成片开发区

地下空间高强度成片开发区一般与城市核心区、中央商务区存在一定的重叠，高强度、成片的地下空间开发对城市地下管线的敷设增加了难度，给城市综合管廊的建设带来了机遇。

（5）城市新建区和更新区

在城市新建区和更新区建设综合管廊具有一定的相似性，区内规划建设综合管廊所遇到现状情况的阻碍较少，工程操作可行性高。结合城市新建和更新的时序推进综合管廊的建设可在一定程度上降低施工难度和造价。

（6）近期重点建设区域

结合近期重点建设区域规划综合管廊。

（7）生态控制区

综合管廊规划应将生态控制线范围内的区域划为城市条件慎建区。

（8）地质条件

地质条件不适宜建设综合管廊的区域应划为地质条件慎建区。

综合考虑城市建设开发密度、资源条件、管线需求等相关因素对综合管廊区位建设条件进行评估，可分为两类区域：宜建区和慎建区。在适宜区基础上根据城市建设条件划分出优先建设区。

根据图 15-2 的技术路线图所示，将城市建设区中管线需求高密度区和高密度建设区划为宜建区，将城市建设区中非高密度建设区和地质条件不适宜区域划为慎建区，然后结合城市更新、新开发区、地下空间综合开发区和重点建设区域，在宜建区范围内划定优先建设区。

近年来，GIS 分析技术由于大数据分析处理和可视化表达上的优势，在市政类规划的分析过程中广泛运用。在综合管廊建设区域分析中，可以采用 GIS 分析技术辅助区域筛选和叠加分析。通过叠加分析，最终得到区位分析成果。

15.7.2 管廊建议线路确定因素分析

综合管廊建设时机非常重要，应尽量与轨道、道路新建、道路改造、新城建设以及旧城整体改造等大型城市基础设施整合建设，如果错失这些机会，实施综合管廊的可能性就将极其微小。

1. 选线区域

选线范围主要在宜建区内。但考虑各片区综合管廊系统的连通以及与电力隧道、轨道建设等基础设施共建的可能性，部分综合管廊可设置在宜建区外围附近。

2. 交通影响

对城市交通和景观影响重大的主、次干道或快速干道，在其新建、改建、扩建或大修时，可以考虑建设综合管廊，这样可以大大提升城市的品质，减少因为市政管线开挖道路影响城市交通和景观。

3. 管道安全

保障管道安全是综合管廊建设的主要目的之一，规划中以保护市政干管为重点，保证系统安全。综合管廊内至少设置一根市政干管（如 $DN500$ 及以上给水管、110kV 及以上电力电缆、通信骨干和主干管等）。

4. 管位需求

在一些管位相对紧张的路段可考虑建设综合管廊。长久以来，我国对于地下管线的间歇性投入并没有带来城市治理的长足进步。市政管理的各部门在管道敷设方面各行其是，地下管线的数量剧增却无序，地下管网犹如一座座巨大的迷宫。因此，在这些管线种类较多、管位相对紧张的路段建设综合管廊，不仅大大节省城市地下空间，而且便于对各种管线维护和管理。

5. 地下空间

综合管廊可考虑结合其他地下空间开发进行建设。为了避免重复开挖，保证地下空间的合理分配，综合管廊可考虑结合其他地下空间开发进行建设，如地铁、地下商场、地下停车场、地下人防设施以及其他地下市政设施（如电力隧道、地下变电站等）等。

6. 环境景观

环境景观要求高的城市区域是综合管廊路由选择的重要指标，如城市广场、景观走廊、景观大道、城市门户区域等。当然综合管廊人员出入口、强制通风口等附属设施需要露出地面，因构造特殊、间隔距离短而对城市道路景观有着重要的影响，因此建议对综合管廊工程构筑物进行设计时，应在满足使用要求的前提下，将其纳入街道景观、绿化小品等范畴进行系统规划和设计。

7. 经济可行性分析

经济可行性是评价综合管廊合理与否的重要指标，虽然综合管廊敷设成本要高于各类管线独立直埋的成本，但从长远看可以节省增设、改造管线需要重复开挖道路的费用及因此造成的影响，而且延长管线的使用寿命，由此带来的效益远大于增加的成本。经济分析主要是对不同路由进行比较，一般管线越复杂、道路越繁忙则综合管廊的效益越明显。

8. 周边用地功能

公建设施集中的用地管线需求量大、使用单位更替较频繁带来管线增加、改造的几率较大，需要综合管廊来解决道路开挖的问题。

9. 其他基础设施建设

结合地铁建设、道路新建、道路改建、高压线下地以及地下空间开发等重大基础设施建设实施综合管廊，将大大节省投资。机场、车站、码头、立交桥，与河流、沟渠交叉口等困难路段可以通过综合管廊来解决。

15.7.3 管线入廊分析

1. 重力流污水管线入廊分析

综合管廊是否纳入某种管线，应以技术可行、经济合理、安全第一以及维护管理等因素综合考虑。污水重力流管自身是一种独立的系统，通常每隔一定的距离即要求设置人孔供人员进入维修，并需设置泵站进行提升，并且所收集的污水会产生硫化氢、甲烷等有毒、易燃、易爆的气体，若将污水重力流管线纳入综合管廊中，不仅要求综合管廊的纵断面随之变化，而且也须每隔一定的距离设置通风管道，以维持空气的正常流动，有时还需配备硫化氢、甲烷气体的监测与自动消防设备，无疑将极大地提高综合管廊的造价。

将污水重力流管线纳入综合管廊之中，其优点是将各种管线综合置于同一构筑物之间，但却因此限制了综合管廊纵断面坡度，加大了综合管廊的埋深与横断面尺寸，工程造价骤增甚巨。另一方面，将污水重力流管线纳入综合管廊，也增加了综合管廊中其他管线与用户的接户问题，而且还需相应调整邻近地区的污水埋深，重新调整污水管线的埋深。污水管如纳入综合管廊，需采取单独设舱的形式，管廊断面增加最小约 2.0m，最大约 4.3m，每公里投资增加 20％～25％（表 15-3）。

污水管道如纳入综合管廊，需满足以下三项先决条件：

(1) 污水干管和综合管廊规划路由相同。

(2) 污水管道需为覆土较浅的干线上游段，避免因覆土过深导致综合管廊工程造价增加。

(3) 污水管道的纵坡和道路纵坡相近。

污水入廊优缺点比较　　表 15-3

污水管道直埋		污水管道入廊	
优点	缺点	优点	缺点
(1) 主体结构较简单；(2) 不需特殊考虑纵坡协调；(3) 管道施工影响范围较小；(4) 工程造价较低	无法达到全路段全部管线入廊的目标	(1) 可以整合纳入各专业管线；(2) 避免污水管道和综合管廊的高程冲突	(1) 限制综合管廊的纵坡；(2) 漏水问题不易克服；(3) 纵坡因素使管廊主体结构横断面增大，且如需配合管线覆土深度，工程造价将剧增；(4) 接户管及不同方向的污水支管连接问题很难克服

综合管廊不可以强制收纳污水管线，而是污水管道符合上述三项先决条件后，才考虑纳入综合管廊。并建议纳入污水管道的综合管廊路段需配合污水管线的施工年限，同时实施避免道路重复开挖。

同时，另需特别注意的事项有：

(1) 注意污水管道渗漏时，对其他同舱敷设管道的影响。

(2) 注意污水产生的有害气体，对维护人员的影响。

(3) 人员出入口应分开设置，防止污水管道的臭味弥漫至其他管道空间。

2. 天然气管线入廊分析（中压、次高压）

据统计，当天然气管线采用传统的直埋方式时，全国每年因邻近地区施工等各种因素引起的天然气管爆裂事故多达数百例，仅 2008 年深圳市燃气集团对天然气管抢修次数共为 380 次，上海 1999 年短短 30 天内就发生了 7 起，据了解都不是天然气管自身爆管发生的事故，基本都是邻近地区施工等各种因素引起的天然气管爆裂事故，这些事故往往引起城市火灾或人员伤亡，后果十分严重。因此从城市防灾的角度考虑，把天然气管线纳入综合管廊是有利的。

从总体而言，将天然气管线纳入综合管廊，具有以下的优点：

(1) 不易受到外界因素的干扰而破坏，如各种管线的叠加引起的爆裂、砂土液化引起的管线开裂和天然气泄露、外界施工引起的管线开裂等，提高了城市的安全性。

(2) 纳入综合管廊后，依靠监控设备可随时掌握管线状况，发生天然气泄露时，可立即采取相应的救援措施，避免了天然气外泄情形的扩大，最大程度地降低了灾害的发生和引起的损失。避免了管线维护引起的对城市道路的反复开挖和相应的交通阻塞和交通延滞。

天然气管线纳入综合管廊时，也存在不利因素，主要是平时使用过程中的安全管理与安全维护成本高于传统直埋方式的维护和管理成本，但其安全性得到了极大的提高，所造成的总损失也得到了显著降低。

因此综合考虑城市安全性和综合管廊安全性，建议天然气管可单独设舱进入综合管廊，应采取有效的防护措施，如采用优质管材、加强综合管廊内部对天然气的监测等，以保证纳入天然气管线的综合管廊的安全性。天然气管道纳入综合管廊，将增加横断面宽度约1.9m，每公里投资增加25%～30%。

天然气管线纳入综合管廊内的施工作业安全管理，应包括火源管制、人员管制、可燃性气体浓度检测等应变措施，分述如下：

(1) 由于易燃气体的引爆大都因吸烟所引起，所以在可能出现易燃气体的隧道中，应禁止吸烟；并在综合管廊明显处设置告示牌，并于进入综合管廊入口前由安保等人员先行检查。

(2) 综合管廊中尽量避免使用火焰切割或进行电焊工作，如有需要，应取得安检人员的许可，并由管制人员在现场全程量测可燃性气体之浓度，证实安全无虞时才可施工，现场必须备有消防器材。

(3) 综合管廊内之机具、设备必需采用防爆型器具，以防止因静电而产生火花。

(4) 任何人员进入综合管廊施工前均需取得管制人员或管理中心值班人员之同意后才可以进入。

(5) 可燃性气体浓度侦测为防止发生气爆或火灾，指定人员检测气体浓度，且此检测人员必须在进入综合管廊作业开始前、地震发生后与可能出现可燃性气体处，对于可能出现可燃性气体的地方进行浓度检测，并且将结果做成记录。

3. 电力管线入廊分析

电力管线在综合管廊内可以灵活布置、较不易受综合管廊纵横断面变化限制的优点，而且传统的埋设方式受维修及扩容的影响，造成挖掘道路的频率较高。而且随着城市经济综合实力的提升及对城市环境整治的严格要求，目前在国内许多大中城市都已建有不同规模的电力隧道和电缆沟。电力管线从技术和维护角度而言纳入综合管廊已经没有障碍。

电力管线纳入综合管廊需要解决的主要问题是防火防灾、通风降温。在工程中，当电力电缆数量较多时，一般将电力电缆单独设置一个舱位，实际就是分隔成为一个电力专用隧道。通过温感电缆、自然通风辅助机械通风、防火分区及监控系统来保证电力电缆的安全运行。

2016年5月26日，住房城乡建设部和国家能源局发布了《关于推进电力管线纳入城市地下综合管廊的意见》(建城〔2016〕98号)，提出鼓励电网企业参与投资建设运营城市地下综合管廊，共同做好电力管线入廊工作。意见指出，电力等管线纳入管廊是城市管线建设发展方式的重大转变，有利于提高电力等管线运行的可靠性、安全性和使用寿命；对节约利用城市地面土地和地下空间，提高城市综合承载能力起到关键性作用，对促进管廊建设可持续发展具有重要意义。

意见中要求：城市编制管廊专项规划时，要充分了解电力管线入廊需求，事先征求电网企业意见，合理确定管廊布局、建设时序、断面选型等。各级能源主管部门和电网企业编制电网规划，要充分考虑与相关城市管廊专项规划衔接，将管廊专项规划确定入廊的电力管线建设规模、时序等同步纳入电网规划。城市内已建设管廊的区域，同一规划路由的电力管线均应在管廊内敷设。新建电力管线和电力架空线入地工程，应根据本区域管廊专项规划和年度建设，同步入廊敷设；既有电力管线应结合线路改造升级等逐步有序迁移至管廊。

综上所述，电力电缆应作为纳入综合管廊的重要管线，从规划编制到年度建设计划、从工程标准到入廊管廊和保障措施，都应充分考虑电力电缆入廊的需求。同时，为避免电力电缆对维护人员造成的电力安全事故，以及信息受电磁干扰的问题，综合管廊在设计中必须做出电力事故与电磁干扰的防治措施。

15.7.4 复合型缆线管廊的应用

在《城市综合管廊工程技术规范》GB 50838—2015 中，对缆线管廊进行了定义，即采用浅埋沟道方式建设，设有可开启盖板但其内部空间不能满足人员正常通行要求，用于容纳电力电缆和通信线缆的管廊。但是在现有规范定义的缆线管廊中，加入小口径（一般不大于 *DN*400）的给水管或再生水管，缆线管廊的作用将会更突出，如图 15-3 所示。这种缆线型管廊可以称为“复合型缆线管廊”。

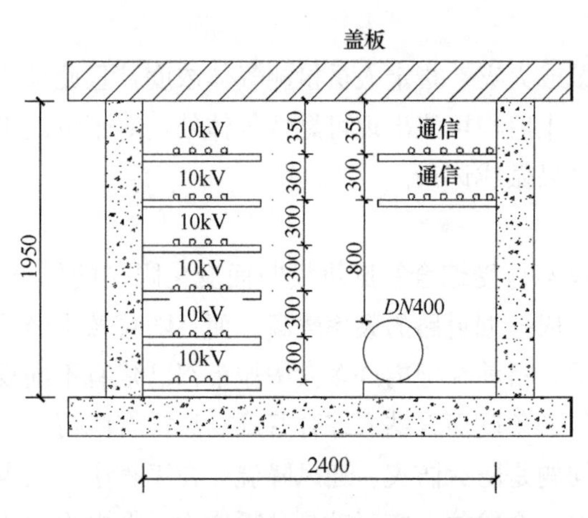

图 15-3 复合型缆线管廊断面示意图

复合型缆线管廊净空高度一般在 2m 以内，设有可开启盖板；工作通道不要求通行，无照明、通风等附属设施。电力管线不超过 24 回，通信管线不超过 12 孔，给水管道、再生水管道等管径不大于 *DN*400。具有投资省、空间集约、实施性好等特点。

复合型缆线管廊适用于旧村综合整治等道路狭窄区域或者埋置深度受限的地区，城市一般居住区、产业园区、城中村等管线需求少，道路宽度有限的地区。复合型缆线管廊还可以作为综合管廊与地块或者建筑内部连通的一种形式，用于解决综合管廊与周边用户衔接的问题。

尽管复合型缆线管廊具有诸多优势，但是在应用过程中仍存在部分争议，主要的争议点集中在其规范标准、安全及运营维护等方面。为了能更好地应用复合型缆线管廊，建议国家尽快制定相关标准，同时试点建设复合型缆线管廊积累经验。

第16章　竖向详细规划

16.1　工作任务

根据场地现状及用地规划情况，结合周边场地衔接的需要，制定利用与改造地形的合理方案；确定城乡建设用地规划地面形式、控制高程及坡度；提出有利于保护和改善城乡生态、低影响开发和环境景观的竖向规划要求；提出城乡建设用地防灾和应急保障的竖向规划要求。

16.2　资料收集

竖向详细规划需要收集的资料包括：地形地质资料、市政管线及地下空间规划资料、相关规划资料、规划区场地平整资料及基础资料等[104]，详见表16-1。

竖向详细规划主要资料收集汇总表　　表16-1

序号	资料类型	资料内容	收集部门
1	地形地质资料	（1）规划区及邻近地区近期的地形图（1∶1000）； （2）规划区及邻近地区近期的地质勘探资料	国土部门、 土地整备部门
2	市政管线及地下空间规划资料	（1）规划区市政管线现状及规划资料（主要是污水和雨水管线）； （2）规划区地下空间开发规划或地下空间开发要求	市政管理部门、 规划部门
3	相关规划资料	（1）上一版或上层次竖向专项规划资料； （2）防洪工程专项规划； （3）排水工程专项规划； （4）河流、水库、湖泊、海域等水体资料； （5）江、河、海堤的常水位标高、河床标高、防洪（潮）标准及防洪标高、防洪堤的标高等资料； （6）河道通航标准	水务部门
4	规划区场地平整资料	（1）规划区场地平整现状及规划情况； （2）规划区及周边填土土源和弃土源的分布、规模及使用情况； （3）规划区及周边区域的余泥渣土收纳场专项规划； （4）余泥渣土运输车辆的运输路线组织情况； （5）规划区永久性建（构）筑物、重要文化遗产、文物古迹的防洪要求及现状标高	城市管理部门、 土地整备部门

续表

序号	资料类型	资料内容	收集部门
5	基础资料	（1）规划区及相邻区域地形图（1/2000～1/500）； （2）卫星影像图； （3）用地规划（城市总体规划、城市分区规划、规划区及周边区域控制性详细规划、修建性详细规划等）； （4）城市更新规划； （5）道路交通规划； （6）道路施工图； （7）规划区近期开发项目分布情况	国土部门、规划部门、交通部门

16.3 技术路线

竖向详细规划与城市防洪排涝规划、城市规划等相关规划密切相关，在对现状情况充分认识与分析的基础上，结合发展规模和城市规划定位，提出竖向规划的策略、原则，结合竖向规划的原则和规划思路，形成初步竖向规划成果，并根据土石方工程量及市政管线等方面的协调要求，对竖向成果进行校核修改，最终形成竖向规划方案，并提出实施指引及建议，如图 16-1 所示。

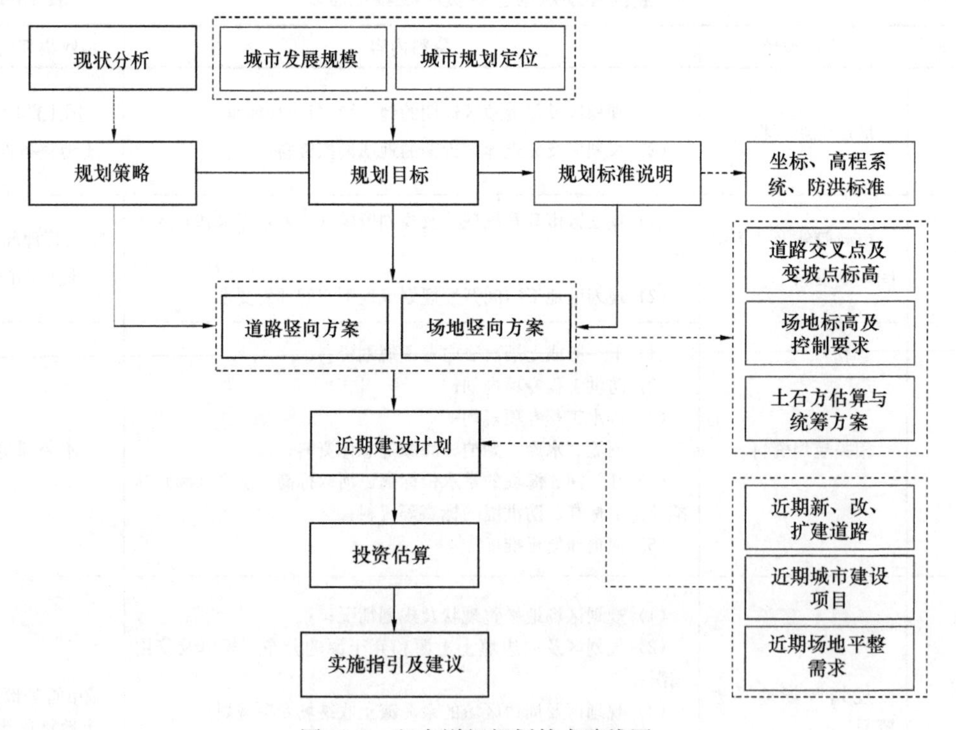

图 16-1　竖向详细规划技术路线图

16.4 文本内容要求

（1）防洪标准及标高确定：明确规划的防洪标准和防洪标高，确定河流堤防建设情况，确定场地最低竖向控制标高。

（2）场地和道路排水方向：简要说明规划整体场地及道路排水方向，提出主、次、支路网围合地块的排水组织及方向。

（3）场地及道路控制标高：简要说明场地及道路的控制标高确定依据及标准，划分竖向分区，介绍各分区内的竖向规划方案，明确道路交叉点、变坡点控制标高及道路的坡度、坡长、坡向。

（4）土石方估算：简要说明规划区土石方总体情况，分别介绍各竖向分区的土石方估算量和土石方平衡情况，提出竖向分区内部及规划区范围内的土石方调配方案。

16.5 图纸内容要求

竖向详细规划图纸应包括现状高程分析图、现状坡度分析图、现状竖向限制性要素汇总图、场地竖向分区图、场地及道路竖向规划图、场地排水规划图、土石方平衡分析图、土石方调配方案图、关键节点竖向示意图等，其具体内容如下：

（1）现状高程分析图：主要对规划内的现状高程情况进行分析。

（2）现状坡度分析图：主要对规划区内的现状坡度情况进行分析。

（3）现状竖向限制性要素汇总图：标明规划区范围内竖向限制性要素［包括但不限于永久性建（构）筑物、不可移动历史文物、现状重要场地、道路、桥梁、河流堤坝等］的位置、竖向控制标高等信息。

（4）场地竖向分区图：划定竖向分区，并作为土石方分区的基础。

（5）场地竖向规划图：标明主、次、支道路所围合地块的场地规划平均标高和地块角点标高。

（6）道路竖向规划图：标注主、次、支道路交叉点（变坡点）的竖向标高、道路长度及坡度、坡向。

（7）场地排水规划图：标明主、次、支道路所围合地块场地排水的方向及出路。

（8）土石方平衡分析图：标明各竖向分区在竖向方案下土石方的挖方与填方情况。

（9）土石方调配方案图：标明土石方的调配路径、挖方去向、填方来源等情况。

（10）关键节点竖向示意图：标明规划区内竖向比较复杂的关键节点及路段的断面竖向安排，包括规划区内重要节点景观视线通廊的竖向情况。

16.6 说明书内容要求

竖向详细规划说明书应包括前言、概述、规划区概况、竖向现状及存在问题、相关规划解读、目标与思路、竖向规划方案、土石方统筹、分期实施计划等。

(1) 竖向现状及存在问题：包括规划区自然环境（包括气象、水文、地形、地貌、地质等）情况及存在问题分析，梳理重大的竖向限制性因素（包括但不限于重要建构筑物、不可移动文化遗产、重要桥梁、道路标高、河流堤防等）的现状竖向情况及竖向控制要求。

(2) 相关规划解读：包括对规划区控制性详细规划、道路交通专项规划、防洪排涝规划、市政管线及地下空间规划的解读，分析各类规划对竖向规划的影响，确定竖向规划的相关依据。

(3) 目标与思路：包括提出竖向规划目标、规划原则、规划思路、规划策略等。

(4) 竖向规划方案：包括竖向设计构思，竖向限性因素分析，划分竖向分区，通过与用地布局、城市景观、道路广场、防洪排涝系统的协调，确定规划地面形式、道路及场地的排水方向、道路及场地竖向控制高程、竖向重要节点控制、竖向方案综合评估。

(5) 土石方统筹：估算各分区土石方量，确定土石方整体平衡情况及土方调配方案，确定土石方的挖方与填方区域；土石方的调配情况包括挖方去向、填方来源等情况。

16.7 关键技术方法分析

16.7.1 竖向详细规划中常用的规划方法

竖向详细规划的主要任务是结合规划区及其周边的现状道路、用地和自然地形地貌，根据规划范围内的用地功能和布局，确定规划区内的场地排水方向、道路标高、地块标高、估算土石方工程量等。竖向规划中常用的规划方法有纵横断面法、设计等高线法和设计标高法[105]。

1. 纵横断面法[106]

基本原理：按道路纵横断面设计原理，将用地根据需要的精度绘出方格网，在方格网的每一交点上注明原地面高程及规划设计地面高程，并连线形成自然地形和设计地形断面。沿方格网纵轴方向的断面称为纵断面，沿方格网横轴方向的断面称为横断面，通过形成纵横断面，对场地竖向进行精确设计。

适用范围：用地场地地形比较复杂的地段，或对场地竖向设计要求较精确时采用。

主要步骤：

(1) 根据现状地形及对竖向设计的精度要求，在场地总平面图上绘制方格网。方格的边长可采用 10～100m，方格的边长与场地大小、总平面图比例和竖向要求的精度有关。一般来说，图纸比例较大，精度要求较低时方格的边长就大，图纸的比例较小，精度要求较高时，方格的边长就小，一般情况下取 50m。

(2) 根据场地现状地形图中的自然等高线，用内插法求出方格网中交点的自然标高，并标注在交点右上方的横线上面。

(3) 根据相关防洪排涝标准及相关规范对场地的最低控制要求，确定起点设计标高，并以此推算纵、横断面的设计起点。然后，以起点标高作为基线标高，根据图纸比例要求，绘出场地自然地形的方格网立体图。

（4）结合场地雨水排放条件、不同性质用地对场地的坡度要求、土方工程量的平衡条件、场地平整计划和技术条件的要求等因素，合理确定规划区范围内场地纵向和横向坡度以及方格网交点的设计标高。

（5）通过方格网立体图中设计地形与自然地形的高差，计算出场地的填、挖方工程量。根据不同地区城乡建设用地土石方工程量的定额指标和土石方量平衡标准要求，以及排水、雨水等管线对场地竖向的要求、场地平整建设时序等因素，对上述方案中确定的设计标高进行校核优化，直到竖向方案能满足各方要求。

2. 设计等高线法

基本原理：通过确定道路交叉点、变坡点的标高和坡度，以道路网标高为骨架，将同一场地的设计标高相同的点用直线或曲线连接起来表示设计地面标高，进一步确定整个场地的控制标高的方法。

适用范围：用于地形变化不太复杂的丘陵地区的场地竖向设计；用于要求平整很严格的场地，如广场、大门前以及复杂的道路平交地段的竖向设计；大量用于城镇建筑场地的竖向设计。

主要步骤：

（1）根据已有规划方案（一般以控制性详细规划为基础），在已确定的主干道路网中，确定次干道、支路的道路中心线和红线。

（2）根据规划区内的主次支道路的断面设计资料，确定的城市干道的交叉口的标高及变坡点的标高，定出支路与干道交叉点的设计标高，并从而最终求出每一条道路的中心设计标高。

（3）以道路横断面的坡度要求，求出道路红线的设计标高。同时根据场地的地面排水要求，确定地块排水的最低点标高，并以此作为场地的控制标高。若道路红线的设计标高与场地内部的自然标高相差较大时，可以通过设计一定的过渡斜坡，使道路与场地衔接尽量顺畅。

（4）确定场地设计形式。若场地内自然地形坡度较大时，可根据相关要求将场地设计为台阶式或混合式，但应尽量保持在底层房屋前有一块较平整的室外用地。城市道路中的人行通道，其坡度及线型应配合自然地形，在某些坡度大的地段（如大于8%时），可以通过设计一定的过渡台阶，并在台阶一侧做坡道，以便非机动车上下，一般坡度应小于2.5%。

（5）确定场地排水。场地内的地面排水，可以根据不同的地形条件，采用不同方式。可结合周边地形分析，划分为一个或者多个排水区域，分别向邻近的道路排水。

（6）协调管线关系。污水管线一般采用重力流形式，与地面竖向标高关系紧密。竖向设计应满足污水管进入污水厂的最低处埋深要求。一般情况下，给水管线走向及坡度对竖向的要求较小，只要保证给水管正常埋深即可。

综上，可以初步确定规划区内道路交叉点、地块四周红线标高，将相邻标高相同的点进行连接，从而形成大片地形的设计等高线，用以确定规划区整体竖向情况。

3. 设计标高法

基本原理：是用设计标高点和箭头来表示设计地面控制点的标高、坡向及排雨水方向。

适用范围：主要适用于建设场地起伏小、地形较平坦、场地雨水排除顺利的场地。

主要步骤：

（1）首先根据自然地形起伏变化，确定场地的平均设计标高。

（2）根据自然地形及雨水排出口位置，确定场地的纵、横向坡度及排雨水方向。

（3）确定道路起点、终点、交叉点、变坡点标高以及铁路轨顶、桥梁桥面标高。

（4）根据道路标高推算地块角点的设计标高。

（5）根据场地竖向、道路纵坡确定排雨水方向，并用箭头表示。

该方法优点是工作量小，图纸表达速度快，且便于后期修改和变动，缺点是精度不高，平均设计标高的确定需要有充分的经验，部分地区标高精确性较差。

16.7.2 竖向详细规划中的土方计算方法

在现实的工程建设中，常需要将自然地貌改造为水平的或带有一定坡度的场地，以便适于布置各类建筑物和构筑物，这一过程中就会出现土方量的问题。目前，关于土方量计算的方法较多，但其原理一般都是将场地简化为各种不规则的几何体，通过平均值或近似值来进行计算。在市政详细规划中，根据场地的大小和精度要求，竖向规划常用的土方计算方法有方格网法、断面法和 DTM 法等[107]。

1. 方格网法

基本原理：

大面积的土石方估算常用该法，适用于地形起伏较小、坡度变化平缓的场地。基本步骤是首先将场地划分为若干方格（市政详规阶段根据地块大小，一般取边长 50～100 m 的正方形），从地形图或实测得到每个方格角点的自然标高，由给出的地面设计标高，根据各点的设计标高与自然标高之差即为各角点的施工高度（挖或填），一般以“＋”号表示填方，“－”号表示挖方。将施工高度标注于角点上，然后分别计算每一方格的填挖土方量，如果有设计边坡还应计算场地边坡的土方量，所有方格的工程量之和与边坡土方量之和即为整个场地的工程量。方格网法计算公式很多，用不同的计算公式，工作方案和程序便不一样。一般用水准测量或三角高程测量方法，测出方格网点的标高，计算方格网的平均标高 H 及面积 S，平均标高 H 可按下述几种方法计算：

（1）算术平均法。将格网的 4 个角点高程相加求和，除以点的总数即为平均标高。

（2）加权平均法。如果将每个方格的 4 个角点高程取平均即得该方格的平均高程。各方格的平均高程加在一起，除以方格数，即为该方格网的加权平均高程。各网点在计算平均高程使用时的次数即为该点的权。如图 16-2 所示，整个区域四个角 A、B、C、D 的高程在计算中只用了 1 次，边上各点的高程用了 2 次，而网格内各点的高程都用了 4 次。加权平均高程等于各网点的权乘以该点的高程的总和，除以各点权的总和。

$$H_{avg} = \sum_{i=1}^{m} H_i P_i / \sum_{i=1}^{m} P_i \tag{16-1}$$

式中　H_{avg}——各方格网点的加权平均值（m）；

H_i——各方格网点高程（m）；

P_i——各方格网点的权；

m——方格网点的个数。

但在实际作业中，考虑到各网点的实际权重情况，如图16-3所示，方格网角点A_1、A_4、B_4、D_1、D_3的设计标高只影响一个方格的土方量，故它的权重为1；边上角点的A_2、A_3、B_1、C_1、C_3、D_2的设计标高影响两个方格的土方量，故它的权重为2；B_3的设计标高影响三个方格的土方量，故它的权重为3；B_2、C_2的设计标高影响四个方格的土方量，故它的权重为4。根据上述权重，在实际作业时，计算填挖土方量平衡的设计高程的计算式为：

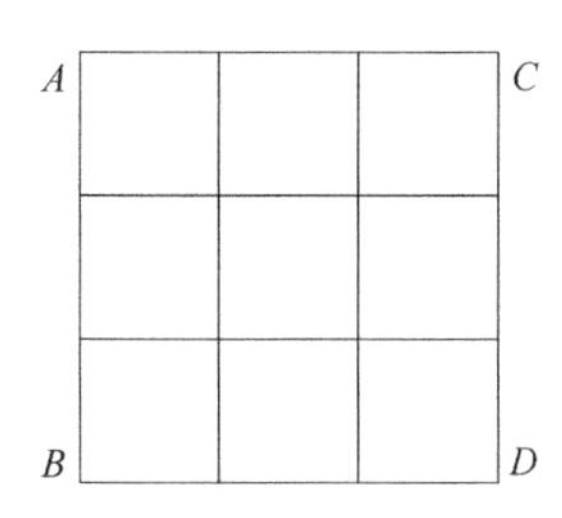

图16-2　土方计算地块示意图（1）

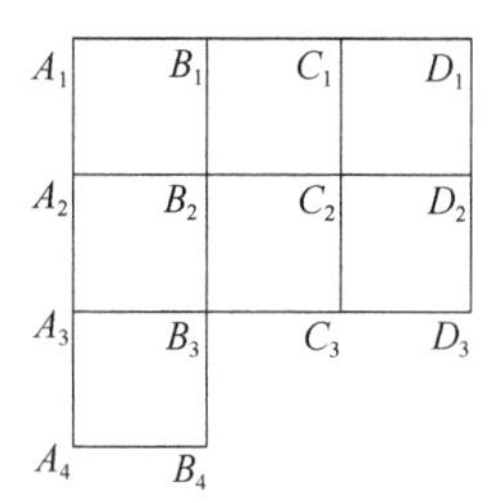

图16-3　土方计算地块示意图（2）

$$H_{设} = (\Sigma H_1 \times \Sigma H_2 \times \Sigma H_3 \times \Sigma H_4)/4M \tag{16-2}$$

式中　$H_{设}$——设计高程（m）；

H_1、H_2、H_3、H_4——一个方格、两个方格、三个方格、四个方格共用的角点标高（m）；

M——方格总数。

计算前应先确定“零线”的位置。零线即挖方区与填方区的分界线，在该线上的施工高度为零。零线的确定方法是：在相邻角点施工高度为一挖一填的方格边线上，根据上式求得的设计高程，在地形图中按内插法绘出零点的位置，将各相邻的零点连接起来即为零线，然后计算各方格顶点的填充高度（即施工高度）以及将挖方区（或填方区）所有方格计算的土方量和边坡土方量汇总，即得场地挖方和填方的总土方量。

根据方格网中的各角点填挖方情况及零线位置，可以将方格划分为三棱柱体、三棱锥体、底面为四边形的楔体、四角棱柱体等基本图形，各图形的具体计算方法可参考雷明编著的《场地竖向与设计》。

实例应用：

近年来，随着计算机技术的普及，土方计算不再需要人工手动计算，快速高效的计算机技术的引入，使得土方计算更加高效、准确。下面借助湘源控制性详细规划软件（软件版本6.0），介绍基于方格网法的土石方计算实例应用：

（1）首先，在土方计算前，需要进行基础数据的整理工作。首先，将原始地形的现状标高信息转化为湘源控规软件可识别的标高信息，具体操作为点击菜单栏中地形—字转高程命令。其次，将设计好的竖向设计方案，转化为湘源控规软件可识别的标高信息，具体操作为点击菜单栏中竖向—标高标注命令，在需要进行土方计算的地块四周标注上设计标高。

（2）第二步，生成方格网。点击菜单栏中的土方命令下的生成方格命令，软件会根据拾取封闭的地块范围线，按照设定的方格网大小生成需要进行土方计算地块的方格网。方格大小默认为20m，可根据场地大小进行调整，方格网越小，精度越高，误差越小，但计算速度越慢，反之亦然（图16-4）。

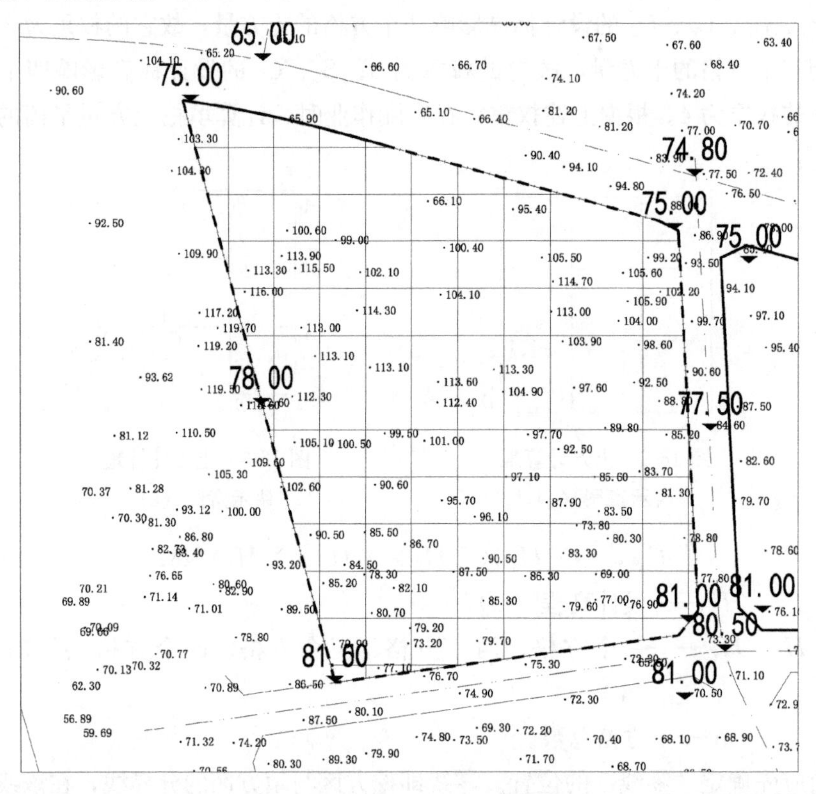

图16-4　生成方格网

（3）第三步，采集现状标高。点击菜单栏中的土方命令下的采集现高命令，软件会根据生成的方格网，自动拾取方格网交点处的自然标高并将其标注在方格网交点的右下角（图16-5）。

（4）第四步，采集设计标高。点击菜单栏中的土方命令下的采集设高命令，软件会根据生成的方格网，自动拾取方格网交点处的设计标高并将其标注在方格网交点的右上角（图16-6）。

（5）第五步，检查标高信息，如果现状标高或设计标高采集的信息有误，可以采用土方命令下的修改标高命令，对已经采集好的标高信息进行修改。

（6）第六步，计算土方。点击菜单栏中的土方命令下的计算土方命令，计算方式有常规和精细两种，默认为常规方式，在市政详规阶段，可根据场地大小自由选择（图16-7）。

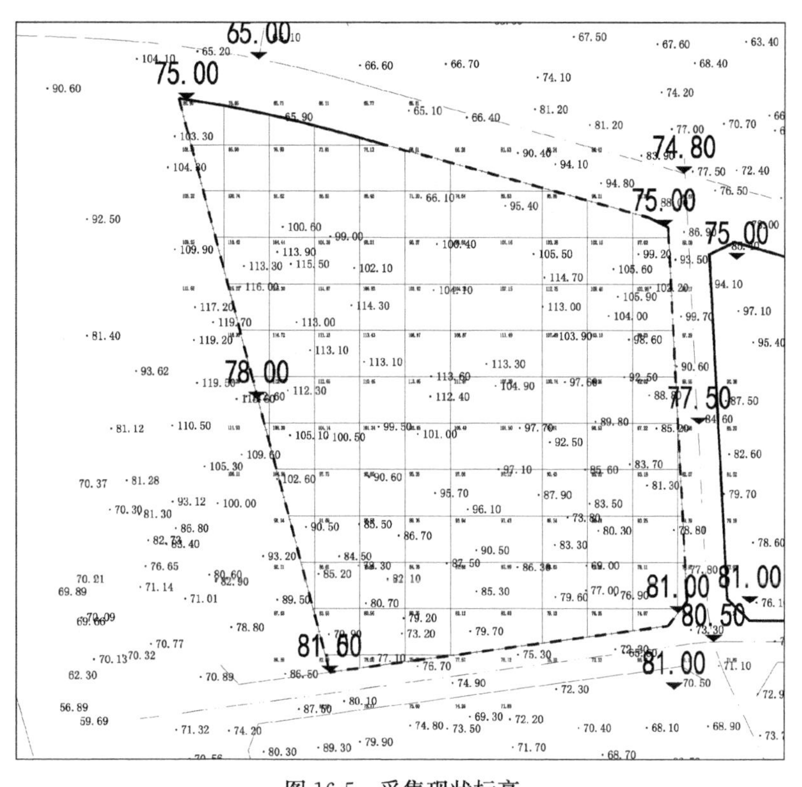

图 16-5　采集现状标高

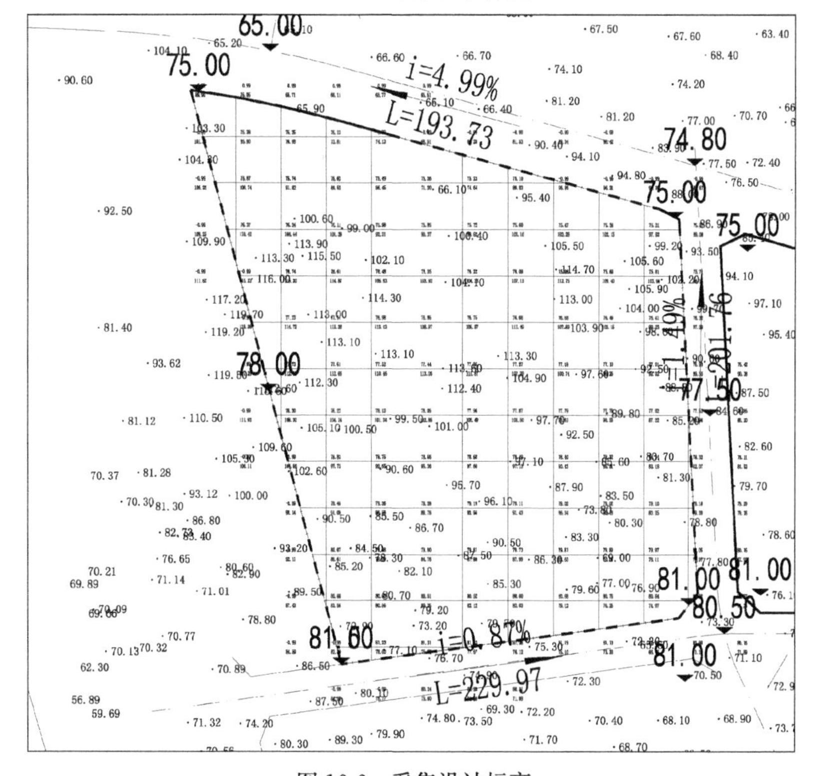

图 16-6　采集设计标高

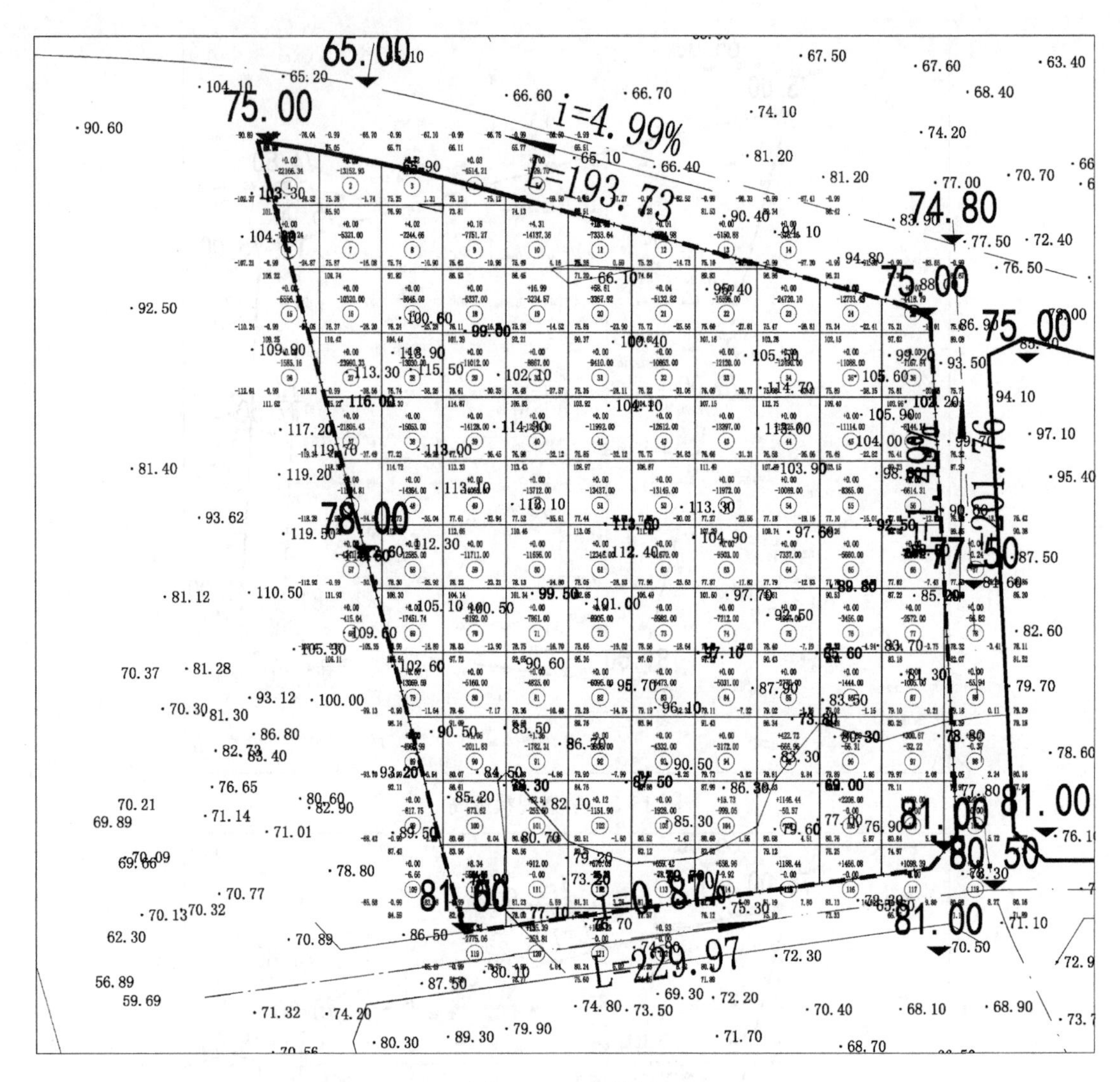

图 16-7　土方计算

（7）第七步，土方统计。点击菜单栏中的土方命令下的土方统计命令，对计算的土方进行统计，默认为按行统计（图 16-8）。

（8）第八步，生成土石方平衡表。点击菜单栏中的土方命令下的土石方表命令，根据需要生成土石平衡表，其中松土系数默认为 5%（表 16-2）。

土石方平衡表　　**表 16-2**

工程名称	土方量（m³）		备　注
	挖方量（+）	挖方量（−）	
场地平整	14050.89	818222.9	
松土量		40911.14	松土系数 5%
合计	14050.89	859134	
挖方与填方	845083.13		

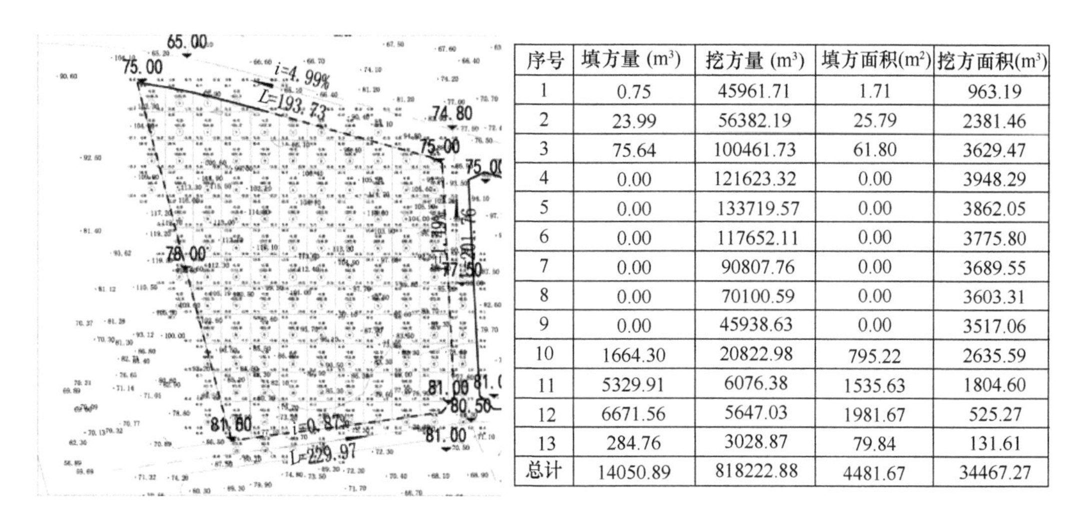

序号	填方量 (m^3)	挖方量 (m^3)	填方面积(m^2)	挖方面积(m^3)
1	0.75	45961.71	1.71	963.19
2	23.99	56382.19	25.79	2381.46
3	75.64	100461.73	61.80	3629.47
4	0.00	121623.32	0.00	3948.29
5	0.00	133719.57	0.00	3862.05
6	0.00	117652.11	0.00	3775.80
7	0.00	90807.76	0.00	3689.55
8	0.00	70100.59	0.00	3603.31
9	0.00	45938.63	0.00	3517.06
10	1664.30	20822.98	795.22	2635.59
11	5329.91	6076.38	1535.63	1804.60
12	6671.56	5647.03	1981.67	525.27
13	284.76	3028.87	79.84	131.61
总计	14050.89	818222.88	4481.67	34467.27

图 16-8　土方统计

2. 断面法

基本原理：

在地形图上或碎部测量的平面图上，根据土方计算的范围，以一定的间距等分场地，将场地划分为若干个相互平行的横截面，按照设计高程与地面线所组成的断面图，将所取的每个断面划分为若干个三角形和梯形，计算每条断面线所围成的面积，以相邻两断面面积的平均值乘以等分的间距，得出每个相邻两断面间的体积，将各相邻断面的体积加起来，最终求出总体积即为总土方量，如图 16-9 所示。

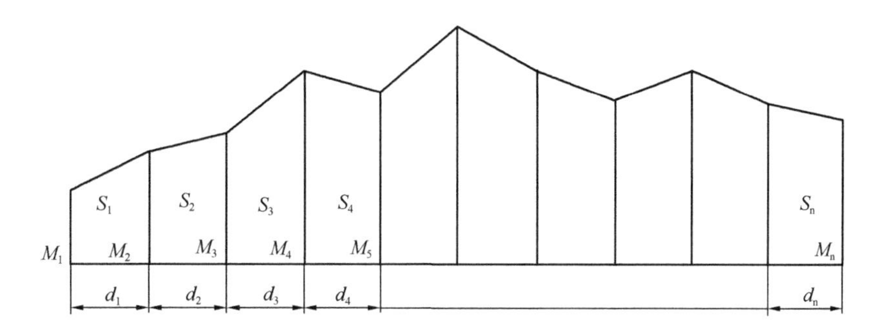

图 16-9　土方断面示意图

根据两相邻的设计断面得填挖面积的平均值乘以两断面的距离，从而得到两相邻横断面之间的填挖土石方的数量。

$$V=\frac{S_1+S_2}{2}\times d \tag{16-3}$$

式中　V——土石方量（m^3）；

S_1、S_2——相邻两横断面的挖方或填方面积（m^2）；

d——相邻两横断面之间的距离（m）。

实例应用：

在地形变化较大、场地狭窄的带状地区，可以用断面法计算土石方量，尤其适用于河道、鱼塘等条带形场地的土方计算。下面借助飞时达土方软件（软件版本 FastTFT V13.0），介绍基于断面法的土石方计算实例应用。

（1）首先，对基础数据进行处理。与湘源控规软件相似，需要将原始的现状自然地形信息和竖向设计的竖向标高信息转化为飞时达土方软件可以识别的数据，详细步骤不再阐述。

（2）第二步，确定计算范围。点击菜单栏中断面法—确定计算范围—绘制区域命令，选择需要进行土方计算的地块范围线，如果只有一个地块，则不需要绘制区块，如果有多个地块，可以通过绘制区块命令，选择多个需要进行土方计算的地块（图 16-10）。

（3）第三步，布置断面线。点击菜单栏中断面法——布置断面线命令。断面线起始位置、断面间距可以手动设置，默认断面间距为 20m，与方格网法相似，断面间距越小，则计算精度越高，反之亦然。其中，生成的断面及其间距也可根据需要添加或删除（图 16-11）。

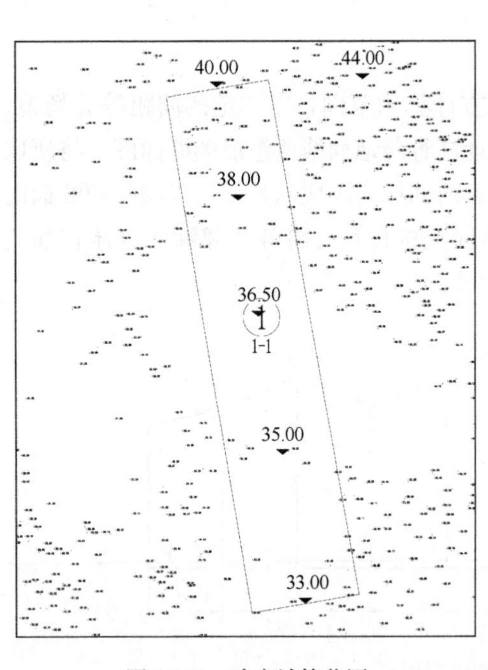

图 16-10　确定计算范围

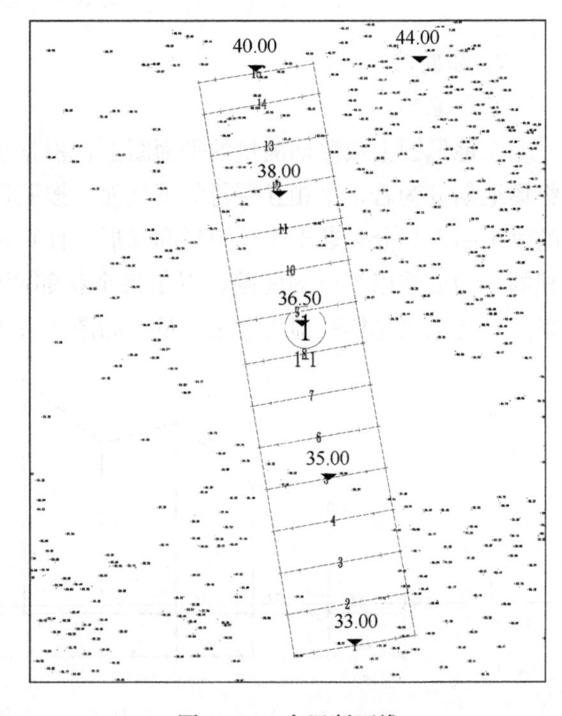

图 16-11　布置断面线

（4）第四步，采集自然标高与设计标高。点击菜单栏中断面法——采集自然标高和采集设计标高命令。与方格网法相似，自然标高和设计标高会自动被标注在断面上间隔点处，距离为上一步中设置的断面间距。其中，设计标高可以在自动采集后进行手动调整或删除（图 16-12）。

（5）第五步，绘制断面。点击菜单栏中断面法——绘制断面命令。软件会自动生成每个断面的剖面图，图中主要包含自然地面线和平土地面线（图 16-13）。

（6）第六步，计算土方。点击菜单栏中断面法——断面法计算中心命令。选择需要进

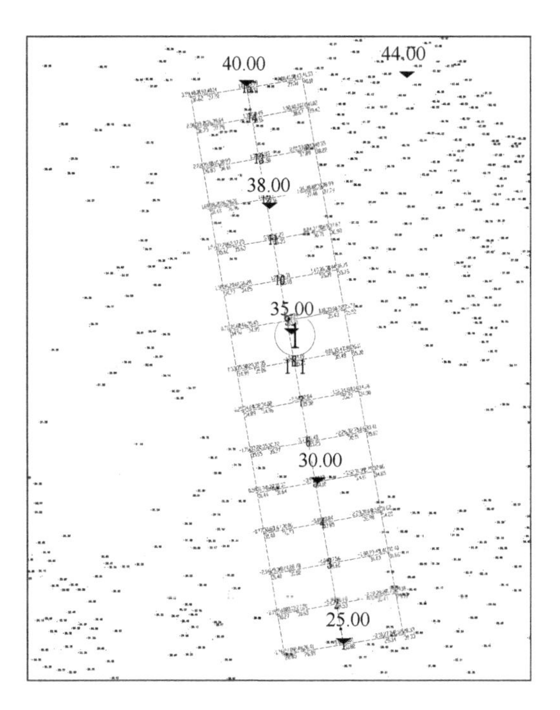

图 16-12　采集标高信息

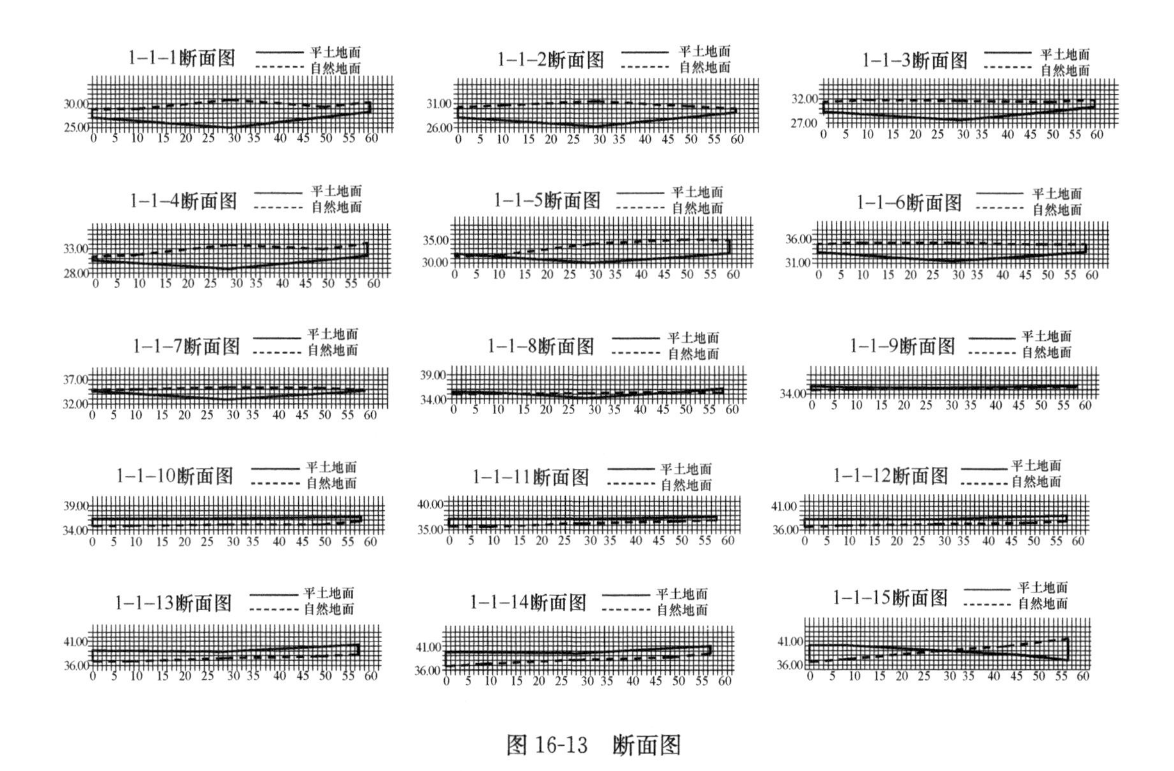

图 16-13　断面图

行计算的断面，计算土方量，将计算好的土方统计表绘制在图中，可以生成每个断面的挖填方量和最终的土方总量（表 16-3）。

土方量统计表 表 16-3

序号	横断面编号	挖方面积 (m²)	填方面积 (m²)	断面间距 (m)	挖方 (m³)	填方 (m³)	净土方量 (m³)
1	1	202.54	0				
2	2	198.2	0	20	−4007.3	0	−4007.3
3	3	171.3	0	20	−3695	0	−3695
4	4	173.98	0	20	−3452.9	0	−3452.9
5	5	146.9	1.5	20	−3208.8	15	−3193.8
6	6	161.03	0	20	−3079.3	15	−3064.3
7	7	82.16	0	20	−2431.9	0	−2431.9
8	8	18.24	7.86	20	−1004	78.59	−925.39
9	9	0	15.92	20	−182.42	237.81	55.39
10	10	0	76.91	20	0	928.36	928.36
11	11	0	63.23	20	0	1401.41	1401.41
12	12	0	69.29	20	0	1325.16	1325.16
13	13	0	103.96	20	0	1732.5	1732.5
14	14	0	105.48	20	0	2094.37	2094.37
15	15	53.6	56.87	14.78	−396.01	1199.4	803.39
合计	—	1207.95	501.02	274.78	−21458	9027.6	−12430

3. 数字高程模型法

数字地面模型（Digital Terrain Model，DTM）是以地面点的平面坐标和高程描述地表形状的一种方式。地表任意特征内容如土壤类型、植被、高程等均可作为DTM的特征值。以高程为特征值的数字高程模型也称为数字高程模型（Digital Elevation Model，DEM）。DEM用数字形式（X，Y，Z）坐标来表达区域内的地貌形态，以微缩的形式再现了地表形态起伏变化特征，具有形象、直观、精确的特点，在生产中有广泛的使用价值。DEM不仅应用于各种工程规划和地形分析，而且也被用于土方工程量的计算。[108]

基本原理：

根据实地测定的地面点坐标（X，Y，Z）和设计高程，通过生成三角网来计算每一个三棱锥的填挖方量，最后累计得到指定范围内填方和挖方的土方量，并绘出填挖方分界线。如果将DEM视为空间的曲面，填挖前后的两个DTM即为两个空间曲面，那么计算机便可以自动计算两个曲面的交线，也可以用一个铅垂面同时对两个曲面任意切割，并计算夹在两个切割下来的曲面间空间的体积，实际上就是土方计算的填挖交界线、填方量和挖方量。

土方计算的目的主要是计算同一地块开挖（或填充）前后的挖方量（或填方量），实际上就是计算体积。无论采用什么方法进行体积计算，都必须已知两个基本条件：(1) 开挖（或填充）前地面的起伏情况；(2) 开挖（或填充）后地面的起伏情况。土方工程量实际上是原始地表与设计地表之间的体积值。因此，只需在进行土方量计算的区域建立两个

DEM，一个为原始地表DEM，另一个为设计地表DEM，根据两个DEM的差即可求出所需计算区域的土方量。

实例应用：

从技术上看，DEM技术直接使用原始数据，且由于数据高程点密度大，所以DEM所提供的任意点高程精度好，剖面图的可信度高。随着ArcGIS软件的应用，对大数据的处理能力越来越强，同时也大大提高了作业精度和作业效率，所以在土方量计算中，通常将DEM法与ArcGIS软件相结合。下面借助ArcGIS软件（软件版本10.1），介绍基于DEM法的土石方计算实例应用：

（1）第一步，对基础数据进行处理。将现状地形标高和设计标高信息分别导入ArcGIS软件，点击系统工具箱中3D分析—数据管理—TIN—创建TIN命令，分别生成对应的不规则三角网即TIN数据，假设现状地形标高生成的TIN数据为TIN现状，假设设计标高生成的TIN数据为TIN设计（图16-14、图16-15）。

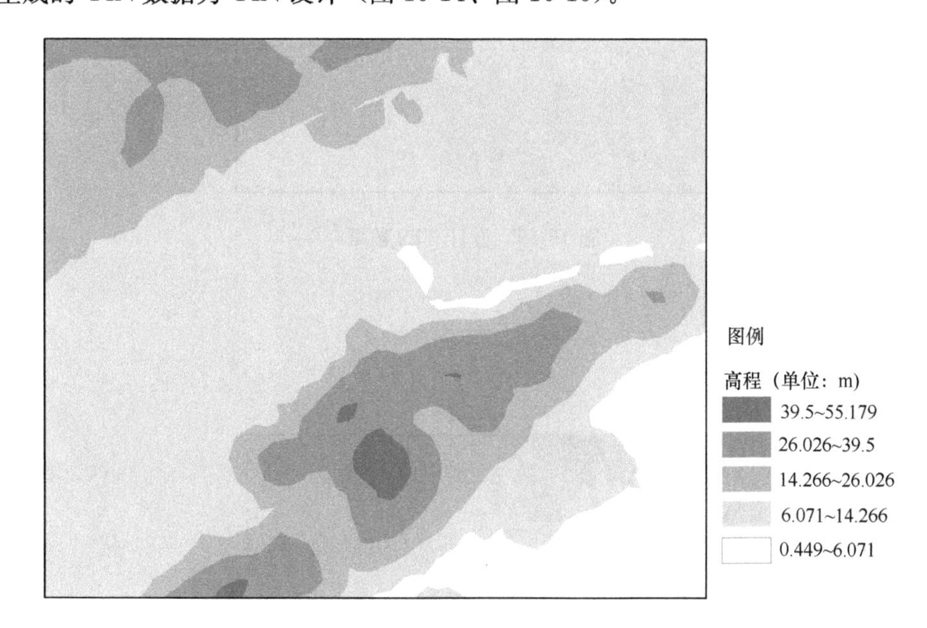

图16-14 现状TIN数据

（2）第二步，生成栅格数据。将上一步生成的现状和设计TIN数据分别转为栅格数据，点击系统工具箱中3D分析—转换—由TIN转出—创建TIN转栅格命令，分别生成对应的栅格数据，TIN现状生成的栅格数据为栅格现状，TIN设计生成的栅格数据为栅格设计（图16-16、图16-17）。

（3）第三步，确定计算范围。将需要进行土方计算的规划区范围线导入ArcGIS中，并转为Shapefile面文件，点击系统工具箱中空间分析—提取分析—按掩膜提取命令，将上一步的栅格数据按规划范围分别提出生成对应的栅格数据，栅格现状提取后生成的栅格数据为栅格现状土方，栅格设计提取后生成的栅格数据为栅格设计土方。

（4）第四步，计算土方。将上一步中生成的栅格现状土方与栅格设计土方进行相减运算，即可得到最终的土方量栅格图。点击系统工具箱中空间分析—表面分析—填挖方命

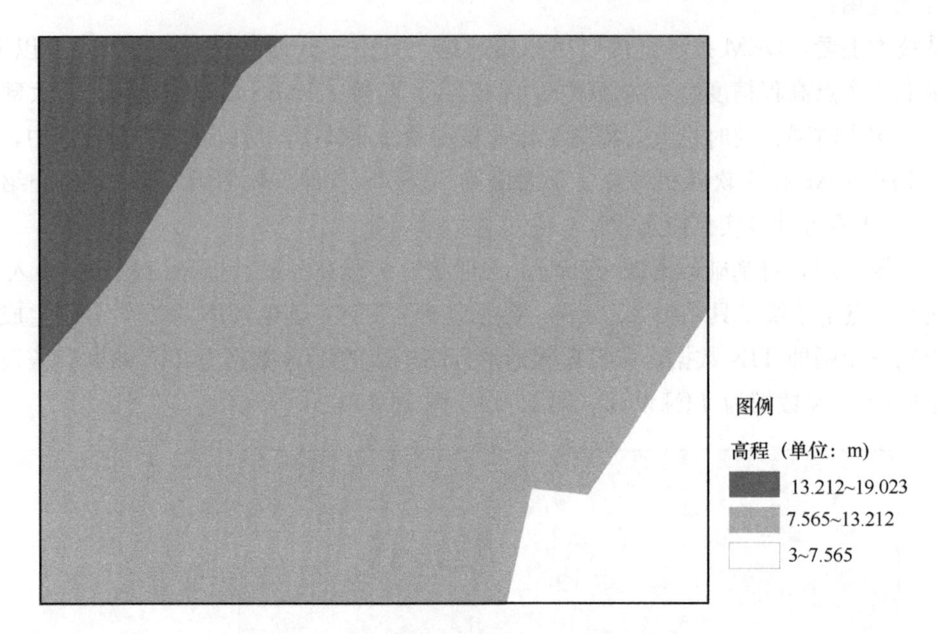

图 16-15　设计 TIN 数据

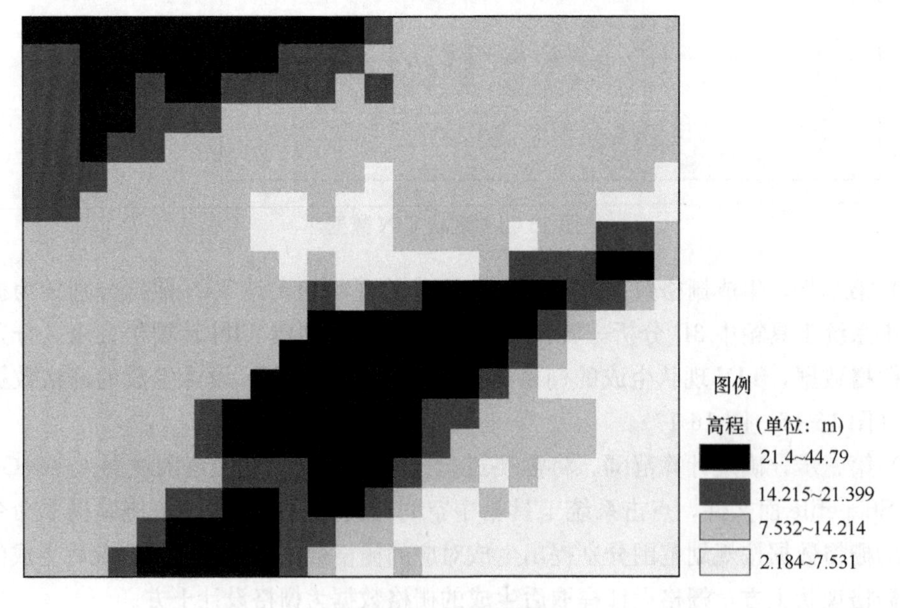

图 16-16　现状栅格数据

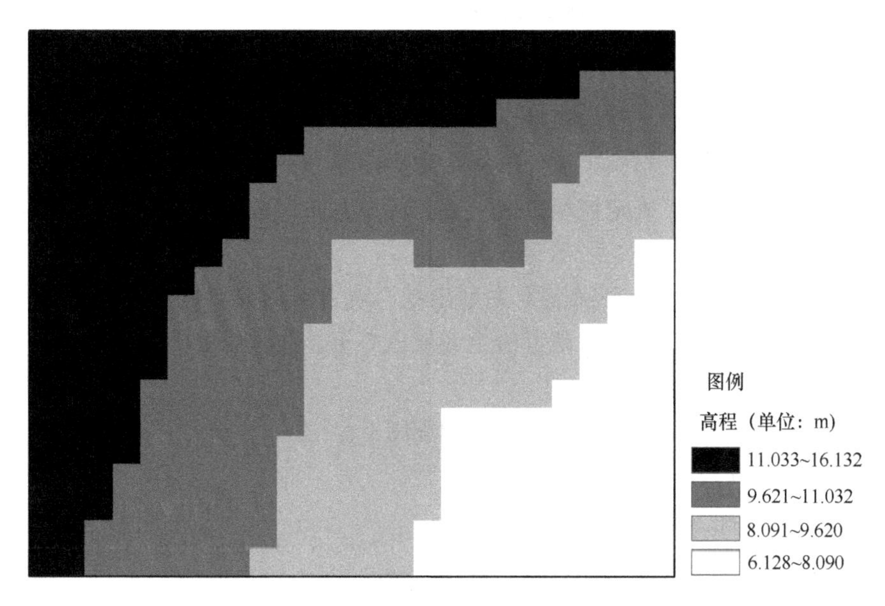

图 16-17　设计栅格数据

令，即可得到规划区范围内土方量大小的栅格数据。图中深色为填方区，浅色为挖方区，不挖不填的区域一般用白色表示（图 16-18）。

利用 ArcGIS 软件进行土方计算，具有计算速度快、操作简单等优点，缺点是需要对基础数据进行较为复杂的前期处理，此方法的计算结果可以作为常规计算方法的校核数据。

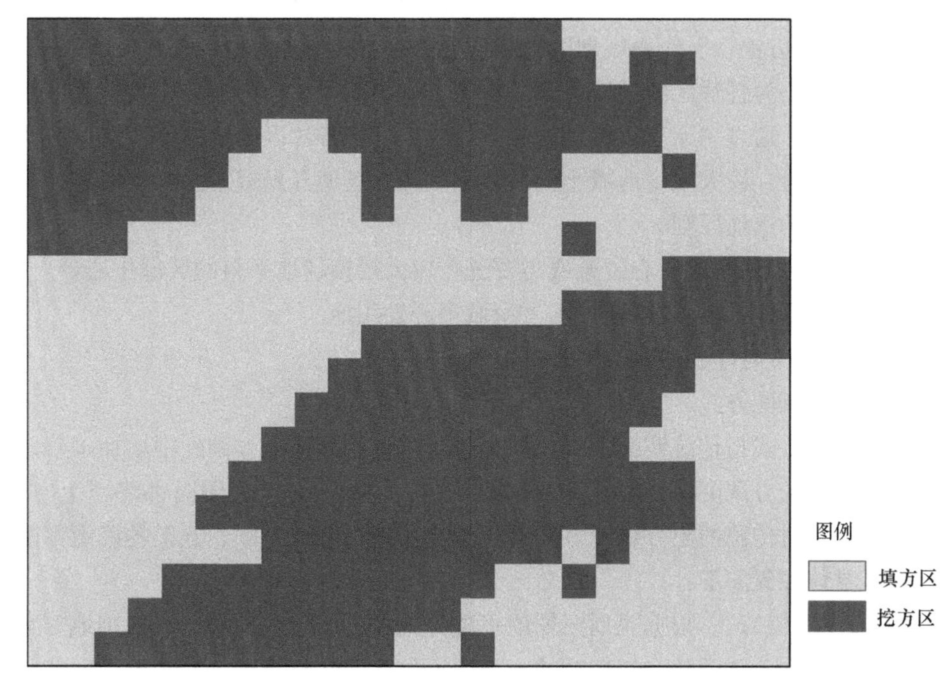

图 16-18　土方计算结果

16.7.3 竖向详细规划中土方调配的新思路及应用

1. 传统的土方调配

土方调配是在场地平整工程的填挖土方量计算后，确定填、挖方区土方的调配方向和数量。土方的调配是场地平整施工设计的一个重要内容。其目的是在土方运输量最小或土方运输费用最小的条件下，确定挖填方区土方的调配方向、数量及平均运距，从而达到缩短工期和降低成本的目的。其一般步骤如下：

(1) 划分调配区。在场地平面图上先划出挖、填方区的分界线（即零线），再在挖、填方区适当划出若干调配区。考虑就近借土或就近弃土，这时一个借土区和一个弃土区都可作为一个独立的调配区。

(2) 计算各调配区的土方量，并标明在调配图上。

(3) 计算各挖、填方调配区之间的平均运距。

(4) 确定土方调配方案。

(5) 绘出土方调配图。

2. 土方调配的新思路及其应用

传统土方调配是根据城市开发进程，逐步确定规划区范围内的竖向设计及土方调配。但随着城市化进程的加快，城市开发速度越来越快，传统的土方调配方式已不能适用大规模和快速化的城市开发要求，笔者根据实际工作经验，提出了建立土方周转仓库的方法，来解决在快速城市化过程中面临的土方长距离或跨度时间较长的土方调配问题。

(1)“土方银行”的定义

“土方银行”，即土方周转仓库，是指为规划区内场地平整和开发中提供土方储存和土方供给的场所。“土方银行”作为规划区内场地土方存储与调剂的平台，可以作为区内土方信息的交流平台，为各片区的场地开发提供土方调剂的实时动态信息，为各片区的场地开发提供土方指导。通过“土方银行”的土方调控，优化各片区的场地竖向设计方案，在形成良好地形的同时，最大限度地减小土石方量，降低场地开发成本。

(2) 土方银行的选址原则

1) 尽可能靠近规划区的中心位置或需要进行较大规模场地平整的区域中心。

2) 尽可能选择城市绿地或广场，不占用城市开发用地。

3) 应与城市开发时序相协调，结合近远期灵活布置。

(3) 新的土方调配方式

新的土方调配方式与传统调配方式比较相似，主要区别在土方调配中增加了确定土方银行的步骤。划分土方调配区、制定土方调配方案、绘制土方调配图时都将“土方银行”的因素考虑其中，对传统的土方调配方案进行优化调整，所有分区、方案的确定都围绕土方银行展开。具体步骤如下：

1) 选定“土方银行”。根据规划区场地平整方案、近期建设计划、规划用地方案等因素，综合确定各竖向分区及整个规划区的土方银行位置，并估算“土方银行”现状可储存的土方量。

2）划分土方调配区。在场地平面图上先划出挖、填方区的分界线（即零线），并结合“土方银行”的位置，在挖、填方区适当划出若干调配区。

3）计算各调配区的土方量，并标明在调配图上。

4）计算各挖、填方调配区之间的平均运距，如果不能完全平衡则应考虑多余土方调配到“土方银行”的距离。

5）确定土方调配方案。结合规划区近期建设计划，以挖方区与填方区土方调配保持平衡为原则，并考虑“土方银行”的周转，确定土方调配的初始方案，并最终确定优化方案。

6）绘出土方调配图。根据上述确定的土方调配方案，绘出土方调配图以指导土方工程施工。

与传统调配方式相比，新的土方调配方式有以下优点：

1）便于对规划区产生的土方进行整体统筹考虑，减少土方工程成本。

2）可以提前介入前期用地规划和竖向方案，便于塑造特色地形，形成良好的景观。

3）便于适应城市高速的开发节奏，满足不同区域分期开发的需求。

16.7.4　竖向详细规划中场地竖向实施的新方法

1. 场地竖向实施的传统方法

（1）实施方式

政府主导型的运作模式，即政府相关机构取得可建设用地后，负责对地块按照已有的竖向规划方案进行场地平整和相关基础设施配套（主要包括供水、排水、电力、电信、热力、燃气、道路等基础设施），待规划条件成熟后，相关部门进行招拍挂，由具体的开发商进行后续开发建设，如图16-19所示。

（2）工作流程

主要包括施工测量、土石方调配、填方压实三大阶段。

1）施工测量

根据施工区域的测量控制点和自然地形，将拟建场地划分为轴线正交的若干地块。

2）土石方调配

通过计算，对挖方、填方和土石方运输量三者综合权衡，制定出合理的调配方案。为了充分发挥施工机械的效率，便于组织施工，避免不必要的往返运输，还要绘制土石方调配图，明确各地块的工程量、填挖施工的先后顺序、土石方的来源和去向，以及所需的机械工程量、车辆数量以及运行路线等。

3）填方压实

一般采用碾压、夯实、振动夯实等方法。大面积场地平整的填方多采用碾压和利用运土机械及车辆本身，随运随压，配合进行。

（3）优缺点分析

针对竖向实施的方式及其具体工程方法进行研究，分析总结传统的竖向实施方法的优点及存在问题，为更加合理地制定竖向实施方式提供依据。

优点：

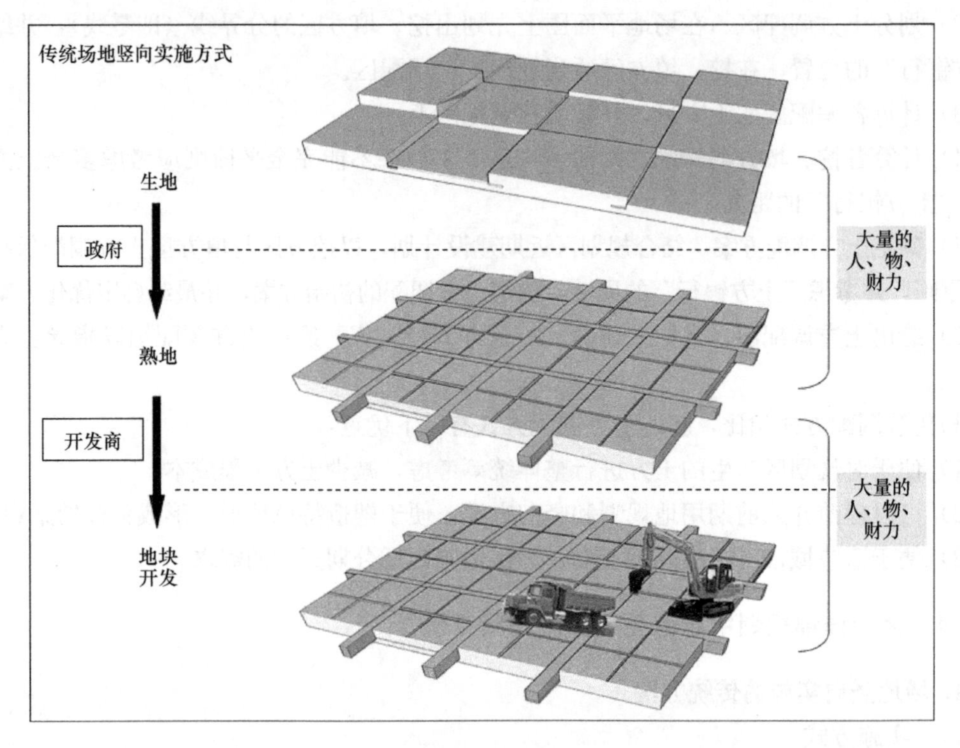

图 16-19　传统开发模式示意图

传统方法的优点主要体现在后期开发建设灵活、管控简单等方面，包括以下几个优点：

1）开发灵活

一次性地将场地由“生地”变成“熟地”，降低了城市建设的条件限制，给后续的政府招标、开发商建设提供了很大的自由度，开发商可以根据自身的条件灵活选择开发地块。

2）场地稳定性高

传统场平工程遵循的原则是填方要有足够的强度和稳定性，土体的沉陷量力求最小，所有的填方都要分层进行，每层虚铺厚度应根据土壤类别、压实机械性能而定，这种严格按照工程程序的填方模式，确保了场地的稳定性。

主要问题：

主要产生在与前期规划与后期工程的协调问题上，以及由此带来的土方难以平衡等问题。具体问题如下：

1）整体协调不利

从实施方式来看，传统的方法以竖向规划方案为终极目标，对地形的处理过于生硬，忽略了后期城市建设的具体需求，难以有效满足现实各种类型的建设要求，同时，由于缺少对后期建设的整体控制，使整个场地的竖向协调性大打折扣，也降低了竖向规划的适应性，难以形成高品质的城市竖向环境。

2）工程量过大

传统方法的竖向实施经历一次填挖方的过程，因没有将后期开发建设纳入一并考虑，难免场地在后期开发面临再一次的填挖方过程。故此，加大了场地平整的工程量，导致人力物力的巨大浪费。

3）土方平衡难度大

按照以往的方式将场地平整后，交由具体开发商进行建设，开发商将会根据自身的建设项目需求，在场坪的基础之上，进行填挖方，由于事前没有经统一规划，这部分土方的填挖平衡就难以估算与平衡，且这部分土方产生量巨大，给城市带来很大的土方消纳压力。

4）场地标高没有变化

开发后场地标高与供地时基本相同，产生的土方大量外运，成本巨大，又没有提升标高。

2. 场地竖向实施新方法

新的竖向实施方法不再仅以场地平整为目标，而是以最终的场地竖向控制为目标，直接面向后期工程实施，以建设项目的最终落实为导向，对政府主导的开发内容与市场主导的开发内容，进行全面考虑，利用场地实施的基础优势，先期避免可预见性问题，为竖向规划的顺利实施提供切实保障[109]。

（1）新的实施方式

政府主导与市场主导相结合的运作模式，即政府相关机构根据已有的空间规划，先期制定规划区开发单元，然后按照已有的竖向规划方案，结合开发单元，对场地内主要的道路与相关基础设施进行建设；而后以单元为单位交由市场（各开发商）进行后续开发建设，如图 16-20 所示。

（2）优缺点分析

优点：

新的竖向实施方法强调与竖向规划方案、后续开发建设相结合，进行统一考虑。

1）标高提升

单元开发后，场地标高比供地时高，提高防洪排涝安全、形成了丰富的竖向地形景观，土方自我平衡，节约了大量成本。

2）整体协调

从实施方式来看，新的方法以场地最终竖向控制为目标，将后期项目开发的各环节纳入考虑范围，满足了城市建设的具体需求，保证了整个场地的竖向协调性与完整性，极大地提高了竖向规划的适应性，为空间规划的高品质城市环境要求提供了可行路径。

3）工程量最小

以单元规划为依托，先期建设主要市政道路及其配套设施，对后续实施层面中的不可控因素作出了充分的考虑，后期开发只需按照自身需求进行少量的竖向调整即可，极大地减少了场地平整的工程量，节省了大量人、物、财力。

4）土方可控

以单元为单位，在整个单元内部，结合具体的实际项目及其开发强度，在事先进行统一估算的前提下进行填挖方，在更大的范围内进行土方平衡，确保了土方产生量与需求量

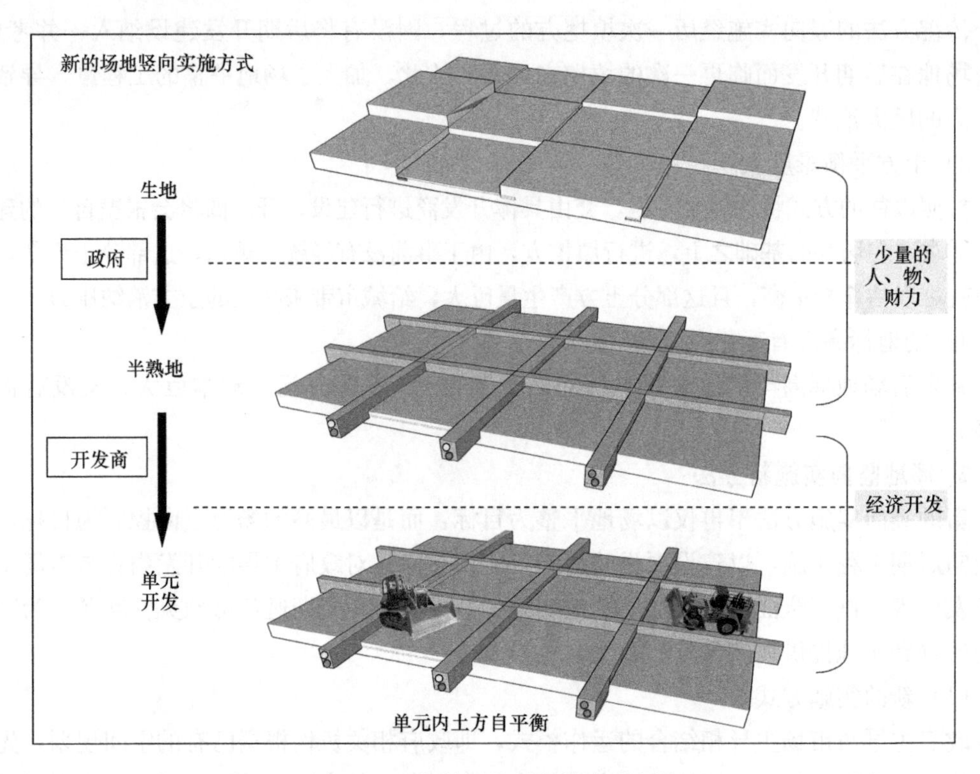

图 16-20　新的土地开发模式示意图

的可控制性，在源头上变被动协调为主动控制。

可能产生的问题：

1）开发门槛高

由于新的竖向实施方法以单元规划为依托，而单元的用地规模往往较大，动辄几十公顷，为保证实施效果，必须对开发单元进行统一开发，在这种要求下，就要求具体的开发商要有足够的经济实力及开发经验，才能保证竖向规划的顺利落实。

2）工程技术要求高

新的方法采用先做路堤后做地块的方式，对场地的平整要求提出了更高的挑战，由以上对传统施工方法的分析可知，在新的开发实施方式下，以往的场地施工的一些方法已不再适用，需进行新的场地平整技术研究，并提出有效对策，确保场地的稳定性。

新的竖向实施方法通过与管理部门的密切配合，在减轻政府支出的同时也方便了后期的管理，更利于竖向规划的实施及特色地形的形成，也给后期开发商的具体地块建设留足了弹性。实施中可能产生的问题，是可以通过管理及施工技术的改进得到解决的。

第17章 应急避难场所布局详细规划

17.1 工作任务

根据规划区城市特征，对规划区及周边区域进行地震及地质灾害的情况分析，评估规划区及周边区域可利用避难场所资源情况，合理进行避难场所需求预测；落实避难场所的分类标准和配套设施、疏散通道建设要求；结合规划区城市建设开发情况，制定避难场所建设计划或项目库。

17.2 资料收集

应急避难场所布局详细规划需要收集城市灾害情况、现状应急避难场所资料、应急避难场所规划资料、城市规划资料及基础资料五类资料，具体见表17-1。

应急避难场所布局详细规划主要资料收集汇总表　　表17-1

序号	资料类型	资料内容	收集部门
1	城市灾害情况	（1）城市历史地震、地质灾害、气象灾害等情况； （2）城市年鉴和统计年鉴	应急办、三防办、气象部门
2	现状应急避难场所资料	（1）规划区及周边区域现状应急避难场所建设及管理状况，包括其位置、面积、管理及使用情况； （2）规划区及周边区域应急避难场所通道资料	地震局、应急办、三防办
3	应急避难场所规划资料	（1）城市综合防灾规划； （2）上层次应急避难场所专项规划； （3）应急办、三防办等部门发展规划； （4）城市应急避难场所法规和管理办法	规划部门、国土部门、统计部门、应急管理局
4	城市规划资料	（1）规划区及周边区域绿地系统规划； （2）规划区及周边区域公共设施规划	规划部门、城市管理局
5	基础资料	（1）规划区及相邻区域地形图（1/2000～1/500）； （2）卫星影像图； （3）用地规划（城市总体规划、城市分区规划、规划区及周边区域控制性详细规划、修建性详细规划等）； （4）城市更新规划； （5）道路交通规划； （6）近期规划区内开发项目分布和规模	规划部门、国土部门、交通部门

17.3 技术路线

应急避难场所布局详细规划如图 17-1 所示。

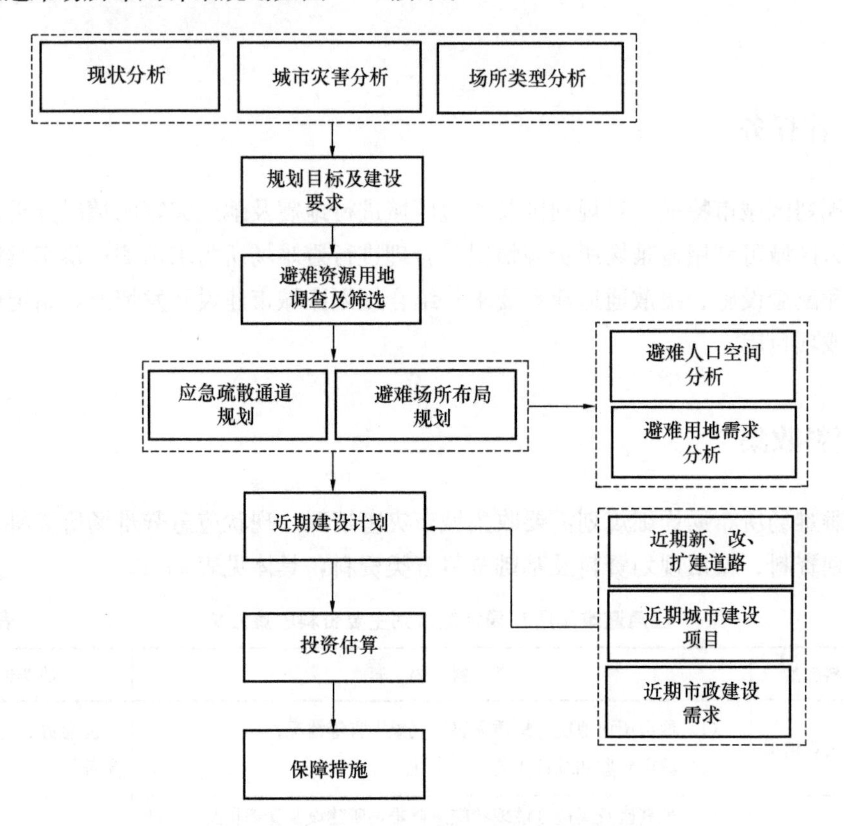

图 17-1 应急避难场所布局详细规划示意图

17.4 文本内容要求

(1) 应急避难场所体系：说明规划区内应急避难场所的类型及等级。

(2) 防灾避护单元：说明规划区内防灾避护单元的要求及建设标准。

(3) 区域应急避护场所：说明区域应急避护场所的布局、规模、用地要求。

(4) 中心应急避护场所：说明中心应急避护场所的布局、规模、用地要求。

(5) 固定应急避护场所：说明固定应急避护场所的布局、规模、用地要求。

(6) 紧急应急避护场所：说明紧急应急避护场所的布局、规模、用地要求。

(7) 室内应急避护场所：说明室内应急避护场所的布局、规模、用地要求。

(8) 应急通道：说明规划区应急通道的规划、布局、建设要求。

(9) 配套设施：说明应急避护场所的配套设施，包括指挥场所、供水、供电、环卫、应急厕所、应急棚宿区、物资储备、疏散通道、指引标示、通信宣传、消防、医疗卫生、停车场及停机坪等设施的建设要求。

17.5 图纸内容要求

应急避难场所布局详细规划包括现状应急避难场所分布图、防灾避难分区划分图、应急疏散通道规划图、应急避难场所规划布局图等，其具体内容如下：

（1）现状应急避难场所分布图：标明应急避难场所位置及等级。

（2）防灾避难分区划分图：标明各防灾避难分区范围。

（3）应急疏散通道规划图：标明应急疏散主要通道和疏散路线。

（4）应急避难场所规划布局图：标明应急避难场所的布局、等级及规模，标明应急避难场所的位置、规模及用地面积。

17.6 说明书内容要求

应急避难场所布局详细规划说明书内容包括：

（1）现状及问题分析：现状应急避难场所位置、规模、运营情况以及现状问题。

（2）相关规划解读：包括对城市总体规划、分区规划、综合防灾规划、上层次或上一版应急避难场所专项规划的解读。

（3）应急避难场所体系：确定不同层级的应急避难场所体系；确定相应层级避难场所的建设标准；划分防灾避难分区。

（4）避难场所规划：确定各类避难场所的布局、规模、选址原则、规划指引及建设要求；确定各类避难场所的位置、规模和其他建设要求。

（5）标识系统：确定标识系统设置原则。

（6）应急交通和生命线系统：确定海陆空立体的应急交通系统；确定港口、机场、应急疏散通道的布局；确定生命线系统的规划建设要求。

17.7 关键技术方法分析

我国避难场所的规划建设还处于积极探索阶段，虽然我国多个城市先后编制了城市应急避难场所的布局规划，如北京、天津、广州、深圳、武汉等。但是对于应急避难场所的规划设计的相关指标还没有一套完备且严格统一的规范。从目前国内外城市应急避难场所规划案例来看，城市应急避难场所规划的基本内容主要包括：规划防灾分区、确定应急避难场所的分类、用地规模、人均避难场所有效面积、服务半径等。[110]

1. 防灾避难单元划分方法

防灾避难指防止灾害发生、控制灾害蔓延、使灾害造成的经济损失和人身伤害降低到最小所建设的各种设施及其所占用的空间。防灾单元主要包括维护公共安全所需的治安机构及设施、承担灾害救助工作的医疗机构及设施、进行灾害援救的消防机构及设施、提供援救物资的物资供应设施、保证所有防灾减灾工作顺利进行的社区交通网络及其他生命线系统。防灾避难单元即具有一定防灾独立性的空间圈域。防灾避难单元是地震等重大灾害发生时，政府和市民防灾避难的基本单元。设置防灾避难单元有利于政府组织管理和市民安全有序避难。

在以往的研究中，对于防灾避难单元划分通常是以直接给定的服务半径来划分，但防灾避难单元的划分尽可能与城市行政区划相结合，并考虑主要山体、河流、铁路、高速公路的分隔作用。需要从场所安全性、场所地形、场所有效面积、场所可达性、场所类型等几个方面选择 6 个影响因素，来综合划定防灾避难单元。防灾避难单元划分影响因子见表 17-2。

防灾避难单元划分影响因子 **表 17-2**

因　素	指　标	指标描述
场所安全性	地段类别	有利地段
		一般地段
		不利地段
地形	坡度	坡度＜7
		7≤坡度≤15
		坡度＞15
场所可达性	救灾路线宽度	宽度≥15m
		15m＞宽度≥7m
		7m＞宽度≥4m
	路网密度	路网密度≥5
		5＞路网密度≥4
		4＞路网密度≥3
		3＞路网密度≥2
		路网密度＜2
场所类型	场所类型	体育馆
		公园、大学操场
		中小学操场
		广场
场所容量	有效面积	有效面积≥15000m²
		有效面积≥10000m²
		有效面积≥5000m²
		有效面积＜5000m²
		有效面积＜3000m²

表格来源：窦凯丽. 城市防灾应急避难场所规划支持方法研究 [D]. 武汉：武汉大学，2014.

各影响因素的权重采用层次分析法计算各个指标权重，各影响因子权重分配见表 17-3。

评价因子权重分配 表 17-3

因素	权重	指标	权重
场所安全性	0.145	地段类别	1
地形	0.063	坡度	1
场所可达性	0.219	救灾路线宽度	0.667
		路网密度	0.333
场所类型	0.143	场所类型	1
场所容量	0.429	有效面积	1

表格来源：窦凯丽. 城市防灾应急避难场所规划支持方法研究 [D]. 武汉：武汉大学，2014.

采用加权 Voronoi 权重（即覆盖半径）的计算，防灾避难单元覆盖半径计算公式：

$$R_i = R'_i + R_0 \times \sum_{j=1}^{6} q_{ij} P_{ij} \quad (i = 1,2,\cdots;j = 1,2,\cdots,6) \tag{17-1}$$

式中 i——第 i 个避难场所；

j——第 j 个指标。

R_0——在一定疏散时间内步行可达到的最大直线距离，该直线距离即各类型防灾避难场所的服务半径。对于紧急避难场所 R_0 = 500m，固定避难场所 R_0 = 2000m；

q_{ij}——影响因子所对应指标的权重；

P_{ij}——各影响因素所对应指标的评价值，表示第 i 个防灾避难单元第 j 个指标的评价值。

若以 500m 距离作为紧急避难单元的服务半径，则某一紧急避难场所的加权半径计算方法为：

500×(0.429×地段得分+0.063×坡度得分+0.219×0.0667×救灾路线宽度得分+0.333×道路密度得分+0.143×类别得分+0.145×有效面积得分)/5=加权半径

通过计算加权半径后，以覆盖半径作为生成防灾避难单元，并划分防灾避难单元。

2. 应急避难场所分类技术标准

日本是一个多地震的国家，也是地震灾害损失较大的一个国家，所以日本在灾害研究方面可以说处于世界领先水平，日本将避难场所分为收容型避难场所、转运型避难场所和活动型避难场所。中国台湾省在 1999 年地震后，台湾学者根据不同避难阶段与空间的关系，将避难场所分为紧急避难场所、临时避难场所、临时收容场所、中长期收容场所等。

我国正处在一个从单一灾种防灾—多灾种防灾—综合防灾体系构筑的发展历程，也正处于从分散到体系，从简单到综合的发展过程。目前在传统的单一灾种防治方面已基本形成了较为完备的法规及标准体系。比如在地震防灾方面制定了《城市抗震防灾规划的管理规定》，并于 2007 年发布了国家标准《城市抗震防灾规划标准》GB 50413—2007，2008 年发布了《地震应急避难场所场址及配套设施》GB 21734—2008。

根据《城市抗震防灾规划标准》GB 50413—2007，城市抗震防灾规划按照城市规模、重要性和抗震防灾要求，分为甲、乙、丙三种编制模式。城市避震疏散场所应按照紧急避震疏散场所和固定避震疏散场所分别进行安排。根据需要，甲、乙类模式城市应安排中心避震疏散场所。

根据《地震应急避难场所场址及配套设施》GB 21734—2008，地震应急避难场所分为以下三类：

Ⅰ类地震应急避难场所：具备综合设施配置，可安置受助人员30天以上。

Ⅱ类地震应急避难场所：具备一般设施配置，可安置受助人员10～30天。

Ⅲ类地震应急避难场所：具备基本设施配置，可安置受助人员10天以内。

随着我国防灾体系的构建逐步完善，2015年颁布了《防灾避难场所设计规范》GB 51143—2015。根据《防灾避难场所设计规范》GB 51143—2015，避难场所按照其配置功能级别、避难规模和开放时间，可划分为紧急避难场所、固定避难场所和中心避难场所三类。固定避难场所按预定开放时间和配置应急设施的完善程度可划分为短期固定避难场所、中期固定避难场所和长期固定避难场所三类（表17-4、表17-5）。

避难场所的设计开放时间 **表17-4**

适用场所	紧急避难场所		固定避难场所			中心避难场所
避难期	紧急	临时	短期	中期	长期	长期
最长开放时间（d）	1	3	15	30	100	100

表格来源：《防灾避难场所设计规范》GB 51143—2015。

紧急、固定避难场所责任区范围控制指标 **表17-5**

项目 类别	有效避难面积（hm^2）	避难疏散距离（km）	短期避难容量（万人）	责任区建设用地（km^2）	责任区应急服务总人口（万人）
长期固定避难场所	≥5.0	≤2.5	≤9.0	≤15.0	≤20.0
中期固定避难场所	≥1.0	≤1.5	≤2.3	≤7.0	≤15.0
短期固定避难场所	≥0.2	≤1.0	≤0.5	≤2.0	≤3.5
紧急避难场所	—	≤0.5	—	—	—

表格来源：《防灾避难场所设计规范》GB 51143—2015。

目前我国大城市防灾避难场所主要技术指标见表17-6。

我国大城市应急避难场所主要技术指标 **表17-6**

指标 城市	场所分类	人均有效面积（m^2）	服务半径	面积
北京	紧急避难场所	1.5～2.0	0.5km 步行5～15min	0.2～0.3hm^2
	固定避难场所	2.0～3.0	2～5km	>0.4hm^2
上海	Ⅰ级避难场所	2.0	5km	2.0hm^2
	Ⅱ级避难场所	1.0	1km	0.4hm^2
	Ⅲ级避难场所	1.0	0.5km	0.2hm^2

续表

指标 城市	场所分类	人均有效面积（m^2）	服务半径	面积
广州	紧急避难场所	1.5	0.5km 步行10min到达	≥0.2hm^2
	固定避难场所	2.0	0.5～3km 步行60min到达	≥3hm^2
	中心避难场所	3.0	10km 可借助交通工具到达	≥10hm^2
深圳	紧急避难场所	不宜低于1.0	不宜大于0.5km	不宜小于0.1hm^2
	固定避难场所	2.0～3.0	不宜大于2km	不宜小于1hm^2
	中心避难场所	—	不宜大于10km	不宜小于10hm^2
武汉	紧急避难场所	1.0	0.5～1km	＞0.1hm^2
	固定避难场所	2.0	2～3km	＞0.3hm^2
	中心避难场所	9.0	5～10km	＞10hm^2
天津	紧急避难场所	0.48	0.5km	—
	固定避难场所	1.5～2.0	2km	—
	中心避难场所	—	—	—
重庆	社区避难场所	2.0	0.5km 步行10min到达	＞0.2hm^2
	区级避难场所	4.0	2km 步行60min到达	＞2hm^2
	市级避难场所	9.0	10km	＞10hm^2

3. 应急避难场所配建设施技术标准

避难场所应急保障基础设施、应急辅助设施、应急保障设备和物资分级要求等应按服务范围进行分级，并应符合表17-7的规定。

避难场所应急保障基础设施、应急辅助设施、应急保障设备和物资分级要求　表17-7

分级	服务范围	服务对象	设施特征
城市级	城市或城市分区	所有人员	城市或城市分区共享，以及多个避难场所共享的设施
责任区级	责任区	进入和未进入避难场所的所有人员	责任区内共享的设施
场所级	避难场所范围	整个场所，避难单元	服务整个场所，多个避难单元共享的设施
单元级	避难单元范围	避难单元内部避难人员	避难单元内部设施

表格来源：《防灾避难场所设计规范》GB 51143—2015。

避难场所的避难面积应符合以下规定：

（1）不同避难期的人均有效面积不应低于表17-8的规定。

不同避难期人均有效避难面积　　表 17-8

避难期	紧急	临时	短期	中期	长期
人均有效避难面积（m^2/人）	0.5	1.0	2.0	3.0	4.5

表格来源：《防灾避难场所设计规范》GB 51143—2015。

（2）避难场所内应急医疗卫生救护区的有效避难面积应按病床数进行确定，且床均有效避难面积不宜低于表 17-9 的规定，当安排重伤人员时按表 17-9 规定数值的 1.5 倍值。

应急医疗卫生救护区的床均有效避难面积　　表 17-9

规模（病床）	30	60	100	200
有效避难面积（m^2/病床）	40	30	20	15

表格来源：《防灾避难场所设计规范》GB 51143—2015。

（3）避难人员的单人平均净适用面积不应低于表 17-10 的规定。

避难人员的单人平均净使用面积（m^2）　　表 17-10

避难姿态＼避难期	紧急	临时	短期	中期	长期
站立或坐	0.5	0.7	—	—	—
可躺卧休息	0.7	1.08	1.08	1.5	2.0
轮椅使用者	1.0	2.0	2.0	3.0	3.0
需长时间卧床者	3.0	3.0	3.0	4.0	4.0

表格来源：《防灾避难场所设计规范》GB 51143—2015。

第18章 市政工程详细规划实施与统筹

18.1 市政设施用地管控

18.1.1 市政设施用地标准汇总

1. 给水设施用地标准

（1）水厂用地指标

水厂用地应按照给水规模确定，其用地指标宜按表18-1采用，水厂厂区周围应设置宽度不小于10m的绿化带。

水厂用地指标 **表18-1**

给水规模（万 m^3/d）	地表水水厂		地下水水厂 $[m^2/(m^3/d)]$
	常规处理工艺 $[m^2/(m^3/d)]$	预处理＋常规处理＋深度处理工艺 $[m^2/(m^3/d)]$	
5～10	0.40～0.50	0.60～0.70	0.30～0.40
10～30	0.30～0.40	0.45～0.60	0.20～0.30
30～40	0.20～0.30	0.30～0.45	0.12～0.20

注：1. 给水规模大的取下限，给水规模小的取上限，中间值采用插入法确定。
2. 给水规模大于50万 m^3/d的指标可按50万 m^3/d指标适当下调，小于5万 m^3/d的指标可按5万 m^3/d指标适当上调。
3. 地下水水厂建设用地按消毒工艺控制，厂内若需设置除铁、除锰、除氟等特殊水质处理工艺时，可根据需要增加用地。
4. 本表指标未包括厂区周围绿化带用地。
表格来源：《城市给水工程规划规范》GB 50282—2016。

另外，在国内一些大城市，比如深圳市，由于其用地较为紧张，其水厂用地指标较国标小，具体见表18-2。

深圳市水厂用地指标 **表18-2**

水厂设计规模（万 m^3/d）		Ⅰ类（30～50）	Ⅱ类（10～30）	Ⅲ类（5～10）
净水厂 $[hm^2/(万\ m^3\cdot d)]$	常规处理及预处理	0.20～0.30	0.30～0.35	0.35～0.40
	深度处理	0.035～0.040	0.040～0.055	0.055～0.070
	污泥处理	0.03～0.25	0.03～0.04	0.04～0.05
	总计	0.25～0.37	0.37～0.44	0.44～0.52
配水厂 $[hm^2/(万\ m^3\cdot d)]$		0.10～0.15	0.15～0.30	0.20～0.30

注：1. 配水厂一般不设置净水工艺，仅设置消毒工艺，因此用地规模较小。
2. 建设规模大的取下限，建设规模小的取上限，中间规模可采用内插法确定。
3. 规模小于5万 m^3/d或大于50万 m^3/d的水厂宜参照执行。
4. 水厂地块形状应满足功能布局的要求。
表格来源：《深圳市城市规划标准与准则》（2014版）。

(2) 加压泵站用地指标

加压泵站用地应按给水规模确定，用地形状应满足功能布局要求，其用地面积宜按表18-3采用。泵站周围应设置宽度不小于10m的绿化带，并宜与城市用地相结合。

加压泵站用地面积　　表18-3

给水规模（万m³/d）	用地面积（m²）
5～10	2750～4000
10～30	4000～7500
30～50	7500～10000

注：1. 规模大于50万m³/d的用地面积可按50万m³/d用地面积适当增加，小于5万m³/d的用地面积可按5万m³/d用地面积适当减少。
2. 加压泵站有水量调节池时，可根据需要增加用地面积。
3. 本指标未包括站区周围绿化带用地。
表格来源：《城市给水工程规划规范》GB 50282—2016。

2. 污水设施用地标准

城市污水处理厂规划用地指标应根据建设规模、污水水质、处理工艺等因素确定，可按表18-4的规定取值。设有污泥处理、初期雨水处理设施的污水处理厂，应另行增加相应的用地面积。

城市污水处理厂规划用地指标　　表18-4

建设规模（万m³/d）	规划用地指标（m²·d/m³）	
	二级处理	深度处理
>50	0.30～0.65	0.10～0.20
20～50	0.65～0.80	0.16～0.30
10～20	0.80～1.00	0.25～0.30
5～10	1.00～1.20	0.30～0.50
1～5	1.20～1.50	0.50～0.65

注：1. 表中规划用地面积为污水处理厂围墙内所有处理设施、附属设施、绿化、道路及配套设施的用地面积。
2. 污水深度处理设施的占地面积是在二级处理污水厂规划用地面积基础上新增的面积指标。
3. 表中规划用地面积不含卫生防护距离面积。
表格来源：《城市排水工程规划规范》GB 50318—2017。

另外，在国内一些大城市，比如深圳市，由于其用地较为紧张，其污水处理厂用地指标较国标小，具体见表18-5。

深圳市污水处理厂规划用地指标　　表18-5

处理水量（万m³/d）	一级处理（hm²）	二级处理（hm²）	深度处理[hm²/(万m³·d)]
1～5	0.55～2.25	1.00～4.00	0.1～0.3
5～10	2.25～4.00	4.00～7.00	
10～20	4.00～6.00	7.00～12.00	

续表

处理水量（万 m^3/d）	一级处理（hm^2）	二级处理（hm^2）	深度处理[hm^2/(万 m^3·d)]
20～50	6.00～10.00	12.00～25.00	0.1～0.3
50～100	—	25.00～40.00	

注：1. 一级、二级处理用地指标：建设规模大的取上限，建设规模小的取下限，中间规模可采用内插法确定。
2. 深度处理用地指标是在污水二级处理的基础上增加的用地，深度处理工艺按提升泵站、絮凝、沉淀（或澄清）、过滤、消毒、送水泵房等常规流程考虑；具体用地指标可根据当地用地条件、处理工艺和回用对象的不同确定，以景观补水为主的取下限，以城市杂用为主的取上限；当二级污水厂出水满足特定回用要求或仅需其中几个净化单元时，可根据实际需求降低用地指标。
3. 污水处理厂地块形状应满足功能布局的要求。
表格来源：《深圳市城市规划标准与准则》（2014版）。

污水泵站规划用地面积应根据泵站的建设规模确定，规划用地指标宜按表18-6的规定取值。

污水泵站规划用地指标　　表18-6

建设规模（万 m^3/d）	＞20	10～20	1～10
用地指标（m^2）	3500～7500	2500～3500	800～2500

注：1. 用地指标是指生产必需的土地面积，不包括有污水调蓄池及特殊用地要求的面积。
2. 本指标未包括站区周围防护绿地。
表格来源：《城市排水工程规划规范》GB 50318—2017。

3. 雨水设施用地标准

雨水泵站宜独立设置，规模应按进水总管设计流量和泵站调蓄能力综合确定，规划用地指标宜按表18-7的规定取值。

雨水泵站规划用地指标　　表18-7

建设规模（L/s）	＞20000	10000～20000	5000～10000	1000～5000
用地指标（m^2·s/L）	0.28～0.35	0.35～0.42	0.42～0.56	0.56～0.77

注：有调蓄功能的泵站，用地宜适当扩大。
表格来源：《城市排水工程规划规范》GB 50318—2017。

4. 电力设施用地标准

城市变电站的用地面积，应在规划时按规划远期规模预留，规划新建的35～500kV变电站的用地面积控制指标见表18-8。

35～500kV变电站规划用地面积控制指标　　表18-8

序号	变压等级（kV）一次电压/二次电压	主变压器容量[MVA/台（组）]	变电站结构形式及用地指标（m^2）		
			全户外式用地面积	半户外式用地面积	户内式用地面积
1	500/220	750～1500/2～4	25000～75000	12000～60000	10500～40000
2	330/220及330/110	120～360/2～4	22000～45000	8000～30000	4000～20000
3	220/110（66，35）	120～240/2～4	6000～30000	5000～12000	2000～8000

续表

序号	变压等级（kV） 一次电压/二次电压	主变压器容量 ［MVA/台（组）］	变电站结构形式及用地指标（m²）		
			全户外式用地面积	半户外式用地面积	户内式用地面积
4	110（66/10）	20～63/2～4	2000～5500	1500～5000	800～4500
5	35/10	5.6～31.5/2～3	2000～3500	1000～2600	500～2000

表格来源：《城市电力规划规范》GB/T 50293—2014。

10（20）kV 开关站规划用地面积控制指标宜符合表 18-9 的规定。

10（20）kV 开关站规划用地控制指标　　表 18-9

序号	设施名称	规模及机构形式	用地面积（m²）
1	10（20）kV 开关站	2 进线 8～14 出线，户内不带配电压器	80～260
2	10（20）kV 开关站	3 进线 12～18 出线，户内不带配电压器	120～350
3	10（20）kV 开关站	2 进线 8～14 出线，户内带 2 台配电压器	180～420
4	10（20）kV 开关站	3 进线 8～18 出线，户内带 2 台配电压器	240～500

表格来源：《城市电力规划规范》GB/T 50293—2014。

对于国内一些大城市，如深圳市，由于用地紧张或特殊地区宜采用半地下式、全地下式或附建式变电站，变电站面积宜符合表 18-10 的规定。

深圳市变电站规划用地控制指标　　表 18-10

变电站电压等级 （kV）	装机容量（MVA)/(台）	独立占地变电站用地面积（m²）	
		户内式（半地下式）	户外式
110/10	(50～63)/(3～4)	2800～3500	—
220/110(10)	(180～240)/(3～4)	5000～8000	—
220/20	(60～120)/(3～4)	4000～6000	—
500/220	(1000～1500)/(3～6)	—	40000～50000

注：1. 独立占地变电站的地块形状和附建式变电站的空间应满足功能布局的要求。
2. 全地下式变电站若需要独立占地，面积宜参照户内式变电站面积执行。
表格来源：《深圳市城市规划标准与准则》（2014 版）。

5. 通信设施用地标准

通信机楼内机房面积由业务机房、传输机房、支撑网机房以及辅助设备机房四个部分构成。业务机房是决定机楼数量的最主要因素，其他三类机房随机楼内业务机房的规模而配置不同。依据目前通信网络结构的演变，结合各运营商业务需求及已建的、在建的通信机楼的情况，其用地指标宜按表 18-11 采用。

通信机楼用地指标表　　表 18-11

类型	特大、大城市	中等城市	小城市
用地面积（m²）	6000～12000	4000～10000	4000～6000

表格来源：《城市通信工程规划规范》GB/T 50853—2013。

6. 燃气设施用地标准

依据《城镇燃气规划规范》GB/T 51098—2015，城市天然气厂站的用地面积，应在规划时按远期规划规模预留，规划新建的各类天然气厂站及液化石油气场站的用地面积控制指标宜按表18-12～表18-14进行取值。

天然气厂站用地指标　　表18-12

序号	场站名称	用地指标（m^2）	备注
1	门站	5000～8000	
2	液化天然气储备库	30000～150000	设计储量10000～100000m^3
3	天然气区域调压站	300～800	不含抢险设施
		800～1500	含抢险设施
4	液化天然气应急调峰站	1000～16000	设计储量<1000m^3
5	压缩天然气加气母站	3000～8500	设计规模≤15万m^3/(座·d)
6	高压管网阀室	100～900	单阀室取低值，带检管装置双阀室取高值

注：1. 厂站规模超过表17-1时，可根据实际规模适当增加用地。
2. 地块形状应满足功能布局的要求。
表格来源：《城镇燃气规划规范》GB/T 51098—2015。

液化石油气储存站、储配站和灌装站用地指标　　表18-13

序号	站内储罐总容积（m^3）	用地指标（hm^2）
1	<500	0.5～1.0
2	500～1000	0.8～2.0
3	1000～5000	1.5～4.0
4	5000～10000	4.0～10.0

注：地块形状应满足功能布局的要求。
表格来源：《城镇燃气规划规范》GB/T 51098—2015。

液化石油气供应站用地指标　　表18-14

序号	名称	气瓶总容积（m^3）	用地指标（m^2）
1	Ⅰ级站	$6<V\leqslant 20$	400～650
2	Ⅱ级站	$1<V\leqslant 6$	300～400
3	Ⅲ级站	$V\leqslant 1$	<300

注：气瓶容积按气瓶几何容积计算。
表格来源：《城镇燃气规划规范》GB/T 51098—2015。

7. 供热设施用地标准

热电厂用地指标，根据机组构成，参考表18-15进行取值。

热电厂用地指标 **表 18-15**

序号	名称	机组构成（MW）（台数×机组容量）	厂区占地（hm^2）
1	燃煤热电厂	50（2×25）	5
		100（2×50）	8
		200（4×50）	17
		300（2×50+2×100）	19
		400（4×100）	25
		600（2×100+2×200）	30
		800（4×200）	34
		1200（4×300）	47
		2400（4×600）	66
2	燃气热电厂	≥400MW	360m^2/MW

表格来源：《城市供热规划规范》GB/T 51074—2015。

规划燃煤锅炉用地指标可根据锅炉房总容量参考表 18-16 进行取值。

燃煤锅炉房用地面积指标 **表 18-16**

锅炉房总容量		用地面积（hm^2）
蒸汽锅炉（t/h）	热水锅炉（MW）	
<80	<56	<1
80～140	56～116	1～1.8
140～300	116～232	1.8～3.5
—	232～464	3.5～6.0
—	≥464	≥4.0

表格来源：《天津市城市规划管理技术规定》。

规划燃气锅炉房用地指标根据锅炉房总容量可参考表 18-17 进行取值。

燃气锅炉房用地面积指标 **表 18-17**

锅炉房总容量（MW）	用地面积（m^2）	锅炉房总容量（MW）	用地面积（m^2）
<21	<1800	56～116	2500～4000
21～56	1800～2500	>116	4000～5000

表格来源：《天津市城市规划管理技术规定》。

中继泵站用地面积可根据供热范围内的供热建筑面积，参考中继泵站用地面积指标表 18-18 采用，仅供参考。

中继泵站用地面积指标 **表 18-18**

供热建筑面积（万 m^2）	<50	50～100	100～300	300～500	500～800	800～1300
占地面积（m^2）	<500	700	1000	1500	2000	2500

注：上述面积中不包括储水罐面积。如中继泵站需要设置储水罐，可以适当增加占地面积。
表格来源：《天津市城市规划管理技术规定》。

热力站用地面积一般为100～200m²，应与其他建筑物结合设置，重要地区应采用箱式换热站。

8. 再生水设施用地标准

城市再生水厂规划用地指标应根据用水规模、水质目标和建设形式等因素确定，再生水厂的建设形式分为与污水处理厂合建和独立建设两种。与污水处理厂合建可按城市污水处理厂规划用地指标中深度处理的规定取值，见表18-19。

城市污水处理厂规划用地指标　　表18-19

建设规模（万m³/d）	规划用地指标（m²·d/m³）	
	二级处理	深度处理
＞50	0.30～0.65	0.10～0.20
20～50	0.65～0.80	0.16～0.30
10～20	0.80～1.00	0.25～0.30
5～10	1.00～1.20	0.30～0.50
1～5	1.20～1.50	0.50～0.65

表格来源：《城市排水工程规划规范》GB 50318—2017。

9. 环卫设施用地标准

城市规划公共厕所设置标准可参考表18-20进行规划设置。

公共厕所设置标准　　表18-20

城市用地类别	设置密度（座/km²）	设置间距（m）	建筑面积（m²/座）	独立式公共厕所用地面积（m²/座）	备　注
居住用地	3～5	500～800	30～60	60～100	旧城区宜取密度的高限，新区宜取密度的中、低限
公共设施用地	4～11	300～500	50～120	80～170	人流密集区取高限密度、下限间距；人流稀疏区域取低限密度、上限间距。商业金融业用地宜取高限密度、下限间距。其他公共设施用地宜取中、低限密度，中、上限间距
工业用地、仓储用地	1～2	800～1000	30	60	

注：1. 其他各类城市用地的公共厕所设置可按：

结合周边用地类别和道路类型综合考虑。若沿路设置，可按以下间距：主干路、次干路、有辅道的快速路：500～800m；支路、有人行道的快速路：800～1000m。

公共厕所建筑面积根据服务人数确定。

独立式公共厕所用地面积根据公共厕所建筑面积按相应比例确定。

2. 用地面积中不包含与相邻建筑间的绿化隔离带用地。

表格来源：《城市环境卫生设施规划规范》GB 50337—2003。

在用地较为紧张的城市或地区，由于其用地较为紧张，其建设用地可适当减小，可参考《深圳市城市规划标准与准则》（2014版）标准设置公共厕所（表18-21）。

公共厕所设置标准（用地紧张地区）　　表 18-21

城市用地类别	设置密度（座/km²）	建筑面积（m²/座）	独立式公共厕所用地面积（m²/座）	备　注
居住用地	2～3	30～60	60～100	老旧城区取设置密度的高限，新建区和改建区取设置密度的中、低限。居住人口在1万人以上的小区至少设置公共厕所1座
公共设施用地	4～8	60～120	90～170	人流密集区域取高限密度的高限，人流稀疏区域设置密度的底限；商业金融业用地取设置密度的高限，其他公共设施用地取设置密度的中、低限
工业用地、仓储用地	1～2	60～80	90～110	
窗口地区	3～5	90～120	120～170	

注：1. 独立式公共厕所的用地面积按一层计算，不包括与相邻建筑物间的绿化隔离带用地。
2. 独立式公共厕所外墙与相邻建筑物的间距应不小于5m，周围应设置不小于3m宽的绿化隔离带。
表格来源：《深圳市中小型环境卫生设施规划与设计标准》（征求意见稿）。

道路两侧公共厕所设置间距见表 18-22。

道路两侧公共厕所设置间距　　表 18-22

道路类型	繁华商业街道	主要商业街道	工业区道路	其他市政道路
间距（m）	≤400	400～600	800～1000	600～800

注：如道路沿途有社会公厕对公众开放，可适当增大设置间距。
表格来源：《深圳市中小型环境卫生设施规划与设计标准》（征求意见稿）。

转运站的设计日转运垃圾能力，可按其规模划分为大、中、小型，以及Ⅰ、Ⅱ、Ⅲ、Ⅳ、Ⅴ类五小类。不同规模转运站的主要用地指标应符合表 18-23～表 18-27 的规定。

生活垃圾转运站设置标准　　表 18-23

类型		设计转运量（t/d）	用地面积（m²）	与站外相邻建筑间距（m）	转运作业功能区退界距离（m）	绿地率（%）
大型	Ⅰ类	1000～3000	≤20000	≥30	≥5	20～30
	Ⅱ类	450～1000	10000～15000	≥20	≥5	
中型	Ⅲ类	150～450	4000～10000	≥15	≥5	
小型	Ⅳ类	50～150	1000～4000	≥10	≥3	
	Ⅴ类	≤50	800～1000	≥8	—	

注：1. 表内用地面积不包括垃圾分类和堆放作业用地。
2. 与站外相邻建筑间隔自转运站边界起计算。
3. 转运作业功能区指垃圾收集车回转、垃圾压缩装箱、转运车牵箱及转运车回转等功能区域。
4. 以上规模类型Ⅱ、Ⅲ、Ⅳ类含下限值，Ⅰ不含上限值。
表格来源：《环境卫生设施设置标准》CJJ 27—2012。

中小型垃圾转运站设置标准（用地紧张地区）　　表 18-24

转运量 (t/d)	用地面积 (m^2)	与相邻建筑间距 (m)	绿化隔离带宽度 (m)
≤100	500～1500	≥8	≥3
100～450	1500～5000	≥10	≥5

注：1. 表内用地面积包括垃圾收集容器停放用地、绿化隔离带用地、垃圾运输车回转用地和再生资源回收间用地。

2. 当垃圾转运站内设置停车场时，可取该档次的上限。

3. 对于位于老城区的垃圾转运站，在用地条件紧张但可借用市政道路作为回车场地时，可适度减少垃圾转运站的用地面积，但不应小于 300m^2（含 3m 绿化隔离带，不含绿化隔离带时最小用地面积为 150m^2）。

4. 转运站的具体用地面积和地块形状宜根据表 18-23 中所定标准确定。

表格来源：《深圳市中小型环境卫生设施规划与设计标准》（征求意见稿）。

环卫工人作息场所设置指标　　表 18-25

作息场所设置数	环卫工人平均占有建筑面积 (m^2/人)	每处空地面积 (m^2/人)
1/0.8～1.2 个/万人 或 2～4 个/街道	3～4	20～30

注：表中“万人”系指工作地区范围内的服务人口数量。

表格来源：《深圳市中小型环境卫生设施规划与设计标准》（征求意见稿）。

一般区域小型垃圾转运站总体布置指标最小要求表　　表 18-26

类　别	用地面积（m^2）	单层建筑面积（m^2）	绿化隔离带宽度（m）
单厢位垃圾转运站 （联体式，不含再生资源回收站功能）	640	121.5 (15×8.1)	5
单厢位垃圾转运站 （联体式，含再生资源回收站功能）	780	181.5 (15×12.1)	5
两厢位垃圾转运站 （联体式，不含再生资源回收站功能）	800	189.0 (15×12.6)	5
两厢位垃圾转运站 （联体式，含再生资源回收站功能）	940	249.0 (15×16.6)	5
单厢位垃圾转运站 （分体式，不含再生资源回收站功能）	660	129.0 (15×8.6)	5
单厢位垃圾转运站 （分体式，含再生资源回收站功能）	800	189.0 (15×12.6)	5
两厢位垃圾转运站 （分体式，不含再生资源回收站功能）	820	198.0 (15×13.2)	5
两厢位垃圾转运站 （分体式，含再生资源回收站功能）	960	258.0 (15×17.2)	5

注：1. 总用地面积中包括转运站用地面积、绿化隔离带用地面积和运输车回转用地面积。

2. 再生资源回收站一般以回收间的形式设置在转运站一侧，应有单独的出入口，建筑面积不小于 60m^2。

3. 公厕、环卫工人作息场所等可设置在转运站的二层或三层。

表格来源：《深圳市中小型环境卫生设施规划与设计标准》（征求意见稿）。

繁华区域小型垃圾转运站总体布置指标最小要求表　　表 18-27

类　别	用地面积（m²）	单层建筑面积（m²）	绿化隔离带宽度（m）
单厢位垃圾转运站（联体式，不含再生资源回收站功能）	500	121.5（15×8.1）	3
单厢位垃圾转运站（联体式，含再生资源回收站功能）	640	181.5（15×12.1）	3
两厢位垃圾转运站（联体式，不含再生资源回收站功能）	660	189.0（15×12.6）	3
两厢位垃圾转运站（联体式，含再生资源回收站功能）	800	249.0（15×16.6）	3

注：1. 总用地面积中包括转运站用地面积、绿化隔离带用地面积和运输车回转用地面积。若不计运输车回转用地面积，按 150～200m²/厢位的标准扣除相应用地面积即可。

2. 再生资源回收站一般以回收间的形式设置在转运站一侧，应有单独的出入口，建筑面积不小于 60m²。

3. 公厕、环卫工人作息场所等可设置在转运站的二层或三层。

表格来源：《深圳市中小型环境卫生设施规划与设计标准》(征求意见稿)。

10. 消防设施用地标准

根据《城市消防规划规范》GB 51080—2015，各类消防设施用地应符合如下标准。

（1）陆上消防站

各级陆上消防站对应建设用地面积见表 18-28。

各级陆上消防站对应建设用地面积　　表 18-28

消防站等级	建设用地面积（m²）
一级普通消防站	3900～5600
二级普通消防站	2300～3800
特勤消防站	5600～7200
战勤保障消防站	6200～7900

注：上述指标未包含道路、绿化用地面积，各地在确定消防站建设用地总面积时，可按 0.5～0.6 的容积率进行测算。

表格来源：《城市消防规划规范》GB 51080—2015。

（2）水上（海上）消防站

应设置相应的陆上基地，陆上基地用地面积应与陆上二级普通消防站的用地面积相同。

（3）航空消防站

除消防直升机站场外，航空消防站的陆上基地用地面积应与陆上一级普通消防站用地面积相同。

（4）消防通信指挥中心

依据《消防通信指挥系统设计规范》GB 50313—2013，消防指挥系统的设备用房面积应符合以下要求：1）消防通信指挥中心通信室和指挥室的总建筑面积不宜小于 150m²。

2）消防站通信室的建筑面积，普通消防站不宜小于 30m²；特种消防站不宜小于 40m²。

（5）消防训练基地

消防训练基地建筑面积指标 **表 18-29**

建设规模分类 / 面积指标	总队级训练基地			支队级训练基地		
	一类	二类	三类	一类	二类	三类
建筑面积（m²）	41000～36600	36600～27900	<27900	16000～13800	13800～8800	<8800

表格来源：《消防训练基地建设标准》（建标 190—2018）。

11. 综合管廊设施用地标准

综合管廊监控中心通常由中心控制室、设备用房、备品备件用房、维护保养器具存放用房、档案资料存放及查阅用房、值（倒）班人员生活用房以及配套停车场等组成。监控中心除应满足内部设备布置的要求外，尚宜考虑参观展示、维护检修等功能的需求。

参考《深圳市地下综合管廊工程技术规程》SJG 32—2017，监控中心的建设形式有独立用地和附建式两种。独立用地的综合管廊市级监控中心占地面积不宜低于 1500m²，区域级监控中心占地面积不宜低于 600m²。附建式综合管廊监控中心建筑面积不宜低于 300m²。

12. 应急避难场所设施用地标准

根据住房城乡建设部及国家发展和改革委员会发布的《城市社区应急避难场所建设标准》（建标 180—2017），城市社区应急避难场所的避难场地与避难建筑面积指标应符合表 18-30 的规定。

城市社区应急避难场所面积指标表 **表 18-30**

建筑规模分类 / 面积指标	一类	二类	三类
避难场所面积（m²）	10000～15000	5000～9999	3000～4999
避难建筑面积（m²）	200～300	100～199	99

注：1. 表列避难场所面积与社区规划人口或常住人口相对应，并按 1m²/人确定，人口数在范围中间者采用插值法计算。

2. 人口数在范围中间者，避难场所建筑面积采用内插法计算。

3. 避难建筑平均使用面积系数按 0.68 计算。

表格来源：《城市社区应急避难场所建设标准》（建标 180—2017）。

避难场所各功能区面积指标宜符合表 18-31 的规定。

应急避难场地面积指标表（m²/人） **表 18-31**

场地名称	面积指标
应急避难休息区	0.900
应急医疗救护区	0.020
应急物资分发区	0.020
应急管理区	0.005

续表

场地名称	面积指标
应急厕所	0.015
应急垃圾收集区	0.010
应急供电区	0.015
应急供水区	0.015
合计	1.000

注：1. 表中避难场所面积指标为参考值，各地可根据项目实际需要在总使用面积范围内适当调整。

2. 应急避难休息区包括每个避难休息区之间的人行通道面积。

表格来源：《城市社区应急避难场所建设标准》(建标 180—2017)。

避难建筑的各类用房使用面积所占比例宜符合表 18-32 的规定。

避难建筑各类用房使用面积所占比例表（%）　　表 18-32

用房名称		使用面积所占比例		
		一类	二类	三类
生活服务用房	避难休息室	41	40	38
	医疗救护室内	15	15	17
	物资储备室	22	20	17
辅助用房	管理室	7	9	10
	公共厕所	15	16	18
合计		100	100	100

注：表中避难建筑各类用房使用面积所占比例为参考值，各地可根据项目实际需要在总使用面积范围内适当调整，或根据实际需要减少用房类别。

表格来源：《城市社区应急避难场所建设标准》(建标 180—2017)。

18.1.2　地下式及附建式市政设施建设标准

1. 地下式污水处理厂

目前国内对于地下式污水处理厂的建设没有统一的标准，根据已建、在建的地下污水处理厂情况见表 18-33，现有地下污水处理厂占地一般为传统污水处理厂的 1/3～1/2。

我国地下污水处理厂工程实例[111]　　表 18-33

序号	项目	规模 ($\times 10^4 m^3/d$)	占地 ($\times 10^4 m^2$)	建成时间	主体工艺	顶板覆土深 (m)	备注
1	广州市京溪污水处理厂	10	1.831	2010 年	MBR ＋紫外消毒	1.5	出水同时满足广东省地标一级标准
2	广州市生物岛再生水厂	1.0	1.27	2010 年	CASS/CMF＋二氧化氯消毒	0.5	
3	深圳市布吉污水处理厂	20	5.95	2011 年	MBBR＋双层平流式二沉池＋D 型滤池＋紫外消毒	1.5	

续表

序号	项目	规模（$\times10^4m^3/d$）	占地（$\times10^4m^2$）	建成时间	主体工艺	顶板覆土深（m）	备注
4	昆明市第十污水处理厂	15	3.893	2012年	MBR＋紫外消毒＋次氯酸钠消毒	2.0	另含再生水规模$4.5\times10^4m^3$/天
5	张家港金港污水处理厂	5（2.5*）	4.8	2012年	MBR＋紫外消毒		*表示一期
6	昆明市第九污水处理厂	10	2.99	2013年	MBR＋紫外/次氯酸钠消毒	2.0	另含再生水规模$4\times10^4m^3$/天
7	苏州工业园区综合污水处理厂一期	3.6	9.6	2013年	化学沉淀＋水解酸化＋MBR		一期部分投产$1.2\times10^4m^3/d$，总规模为$9.2\times10^4m^3$/天
8	青岛市高新区污水处理厂	18（9*）	6.35	2014年	MBBR	1.5	*表示一期；另含再生水规模$9\times10^4m^3$/天（一期$4.5\times10^4m^3$/天）
9	郑州市南三环污水处理厂	10	7.093	2014年	A/A/O＋高效沉淀池＋均质滤料滤池＋二氧化氯消毒	1.5	
10	昆明市第十一污水处理厂	6	4.07	2015年	A/A/O＋二沉池＋高效沉淀池＋V型滤池＋紫外线消毒	2.0	
11	昆明市第十二污水处理厂一期	5	7.96	2015年	MSBR＋滤布滤池＋紫外线消毒		规划规模为$10\times10^4m^3$/天
12	正定新区全地下污水厂	10	11	2015年	MBR		规划规模为$30\times10^4m^3$/天
13	贵阳市青山污水处理厂工程	5	2.1	2015年	A/A/O＋高效沉淀池＋生物滤池＋紫外消毒		
14	贵阳市麻堤河污水处理厂工程	3	1.629	2015年	A/A/O＋高效沉淀池＋生物滤池＋紫外消毒		
15	北京市大兴区天堂河再生水厂（污水厂二期）	8（4）	10.4	2016年（2008年）	MBR（A/A/O）＋紫外消毒		表示一期（二期将一期$4\times10^4m^3$/天规模改造为$2\times104m^3$/天，再新增$6\times10^4m^3$/天）
16	烟台套子湾污水厂扩建工程	15	3	2016年	MBR＋紫外消毒		在一期预留用地上新建半地下污水厂

续表

序号	项目	规模（×10⁴m³/d）	占地（×10⁴m²）	建成时间	主体工艺	顶板覆土深（m）	备注
17	山西太原晋阳污水处理厂	20+12	27	2016年	A/A/O和MBR*		采用2种主体工艺
18	广安市再生水厂	5	2.3	2016年	A/A/O+高效沉淀池+紫外消毒		
19	北京市稻香湖再生水厂一期	8	4.4	2016年	MBR+臭氧消毒		规划规模为26×10⁴m³/天
20	上海市嘉定南翔污水处理厂一期工程	10（5）	11.32	在建	A/A/O+高效沉淀池+转盘滤池+加氯消毒		表示一期设备规模，远期规划为15×10⁴m³/天
21	贵阳市三桥污水处理厂	4	1.1	在建	A/A/O+高效沉淀池+活性砂滤池+紫外消毒		
22	贵阳市彭家湾五里冲棚户区改造污水处理综合工程	6（3）	3.94	在建	A/A/O+高效沉淀池+紫外消毒		一期设备规模。地下三、四层为污水厂，地下一层为商业用房和机械停车库，地下二层为公交站及附属用房

表格来源：邱维. 我国地下污水处理厂建设现状及展望［J］. 中国给水排水，2017，3316：18-26。

2. 地下式垃圾转运站

对于某些高密度商业开发地区，土地资源十分珍贵，功能及景观定位很高，从集约、节约用地及满足景观要求的角度出发，并结合表18-34三类转运站的特点，选择适合的垃圾转运站建设形式。

建议在用地条件不允许、功能及景观方面要求很高的开发区域内以结合主体建筑修建的附建式为主，而在功能、景观及开发强度等方面要求相对较低的区域内以绿地半地下式为主。

地面独立占地式、附建式及绿地半地下式转运站对比分析表 **表18-34**

转运站型式	面积	对周边的影响	消防安全	卫生要求	交通组织	管理	造价比较
地面独立式	用地面积500～800m²	需要3～5m的绿化隔离带，与相邻建筑间距不小于10m	满足消防要求即可	日常清理、消杀	正常交通进出	管理较易	较低
附建式	建筑面积190～250m²	臭气、噪声等因素对周边的影响均大	建筑物耐火等级、消防管理等要求较高	需特别加强臭气、渗滤液污染控制	需与社会车辆实现有效分流	管理十分严格	高

续表

转运站型式	面积	对周边的影响	消防安全	卫生要求	交通组织	管理	造价比较
绿地半地下式	建筑面积 190～250m^2	可能影响景观，但通过墙面及屋顶景观与绿化设计可以降低影响	满足消防要求即可	通风除臭	正常交通进出	管理较易	高

建设注意事项：

由于附建式垃圾转运站处于居民的生活与工作环境之中，易对周边环境形成影响。为促进附建式垃圾转运站的规划实施，减少其建设与运营过程中的不利影响，附建式垃圾转运站需满足下列要求：

（1）附建式垃圾转运站的边界点臭气浓度应优于现行《恶臭污染物排放标准》GB 14554—1993 中规定的二级标准，按一级标准进行控制。

（2）附建式垃圾转运站噪声控制按现行《声环境质量标准》GB 3096—2008 二类标准执行。

（3）附建式垃圾转运站的建筑物构件需满足现行《建筑设计防火规范》GB 50016—2014 中的一级耐火等级要求，建筑主体耐火等级不应低于二级要求。

（4）附建式垃圾转运站的垃圾运输车辆与社会车辆的交通组织应实行分流管理，并满足专用车辆的回转需求。

（5）附建式垃圾转运站的建筑层高应满足垃圾装卸作业的要求。

而对于绿地半地下式垃圾转运站，需做好与绿地景观的协调及垃圾运输时间的掌控。为解决此类问题，可对半地下式转运站的屋顶及墙面进行景观与绿化设计（可参照台北市迪化污水处理厂，污水处理厂在地下，地面为休闲公园），以保证与周边绿化环境的协调一致；对垃圾运输宜在晚上 10 点后或早上 6 点前进行，以降低对居民休憩的影响。

3. 地下式变电站

目前我国对地下式变电站还没有统一的标准，深圳市发布的城市规划规范中，对地下式和附建式变电站有一定建筑面积要求，详细内容见表 18-35，并提供一处已建设的附建式变电站案例[112]，以供参考。

地下式和附建式变电站建筑面积控制要求　　表 18-35

变电站电压等级（kV）	装机容量（MVA）/（台）	附建式（全地下式）变电站建筑面积（m^2）
110/10	(50～63)/(3～4)	2500～3500
220/110(10)	(180～240)/(3～4)	6000～8000
220/20	(60～120)/(3～4)	—
500/220	(1000～1500)/(3～6)	—

表格来源：陈永海．深圳交通市政基础设施集约建设案例分析［A］．中国城市规划年会论文集（07．城市工程规划）［C］．中国城市规划学会，2012：13.

在深圳市高密度商业区华强北建设了1座附建式110kV变电站，项目位于华强广场，是华强北核心位置（华强北与振华路的西南角，具体位置参见图18-1），是深圳市开展较早的城市更新类综合体，集写字楼、酒店、商业、公寓、大型地下停车场于一体，用地面积约为2.6万m^2，建筑面积约为24.2万m^2（含地下室约7.2万m^2）。该项目用地被振中路划分为南、北两个地块，共设6层裙楼，两个地块的5、6层裙楼连为一个整体。

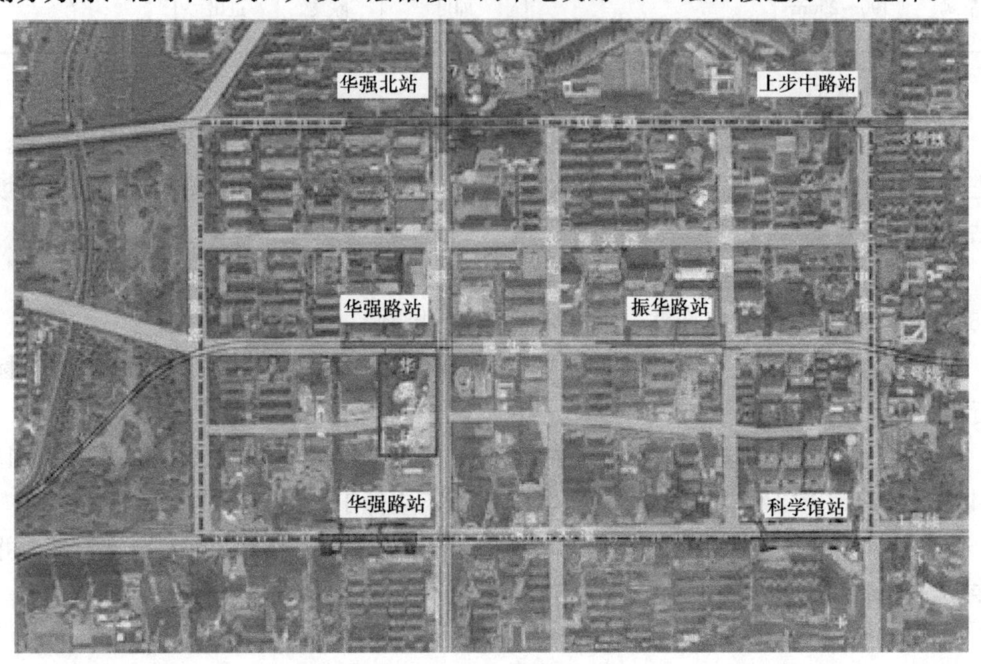

图18-1　华强北及华强广场位置示意图

图片来源：陈永海. 深圳交通市政基础设施集约建设案例分析［A］. 2012中国城市规划年会论文集（07. 城市工程规划）［C］. 中国城市规划学会，2012：13.

在该项目的地块规划设计要点中，规划主管部门根据电力专项规划明确要求配建华强站。建筑设计单位将该变电站布置在地块的西侧（西临振中二路），变电站的底层建筑面积为687（41.4m×16.6m）m^2，建筑面积2113m^2，共布置3台63MVA主变，站内设备分4层布置（地上3层、地下1层），变电站的上部为商业裙楼，消防通道、检修场地结合建筑通道及周边道路布置，基本达到既满足变电站功能需求又不影响城市综合体建设的双赢局面，相关建筑布局参见图18-2。

4. 附建式通信设施

中型通信机房及以下的接入机房逐步向无源方向转变，中型通信机房可结合其他建筑物附设式建设，不单独占地，典型汇聚机房建设面积见表18-36。

典型汇聚机房建设面积　　**表18-36**

类型	建筑面积（m^2）
中型通信机房（汇聚机房）	100～200

表格来源：陈永海. 深圳交通市政基础设施集约建设案例分析［A］. 中国城市规划年会论文集（07. 城市工程规则）［C］. 中国城市规划学会，2012：13.

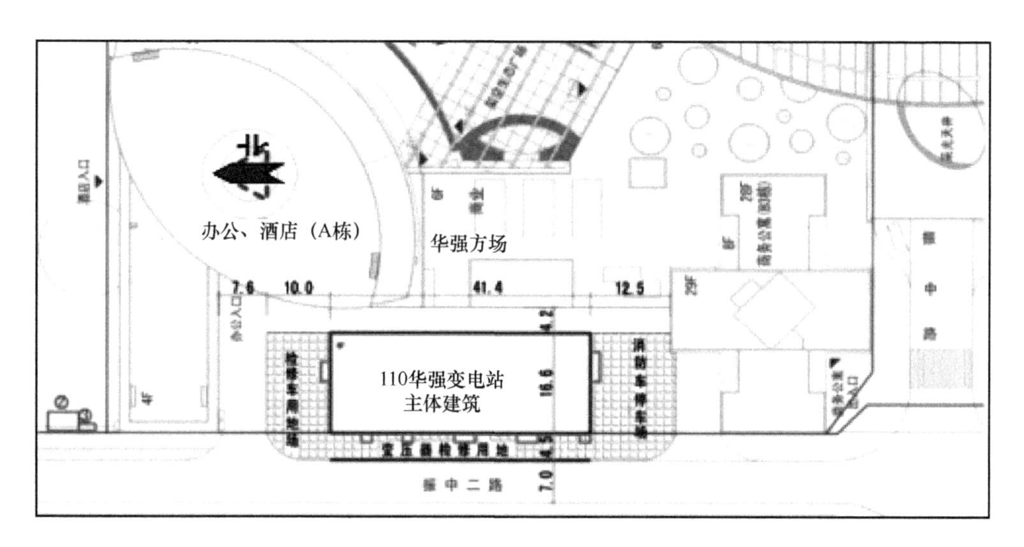

图 18-2 华强变电站建筑平面布置图

图片来源：陈永海，深圳交通市政基础设施集约建设案例分析［A］．中国城市规划年会论文集（07．城市工程规则）［C］．中国城市规划学会，2012：13

18.2 低碳市政控制要求

市政工程规划强调源头减量，降低城市开发对现有市政系统的影响，通过资源节约、绿色建筑、海绵城市建设等多种手段提高市政系统的“绿色”和“韧性”。

（1）说明规划片区的绿色市政控制指标。指标宜包括再生水利用率、雨水资源利用率、城市供水管网漏损率、可再生能源使用率、绿色建筑认证等级控制要求、区域综合径流系数等，具体控制指标可根据规划片区的具体情况进行确定。

（2）说明海绵城市规划控制要求。包括指标体系、功能分区、管控片区及控制目标、建设项目海绵城市规划管控要求等。

（3）说明水资源、能源等资源节约相关的控制要求。包括节约用水、雨水综合利用、再生水利用（含建筑中水回用）、市政系统整体能耗控制、城市能源管理及其他节能要求等。

（4）说明智慧城市建设的控制要求。

18.3 管网规划统筹

18.3.1 工作任务

市政管线统筹规划主要包括两方面的统筹：一是统筹各专业的规划管线，尽可能地集中管线建设通道，尤其是市政干线通道，并且采用综合管廊模式，集约管线建设空间；二是统筹协调建设空间，从而提高规划管线实施的可行性，并且提出空间管控要求。管网规划统筹的主要工作任务包括市政管线建设条件分析、市政管线干线通道路由规划、综合管廊规划、管线综合规划和市政管线建设空间预控。具体如下：

（1）市政管线建设条件分析：须分析市政管线的建设条件，主要包括现状道路地下空间分析、新（改）建道路规划情况分析、轨道建设情况分析、地下空间规划分析以及重点片区和城市更新等城市建设条件分析。

（2）市政管线干线通道路由规划：说明现状保留及新、改（扩）建市政管线的情况。简述管线建设路由规划统筹原则。结合管线建设需求和建设条件，分析确定规划市政干线通道布局。

（3）市政管线综合规划：说明各类市政管线的布置规定和标准，重点对干线通道进行平面和竖向分析，包括管线平面空间协调和重要节点的竖向空间协调。

（4）市政管线建设空间预控：说明市政管线的地下空间预控要求，包括市政管线的竖向预控要求、与其他地下空间开发的协调等内容。

18.3.2 资料收集

需要收集的资料包括自然环境资料、城市经济社会情况、城市规划资料和各专项工程（含道路、给水、排水、电力、通信、燃气、供热、环境卫生、防灾等工程）规划等。自然环境资料包括气象、水文、地质和环境资料等；城市经济社会情况资料包括现状经济发展、人口、土地利用和城市布局资料等；城市规划资料包括城市总体规划、城市分区规划、城市详细规划和其他相关规划资料等。

18.3.3 文本编制内容

管线综合规划文本内容包括：

（1）市政管线建设条件分析：须分析市政管线的建设条件，主要包括现状道路地下空间分析、新（改）建道路规划情况分析、轨道建设情况分析、地下空间规划分析以及重点片区和城市更新等城市建设条件分析。

（2）市政管线干线通道路由规划：说明现状保留及新、改（扩）建市政管线的情况。简述管线建设路由规划统筹原则。结合管线建设需求和建设条件，分析确定规划市政干线通道布局。

（3）市政管线综合规划：说明各类市政管线的布置规定和标准，重点对干线通道进行平面和竖向分析，包括管线平面空间协调和重要节点的竖向空间协调。

（4）市政管线建设空间预控：说明市政管线的地下空间预控要求，包括市政管线的竖向预控要求、与其他地下空间开发的协调等内容。

18.3.4 图纸绘制内容

管线综合规划图纸内容包括市政管线综合规划图、市政主干通道布局规划图、市政管线标准横断面布置图、市政管线关键点竖向布置图等，其具体内容如下：

（1）市政管线综合规划图：标明各市政主次干管的类别、位置和管径（标明各市政管线的类别、位置和管径）。

（2）市政主干通道布局规划图：标明规划区内市政主干通道的平面位置、管线种类等。

（3）市政管线标准横断面布置图：标明各市政管线在道路中的平面位置和相互间距。

（4）市政管线关键点竖向布置图：标明各市政管线在关键点的竖向控制标高（标明各市政管线在关键点和市政道路交叉口的竖向控制标高）。

18.3.5　说明书编制要求

管线综合规划说明书内容包括：

（1）现状及问题：现状市政设施及管线情况及存在问题，了解地下管线基础信息（如掌握地下管线的种类、规模、位置、使用年限等属性）和运行状况，摸清地下管线存在的结构性隐患和危险源。

（2）相关规划解读：包括对城市总体规划、分区规划、详细规划、各市政工程（含道路工程）专项分区规划或详细规划的解读，分析城市各种地下管线专业规划编制是否完善，是否编制有规划区域内的管线综合规划，是否对规划区域管网从整体上，系统地进行综合安排、统筹规划。

（3）协调原则：确定市政设施、管线综合协调原则。

（4）协商调整市政设施与管线：确定各市政工程设施分布，对不符合相关规范标准要求的设施关系进行协商调整；确定各市政工程管线分布，对不符合相关规范标准要求的管线平面和竖向关系进行协商调整。

（5）道路横断面与管线位置：确定各市政工程管线标准道路横断面布置；确定道路上各市政管线的平面位置和相互间距。

（6）关键点管线竖向布置：确定关键点和道路交叉口的各市政工程管线竖向布置。

18.4　近期建设规划

近期建设规划是对规划区内市政工程项目的分阶段安排和行动计划，是落实市政工程详细规划的重要步骤。近期建设规划规划期限一般为5年，在近期建设规划中应该提出各类市政专业近期建设项目库，指导市政工程项目的实施。在近期建设规划中，必须提出针对近期规划区建设发展的各类市政设施和管网的选址、规模及实施时序，并在附表中进行表达。

近期建设规划中应该包括近期市政需求预测、近期建设市政设施、近期建设市政管网及投资匡算四部分内容。

（1）近期市政需求预测：主要说明近期市政各专业的预测需求规模。

（2）近期建设市政设施：主要说明近期建设的市政设施数量等内容，具体包括各专业近期建设的设施名称、规划规模、用地面积和实施时序等内容。

（3）近期建设市政管网：列出近期市政干线管网及支线管网建设规模、名称及实施时序，具体路由、建设管线信息在附表中表达；列出近期建设综合管廊规模、路由及实施时序，具体各路由名称、长度、入廊管线、推荐断面尺寸等信息在附表中表达。

（4）投资匡算：按照上述各市政专业的设施及管网建设规模，列出各专业投资匡算。

在近期建设规划的技术路线图如图 18-3 所示。

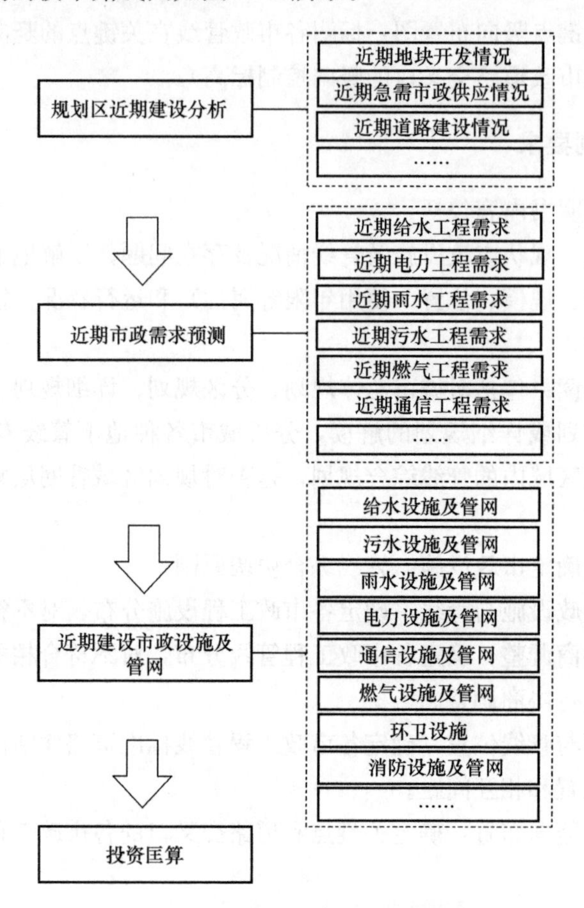

图 18-3　近期建设规划技术路线图

18.5　规划实施保障

规划实施保障应根据规划区的具体情况，可以从技术保障、政策保障、组织保障、施工保障、管理保障等方面提出具体的规划实施保障措施及建议。

第3篇

实 践 篇

市政工程详细规划是因需求而产生，在市政工程规划新技术和新理念不断涌现的背景下，各个规划区所面临的现状条件以及亟需解决问题千差万别，所以编制内容要求及重点也会不一样，如有些地区只需要编制市政管线专业规划内容，重点解决市政管线综合问题；如有些地区关注市政新技术应用，需要对其进行适用性专题研究。

本篇章选取了城市新区、城市老区、城市飞地三个市政工程详细规划实际案例，案例来源的规划项目均由深圳市城市规划设计研究院编制完成，三个案例均分别从基础条件、成果内容、规划创新以及实施效果等方面进行介绍。最后结合市政工程详细规划综合性和可实施性的要求，选取了深圳市市政管线“一张图”信息平台案例进行了简要展示。

第19章　前海合作区市政工程详细规划案例（城市新区案例）

19.1　基础条件

1. 规划范围

前海合作区位于珠江口东岸，深圳南山半岛西侧，用地范围沿前海湾呈扇形分布，由双界河、月亮湾大道、妈湾大道和前海湾海堤岸线合围而成，总用地面积约 14.92km^2（图 19-1）。

图 19-1　前海合作区规划范围示意图

2. 相关规划条件

《前海综合规划》已通过市政府、市人大等审批，已完成最后成果；围绕《前海综合规划》的竖向、水系、综合交通枢纽等支撑性专项规划已基本完成。与此同时，片区地下道路、道路详细规划等专项规划也基本稳定，为市政工程详细规划的开展提供了良好的规划基础条件。

3. 需要解决的主要问题

（1）提高滨海地区城市安全；

（2）保障市政系统安全供应和排放；

（3）平衡巨量土石方；

（4）改善能源资源“三高”状况；

（5）处置大型基础设施；

（6）改进前海合作区内部市政场站管网粗放建设（图 19-2）。

图 19-2　前海合作区区域内高压架空线

19.2　成果内容

1.“一主六辅”的成果构架

（1）“一主”为《前海合作区市政工程详细规划》主报告；该成果以《市政设施及管网详细规划》的内容为基础，同时将其他分项成果的主要内容及结论纳入其中对应章节，由说明书及图集组成；《市政设施及管网详细规划》包括给水工程规划、再生水工程规划、污水工程规划、雨洪利用规划、雨水工程规划、防洪（潮）工程规划、电力工程规划、通信工程规划、燃气工程规划、油气危险品设施规划、环卫工程规划 11 项各专业内容。

（2）“六辅”即为六个分项详细规划或专题研究报告；具体包括《综合管廊（电缆隧道）详细规划》《雨洪利用详细规划》以及《重大市政基础设施搬迁空间实施方案专题研究》《低碳生态技术及能源综合利用专题研究》《220kV/20kV 应用专题研究》《南山污水处理厂升级改造及排海工程优化研究》。

（3）成果由说明书、图集（必要插图）组成。

2. 规划内容

规划在《前海综合规划》、相关专项规划的前提下，完成包含（但不限于）以下 7 个分项内容，全面指导市政工程设计及单元内市政工程建设。

(1) 市政设施及管网详细规划

在竖向设计、单元划分的基础上，开展给水工程、再生水工程、污水工程、雨水工程、防洪（潮）工程、电力工程、通信工程、燃气工程、环卫工程等市政工程详细规划，并完成管线平面综合和竖向高程协调，指导道路管线施工图设计及单元相关规划。

构建安全可靠的市政系统，包括给水系统、再生水系统、污水系统、雨水系统、电力系统、通信系统、供气系统等。

在完成各个市政专业系统化布局的基础上，结合前海合作区的特征，按照市政量、供应源、场站、管网的思路及技术标准细化各分项市政工程规划。与此同时，通过分析前海规划竖向、水廊道、地下道路、轨道建设、车辆段及上盖物业、综合交通枢纽、已建及在建道路、单元内小尺度街区等影响市政管网建设的因素，制定出片区市政工程管线综合规划。使之能够指引相关市政设施和管网的设计和实施（图 19-3）。

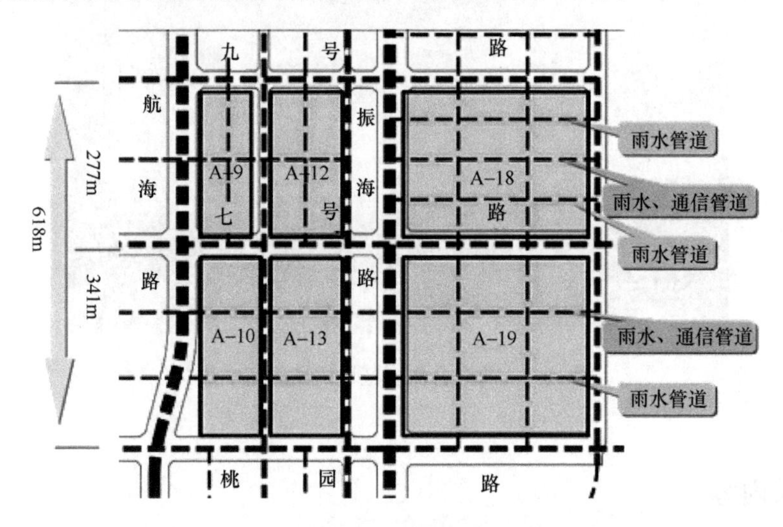

图 19-3 单元小尺度街区市政管线布置示意图

(2) 综合管廊（电缆隧道）详细规划

在对前海合作区建设综合管廊（电缆隧道）的必要性和可行性进行研究的基础上，合理确定共同沟（电缆隧道）的规模、位置、走向，以及横断面及纵断面等初步方案，同时协调其与地下设施的竖向关系，以及与单元建设的衔接措施，估算投资规模，提出实施计划。

采用综合管廊（电缆隧道）方案，使高压架空线改造入地；结合现状高压架空线改造入地和新建 220kV 变电站高压进出线电缆的敷设要求，近期沿十二路、双界河路、航海路和东滨路建设电缆隧道，考虑电缆隧道是大型的地下永久性工程，而电网演变是一个循序渐进的过程，同时需适当预留部分 220kV 电缆线路的敷设空间。

综合考虑大型市政干管穿越水廊道对景观的影响，以及规划高压电缆通道、市政干管走廊等因素，前海合作区共同沟路由形成为“E 型”方案布局，规划共同沟总长为 9.2km，单独设置的电缆隧道长度为 12.0km（图 19-4）。

(3) 雨洪利用详细规划

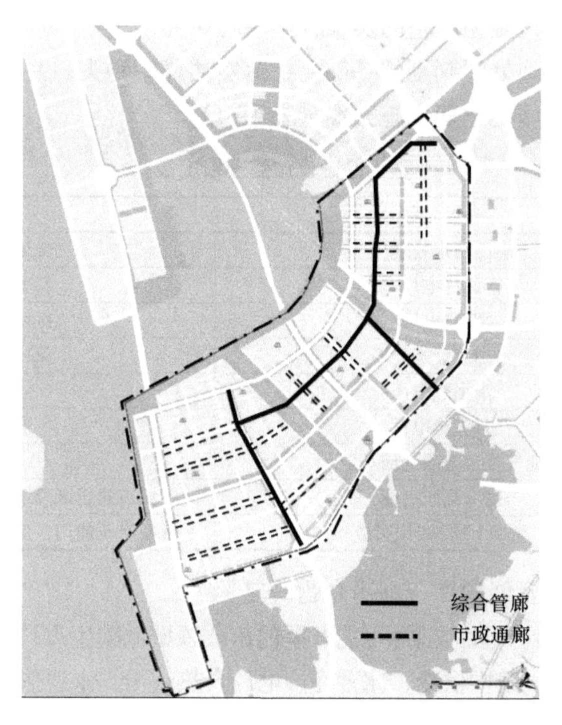

图19-4 前海合作区综合管廊（电缆隧道）布局

落实低冲击开发理念，结合各单元建设规模和用地性质，研究并确定各单元或街坊的低冲击开发控制指标，并确定指标值，布局政府投资建设的雨洪利用设施，制定供开发商选用的适宜的实施手段和技术措施，有效指导单元建设开发（图19-5、图19-6）。

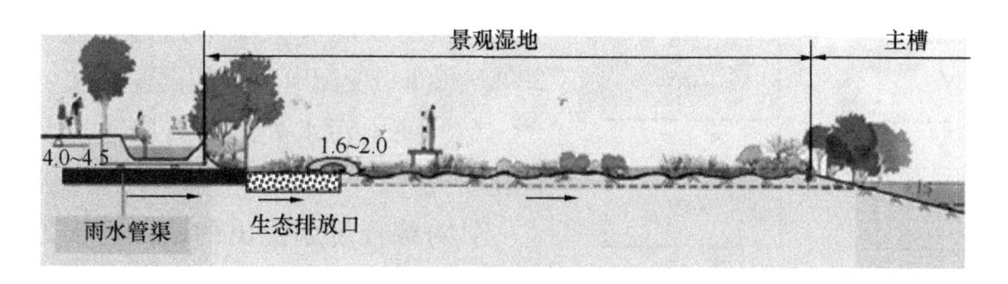

图19-5 水廊道景观湿地生态排放口示意图

图19-6 雨水排放口过滤设施可行的建设形式（蚝壳池）

（4）重大市政基础设施搬迁空间实施方案专题研究

在重大市政基础设施处置判别的基础上，落实油气库码头、月亮湾电厂、南山热电厂等需搬迁的重大基础设施的空间实施方案（表19-1）。

重大基础设施处理情况表 表9-1

序号	设施名称	研究结论
1	南山污水处理厂	保留，现址改造
2	妈湾电厂	保留，现址改造
3	前湾电厂	保留，现址改造
4	南山垃圾焚烧厂	保留，现址改造
5	南山热电厂	搬迁
6	月亮湾电厂	搬迁
7	油气及危险品仓储基地	搬迁
8	前海高压走廊	城市建成区段下地，以共同沟形式建设
9	前海LNG高压管线	近期降压使用，远期改线、避开前海中心区

（5）低碳生态技术及能源综合利用专题研究

借鉴国内外先进经验，针对前海可能开展的市政领域低碳生态技术及可综合利用的能源资源，开展低冲击开发、集中供冷、冰蓄冷、电厂余热利用、水源热泵、分布式能源等新技术研究，提出前海实现能源综合利用的适用性以及应用的方式、途径、范围及建设指引。

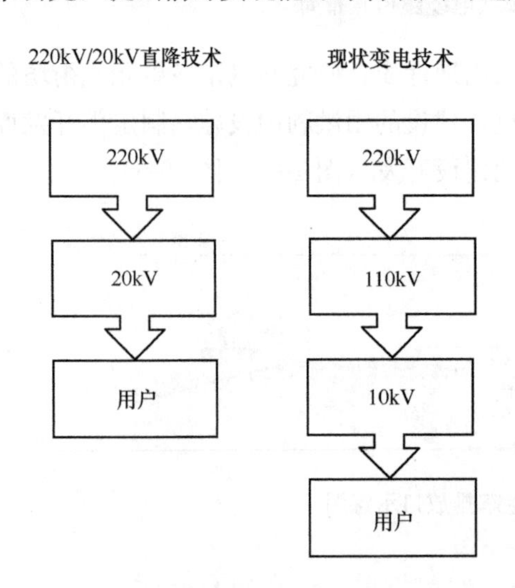

图19-7　220kV/20kV直降技术与现状变电技术对比示意图

（6）220kV/20kV应用专题研究

针对前海负荷特点，在分析建设220kV/20kV必要性的基础上，研究应用220kV/20kV的相关条件及部分现状110kV/10kV升级改造的方式，提出设施和大型通道的建设要求，明确220kV/20kV变配电设施的设置要求（图19-7）。

（7）南山污水处理厂升级改造及排海工程优化研究

针对综合规划提出的南山污水处理厂出水水质、用途等内容，对南山污水处理厂厂内设施升级改造的可行性和用地方案进行研究，并在此基础上提出和协调有关机构明确污水处理厂尾水排放和利用方案，优化排海工程，为前海水廊道水环境改善和水生态营造奠定基础。

19.3　规划创新

创新点一：以综合管廊为基础，构建市政供应管的地下敷设通廊

在街坊地下室预留2m×0.6m通道，与市政综合管廊连通，并延伸到相邻街坊，形成连续的市政供应管的地下敷设通廊。以综合管廊、街坊地下空间相连通的“空气廊道”，涵盖建筑面积达2000多万 m²，覆盖前海约80%的建筑，可以节省市政管线敷设成本约7亿元。

创新点二：面向实施，成果以指导项目实施为导向

规划成果面向实施，在规划布局各市政专业设施及管网的前提下，对前海合作区定位和功能，协调各类市政管线与区域内其他工程建设的关系及建设时序，包括片区竖向、地下空间开发、水廊道、在建市政交通设施等影响市政管线平面综合和竖向协调的主要因素（图19-8）。

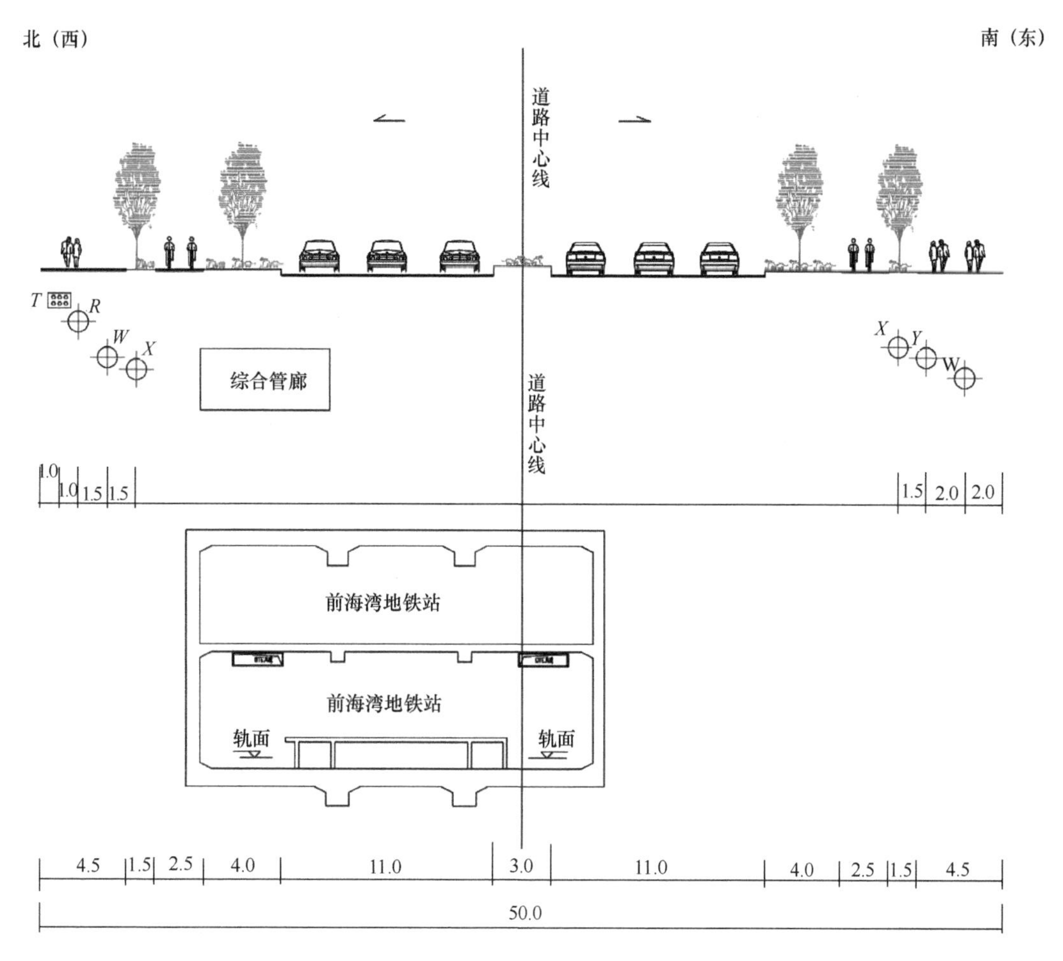

图19-8 听海大道（前海湾地铁站体段）市政管线横断面布置图

在布局和协调市政管线及设施的前提方面，根据前海合作区正在开展建设的单元和重大基础设施，结合即将开展的道路交通、水系统等项目，从现状市政设施出发构建市政系统及片区管网系统，制定出市政工程近期建设项目库，指导片区开发建设。

创新点三：全面实践低影响开发

（特别说明：前海合作区在2012年就提出低影响开发，即现阶段的“海绵城市”建设）

借鉴国外低冲击开发先进地区经验，参考深圳市相关研究及实践成果，结合前海合作区综合规划的相关内容，确定前海合作区低冲击开发整体目标如下：

（1）前海合作区开发建设后综合径流系数≤0.45。

（2）雨水径流中总悬浮颗粒物（TSS）削减70%以上。

开展雨洪利用规划，雨洪利用技术以低冲击开发理念为指导。低冲击开发理念要求通过分散的、小规模的源头控制设施来实现对降雨所产生的径流和污染的控制，使区域开发建设后尽量接近于开发建设前的自然水文状态。综合考虑前海合作区土地利用情况、降雨、地形地貌、水文地质等条件，结合低冲击开发雨水综合利用技术设施影响因素及成本，确定前海合作区近期开发建设的单元适宜采用以下低冲击开发雨水综合利用技术手段：植生滞留槽、绿化屋顶、透水铺装地面、下凹式绿地、雨水调蓄、滞留设施（如雨水湿地、雨水滞留塘、雨水储水模块等），如图19-9所示。

(*a*) 植生滞留槽

(*b*) 绿色屋顶

(*c*) 透水铺装地面

(*d*) 雨水湿地

图19-9　低冲击开发雨水综合利用技术设施

创新点四：逐步推动智能电网建设，分阶段实施智慧城市

前海开展城市智慧管理，在规划阶段需先确定智慧城市管理中心，作为前海合作区各类分项业务的集中控制中心；首先在实施阶段布置云计算机系统，集中管理水资源、能源、交通、环境、信息等多个分项智慧工程（留有扩展建设其他智慧分项工程的可能），如图19-10所示。其次，各分项传输网采用以光纤（留有增加传感器类别和数量的接入可能）为主的传输介质，光纤敷设在区内丰富资源的通信管道内。另外，各类传感器根据分项工程的实施进度分步开展。

创新点五：推动市政场站与环境协调发展，促进市政场站和管线建设转型

（1）市政场站与环境协调发展，市政场站向集约节约用地转型

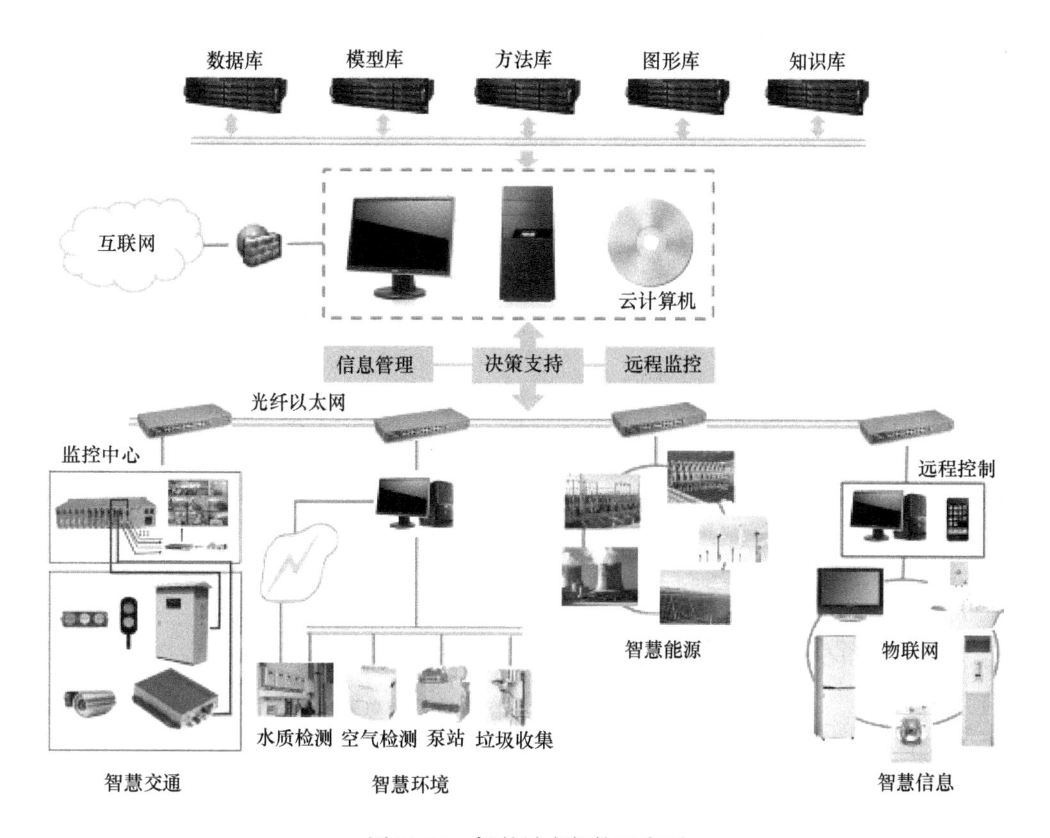

图 19-10　智慧城市架构示意图

保留三座电厂，迁建两座对环境有影响的电厂；对保留的污水处理厂进行加盖复绿、除臭等改造；除2座独立变电站外，其他9座变电站、3座通信机楼等市政设施，均附建在各单元（街坊）内，仅变电站一项，节约建筑面积约2.6万 m^2（节约用地约1.0hm^2）。

（2）推进高压线入地，采用综合管廊敷设市政管线，保障市政通道安全

推进高压线入地工程，并结合高压线入地建设综合管廊，将给水管、再生水管、中压电力管线、高压电力电缆、通信管线等纳入综合管廊。在保障市政通道安全性的同时，就高压线下地一项，可节约土地约60hm^2。

19.4　实施效果

前海合作区建设开展至今将近10年，在市政基础设施建设过程中，市政详细规划作为前海合作区市政设施和管网建设的重要参考依据，并将规划中提出的建设项目逐一落实。

1. 区域冷站建设实施

在市政工程详细规划中，研究认为在前海合作区1号、2号、4号、9号 、10号和18号6个开发单元内应用区域供冷技术，合计可节约约35.8万 m^2 的空调机房建筑面积，此建筑面积节省下来可作为商业、管理或停车场。目前2号单元区域冷站已经开工实施，其他区域冷站也陆续开展建设（图19-11）。

图 19-11　前海合作区分布式能源站建设

2. 综合管廊建设实施

目前，已建和在建的综合管廊、电缆隧道的实施情况统计信息见表 19-2。

前湾综合管廊和电缆隧道建设信息表　　表 19-2

建设类型	建设状态	路由	纳入管线情况	长度（km）
综合管廊	已建	前湾一路、航海路（前湾河以东）	*DN*200～*DN*800 给水管、*DN*300～*DN*600 再生水管、通信线缆、20kV/220kV 电力电缆、*DN*300 预留管	4.90
	在建	航海路（前湾河以西）	*DN*600～*DN*800 给水管、*DN*400 再生水管、通信线缆、20kV/220kV 电力电缆、通信线缆、*DN*300 燃气中压管道、*DN*150～*DN*400 热力管道、*DN*400 污水管、*DN*300 预留管	0.84
	规划	妈湾二路	*DN*800 给水管、*DN*400～*DN*500 再生水管、20kV/220kV 电力电缆、电缆线路、通信线缆、*DN*400 燃气中压管道、*DN*500 燃气次高压管道、*DN*300 预留管	1.81
电缆隧道	已建	桂湾一路、怡海大道、前湾一路	20kV 电力电缆、220kV 电力电缆	5.29
	规划	妈湾大道、梦海大道、环状水廊道	20kV 电力电缆、220kV 电力电缆、550kV 电力电缆（部分）	7.29

3. 市政管线与道路同步建设实施

前海合作区内市政管线根据市政工程详细规划，与道路施工图衔接，合理布局道路下市政管线位置和竖向。目前已经完成了听海大道、梦海大道、怡海大道等市政道路上市政管线的建设（图 19-13）。

图 19-12　听海大道综合管廊

图 19-13　听海大道

第20章 深圳市南山区市政设施及管网升级改造规划案例（城市老区案例）

20.1 基础条件

深圳市南山区位于深圳经济特区中西部，成立于1990年。片区呈南北向，依山傍海，地势北高南低，平地、台地、山丘相间。南山区自1995年深圳市产业转型以来，人均GDP已超过香港，接近新加坡水平。近年来，随着“三区一高地”“一带五圈两基地”“前海蛇口自贸区”等战略实施以及社会研发力量持续加强、总部经济稳步增长，被外界誉为中国硅谷的最有力竞争者。

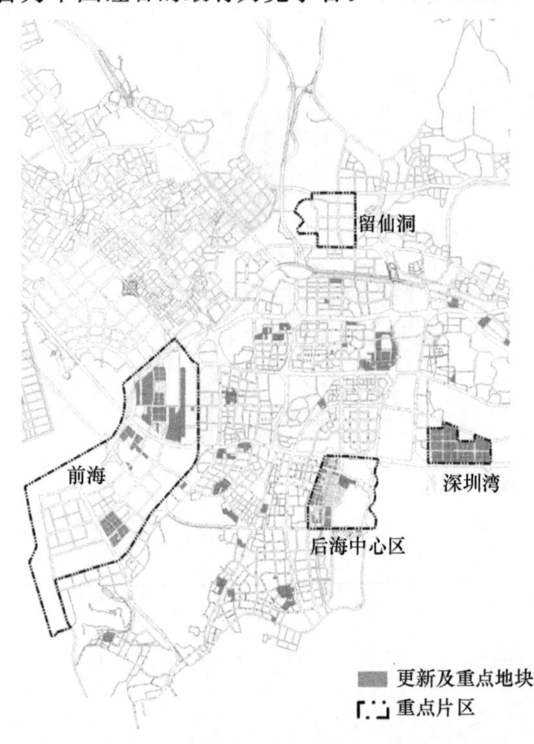

图20-1 重点片区与城市更新分布图

尽管南山区的现状建筑面积已达9900万m²，但城市规划建设还具有巨大发展空间，深圳市6个总部基地中有4个落户南山，前海、后海、留仙洞、深圳湾四个城市总部基地的建筑总量接近4200万m²，也将成为未来南山腾飞的重要平台。现状35个城市更新项目中部分已竣工，大部分也在稳步推进中，南山区已批规划的建筑总量将达到1.89亿m²，增长空间达89%。如果考虑正在开展的城市更新项目及潜在的更新项目，未来建筑总量将达到2.05亿m²，与现状建筑总量相比，增长幅度达到106%，城市更新和重点片区情况如图20-1所示。大规模城市建设面临着城市更新和重点片区建设带来的双重压力，需要建设充足市政基础设施，更需要提高市政设施的建设标准，促进和保障城市精细化管理。

南山区30多年的高速发展历程，形成了“五纵四横”的干管供应系统，市政主要供应源自北侧，市政干管在区内以南北向的形式布置。其中，“五纵”包括月亮湾大通道、沙河西路、南海大道、科苑大道、侨城东路等南北向贯通的通道；“四横”包括留仙大道、北环大道、深南大道、滨海大道和桂庙路，如图20-2所示。

南山区市政系统于1995年开始逐步整合，留下较多早期分散、市政小系统的印记，蛇口、赤湾等片区各类市政系统均独立运行。片区小系统完善但大系统不足，部分地区存

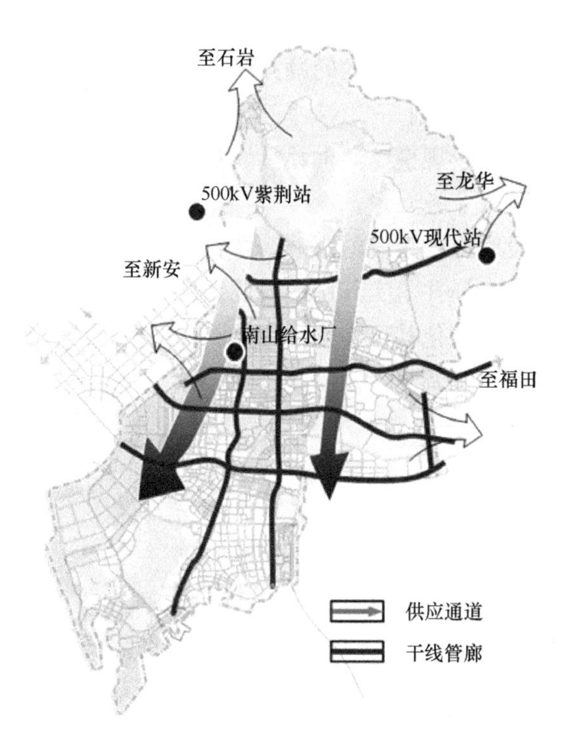

图 20-2　现状市政干管系统图

在较多遗留问题，在填海造地后更突出，特别是防洪排涝；同时，由于南山区总部基地多、地块开发强度高，地下空间正被大规模利用，与大型市政管线有交叉冲突。

20.2　成果内容

1. 规划期限

规划的近期年限为 2020 年，中远期年限为 2030 年。

2. 规划内容

规划对象包括给水、再生水、雨水、污水、电力、通信、燃气七个分项市政工程，规划内容由检讨、规划、实施三大部分组成。通过业务指标、场站和管网、建设及管理、规划实施等全方位检讨，总结各专业的特征，查找问题并确定对策；通过理顺无缝覆盖建筑面积、合理确定预测指标，构建安全稳定的各专业系统、控制大型廊道、开展管线综合；按照市政系统生长的逻辑，确定各专业建设计划，通过六种途径统筹市政管线建设，并以轻重缓急安排建设时序。

规划内容由检讨、规划、实施三大部分组成，具体要求如下：

（1）市政系统的分析、评估及检讨

1）检讨现状市政负荷，总结其主要特征。

2）检讨市政场站用地及建设情况。

3）检讨市政管线的建设及管理情况。

4）市政专项规划实施检讨。

5）系统地总结市政基础设施面临的问题并提出对策。

（2）市政设施及管网详细规划

1）初步确定未来规划建设规模。

2）合理预测市政负荷（业务）量。

3）分析城市规划建设对市政系统的影响。

4）确定各类市政设施布局并落实其用地或位置。

5）规划各类市政管线并强化其可实施性，控制大型市政综合廊道。

6）市政设施及管线综合协调。

（3）近期建设规划

1）分类构建市政系统。

2）确定各类市政设施的年度建设计划。

3）确定大型市政廊道的实施计划。

3. 成果形式

规划成果将提供不同的成果形式，以满足不同场合的需要。

（1）草案成果：主要包括规划报告、规划图集，用于草案的审查与评议。

（2）正式成果：主要包括规划说明书、文本和规划图集三个部分，供规划管理部门和市政职能管理单位日常使用。其中，规划说明书和文本包括现状及检讨、市政场站及管网详细规划、重要管廊规划、工程管线综合规划、近期建设规划、中远期规划等章节，配必要插图；图集包括总体图及七个专业图，总体图纸含区域位置图、土地利用现状图、土地利用规划图、发展潜力分析图、设施综合及管线（管廊）综合图等，专业图又包括各专业系统图及分区规划图。以 Word 文档、JPG 图片等格式提供正式成果。

（3）演示文件：《南山区市政设施及管网升级改造规划研究》汇报演示系统，用于宣传、展示及日常汇报（PPT 文档）。

（4）电子光盘：按照有关规定要求编录的所有成果内容的电子文件，用于规划管理部门归档和日常管理。

20.3 规划创新

市政工程详细规划的最高要求就是覆盖深广、方案合理、切实可行，能经得起众多建设项目的检验，也能指导各分项工程、综合工程的建设。在传统市政规划的基础上，南山区市政设施及管网升级改造规划项目作了以下尝试：

1. 在分区层面引入详细规划的做法，夯实市政规划根基

南山区市政设施及管网升级改造规划研究在分区规划层面引进详细规划的做法，确保规划方案更加合理和操作性更强。考虑到规划以地块建筑面积（基数较大）为基础开展工作，选取 27 个典型小区开展业务调研，以此为基础综合确定合适的预测指标，也成为同类项目的工作依据。通过大量研究、协调来确定指标，确定在分区层面按建筑面积预测时采用低限值，少数指标用中限值，取值也成为其他同类项目的指标，典型样本分析见表20-1。

典型样本分析表　　表 20-1

名称	建筑面积（m^2）	用地面积（m^2）	建筑面积水量指标（L/m^2）	深标取值［L/（m^2·日）］
A别墅	75798	259773	6.1	6～8
B公寓	19101	4743	4.9	6～8
C大厦	36211	12994	6.3	8～12
D酒店	35209	33885	12.4	10～14
E广场	130083	21043	9.2	8～12

2. 按照城市生长的逻辑，推演市政设施分期建设计划

市政规划是以城市更新、法定图则、城市重点片区等众多规划项目为前提条件，而这些项目进度有较大差异，特别是城市重点片区因建筑体量大，更需要很多年来逐步完成建设。规划建筑面积也是一个数量非常庞大的群体，也需要较长时间来实施。尽可能准确地确定城市建设投入时间，有助于更准确地开展市政工程规划建设。南山区市政设施及管网升级改造规划以分区、分期业务需求为引导，按照城市成长和市政系统生长逻辑，确定市政场站和管线建设时序。根据需求侧和供应侧的平衡节点，推演市政设施投入使用时间，形成较严谨的实施计划。梳理和推演重点片区的批地计划和城市更新的改造计划，确定各分区的三个五年业务需求，按照市政场站和管网建设的周期，通过分区供需平衡分析确定市政设施的建设时序。具体技术路线如图20-3所示。

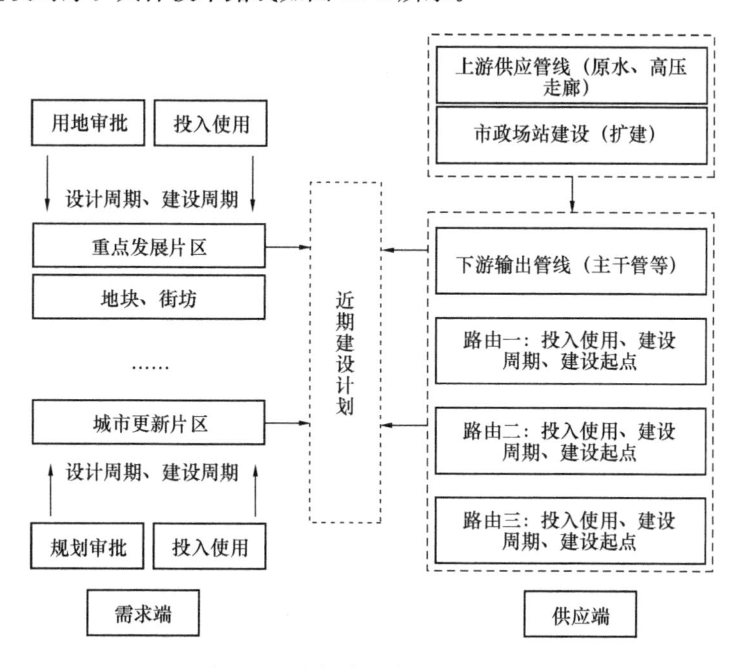

图20-3　分期建设计划技术路线图

3. 探索高度建成区市政系统升级改造的路径

在高速、高强度建设的现状建成区进一步大量城市更新、总部基地建设，对现有市政系统升级提出了更高的要求。在现状城区开展市政系统升级改造规划，市政场站和市政管线的升级改造措施，既需满足城市规划建设以及管线综合要求，也要维持各系统的正常运行，分析了各类市政管线在不同道路情况下改造和新建的方式，如图 20-4 所示。提出对老城区管线升级整体改造方案。滚动更新基础资料，为后续的更新项目提供服务平台。

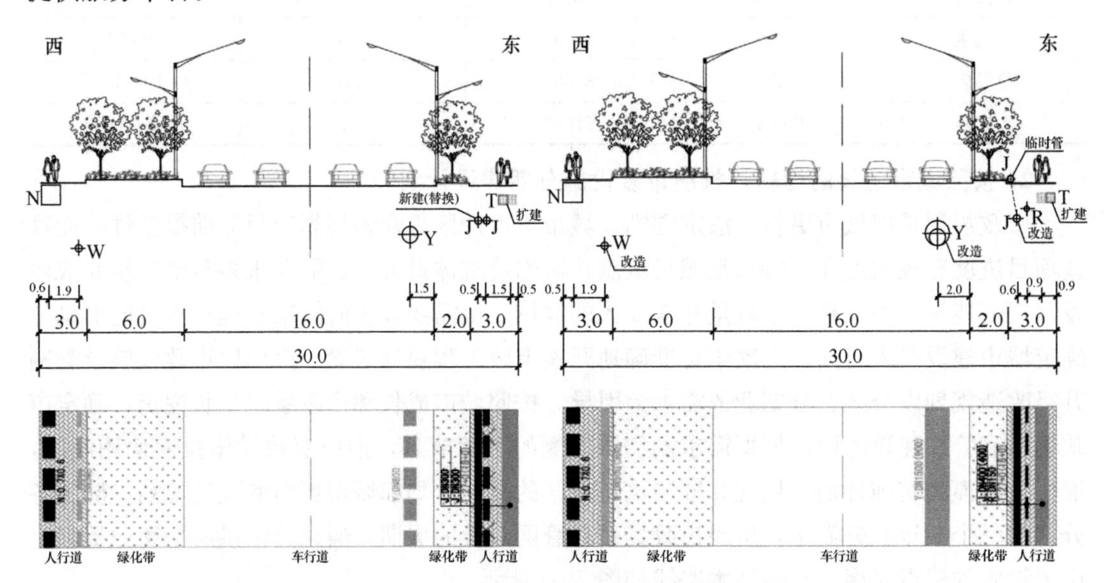

图 20-4 新增管位替换（公园中路）及原管位改造案例（公园南路）

4. 利用六大建设工程平台，整合分期市政管线改扩建

以地铁、道路快速化改造等大型项目建设为契机，按照城市建设平台统筹和整合分散的市政管线改扩建需求。由于各市政专业管线扩建需求分散，各分区的扩建时间也差异较大，通过地铁三期收尾工程和新建地铁工程、道路新建或改造、防洪排涝防治计划、正本清源工作、综合管廊建设、片区统建六大平台来统筹各管线建设。比如，利用轨道三期收尾工程建设市政规划管线并配合轨道三期续建项目安排规划新建管道的建设时间；利用轨道四期计划统筹大型市政管廊的建设时间；借用道路整体改造或交通综合整治安排市政管线建设时序；根据高压电缆专业隧道确定综合管廊建设时间，通过综合管廊建设统筹同路段规划新建市政管线，如图 20-5 所示；以广东省排水防涝要求为基础按单元改造市政管线，根据年度排水防涝要求制定年度计划，如图 20-6 所示；利用大型城市更新实现片区市政设施及管线整体升级改造；利用总部基地等重点片区建设统筹建设区内管线建设。

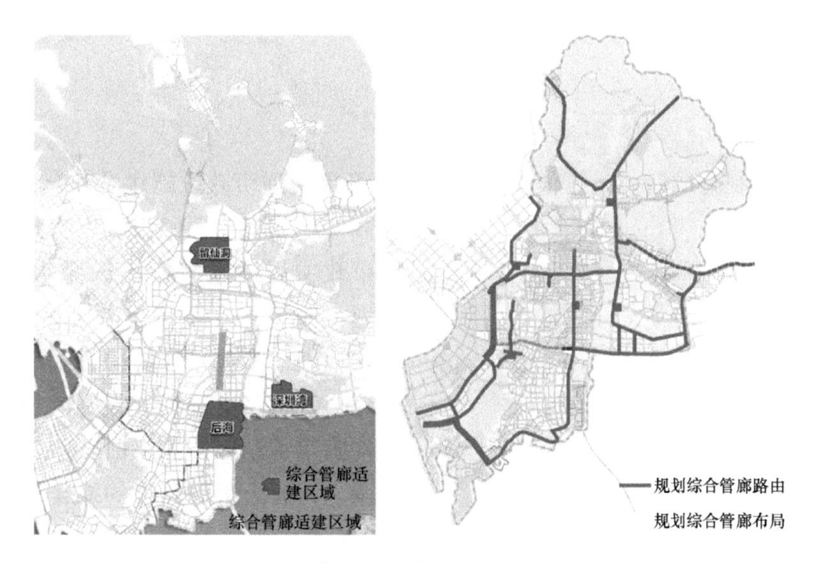

图 20-5 综合管廊适建区域与布局示意图

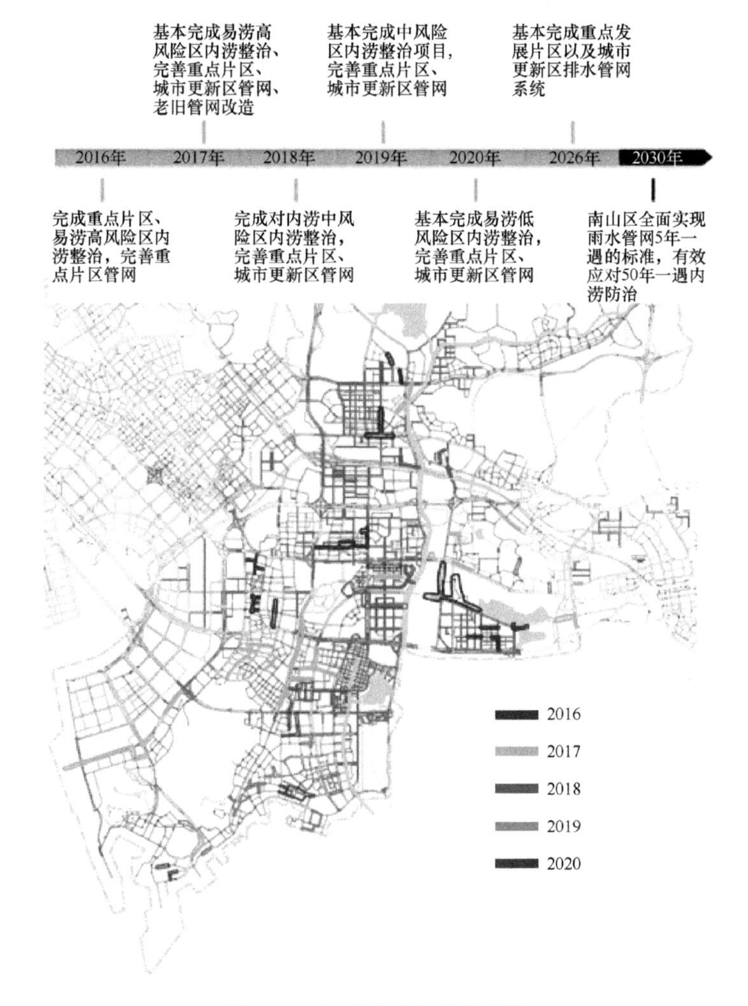

图 20-6 年度排水防涝计划图

20.4 实施效果

该项目在编制完成后，也正值南山区大规模开展交通市政设施建设，充分指导了南山区“十三五”期间市政工程建设，将大型市政项目纳入了南山区重大项目实施计划，如图 20-7 所示。指导了南山区综合管廊规划，本项目详细的管线演变过程，对综合管廊路由选择有很好的指导意义，基本确定了沙河东路、白石路、北环大道西段、兴海大道等路段的综合管廊。规划方案整体合理，目前在建城市更新和道路改造项目均落实该规划方案，有效指导 50 多个项目建设。现状指导建设项目如图 20-7 所示。

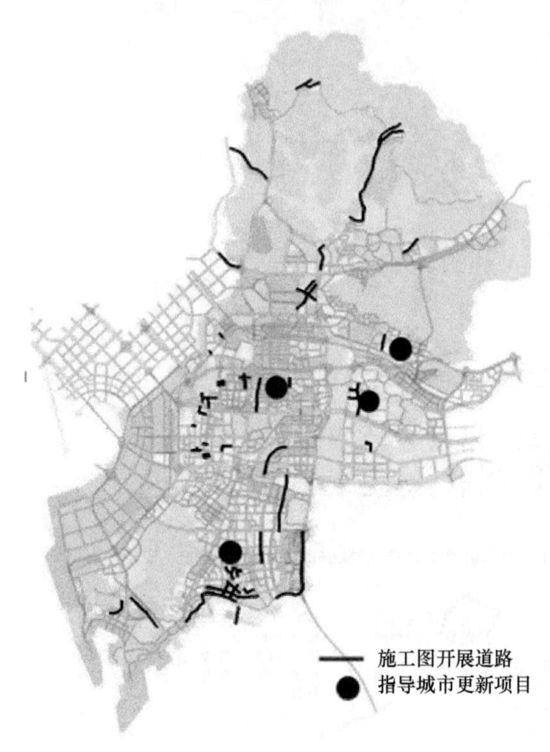

图 20-7 现状指导项目图

城市更新方面，各更新地块都严格按照规划方案开展规划，包括后续开展的深云村、沙河五村、蛇口富士龙地块、南山科兴地块等城市更新项目的市政管线改造和新建都以本项目为规划依据。在南山区道路改造同步实施的管线建设方面也是按照该项目的规划方案开展，如图 20-8 所示。包括桂庙路、沙河西路、科苑路、侨香路、龙珠大道、文西路、塘思路、丽岛一路、深茂铁路沿线等项目的施工图开展。

(*a*) 桂庙路管线恢复工程　　(*b*) 沙河西路快速化改造

图 20-8 指导道路施工建设

第21章 深汕特别合作区市政工程详细规划案例（城市飞地案例）

21.1 基础条件

1. 综合交通设施

目前深汕特别合作区形成以公路运输为主，铁路、港口运输为辅的交通运输方式格局，各项交通基础设施建设初具规模。但是交通基础设施不完善，建设等级标准低，综合交通运能不足，难以支撑合作区新发展；公交设施建设处在起步阶段，交通运输方式单一且未形成对周边重大设施的有效衔接利用；内部道路系统框架尚未形成，组团间缺乏联系通道，交通可达性低。合作区现状道路网密度情况见表21-1，现状综合交通情况如图21-1所示，现状部分交通设施情况如图21-2、图21-3所示。

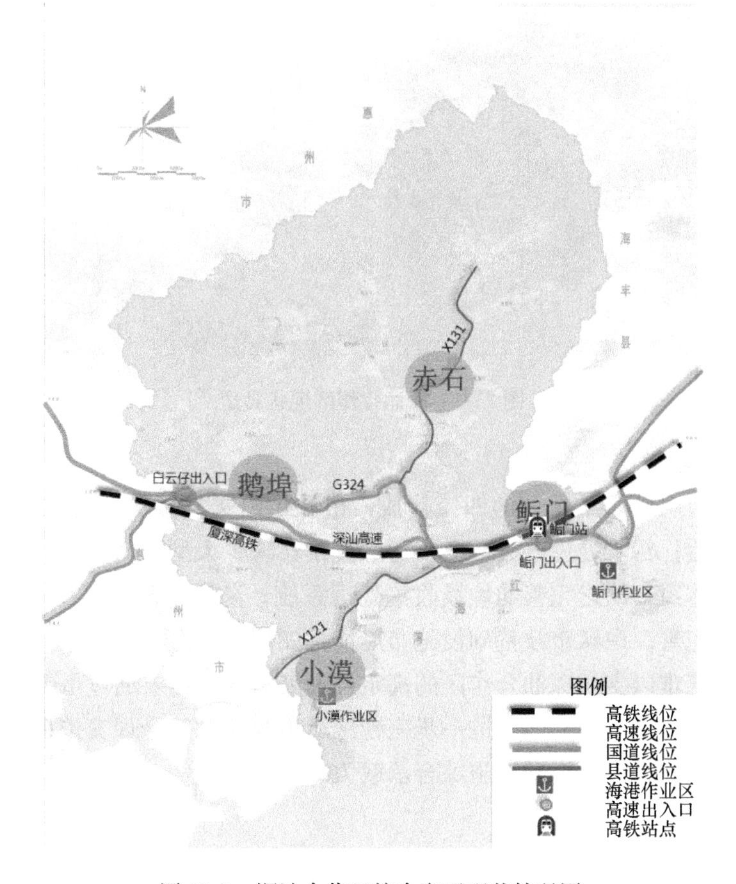

图21-1 深汕合作区综合交通现状情况图

深汕合作区现状道路网密度情况 表 21-1

级别	里程（km）	密度（km/km^2）
高速公路	2.4	0.045
主干道	2.6	0.048
次干道	2.7	0.050

图 21-2 深汕合作区现状国道 G324

图 21-3 深汕合作区现状县道

2. 市政基础设施

原深汕合作区由城郊结合部的四镇构成，市政供给需求较小，供水依靠四座村级水厂，水厂工艺落后；污水处理厂为空白，污水直排；缺少大型通信机楼；一座液化气储配站，瓶装气供气体系；缺乏完善的垃圾收集处理系统；防灾设防标准低，设施建设落后；市政管网建设不完善。现状市政基础设施布局情况如图 21-4 所示。

目前市政系统难以支撑深汕合作区的高定位发展需求，需要通过市政基础设施建设专项规划和市政工程详细规划的编制进一步完善区域市政体系，合理安排重要基础设施建设项目，全面提升深汕合作区基础设施综合承载力。

图 21-4 深汕合作区现状市政设施布局图

21.2 成果内容

本规划包括道路工程、竖向工程、给水工程、污水工程、雨水工程、电力工程、通信工程、燃气工程、环卫工程、管线综合10个分项工程规划内容。其主要工作内容为：对深汕特别合作区范围内的现状市政设施、管线进行具体调查、核实，依据深汕特别合作区的规划布局、相关专项规划确定的技术标准，预测深汕特别合作区范围内的市政容量，并结合周边市政设施、管线支撑能力研究，具体布置各类市政设施和管线。

1. 道路工程

道路交通、土地利用规划及各项条件的调查与资料收集；分析道路功能、周边土地利用情况、区域路网条件，结合交通量的分析预测，制定交通组织方案，确定道路及交叉口的功能要求及形式；对详细规划确定的路网方案进行检讨，进行道路平面、横断面、纵断面初步方案设计及方案比选；平面交叉口渠化设计；投资估算。

以“基础设施规划”为本项目开展前提，对合作区内交通设施，主要是道路设施开展新一轮的详细的交通调查走访；综合上层次相关规划分析判断合作区未来交通设施发展趋势，结合合作区现状研究交通重点、难点问题处置措施；以调研的相关基础数据开展交通需求预测工作，依据相关标准规范制定详细的道路网平面方案、道路横断面方案、道路竖向规划方案、道路交叉口设施规划方案以及相关交通设施（位置、规模）方案，协调方案与城市用地、市政设施之间的关系，最后明确近期可实施计划并提出相关建议和保障措施。

2. 竖向工程

明确各类竖向标高要求。确定海、河、湖岸最低的控制标高，并确定这些岸线的主要处理方式；确定各街区场地标高及排水走向；确定街区内外联系道路交叉口、变坡点的标高；确定跨河桥梁、港口、码头等用地或相接道路的控制标高；确定道路、绿地和地块场地的竖向关系。

协调与防洪排涝、城市景观和重要交通设施的竖向关系。与雨水工程规划协调确定城市雨水主管沟排入海、河、湖的可行性及控制标高；确定城市主要景观点的控制标高；为满足交通枢纽与周边地区的衔接要求，提出相应的竖向标高要求。深汕合作区鹅埠片区竖向设计方案如图 21-5 所示。

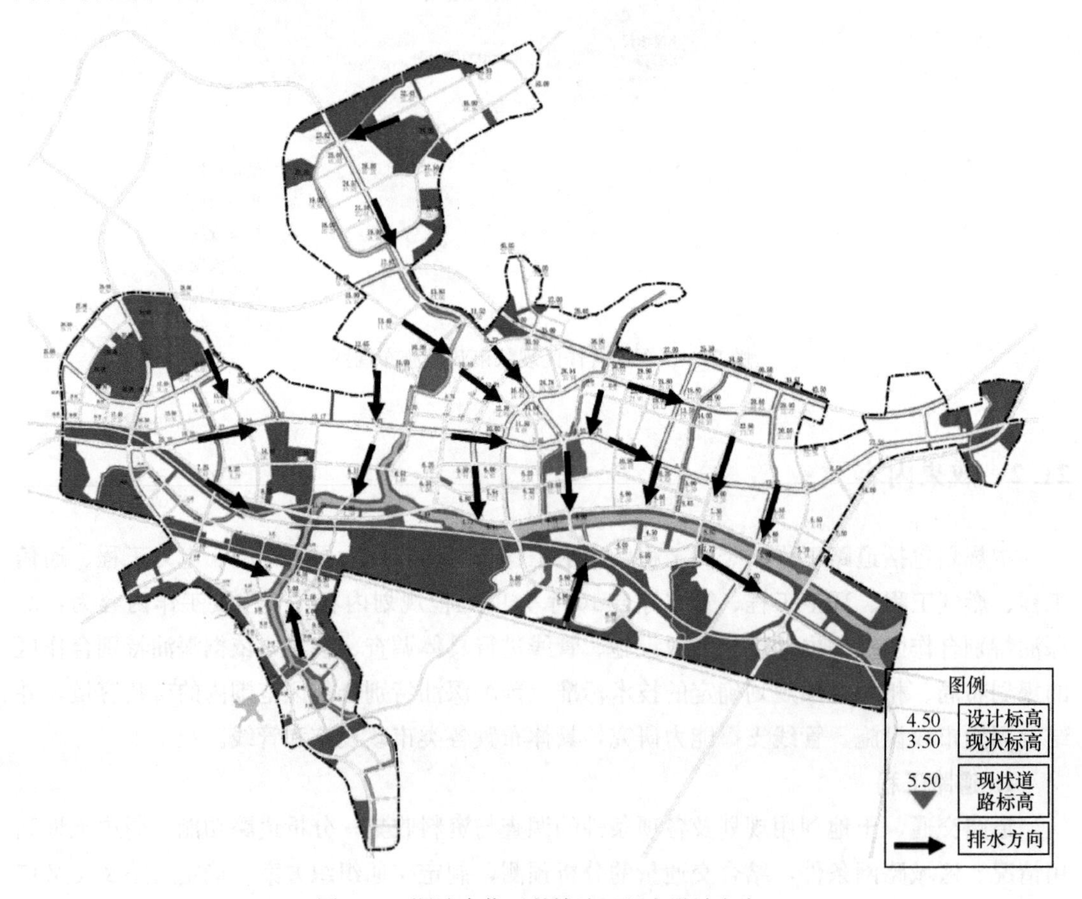

图 21-5　深汕合作区鹅埠片区竖向设计方案

进行土石方平衡并制定实施方案。本着尽量减少土石方进出的原则，进行用地土石方工程量的估算，在综合上述要求的基础上，制定土石方统筹方案。

3. 给水工程规划

对本规划区内及周边的现状给水设施、管线进行调查、核实。依据规划用地布局及全市给水工程专项规划确定的技术标准和给水设施、管线布局，计算预测本规划范围的用水量，布置给水设施和给水管线，进行平差计算，确定各给水管位置、走向、管长及管径，提出有关设施、管线布置、敷设方式以及防护规定。同时协调与本范围规划布局、全市给水工程专项规划的关系，提出协调解决问题的建议。

4. 排水工程规划

对本规划区内及周边的现状污水设施、管线进行调查、核实。依据规划用地布局、全市污水专项规划确定的技术标准和污水设施、管线布局，计算预测本规划范围的污水量，布置污水设施和污水管线走向、坡度、管长、管径，确定区域控制点，提出有关设施、管线敷设方式以及防护规定。同时协调与本范围规划布局、全市污水专项规划的关系，提出协调解决问题的建议。

对本规划区内及周边的现状雨水及防洪设施、管线进行调查、核实。依据规划用地布局、全市雨水工程专项规划确定的技术标准和雨水及防洪设施、管线布局，计算预测本规划范围的雨水排放量，布置雨水及防洪设施和管线，提出有关设施、管线敷设方式以及防护规定。同时协调与本范围规划布局、全市雨水工程规划的关系，提出协调解决问题的建议。

5. 电力工程规划

对本规划区内及周边的电力设施、电力线路进行调查、核实。依据规划用地布局、全市电力专项规划确定的技术标准和电力设施、电力通道布局，计算预测本规划范围的用电负荷，布置电力设施、电力通道，提出有关设施、管线敷设方式以及防护规定。同时协调与本范围规划布局、全市电力专项规划的关系，提出协调解决问题的建议。

6. 通信工程规划

对本规划区内及周边的通信设施、通信线路进行调查、核实。在分项预测各类主要通信业务的基础上，结合本地条件和建筑平面布局，合理规划邮政、通信机房、通信管道、移动宏基站及室内分布系统等通信工程，并与周边的现状和规划通信基础设施进行各分项系统的衔接；针对通信行业独特的多元化运营格局，提出促进基础设施共建共享的实施建议，满足三网融合、信息化和数字管理的需求。

7. 燃气工程规划

对本规划内及周边的燃气设施、燃气管网进行调查、核实。结合相关上位规划的要求，确定本区的燃气气源。在对现状充分调研和分析研究的基础上，根据各类用户的特点，科学预测燃气需求量，确定燃气规划原则，合理制定燃气供气方案，确定燃气设施的供气规模及落实用地。

8. 环卫工程规划

对本规划内及周边的环卫设施进行调查、核实。预测规划区生活垃圾产生量、工业垃圾产生量、再生资源产生量和最终需处置量；结合用地规划合理规划垃圾分类收集点、小型压缩式垃圾转运站，建设高效先进、环保的垃圾收运系统，保障规划区各类垃圾及时收运及无害化处理。

9. 管线综合规划

综合上述规划内容，梳理和汇总市政管线需求，针对管线集中路由，提出适合本区需求的管廊规模、位置、走向以及控制要求；同时，对其他道路的各类市政管线进行综合规划。在此基础上，完成管道平面综合和竖向高程协调，指导道路管线施工图设计。

21.3 规划创新

1. 建立跨区域道路交通及市政保障系统

项目突破规划范围的局限，从深圳、惠州、汕尾三市统筹考虑，重视与重大设施如铁路、高快速系统的对接，实现给水、燃气、电力、环卫等市政设施区域共享互通，建立跨区域道路交通及市政保障系统。其中，深汕合作区区域交通系统规划如图 21-6 所示。

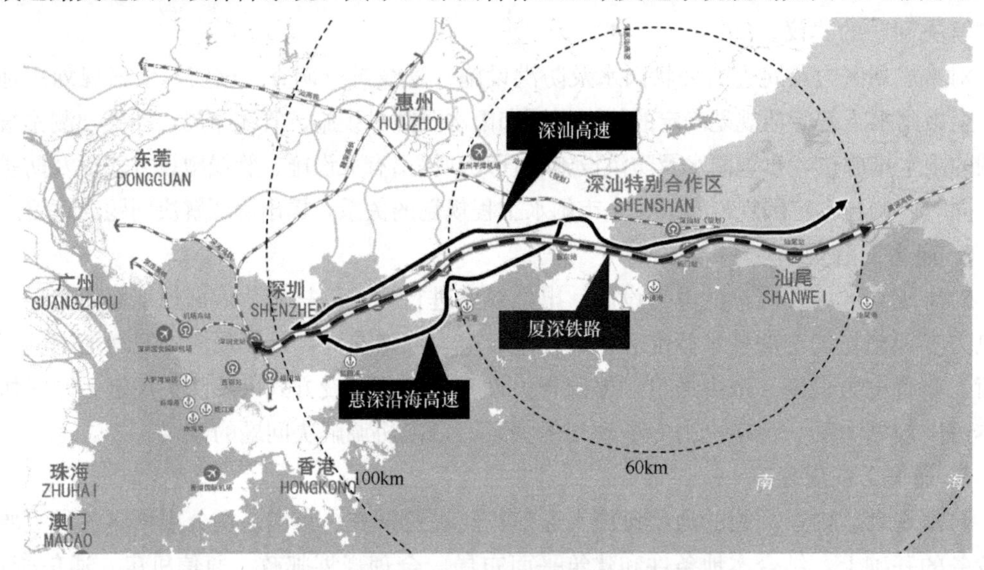

图 21-6 深汕合作区区域交通系统规划图

2. 实现了多层次规划衔接，多专业、多学科融合

本规划通过两个层面的规划，编制基础设施专项规划解决市政系统布局问题，编制市政详细规划解决场站及管网实施问题，实现了多层次规划衔接。

规划内容除 10 余项常规市政规划之外，还包含道路详细规划、竖向规划以及市政新技术应用等研究内容，实现了多专业、多学科融合。

3. 临时性措施与永久性方案相衔接，提高可实施性

临时性措施和永久规划结合，满足了合作区快速发展的需要。考虑部分市政设施建设周期较长，本项目创新性地将临时性措施纳入规划，并与永久性方案进行衔接，提高了规划的可实施性。以鹅埠南门河低洼地区为例，该区域通过设置临时雨水泵站解决现状村落排水问题。

21.4　实施效果

1. 工程建设已全面启动，部分项目已经竣工

已启动项目有：324国道改造工程，鹅埠、小漠以及鲘门等多条道路新建工程，西部水厂、鲘门220kV变电站等市政厂站新建工程；南门河及其支流综合整治工程等。

已竣工项目有：324国道示范段；鹅埠园区一体化污水处理设施等，实际建设情况如图21-7、图21-8所示。

图21-7　海门路、海逸路、海宁路、通达路等道路新建工程
图片来源：右侧海门路、海逸路、海宁路、通达路为已完成的道路，
[Online Image] http：//www.shenshan.gov.cn/home/info　detail/1682，11-04-2017.

图21-8　南门河五条支流综合整治中的边溪河示范段
图片来源：边溪河示范段，[Online Image] http：//www.shenshan.gov.cn/home/info/progress　detail/1768，01-05-2018.

2. 多个跨区域重大市政交通项目进入起步阶段

合作区与惠州市签订了稔平半岛引水工程供水框架协议，将大大缓解区内水资源短缺的问题；经过多次协调论证，广汕铁路合作区段线位最终确定，正式迎来开工建设；深汕西高速改扩建方案也已进入优化论证阶段。

第22章　深圳市市政管线“一张图”信息平台案例（信息平台案例）

国内许多城市都在开展规划“一张图”工作，“一张图”不是单纯意义上的一张图纸，而是一种工作机制、工作平台。深圳市毗邻香港，在成立之初就学习和借鉴香港的城市发展经验，并借鉴了香港的城市规划管理经验，逐步建立了以法定图则为核心的规划编制体系及规划管理制度和规划实施与管理的技术支撑平台。

但现有的规划管理仍存在部分规划成果相互冲突，信息缺乏有效组织和动态维护，信息沟通渠道不畅等问题。为进一步提高规划管理水平和工作效率，加强信息化建设，建立有效机制，加强规划成果管理，提高规划编制质量和成果使用效率，深圳市于2008年启动了城市规划“一张图”研究工作，至2011年深圳市城市规划“一张图”初具雏形[113]。深圳城市规划“一张图”是以现状信息为基础，以法定图则为核心，系统整合各类规划成果，被动态更新机制的规划管理工作平台。空间上，“一张图”是基于统一地理坐标系的、空间连续的全市域规划信息集合；时间上，是具备动态更新机制，能够及时、准确反映最新城市建设现状、地籍信息、审批信息以及基础地理信息的“现状图”；内容上，是全面反映最新、有效规划成果的“规划图”。

而深圳市市政管线“一张图”，属于城市规划“一张图”的一个部分，由现状管线数据和规划管线数据两个构成。市政管线“一张图”是反映最新现状和规划成果的可持续动态更新的市政管线信息系统，现状管线数据应以最新的地下管线普查数据为准，规划管线数据应以对最新编制审批的市政管线专项规划、法定图则（控制性详细规划）中的市政工程技术文件等为基础进行整合[114]。

22.1　框架体系

深圳市已建成城市规划“一张图”，包括三层一库，即核心层、管理层、基础层和规划成果库，如图22-1所示。

其中，基础层包括地籍、建设现状和基础地理等现状信息，核心层包括法定图则、空间控制总图等规划信息；管理层包括规划编制、规划审批、规划调整和规划整合等动态信息；规划成果库包括综合性规划、专项规划等规划成果信息。

市政管线“一张图”借鉴其空间数据库结构组织框架，与城市规划“一张图”进行有效衔接。市政管线“一张图”也采用“三层一库”结构，是在城市规划“一张图”基础上的架构，其架构如图22-2所示。

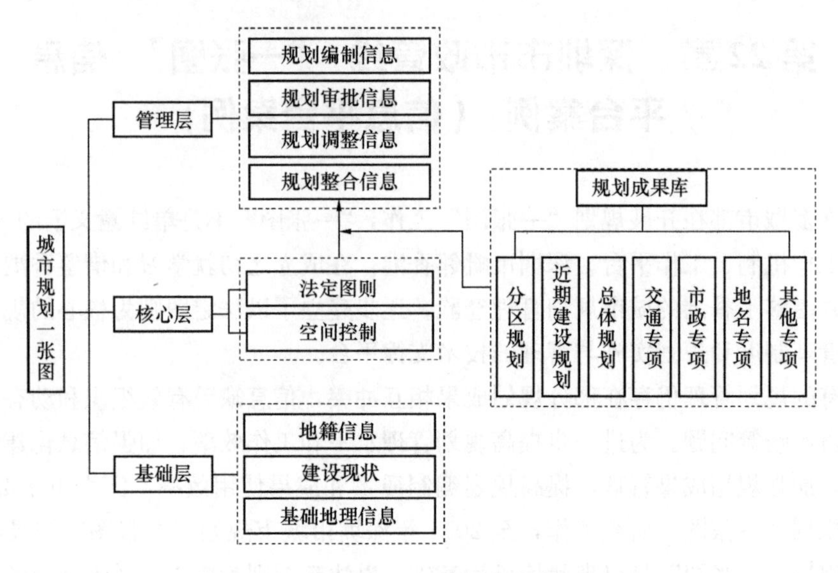

图 22-1 城市规划“一张图”框架体系示意图

图片来源：《城市规划“一张图”管理体系综合研究》

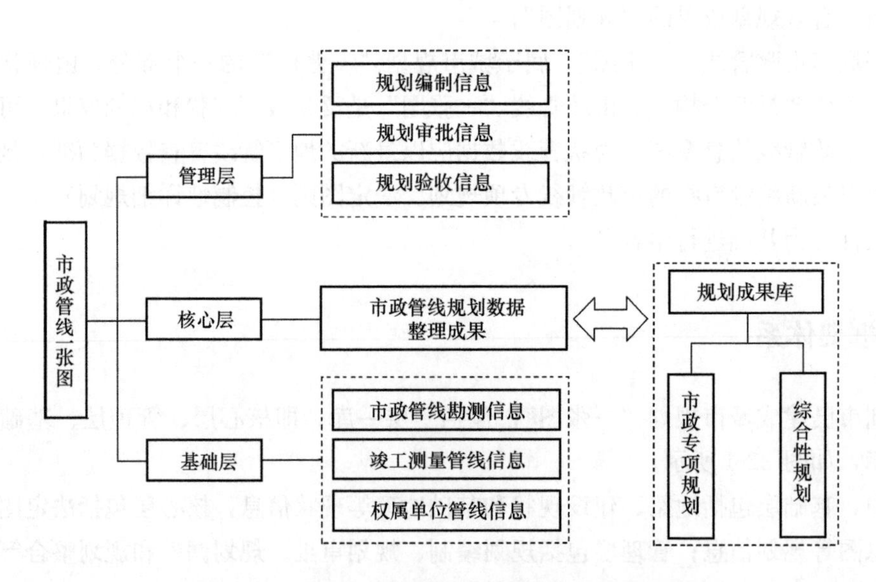

图 22-2 市政管线“一张图”框架体系示意图[115]

图片来源：刘江涛，傅晓东．深圳市市政管线“一张图”的建设方法与实践［C］．城市规划年会论文集，2015

22.2 “一张图”建设

1. 建设内容

市政管线一张图来源于城市规划“一张图”系统，其建设内容与之相似，包括核心层、管理层、基础层以及规划成果库。

核心层：主要为现状和规划数据整合后的成果数据，作为规划审批的直接依据。

管理层：主要包括规划动态、规划编制、规划审批和规划验收等日常管理信息。

基础层：包括市政管线勘测信息、新改扩建管线的竣工测量信息、管线权属单位掌握的管线信息、地形图、航拍图等基础数据。

规划成果库：包括已审批的各类市政管线规划成果。市政管线数据库由现状管线数据和规划管线数据两大类数据组成，具体如图22-3所示。

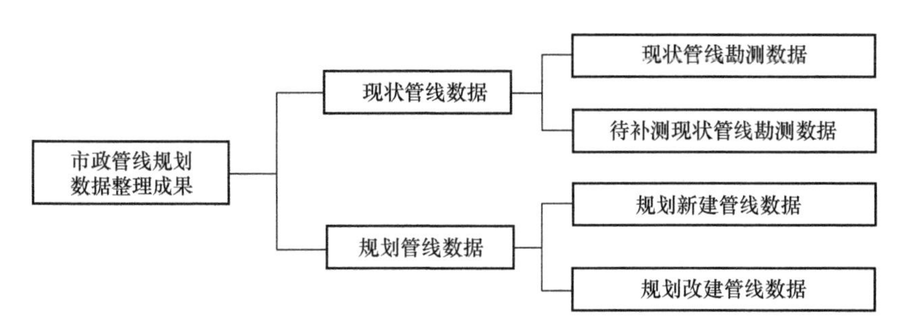

图22-3 市政管线数据库数据组成图

2. 信息系统建设

地理信息系统是“一张图”的重要工作平台，是实现“一张图”管理目标的重要技术支撑。“一张图”管理系统是在现有的GIS系统、CAD系统、WEB页面等平台进行拓展和完善，针对不同应用，定制相应的信息配制。

3. 建立技术标准

为更好地实现市政管线“一张图”，必须从技术标准上加以改进和完善，深圳市制定了《“一张图”规划梳理整合技术规程》《现状信息调查与更新技术规划》《城市规划成果数据格式即制图规范》《深圳市地下管线数据建库标准》等一系列技术标准。

22.3 实施效果

深圳市市政管线“一张图”在系统梳理和整合已批各类市政专项规划及法定图则市政技术文件基础上，形成统一有效的市政管线规划数据库，有机衔接现状管线数据，为规划编制和管理提供支撑。市政管线“一张图”整合给水、污水、雨水、再生水、电力、通信、燃气七种管线和综合管廊依据性专项规划，目前已经整理完成市政管线总长4.6万km，包括现状管线数据3.2万km和规划管线数据1.4万km，整合深度包括全市主次干道管线和部分市政支路主次干管数据。

通过整合各类市政管线的现状和规划数据，实现了“多规合一”，为管线规划、管线设计、管线报建、管线施工、管线运维全生命周期进行管理奠定了基础（图 22-4）。

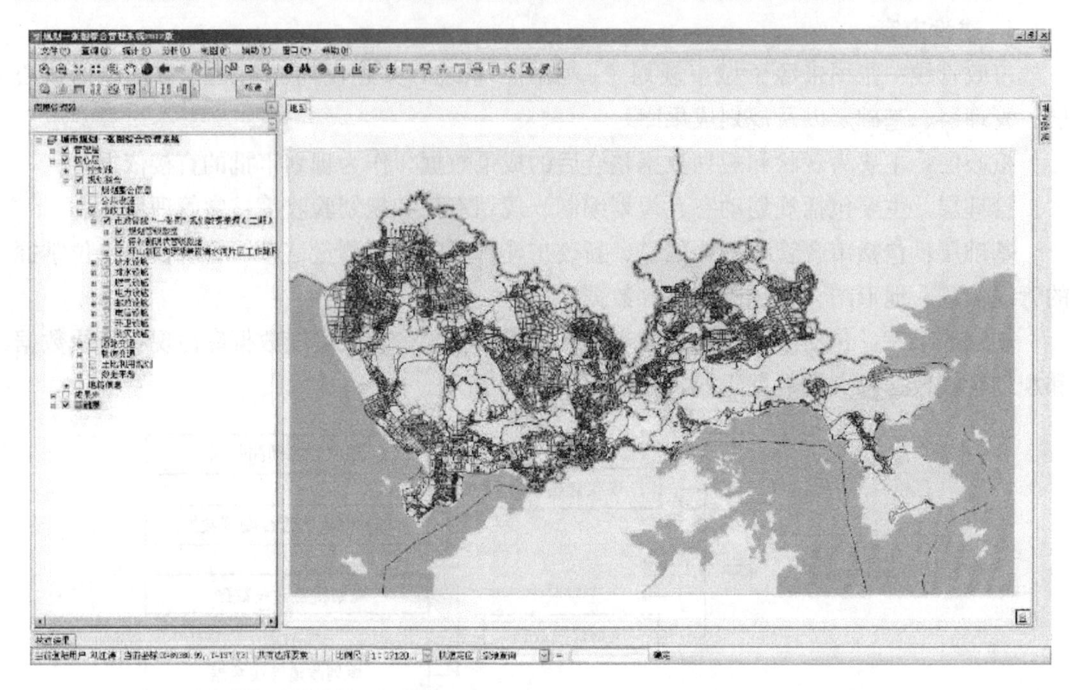

图 22-4 深圳市市政管线“一张图”管理平台

附 录

本书的编写是基于深圳市城市规划设计研究院近20年来在市政工程详细规划领域的研究和实践，市政工程详细规划在协调衔接区域市政基础设施建设以及指导市政工程管线建设方面起到了不可或缺的作用。但是，目前市政工程详细规划的法律定位还不明确，其制图要求、成果格式以及编制费用等方面都亟待进行探讨和总结。

附录中对市政工程详细规划制图要求、成果格式以及编制费用等方面进行了汇总和总结，仅供参考，希望能更好地帮助读者开展市政工程详细规划工作。

附录1　通用制图要求参考

1.1　图纸分类及内容

（1）规划图纸可分为现状图、规划图、分析图三类。

（2）现状图是记录规划工作起始的城市状态的图纸，包括城市用地现状图与各专项现状图。

（3）规划图是反映规划意图和城市规划各阶段规划状态的图纸。

（4）规划图纸应有图题、图界、指北针、风向玫瑰、比例、比例尺、图例等。

1.2　图题

（1）图题是各类城市规划图的标题。城市规划图纸应书写图题。

（2）图题的内容应包括：项目名称（主题）、图名（副题）。副题的字号宜小于主题的字号。

（3）图题宜横写，不应遮盖图纸中现状与规划的实质内容。位置应选在图纸的上方正中、图纸的左上侧或右上侧。不应放在图纸内容的中间或图纸内容的下方。

1.3　指北针和风玫瑰

（1）指北针与风向玫瑰图可一起标绘，指北针也可单独标绘。

（2）指北针的标绘，应符合现行国家标准《房屋建筑制图统一标准》GB/T 50001—2017的有关规定。

（3）风向玫瑰图应以细实线绘制风频玫瑰图，以细虚线绘制污染系数玫瑰图。风频玫瑰图与污染系数玫瑰图应重叠绘制在一起。

（4）指北针与风向玫瑰的位置应在图幅图区内的上方左侧或右侧。

1.4　图例

（1）规划图均应标绘有图例。图例由图形（线条或色块）与文字组成，文字是对图形的注释。

（2）城市规划图的图例应绘在图纸的下方或下方的一侧。

1.5　文字说明

（1）城市规划图上的文字、数字、代码，均应笔画清晰、文字规范、字体易认、编排整齐、书写端正。标点符号的运用应准确、清楚。

（2）城市规划图上的文字应使用中文标准简化汉字。涉外的规划项目，可在中文下方加注外文；数字应使用阿拉伯数字，计量单位应使用国家法定计量单位；代码应使用规定的英文字母，年份应用公元年表示。

（3）文字高度应按附表 1-1 中所列数字选用。

文字高度（mm）　　**附表 1-1**

用于蓝图、缩图、底图	3.5、5.0、7.0、10、14、20、25、30、35

注：经缩小或放大的城市规划图，文字高度随原图纸缩小或放大，以字迹容易辨认为标准。

（4）城市规划图上的文字字体应易于辨认。中文应使用宋体、仿宋体、楷体、黑体、隶书体等，不得使用篆体和美术字体。外文应使用印刷体、书写体等，不得使用美术体等字体。数字应使用标准体、书写体。

（5）城市规划图上的文字、数字，应用于图题、比例、图标、风向玫瑰（指北针）、图例、署名、规划期限、编制日期、地名、路名、桥名、道路的通达地名、水系（河、江、湖、溪、海）名、名胜地名、主要公共设施名称、规划参数等。

附录2　图例要求参考

（1）给水工程详细规划图例见附表2-1。

给水工程详细规划图例　　附表2-1

彩色/图例	实体类型	图例说明	所在层名	颜色	线宽	总/图线型（比例）	分/图线型（比例）	备注
	PLINE	现状给水管	给水-现状管	5	0.0005/图纸比例	dashed 0.0001/图纸比例	dashed 0.005/图纸比例	如图纸比例为1：1000时，线宽为0.0005×1000=0.5
	PLINE	拟拆除现状给水管	给水-拟拆除现状管	5				
	PLINE	规划给水管	给水-规划管	1	0.001/图纸比例	continous	continous	如图纸比例为1：1000时，线宽为0.001×1000=1
	PLINE	规划改扩建给水管	给水-规划改扩建管	6				
	PLINE	现状加压给水管	给水-现状加压管	5	0.0005/图纸比例	center0.001/图纸比例	center0.002/图纸比例	
	PLINE	规划加压给水管	给水-规划加压管	1	0.001/图纸比例	center0.001/图纸比例	center0.002/图纸比例	
	PLINE	规划原水管	给水-规划原水管	1		divide2 0.004/图纸比例	divide2 0.008/图纸比例	
	PLINE	现状原水管	给水-现状原水管	5	0.0005/图纸比例	divide2 0.004/图纸比例	divide2 0.008/图纸比例	

续表

<table>
<tr><th>彩色/图例</th><th>实体类型</th><th>图例说明</th><th>所在层名</th><th>颜色</th><th>线宽</th><th>总/图线型（比例）</th><th>分/图线型（比例）</th><th colspan="3">备注</th></tr>
<tr><td>DN400(100)-L87</td><td>TEXT</td><td>给水管径(原管径)(mm)-管长(m)</td><td>给水-管线标注</td><td>宜随管线颜色</td><td></td><td></td><td></td><td colspan="3">标注字高：0.002/图纸比例
字宽：0.8 或自定</td></tr>
<tr><td></td><td>BLOCK</td><td>已建给水泵站</td><td>给水-现状泵站</td><td>5</td><td></td><td>continous</td><td></td><td colspan="2" rowspan="2">填充：ANS131
SCALE：
0.0001/
图纸比例</td><td rowspan="9">（1）应注明各设施的名称；
（2）各设施说明字体颜色宜与各图例一致，字体宜为宋体，字高：0.002/图纸比例；
（3）半径（给水泵站）：0.003/图纸比例；
（4）半径（水厂）：0.004/图纸比例</td></tr>
<tr><td></td><td>BLOCK</td><td>规划取消现状给水泵站</td><td>给水-规划取消现状泵站</td><td>8</td><td></td><td>continous</td><td></td></tr>
<tr><td></td><td>BLOCK</td><td>规划给水泵站</td><td>给水-规划泵站</td><td>1</td><td></td><td>continous</td><td></td><td colspan="2">填充：SOLID</td></tr>
<tr><td></td><td>BLOCK</td><td>规划扩建给水泵站</td><td>给水-规划扩建泵站</td><td>6</td><td></td><td>continous</td><td></td><td>上填充：ANS131
SCALE：
0.0001/
图纸比例</td><td>下填充：SOLID</td></tr>
<tr><td></td><td>BLOCK</td><td>现状水厂</td><td>给水-现状水厂</td><td>5</td><td></td><td>continous</td><td></td><td colspan="2"></td></tr>
<tr><td></td><td>BLOCK</td><td>规划取消现状水厂</td><td>给水-规划取消现状水厂</td><td>5</td><td></td><td>continous</td><td></td><td colspan="2"></td></tr>
<tr><td></td><td>BLOCK</td><td>规划水厂</td><td>给水-规划水厂</td><td>1</td><td></td><td>continous</td><td></td><td colspan="2">填充：SOLID</td></tr>
<tr><td></td><td>BLOCK</td><td>规划扩建水厂</td><td>给水-规划扩建水厂</td><td>6</td><td></td><td>continous</td><td></td><td colspan="2">填充：SOLID</td></tr>
<tr><td></td><td>BLOCK</td><td>规划海水淡化厂</td><td>给水-规划海水淡化厂</td><td>1</td><td></td><td>continous</td><td></td><td colspan="2"></td></tr>
</table>

续表

彩色/图例	实体类型	图例说明	所在层名	颜色	线宽	总/图线型（比例）	分/图线型（比例）	备注	
	BLOCK	现状高位水池	给水-现状高位水池	5		dashed			
	BLOCK	规划高位水池	给水-规划高位水池	1		continous			
	BLOCK	规划水源井	给水-规划水源井	1		continous			井字形边长：0.005/图纸比例
	PLINE	水厂或泵站的供水范围	给水-供水范围	73 41		continous		填充阴影：ANS133 SCALE：0.0002/图纸比例	置于底层填充颜色仅为参考
	BLOCK	现状室外消火栓	给水-现状室外消火栓	5		continous			圆半径：0.0015/图纸比例
	PLINE	规划室外消火栓	给水-规划室外消火栓	1		continous		填充：SOLID	
01 2879.5	BLOCK	街坊编号 最高日用水量（m^3/d）	给水-水量标注	白		continous		标注字体：仿宋 字高：0.0015/图纸比例 字宽：1.0	
56.04 3.08 52.96	BLOCK	节点绝对水压(m) 节点地面标高(m) 节点相对水压(m)	给水-节点标注	4		continous		标注字体：ssimplex，sfont 标注字高：0.0015/图纸比例 字宽：0.8 或自定	
	BLOCK	取水口	给水-规划取水口	4		continous			
		水源池	给水-水源地	6		continous			

(2) 污水工程详细规划图例见附表 2-2。

污水工程详细规划图例 **附表 2-2**

彩色/图例	实体类型	图例说明	所在层名	颜色	线宽	总/图线型（比例）	分/图线型（比例）	备注
	PLINE	现状污水管（渠）及检查井	污水-现状管 污水-检查井	5	0.0005/图纸比例	dashed 0.0001/图纸比例	dashed 0.005/图纸比例	检查井半径：0.0015/图纸比例
	PLINE	拟拆除现状污水管（渠）及检查井	污水-现状管 污水-检查井	5		dashed 0.0001/图纸比例	dashed 0.005/图纸比例	
	PLINE	规划污水管（渠）及检查井	污水-规划管 污水-检查井	1	0.001/图纸比例	continous	continous	
	PLINE	规划改扩建污水管（渠）及检查井	污水-规划改扩建管 污水-检查井	6	0.001/图纸比例	continous	continous	
	PLINE	现状污水压力管	污水-现状压力管	5	0.0005/图纸比例	center 0.001/图纸比例	center 0.002/图纸比例	
	PLINE	规划污水压力管	污水-规划压力管	1	0.001/图纸比例	center 0.001/图纸比例	center 0.002/图纸比例	
d400-i6.0	TEXT	现状管径(mm)-*i* 坡度(‰)	污水-现状管线标注	5				标注字高：0.002/图纸比例 字宽：0.8 或自定
d400(200)-i6.0-L210	TEXT	规划管径(原管径)(mm)*i* 坡度(‰)-*L* 管长(m)	污水-规划管线标注	宜随管线颜色				
A1.5X1.2-i6.0-L210	TEXT	污水暗渠(底×高)(m)*i* 纵坡(‰)-*L* 渠长(m)	污水-渠标注	宜随管线颜色				
11.40 8.68	TEXT	地面标高(m) 管内底标高(m)	污水-标高标注	宜随管线颜色				

续表

彩色/图例	实体类型	图例说明	所在层名	颜色	线宽	总/图线型（比例）	分/图线型（比例）	备注	
	BLOCK	现状污水泵站	污水-现状泵站	5				填充阴影：ANS131 SCALE：0.0001/图纸比例	（1）应注明各设施的名称、占地面积；（2）各设施说明字体颜色宜与各图例一致，字体宜为宋体，字高：0.002/图纸比例；（3）正方形边长：0.005/图纸比例；（4）长方形：宽0.006/图纸比例（长宽比为1.6：1）
	BLOCK	规划污水泵站	污水-规划泵站	1				填充阴影：SOLID	
	BLOCK	规划改扩建污水泵站	污水-规划改扩建泵站	6				填充阴影：ANS131 SCALE：0.0001/图纸比例	
	BLOCK	现状污水处理厂	污水-现状处理厂	5				填充阴影：ANS131 SCALE：0.0001/图纸比例	
	BLOCK	规划污水处理厂	污水-规划处理厂	1				填充阴影：SOLID	
	BLOCK	规划改扩建污水处理厂	污水-规划改扩建处理厂	6				填充阴影：ANS131 SCALE：0.0001/图纸比例	
	PLINE	污水厂或泵站汇水范围	污水-汇水范围	73 41		continous	continous	填充阴影：ANS133 SCALE：0.0002/图纸比例	置于底层，填充颜色仅为参考
	BLOCK	污水流向	污水-流向	宜随管线颜色		continous	continous		

（3）雨水工程详细规划图例见附表 2-3。

雨水工程详细规划图例 **附表 2-3**

彩色/图例	实体类型	图例说明	所在层名	颜色	线宽	总/图线型（比例）	分/图线型（比例）	备注
	PLINE	现状雨水管（暗渠）及检查井	雨水-现状管	5	0.0005/图纸比例	dashed 0.0001/图纸比例	dashed 0.0025/图纸比例	检查井半径：1.5 倍于管道线宽
	PLINE	拟拆除现状雨水管（渠）及检查井	雨水-拟拆除现状管	5		dashed 0.00005/图纸比例	dashed 0.0025/图纸比例	
	PLINE	规划雨水管（暗渠）及检查井	雨水-规划管	1	0.001/图纸比例	continous	continous	
	PLINE	规划改扩建雨水管（暗渠）及检查井	雨水-规划管	6		continous	continous	
	PLINE	现状雨水压力管	雨水-现状压力管	5	0.0005/图纸比例	center 0.001/图纸比例	center 0.002/图纸比例	
	PLINE	规划雨水压力管	雨水-规划压力管	1	0.001/图纸比例	center 0.001/图纸比例	center 0.002/图纸比例	
	PLINE	现状排洪明渠	雨水-现状明渠	5		divide 0.001/图纸比例	divide 0.0025/图纸比例	
	PLINE	规划排洪明渠	雨水-规划明渠	4		divide 0.001/图纸比例	divide 0.0025/图纸比例	

续表

彩色/图例	实体类型	图例说明	所在层名	颜色	线宽	总/图线型（比例）	分/图线型（比例）	备注
d400-i6.0	TEXT	现状管径(mm)-i 坡度(‰)	雨水-管线标注	5				标注字高：0.002/图纸比例 字宽：0.8 或自定
d600(300)-i5.0-L230	TEXT	规划管径(原管径)(mm)i 坡度(‰)-l 管长(m)	雨水-管线标注	宜随管线颜色				
BXB=3.0X2.0-m1.5-i2.0-L210	TEXT	排洪明渠断面(梁底宽×渠深)(m)m 边坡系数-i 纵坡(‰)-l(渠长)m	雨水-管线标注	宜随管线颜色				
A4.0X3.0-i15.0-L50	TEXT	雨水暗渠(底×高)(m)i 纵坡(‰)-l 渠长(m)	雨水-管线标注	宜随管线颜色				
11.40 8.68	TEXT	地面标高(m) 管内底标高(m)	雨水-标高标注	宜随管线颜色				
	PLINE	雨水排放口	雨水-排放口	宜随管线颜色				
	BLOCK	雨水流向	雨水-流向	宜随管线颜色				
	PLINE	泵站排涝范围	雨水-汇水范围	73 41				填充阴影：ANS133 SCALE：0.0002/图纸比例 置于底层 填充颜色仅为参考

续表

彩色/图例	实体类型	图例说明	所在层名	颜色	线宽	总/图线型（比例）	分/图线型（比例）	备注
	PLINE	排水分区	雨水-排水分区	51 6				填充阴影：SOLID 置于底层 填充颜色仅为参考
	PLINE	水体	水体	141				填充阴影：SOLID
F=××hm^2 Q=××m^3/s	PLINE	*F*：汇水面积； *Q*：设计流量	雨水-流量标注	4				
	BLOCK	现状水闸	雨水-现状闸	5				
	BLOCK	规划水闸	雨水-规划闸	1				
	BLOCK	现状雨水泵站	雨水-现状泵站	5				（1）应注明各设施的名称、占地面积； （2）各设施说明字体，颜色宜与各图例一致，字体宜为宋体，字高：0.002/图纸比例； （3）半径(雨水泵站)：0.003/图纸比例； （4）方形：0.005/图纸比例； （5）等边三角形：边长为0.005/图纸比例
	BLOCK	规划雨水泵站	雨水-规划泵站	1				
	BLOCK	规划扩建雨水泵站	雨水规划扩建泵站	6				
	BLOCK	现状初雨处理设施	雨水-现状初雨设施	1				
	BLOCK	规划初雨处理设施	雨水-规划初雨设施	1				
	BLOCK	现状易涝点	雨水-现状易涝点	1				
	BLOCK	现状调蓄池	雨水-现状调蓄池	5				
	BLOCK	规划调蓄池	雨水-规划调蓄池	1				

续表

彩色/图例	实体类型	图例说明	所在层名	颜色	线宽	总/图线型（比例）	分/图线型（比例）	备注	
	BLOCK	现状雨水调蓄空间	雨水-现状调蓄空间	5					（1）应注明各设施的名称；（2）各设施说明字体，颜色宜与各图例一致，字体宜为宋体，字高：0.002/图纸比例；（3）半径（雨水泵站）：0.003/图纸比例；（4）直角等腰三角形：边长为0.008/图纸比例
	BLOCK	规划雨水调蓄空间	雨水-规划调蓄空间	1					
	BLOCK	现状调蓄水体	雨水-现状调蓄水体	5					
	BLOCK	规划调蓄水体	雨水-规划调蓄水体	1					
	PLINE	现状涝水行泄通道	雨水-现状涝水行泄通道	5	0.0015/图纸比例	dashed 0.0004/图纸比例	dashed 0.001/图纸比例	▶箭头代表流向，需前置；该等边三角形的高为0.0075/图纸比例	
	PLINE	规划涝水行泄通道	雨水-规划涝水行泄通道	1	0.003/图纸比例	continous	continous		
	PLINE	现状防洪堤	雨水-现状防洪堤	5	0.0006/图纸比例	Tracks 0.00005/图纸比例	Tracks 0.0025/图纸比例	应标明防洪标准	
	PLINE	规划防洪堤	雨水-规划防洪堤	1	0.0012/图纸比例	Tracks 0.00005/图纸比例	Tracks 0.0025/图纸比例	应标明防洪标准	

（4）电力工程详细规划图例见附表 2-4。

电力工程详细规划图例 **附表 2-4**

彩色/图例	实体类型	图例说明	所在层名	颜色	线宽	总/图线型（比例）	分/图线型（比例）	备注
	PLINE	现状 500(400)kV 架空线路	电力-500(400)架空线现状	40	0.0005/图纸比例	dashed 0.00005/图纸比例	dashed 0.005/图纸比例	
	PLINE	规划 500(400)kV 架空线路	电力-500(400)架空线规划	40		continous	continous	
	PLINE	现状 220kV 架空线路	电力-220 架空线现状	6	0.0005/图纸比例	dashed 0.00005/图纸比例	dashed 0.005/图纸比例	
	PLINE	规划 220kV 架空线线路	电力-220 架空线规划	6		continous	continous	
	PLINE	现状 110(132)kV 架空线路	电力-110(132)架空线现状	3	0.0005/图纸比例	dashed 0.00005/图纸比例	dashed 0.005/图纸比例	
	PLINE	规划 110(132)kV 架空线路	电力-110(132)架空线规划	3		continous	continous	
	PLINE	现状 35kV 架空线路	电力-35 架空线现状	4	0.0005/图纸比例	dashed 0.00005/图纸比例	dashed 0.005/图纸比例	
	PLINE	规划 35kV 架空线路	电力-35 架空线规划	4		continous	continous	
	PLINE	现状 10kV 架空线路	电力-10 架空线现状	5	0.0005/图纸比例	dashed 0.00005/图纸比例	dashed 0.005/图纸比例	
	PLINE	规划 110kV 架空线路	电力-10 架空线规划	5		continous	continous	

续表

彩色/图例	实体类型	图例说明	所在层名	颜色	线宽	总/图线型（比例）	分/图线型（比例）	备注
	PLINE	拆除架空线路	电力-架空线拆除	7	0.0005/图纸比例	dashed 0.00005/图纸比例	dashed 0.005/图纸比例	
	PLINE	现状 500(400)kV 电缆线路	电力-500(400)电缆现状	40	0.0005/图纸比例	borderx2 0.0000125/图纸比例	borderx2 0.00125/图纸比例	
	PLINE	规划 500(400)kV 电缆线路	电力-500(400)电缆规划	40	0.0005/图纸比例	fenceline2 0.00005/图纸比例	fenceline2 0.005/图纸比例	
	PLINE	现状 220kV 电缆线路	电力-220 电缆现状	6	0.0005/图纸比例	borderx2 0.0000125/图纸比例	borderx2 0.00125/图纸比例	
	PLINE	规划 220kV 电缆线路	电力-220 电缆规划	6	0.0005/图纸比例	fenceline2 0.00005/图纸比例	fenceline2 0.005/图纸比例	
	PLINE	现状 110(132)kV 电缆线路	电力-110(132)电缆现状	3	0.0005/图纸比例	borderx2 0.0000125/图纸比例	borderx2 0.00125/图纸比例	
	PLINE	规划 110(132)kV 电缆线路	电力-110(132)电缆规划	3	0.0005/图纸比例	fenceline2 0.00005/图纸比例	fenceline2 0.005/图纸比例	
	PLINE	现状 35kV 电缆线路	电力-35 电缆现状	4	0.0005/图纸比例	borderx2 0.0000125/图纸比例	borderx2 0.00125/图纸比例	
	PLINE	规划 35kV 电缆线路	电力-35 电缆规划	4	0.0005/图纸比例	borderx2 0.0000125/图纸比例	borderx2 0.00125/图纸比例	
	PLINE	现状 10kV 电缆线路	电力-10 电缆现状	4	0.0005/图纸比例	borderx2 0.0000125/图纸比例	borderx2 0.00125/图纸比例	

续表

彩色/图例	实体类型	图例说明	所在层名	颜色	线宽	总/图线型（比例）	分/图线型（比例）	备注
	PLINE	规划 110(130)kV 电缆线路	电力-10 电缆规划	4	0.0005/图纸比例	fenceline2 0.00005/图纸比例	fenceline2 0.005/图纸比例	
	PLINE	现状高压走廊	电力-高压走廊现状	5	0.00025/图纸比例	continous	continous	填充阴影：ANS131 SCALE：0.0002/图纸比例
	PLINE	规划高压走廊	电力-高压走廊规划	1	0.0005/图纸比例	continous	continous	填充阴影：ANS131 SCALE：0.0002/图纸比例
3m	PLINE	现状电缆通道	电力-电缆通道现状	5	0.0005/图纸比例	phantom 0.0000125/图纸比例	phantom 0.00125/图纸比例	
3m	PLINE	规划电缆通道	电力-电缆通道规划	1	0.0005/图纸比例	phantom 0.0000125/图纸比例	phantom 0.00125/图纸比例	
3m	PLINE	现状电缆隧道	电力-电缆通道现状	5	0.0005/图纸比例	center 0.001/图纸比例	center 0.002/图纸比例	
3m	PLINE	规划电缆隧道	电力-电缆通道规划	1	0.0005/图纸比例	center 0.001/图纸比例	center 0.002/图纸比例	
1.0X1.0	PLINE	现状电缆沟(m)	电力-电缆沟现状	5	0.0005/图纸比例	dashed 0.00005/图纸比例	dashed 0.005/图纸比例	
1.0X1.0	PLINE	规划电缆沟(m)	电力-电缆沟规划	1	0.0005/图纸比例	continous	continous	
01 29820kW	BLOCK	计算负荷 街坊编号/计算负荷	电力-计算负荷	7		continous	continous	

续表

彩色/图例	实体类型	图例说明	所在层名	颜色	线宽	总/图线型（比例）	分/图线型（比例）	备注
	PLINE	负荷计算范围	电力-负荷范围	181		dashed 0.00005/图纸比例	dashed 0.005/图纸比例	
	BLOCK	现状 500kV 变电站	电力-500 变电站现状	1		continous	continous	（1）应注明各设施的名称、占地面积； （2）各设施说明字体颜色宜与各图例一致，字体宜为宋体，字高：0.002/图纸比例； （3）圆半径：0.004/图纸比例； （4）正方形边长：0.005/图纸比例； （5）长方形：宽 0.006/图纸比例（长宽比为 1.6：1）
	BLOCK	规划 500kV 变电站	电力-500 变电站规划	1		continous	continous	
	BLOCK	现状 220kV 变电站	电力-220 变电站现状	6		continous	continous	
	BLOCK	规划 220kV 变电站	电力-220 变电站规划	6		continous	continous	
	BLOCK	现状 110kV 变电站	电力-110 变电站现状	3		continous	continous	
	BLOCK	规划 110kV 变电站	电力-110 变电站规划	3		continous	continous	
	BLOCK	现状 35kV 变电站	电力-35 变电站现状	4		continous	continous	
	BLOCK	规划 35kV 变电站	电力-35 变电站规划	4		continous	continous	
	BLOCK	现状电厂	电力-电厂现状	5		continous	continous	
	BLOCK	规划电厂	电力-电厂规划	1		continous	continous	

续表

彩色/图例	实体类型	图例说明	所在层名	颜色	线宽	总/图线型（比例）	分/图线型（比例）	备注
	BLOCK	现状 10kV 变电站编号$\frac{负荷}{容量}$	电力-10 变电站现状	5		continous	continous	（1）应注明各设施的名称、占地面积； （2）各设施说明字体颜色宜与各图例一致，字体宜为宋体，字高：0.002/图纸比例； （3）圆半径：0.004/图纸比例； （4）正方形边长：0.005/图纸比例； （5）长方形：宽 0.006/图纸比例（长宽比为 1.6∶1）
	BLOCK	规划 10kV 变电站编号$\frac{负荷}{容量}$	电力-10 变电站规划	1		continous	continous	
	BLOCK	现状 10kV 箱变容量	电力-10 箱变现状	5		continous	continous	
	BLOCK	规划 10kV 箱变容量	电力-10 箱变规划	1		continous	continous	
	BLOCK	现状 10kV 开关站	电力-10 开关站现状	5		continous	continous	
	BLOCK	规划 10kV 开关站	电力-10 开关站规划	1		continous	continous	
	BLOCK	现状电动车充电站	电力-充电站现状	5		continous	continous	
	BLOCK	规划电动车充电站	电力-充电站规划	1		continous	continous	
	BLOCK	现状电缆终端站	电力-终端站现状	5		continous	continous	
	BLOCK	规划电缆终端站	电力-终端站规划	1		continous	continous	pattern name=NET Scale=0.000015/图纸比例
	BLOCK	计算负荷$\frac{街坊编号}{计算负荷}$	电力-计算负荷	7		continous	continous	
	PLINE	负荷计算范围	电力-负荷范围	181		dashed 0.00005/图纸比例	dashed 0.005/图纸比例	

（5）通信工程详细规划图例见附表 2-5。

通信工程详细规划图例 **附表 2-5**

彩色/图例	实体类型	图例说明	所在层名	颜色	线宽	总/图线型（比例）	分/图线型（比例）	备注
6φ110	PLINE	现状通信管道及管容	通信-管道现状	5	0.0005/图纸比例	0.00005/图纸比例	dashed 0.0025/图纸比例	
6φ110	PLINE	规划通信管道及管容	通信-管道规划	1	0.0005/图纸比例	continous	continous	
	PLINE	现状微波通道	通信-微波通道现状	5	dashed：0.0001/图纸比例 center：0.00025/图纸比例	dashed：0.0002/图纸比例 center：0.000075/图纸比例	dashed：0.01/图纸比例 center：0.000375/图纸比例	
	PLINE	规划微波通道	通信-微波通道规划	1	continous：0.0001/图纸比例 center：0.00025/图纸比例	center：0.000075/图纸比例	center：0.000375/图纸比例	
	PLINE	现状邮政支局	通信-邮政支局现状	3		continous	continous	（1）应注明各设施的名称、占地面积；（2）各设施说明字体颜色，宜与各图例一致，字体宜为宋体，字高：0.002/图纸比例；（3）圆半径：0.004/图纸比例；（4）正方形边长：0.005/图纸比例；（5）长方形：宽 0.005/图纸比例（长宽比为 1.6：1）
	PLINE	规划邮政支局	通信-邮政支局规划	3		continous	continous	
	BLOCK	现状邮件处理中心	通信-邮件处理中心现状	3		continous	continous	
	BLOCK	规划邮件处理中心	通信-邮件处理中心规划	3		continous	continous	
	BLOCK	现状邮政所	通信-邮政所现状	3		continous	continous	
	BLOCK	规划邮政所	通信-邮政所规划	3		continous	continous	
	BLOCK	现状枢燃机楼	通信-枢燃机楼现状	3		continous	continous	

续表

彩色/图例	实体类型	图例说明	所在层名	颜色	线宽	总/图线型（比例）	分/图线型（比例）	备注
	BLOCK	规划枢纽机楼	通信-枢纽机楼规划	5		continous	continous	（1）应注明各设施的名称、占地面积； （2）各设施说明字体颜色，宜与各图例一致，字体宜为宋体，字高：0.002/图纸比例； （3）圆半径：0.004/图纸比例； （4）正方形边长：0.005/图纸比例； （5）长方形：宽 0.005/图纸比例（长宽比为 1.6：1）
	BLOCK	现状一般机楼	通信一般机楼现状	5		continous	continous	
	BLOCK	规划一般机楼	通信一般机楼规划	5		continous	continous	
	BLOCK	现状有线电视中心	通信-有线中心现状	6		continous	continous	
	BLOCK	规划有线电视中心	通信-有线中心规划	6		continous	continous	
	BLOCK	现状有线电视分中心	通信-有线分中心现状	6		continous	continous	
	BLOCK	规划有线电视分中心	通信-有线分中心规划	6		continous	continous	
	BLOCK	现状通信汇聚机房	通信-汇聚机房现状	6		continous	continous	
	BLOCK	规划通信汇聚机房	通信-汇聚机房规划	6		continous	continous	
	BLOCK	收、发信区	通信-收、发信区	7		continous	continous	
		电话主线计算范围	通信-计算范围	181		dashed		
01 1234栋		计算容量 街访编号/计算市话量	通信-计算市话量	7		continous	continous	

（6）燃气工程详细规划图例见附表 2-6。

附表 2-6

燃气工程详细规划图例

彩色/图例	实体类型	图例说明	所在层名	颜色	线宽	总/图线型（比例）	分/图线型（比例）	备注
	PLINE	现状燃气中压管道	燃气-现状中压	5	0.0005/图纸比例	dashed 0.00005/图纸比例	dashed 0.005/图纸比例	
	PLINE	规划燃气中压管道	燃气-规划中压	5	0.0005/图纸比例	continous	continous	
	PLINE	现状天燃气次高压管道	燃气-现状次高压	6	0.0005/图纸比例	Phantom2 0.000003125/图纸比例	Phantom2 0.00003125/图纸比例	
	PLINE	规划天燃气次高压管道	燃气-规划次高压	6	0.0005/图纸比例	center 0.001/图纸比例	center 0.002/图纸比例	
	PLINE	现状天燃气高压管道	燃气-现状高压	1	0.00075/图纸比例	GAS_LINE 0.00005/图纸比例	GAS_LINE 0.005/图纸比例	
	PLINE	规划天燃气高压管道	燃气-规划高压	1	0.00075/图纸比例	GAS_LINE 0.00005/图纸比例	GAS_LINE 0.005/图纸比例	
	PLINE	现状天燃气长输管道	燃气-现状长输管道	94	0.00075/图纸比例	L_LINE 0.0001/图纸比例	L_LINE 0.01/图纸比例	
	PLINE	规划天燃气长输管道	燃气-规划长输管道	1	0.00075/图纸比例	L_LINE 0.0001/图纸比例	L_LINE 0.01/图纸比例	
	PLINE	现状输油管道	输油管道-现状	40	0.00075/图纸比例	OIL_LINE 0.0001/图纸比例	OIL_LINE 0.01/图纸比例	

续表

彩色/图例	实体类型	图例说明	所在层名	颜色	线宽	总/图线型（比例）	分/图线型（比例）	备注
OIL	PLINE	规划输油管道	输油管道-规划	40	0.00075/图纸比例	OIL _ LINE 0.0001/图纸比例	OIL _ LINE 0.01/图纸比例	
	PLINE	拟拆除现状管道	拆除管道	黑/白		continous	continous	
DN150	TEXT	燃气管道公称管径(mm)	燃气-管径标注	宜随管线颜色		continous	continous	标注字高：0.002/图纸比例 字宽：0.8或自定
	BLOCK	现状液化石油气储配站	燃气-现状设施	5		continous	continous	（1）应注明各设施的名称、占地面积； （2）各设施说明字体颜色宜与各图例一致，字体宜为宋体，字高：0.002/图纸比例； （3）圆半径：0.004/图纸比例； （4）正方形边长：0.005/图纸比例； （5）长方形：宽0.006/图纸比例（长宽比为1.6：1）
	BLOCK	规划液化石油气储配站	燃气-规划设施	1		continous	continous	
	BLOCK	现状瓶装供应站	燃气-现状设施	5		continous	continous	
	BLOCK	规划瓶装供应站	燃气-规划设施	1		continous	continous	
	BLOCK	现状石油气汽车加气站	燃气-现状设施	5		continous	continous	
	BLOCK	规划石油气汽车加气站	燃气-规划设施	1		continous	continous	
	BLOCK	规划燃气瓶组站	燃气-规划设施	1		continous	continous	
	BLOCK	现状燃气瓶组站	燃气-现状设施	5		continous	continous	

续表

彩色/图例	实体类型	图例说明	所在层名	颜色	线宽	总/图线型（比例）	分/图线型（比例）	备注
	BLOCK	现状燃气小区气化站	燃气-现状设施	5		continous	continous	（1）应注明各设施的名称、占地面积； （2）各设施说明字体颜色宜与各图例一致，字体宜为宋体，字高：0.002/图纸比例； （3）圆半径：0.004/图纸比例； （4）正方形边长：0.005/图纸比例； （5）长方形：宽 0.006/图纸比例（长宽比为 1.6：1）
	BLOCK	规划燃气小区气化站	燃气-规划设施	1		continous	continous	
	BLOCK	现状燃气区域气化站	燃气-现状设施	5		continous	continous	
	BLOCK	规划燃气区域气化站	燃气-规划设施	1		continous	continous	
	BLOCK	现状气库	燃气-现状设施	5		continous	continous	
	BLOCK	规划气库	燃气-规划设施	1		continous	continous	
	BLOCK	现状天燃气分输站	燃气-现状设施	5		continous	continous	
	BLOCK	规划天然气分输站	燃气-规划设施	1		continous	continous	
	BLOCK	现状指挥调度中心	燃气-现状设施	5		continous	continous	
	BLOCK	规划指挥调度中心	燃气-规划设施	1		continous	continous	

续表

彩色/图例	实体类型	图例说明	所在层名	颜色	线宽	总/图线型（比例）	分/图线型（比例）	备注
	BLOCK	现状天然气门站	燃气-现状设施	5		continous	continous	（1）应注明各设施的名称、占地面积； （2）各设施说明字体颜色宜与各图例一致，字体宜为宋体，字高：0.002/图纸比例； （3）圆半径：0.004/图纸比例； （4）正方形边长：0.005/图纸比例； （5）长方形：宽 0.006/图纸比例（长宽比为 1.6：1）
	BLOCK	规划天然气门站	燃气-规划设施	1		continous	continous	
	BLOCK	现状天然气管道阀室	燃气-现状设施	5		continous	continous	
	BLOCK	规划天然气管道阀室	燃气-规划设施	1		continous	continous	
	BLOCK	现状天然气区域调压站	燃气-现状设施	5		continous	continous	
	BLOCK	规划天然气区域调压站	燃气-规划设施	1		continous	continous	
	BLOCK	现状天然气储配站	燃气-现状设施	5		continous	continous	
	BLOCK	规划天然气储配站	燃气-规划设施	1		continous	continous	
	BLOCK	现状液化天然气调峰站	燃气-现状设施	5		continous	continous	
	BLOCK	规划液化天然气调峰站	燃气-规划设施	1		continous	continous	

续表

彩色/图例	实体类型	图例说明	所在层名	颜色	线宽	总/图线型（比例）	分/图线型（比例）	备注
	BLOCK	现状石油气接收站	燃气-现状设施	5		continous	continous	（1）应注明各设施的名称、占地面积； （2）各设施说明字体颜色宜与各图例一致，字体宜为宋体，字高：0.002/图纸比例； （3）圆半径：0.004/图纸比例； （4）正方形边长：0.005/图纸比例； （5）长方形：宽 0.006/图纸比例（长宽比为 1.6：1）
	BLOCK	规划石油气接收站	燃气-规划设施	1		continous	continous	
	BLOCK	现状天然气接收站	燃气-现状设施	5		continous	continous	
	BLOCK	规划天然气接收站	燃气-规划设施	1		continous	continous	
	BLOCK	现状天然气汽车加气站	燃气-现状设施	5		continous	continous	
	BLOCK	规划天然气汽车加气站	燃气-规划设施	1		continous	continous	
	BLOCK	现状燃气抢修中心	燃气-现状设施	5		continous	continous	
	BLOCK	规划燃气抢修中心	燃气-规划设施	1		continous	continous	
	BLOCK	街坊编号/民用高峰小时负荷（Nm^3/h）	燃气-负荷	5		continous	continous	
	BLOCK	街坊编号/工业高峰小时负荷（Nm^3/h）	燃气-负荷	5		continous	continous	
	BLOCK	用气量范围	用气量范围	5		dashed 0.00005/图纸比例	dashed 0.005/图纸比例	

（7）供热工程详细规划图例见附表 2-7。

供热工程详细规划图例 **附表 2-7**

彩色/图例	实体类型	图例说明	所在层名	颜色	线宽	总/图线型（比例）	分/图线型（比例）	备注
	PLINE	现状供热热水管道	供热-现状热水管道	6	0.0005/图纸比例	dashed 0.00005/图纸比例	dashed 0.005/图纸比例	
	PLINE	规划供热热水管道	供热-规划热水管道	6	0.0005/图纸比例	continous	continous	
R-DN150	TEXT	热水管公称管径(mm)	供热-热水管径	6				标注字高：0.002/图纸比例 字宽：0.8 或自定
	PLINE	现状供热蒸汽管道	供热-现状蒸汽管道	6	0.0005/图纸比例	phantom 0.000125/图纸比例	phantom 0.00125/图纸比例	
	PLINE	规划供热蒸汽管道	供热-规划蒸汽管道	6	0.0005/图纸比例	center 0.001/图纸比例	center 0.002/图纸比例	
Z-DN150	TEXT	蒸汽管公称管径(mm)	供热-蒸汽管径	6		continous	continous	标注字高：0.002/图纸比例 字宽：0.8 或自定
	BLOCK	现状热电厂	供热-现状热电厂	5		continous	continous	（1）应注明各设施的名称占地面积； （2）各设施说明字体颜色宜与各图例一致，字体宜为宋体，字高：0.002/图纸比例； （3）圆半径：0.004/图纸比例； （4）正方形边长：0.005/图纸比例； （5）长方形：宽 0.006/图纸比例(长宽比为 1.6：1)
	BLOCK	规划热电厂	供热-规划热电厂	1		continous	continous	
	BLOCK	现状集中供热锅炉房	供热-现状集中供热锅炉房	5		continous	continous	
	BLOCK	规划集中供热锅炉房	供热-规划集中供热锅炉房	1		continous	continous	

续表

彩色/图例	实体类型	图例说明	所在层名	颜色	线宽	总/图线型（比例）	分/图线型（比例）	备注
	BLOCK	现状中继泵站	供热-现状中继泵站	5		continous	continous	（1）应注明各设施的名称占地面积； （2）各设施说明字体颜色宜与各图例一致，字体宜为宋体，字高：0.002/图纸比例； （3）圆半径：0.004/图纸比例； （4）正方形边长：0.005/图纸比例； （5）长方形：宽0.006/图纸比例(长宽比为1.6：1)
	BLOCK	规划中继泵站	供热-规划中继泵站	1		continous	continous	
	BLOCK	现状小区热力站	供热-现状小区热力站	5		continous	continous	
	BLOCK	规划小区热力站	供热-规划小区热力站	1		continous	continous	
	BLOCK	现状工业热力站	供热-现状工业热力站	5		continous	continous	
	BLOCK	规划工业热力站	供热-规划工业热力站	1		continous	continous	
	BLOCK	热力站供热面积(万 m^2) 热力站集中供热负荷(kW)	供热-负荷（热力站）	5		continous	continous	标注字高：0.002/图纸比例 字宽：0.8或自定
	BLOCK	地块内采暖面积(万 m^2) 地块内集中供热负荷(kW)	供热-负荷（地块内）	5		continous	continous	
	PLINE	热力站供热范围	供热范围	1		dashed 0.00005/ 图纸比例	dashed 0.005/ 图纸比例	

（8）再生水工程详细规划图例见附表 2-8。

再生水工程详细规划图例 **附表 2-8**

彩色/图例	实体类型	图例说明	所在层名	颜色	线宽	总/图线型（比例）	分/图线型（比例）	备注	
	PLINE	现状再生水管	再生水-现状管	5	0.0005/图纸比例	ACAD_IS006W100 0.0001/图纸比例	ACAD_IS006W100 0.0001/图纸比例		
	PLINE	拟拆除现状再生水管	再生水-拟拆除现状管	5	0.0005/图纸比例	ACAD_IS006W100 0.0001/图纸比例	ACAD_IS006W100 0.0001/图纸比例		
	PLINE	规划改扩建再生水管	再生水-改扩建管	1	0.001/图纸比例	ACAD_IS006W100 0.0001/图纸比例	ACAD_IS006W100 0.0001/图纸比例		
	PLINE	规划再生水管	再生水-规划管	1	0.001/图纸比例	center 0.001/图纸比例	center 0.002/图纸比例		（1）应注明各设施的占地面积；（2）各设施说明字体颜色宜与各图例一致，字体宜为宋体，字高：0.002/图纸比例；（3）半径(再生水厂)：0.004/图纸比例；（4）半径(再生水泵站)：0.003/图纸比例
DN400(100)–L87	TEXT	再生水管径(原管径)(mm)-管长(m)	再生水-管线标注	宜随管线颜色				标注字高：0.002/图纸比例 字宽：0.8或自定	
	BLOCK	现状再生水泵站	再生水-现状泵站	5				填充阴影：ANS131 SCALE：0.0001/图纸比例	
	BLOCK	规划再生水泵站	再生水-规划泵站	1				填充阴影：SOLID	
	BLOCK	规划改扩建再生水泵站	再生水-规划改扩建泵站	6				填充阴影：ANS131 SCALE：0.0001/图纸比例	

续表

彩色/图例	实体类型	图例说明	所在层名	颜色	线宽	总/图线型（比例）	分/图线型（比例）	备注	
	BLOCK	规划取消现状再生水泵站	再生水-规划取消现状泵站	8				填充阴影：ANS131 SCALE：0.0001/图纸比例	（1）应注明各设施的占地面积；（2）各设施说明字体颜色宜与各/图例一致，字体宜为宋体，字高：0.002/图纸比例；（3）半径(再生水厂)：0.004/图纸比例；（4）半径(再生水泵站)：0.003/图纸比例
	BLOCK	现状再生水厂	再生水-现状水厂	5		continous			
	BLOCK	规划取消现状再生水厂	再生水-规划取消现状水厂	5		continous			
	BLOCK	规划再生水厂	再生水-规划水厂	1		continous		填充：SOLID	圆半径:0.003/图纸比例
	BLOCK	规划扩建再生水厂	再生水-规划扩建水厂	6		continous		填充：SOLID	
	BLOCK	现状再生水取水口	再生水-现状取水口	5					圆半径:0.0015/图纸比例
	BLOCK	规划再生水取水口	再生水-规划取水口	1				填充：SOLID	
	PLINE	再生水水厂或泵站的供水范围	再生水-供水范围	73 41				填充阴影：ANS133 SCALE：0.0002/图纸比例	置于底层，填充颜色仅为参考

(9）环卫工程详细规划图例见附表 2-9。

环卫工程详细规划图例 **附表 2-9**

彩色/图例	实体类型	图例说明	所在层名	颜色	线宽	总/图线型（比例）	分/图线型（比例）	备注
	BLOCK	现状垃圾转运站	环卫-现状转运站	5		continous	continous	（1）应注明各设施的名称、占地面积； （2）各设施说明字体颜色宜与各图例一致，字体宜为宋体，字高：0.002/图纸比例； （3）圆半径：0.004/图纸比例； （4）正方形边长：0.005/图纸比例； （5）长方形：宽 0.006/图纸比例(长宽比为 1.6：1)
	BLOCK	规划垃圾转运站	环卫-规划转运站	1		continous	continous	
	BLOCK	现状生活垃圾填埋场	环卫-现状填埋场	5		continous	continous	
	BLOCK	规划生活垃圾填埋场	环卫-规划填埋场	1		contir.ous	continous	
	BLOCK	现状生活垃圾焚烧发电厂	环卫-现状焚烧厂	5		contir.ous	continous	
	BLOCK	规划生活垃圾焚烧发电厂	环卫-规划焚烧厂	1		contir.ous	continous	
	BLOCK	现状生活垃圾综合处理场	环卫-现状综合处理场	5		continous	continous	
	BLOCK	规划生活垃圾综合处理场	环卫-规划综合处理场	1		continous	continous	
	BLOCK	现状生活垃圾分选场	环卫-现状分选场	5		continous	continous	
	BLOCK	规划生活垃圾分选场	环卫-规划分选场	1		continous	continous	
	BLOCK	现状建筑垃圾处置场	环卫-现状处置场	5		continous	continous	
	BLOCK	规划建筑垃圾处置场	环卫-规划处置场	1		continous	continous	
	BLOCK	现状废弃物综合利用厂	环卫-现状综合利用厂	5		continous	continous	

续表

彩色/图例	实体类型	图例说明	所在层名	颜色	线宽	总/图线型（比例）	分/图线型（比例）	备注
	BLOCK	规划废弃物综合利用厂	环卫-规划综合利用厂	1		continous	continous	（1）应注明各设施的名称、占地面积； （2）各设施说明字体颜色宜与各图例一致，字体宜为宋体，字高：0.002/图纸比例； （3）圆半径：0.004/图纸比例； （4）正方形边长：0.005/图纸比例； （5）长方形：宽 0.006/图纸比例(长宽比为 1.6：1)
	BLOCK	现状再生资源回收站、再生资源回收点	环卫-现状回收站	5		continous	continous	
	BLOCK	规划再生资源回收站、再生资源回收点	环卫-规划回收站	1		continous	continous	
	BLOCK	现状环卫停车场用地	环卫-现状停车场	5		continous	continous	
	BLOCK	规划环卫停车场车场	环卫-规划停车场	1		continous	continous	
	BLOCK	现状环卫工人休息室	环卫-现状工人休息室	5		continous	continous	
	BLOCK	规划环卫工人休息室	环卫-规划工人休息室	1		continous	continous	
	BLOCK	现状公共厕所	环卫-现状公共厕所	5		continous	continous	
	BLOCK	规划公共厕所	环卫-规划公共厕所	1		continous	continous	
	BLOCK	现状车辆冲洗站	环卫-现状冲洗站	5		continous	continous	
	BLOCK	规划车辆冲洗站	环卫-规划冲洗站	1		continous	continous	
	BLOCK	现状特殊废弃物处理厂	环卫-现状特废处理厂	5		continous	continous	
	BLOCK	规划特殊废弃物处理厂	环卫-规划特废处理厂	1		continous	continous	

（10）消防工程详细规划图例见附表 2-10。

消防工程详细规划图例　　**附表 2-10**

彩色/图例	实体类型	图例说明	所在层名	颜色	线宽	总/图线型（比例）	分/图线型（比例）	备注
	BLOCK	现状防灾指挥中心	防灾-消防（现状指挥中心）	5		continous	continous	（1）应注明各设施的名称、占地面积； （2）各设施说明字体颜色宜与各图例一致，字体宜为宋体，字高：0.002/图纸比例； （3）圆半径：0.004/图纸比例； （4）正方形边长：0.005/图纸比例； （5）长方形：宽 0.006/图纸比例（长宽比为 1.6∶1）
	BLOCK	规划防灾指挥中心	防灾-消防（规划指挥中心）	1		continous	continous	
	BLOCK	现状一级普通消防站	防灾-消防（现状一级普通消防站）	5		continous	continous	
	BLOCK	规划一级普通消防站	防灾-消防（规划一级普通消防站）	1		continous	continous	
	BLOCK	现状二级普通消防站	防灾-消防（现状二级普通消防站）	5		continous	continous	
	BLOCK	规划二级普通消防站	防灾-消防（规划二级普通消防站）	1		continous	continous	
	BLOCK	现状特勤消防站	防灾-消防（现状特勤消防站）	5		continous	continous	
	BLOCK	规划特勤消防站	防灾-消防（规划特勤消防站）	1		continous	continous	
	BLOCK	现状战勤保障消防站	防灾-消防（现状战勤保障消防站）	5		continous	continous	
	BLOCK	规划战勤保障消防站	防灾-消防（规划战勤保障消防站）	1		continous	continous	

续表

彩色/图例	实体类型	图例说明	所在层名	颜色	线宽	总/图线型（比例）	分/图线型（比例）	备注
	BLOCK	现状水上消防站	防灾-消防（现状水上消防站）	5		continous	continous	（1）应注明各设施的名称、占地面积； （2）各设施说明字体颜色宜与各图例一致，字体宜为宋体，字高：0.002/图纸比例； （3）圆半径：0.004/图纸比例； （4）正方形边长：0.005/图纸比例； （5）长方形：宽 0.006/图纸比例(长宽比为 1.6：1)
	BLOCK	规划水上消防站	防灾-消防（规划水上消防站）	1		continous	continous	
	BLOCK	现状航空消防站	防灾-消防（现状航空消防站）	5		continous	continous	
	BLOCK	规划航空消防站	防灾-消防（规划航空消防站）	1		continous	continous	
	BLOCK	现状消防直升机起降点	防灾-消防（现状消防直升机起降点）	5		continous	continous	
	BLOCK	规划消防直升机起降点	防灾-消防（规划消防直升机起降点）	1		continous	continous	
	BLOCK	现状消防训练基地	防灾-消防（现状消防训练基地）	5		continous	continous	
	BLOCK	规划消防训练基地	防灾-消防（规划消防训练基地）	1		continous	continous	
	BLOCK	现状消防取水点	防灾-消防（现状消防取水点）	5		continous	continous	
	BLOCK	规划消防取水点	防灾-消防（规划消防取水点）	1		continous	continous	
	PLINE	消防站责任分区界线	防灾-消防（消防站责任分区界线）	31	0.0005/图纸比例	phantom 0.00005/图纸比例	phantom 0.0025/图纸比例	

(11) 综合管廊工程详细规划图例见附表 2-11。

综合管廊工程详细规划图例 **附表 2-11**

彩色/图例	实体类型	图例说明	所在层名	颜色	线宽	总/图线型（比例）	分/图线型（比例）	备注
	PLINE	现状干线综合管廊	综合管廊-现状干线	5	0.002/图纸比例	continous	continous	
	PLINE	规划干线综合管廊	综合管廊-规划干线	1	0.002/图纸比例	continous	continous	
	PLINE	现状支线综合管廊	综合管廊-现状支线	5	0.0015/图纸比例	center 0.002/图纸比例	center 0.004/图纸比例	
	PLINE	规划支线综合管廊	综合管廊-规划支线	1	0.0015/图纸比例	center 0.002/图纸比例	center 0.004/图纸比例	
	PLINE	现状缆线综合管廊	综合管廊-现状干线	5	0.001/图纸比例	divide 0.002/图纸比例	divide 0.004/图纸比例	
	PLINE	规划缆线综合管廊	综合管廊-规划干线	1	0.001/图纸比例	divide 0.002/图纸比例	divide 0.004/图纸比例	
控	BLOCK	现状综合管廊监控中心	综合管廊-现状监控中心	5				(1) 应注明各设施的名称、占地面积； (2) 正方形边长：0.005/图纸比例； (3) 各设施说明字体颜色宜与各图例一致，字体宜为宋体，字高：0.002/图纸比例
控	BLOCK	规划综合管廊监控中心	综合管廊-规划监控中心	1				

续表

彩色/图例	实体类型	图例说明	所在层名	颜色	线宽	总/图线型（比例）	分/图线型（比例）	备注
	BLOCK	<110kV 电缆	综合管廊-小于 110kV 电缆	1				
	BLOCK	≥110kV 电缆	综合管廊-大于等于 110kV 电缆	1				
	BLOCK	通信线缆	综合管廊-通信线缆	6				
	BLOCK	自用管线	综合管廊-预留管道	3				
	BLOCK	电缆接头	综合管廊-电缆接头	3、8				
	BLOCK	预留管道	综合管廊-预留管道	151				
	BLOCK	给水管道	综合管廊-给水管道	5				
	BLOCK	天然气管道	综合管廊-天然气管道	40				
	BLOCK	热力管道	综合管廊-热力管道	6				

（12）竖向工程详细规划图例见附表 2-12。

竖向工程详细规划图例 **附表 2-12**

彩色/图例	实体类型	图例说明	所在层名	颜色	线宽	总/图线型（比例）	分/图线型（比例）	备注
X=63.50 / Y=64.00	TEXT	设计标高 / 现状标高	竖向-道路标高	7				标注字高：0.002/图纸比例 字宽：0.8 或自定
i=0.76% / L=594.61	TEXT	坡度 / 坡长	竖向-坡度	7				标注字高：0.002/图纸比例 字宽：0.8 或自定
X=36498.142 / Y=114741.746	TEXT	X 坐标 / Y 坐标	竖向-坐标	7				标注字高：0.002/图纸比例 字宽：0.8 或自定
64.50	TEXT	场地平均标高	竖向-场地标高	7				标注字高：0.002/图纸比例 字宽：0.8 或自定

（13）应急避难场所布局详细规划图例见附表 2-13。

应急避难场所布局详细规划图例 **附表 2-13**

彩色/图例	实体类型	图例说明	所在层名	颜色	线宽	总/图线型（比例）	分/图线型（比例）	备注
避	BLOCK	现状应急避难场所	应急-现状应急避难场所	5		continous	continous	
避	BLOCK	规划应急避难场所	应急-规划应急避难场所	1		continous	continous	
避	BLOCK	现状固定避难场所	应急-现状固定避难场所	5		continous	continous	
避	BLOCK	规划固定避难场所	应急-规划固定避难场所	1		continous	continous	
避	BLOCK	现状中心避难场所	应急-现状中心避难场所	5		continous	continous	
避	BLOCK	规划中心避难场所	应急-规划中心避难场所	1		continous	continous	
物	BLOCK	现状物资储备中心	防灾-现状物资储备中心	5		continous	continous	
物	BLOCK	规划物资储备中心	防灾-规划物资储备中心	1		continous	continous	
	BLOCK	应急救援通道	防灾-应急救援通道	5	0.0025/图纸比例	continous	continous	

（14）管线综合规划图例见附表 2-14。

管线综合规划图例 **附表 2-14**

彩色/图例	实体类型	图例说明	所在层名	颜色	线宽	总/图线型（比例）	分/图线型（比例）	备注
	PLINE	现状给水管	管综-给水现状管	3	实际宽度图纸比例	dashed 0.0001/图纸比例	dashed 0.005/图纸比例	
	PLINE	规划改扩建给水管	管综-给水规划改扩建管	3	实际宽度/图纸比例	center 0.001/图纸比例	center 0.002/图纸比例	
	PLINE	规划给水管	管综-给水规划管	3	实际宽度/图纸比例			
	PLINE	现状给水压力管	管综-给水现状压力管	3	实际宽度/图纸比例	dashed 0.0001/图纸比例	dashed 0.005/图纸比例	二次加压给水管道
	PLINE	规划给水压力管	管综-给水规划压力管	3	实际宽度/图纸比例	center 0.001/图纸比例	center 0.002/图纸比例	二次加压给水管道
	PLINE	现状原水管	管综-原水现状管	5	实际宽度/图纸比例	dashed 0.0001/图纸比例	dashed 0.005/图纸比例	
	PLINE	规划改扩建原水管	管综-原水规划改扩建管	5	实际宽度/图纸比例	center 0.001/图纸比例	center 0.002/图纸比例	
	PLINE	规划原水管	管综-原水规划管	5	实际宽度/图纸比例			
	PLINE	现状污水管	管综-污水现状管	150	实际宽度/图纸比例	dashed 0.0001/图纸比例	dashed 0.005/图纸比例	
	PLINE	规划改扩建污水管	管综-污水规划改扩建管	150	实际宽度/图纸比例	center 0.001/图纸比例	center 0.002/图纸比例	
	PLINE	规划污水管	管综-污水规划管	150	实际宽度/图纸比例			

续表

彩色/图例	实体类型	图例说明	所在层名	颜色	线宽	总/图线型（比例）	分/图线型（比例）	备注
	PLINE	现状污水压力管	管综-污水现状压力管	150	实际宽度/图纸比例	dashed 0.0001/图纸比例	dashed 0.005/图纸比例	
	PLINE	规划污水压力管	管综-污水规划压力管	150	实际宽度/图纸比例	center 0.001/图纸比例	center 0.002/图纸比例	
	PLINE	现状雨水管渠	管综-雨水现状管	192	实际宽度/图纸比例	dashed 0.0001/图纸比例	dashed 0.005/图纸比例	
	PLINE	规划改扩建雨水管渠	管综-雨水规划改扩建管	192	实际宽度/图纸比例	center 0.001/图纸比例	center 0.002/图纸比例	
	PLINE	规划雨水管渠	管综-雨水规划管	192	实际宽度/图纸比例			
	PLINE	现状雨水压力管	管综-雨水现状压力管	3	实际宽度/图纸比例	dashed 0.0001/图纸比例	dashed 0.005/图纸比例	
	PLINE	规划雨水压力管	管综-雨水规划压力管	3	实际宽度/图纸比例	center 0.001/图纸比例	center 0.002/图纸比例	
	PLINE	现状雨水管渠	管综-雨水现状管	4	实际宽度/图纸比例			
	PLINE	规划改扩建雨水管渠	管综-雨水规划改扩建管	4	实际宽度/图纸比例			
	PLINE	规划雨水管渠	管综-雨水规划管	4	实际宽度/图纸比例			
	PLINE	现状电力管道	管综-电力现状管道	4	实际宽度/图纸比例			

续表

彩色/图例	实体类型	图例说明	所在层名	颜色	线宽	总/图线型（比例）	分/图线型（比例）	备注
	PLINE	规划改扩建电力管道	管综-电力规划改扩建管道	4	实际宽度/图纸比例			
	PLINE	规划电力管道	管综-电力规划管道	4	实际宽度/图纸比例			
	PLINE	现状电缆隧道	管综-电缆隧道现状	2	实际宽度/图纸比例	dashed 0.0001/图纸比例	dashed 0.005/图纸比例	
	PLINE	规划改扩建电缆隧道	管综-电缆隧道规划改扩建	2	实际宽度/图纸比例	center 0.001/图纸比例	center 0.002/图纸比例	
	PLINE	规划电缆隧道	管综-电缆隧道规划	2	实际宽度/图纸比例			
	PLINE	现状通信管道	管综-通信现状管道	34	实际宽度/图纸比例	dashed 0.0001/图纸比例	dashed 0.005/图纸比例	
	PLINE	规划改扩建通信管道	管综-通信改扩建管道	34	实际宽度/图纸比例	center 0.001/图纸比例	center 0.002/图纸比例	
	PLINE	规划通信管道	管综-通信规划管道	34	实际宽度/图纸比例			
	PLINE	现状燃气中压管	管综-燃气中压现状管	221	实际宽度/图纸比例	dashed 0.0001/图纸比例	dashed 0.005/图纸比例	
	PLINE	规划改扩建燃气中压管	管综-燃气中压规划改扩建管	221	实际宽度/图纸比例	center 0.001/图纸比例	center 0.002/图纸比例	
	PLINE	规划燃气中压管	管综-燃气中压规划管	221	实际宽度/图纸比例			

续表

彩色/图例	实体类型	图例说明	所在层名	颜色	线宽	总/图线型（比例）	分/图线型（比例）	备注
	PLINE	现状燃气次高压管	管综-燃气次高压现状管	6	实际宽度/图纸比例	dashed 0.0001/图纸比例	dashed 0.005/图纸比例	
	PLINE	规划改扩建燃气次高压管	管综-燃气次高压规划改扩建管	6	实际宽度/图纸比例	center 0.001/图纸比例	center 0.002/图纸比例	
	PLINE	规划燃气次高压管	管综-燃气次高压规划管	6	实际宽度/图纸比例			
	PLINE	现状燃气中压管	管综-燃气中压现状管	1	实际宽度/图纸比例	dashed 0.0001/图纸比例	dashed 0.005/图纸比例	
	PLINE	规划改扩建燃气中压管	管综-燃气中压规划改扩建管	1	实际宽度/图纸比例	center 0.001/图纸比例	center 0.002/图纸比例	
	PLINE	规划燃气中压管	管综-燃气中压规划管	1	实际宽度/图纸比例			
	PLINE	现状上游燃气管	管综-燃气上游现状管	18	实际宽度/图纸比例	dashed 0.0001/图纸比例	dashed 0.005/图纸比例	
	PLINE	现状再生水管	管综-再生水现状管	118	实际宽度/图纸比例	dashed 0.0001/图纸比例	dashed 0.005/图纸比例	
	PLINE	规划改扩建再生水管	管综-再生水规划改扩建管	118	实际宽度/图纸比例	center 0.001/图纸比例	center 0.002/图纸比例	
	PLINE	规划再生水管	管综-再生水规划管	118	实际宽度/图纸比例			
	PLINE	现状综合管廊	管综-综合管廊现状	111	实际宽度/图纸比例	dashed 0.0001/图纸比例	dashed 0.005/图纸比例	
	PLINE	规划改扩建综合管廊	管综-综合管廊改扩建	111	实际宽度/图纸比例	center 0.001/图纸比例	center 0.002/图纸比例	
	PLINE	规划综合管廊	管综-综合管廊规划	111	实际宽度/图纸比例			

附录 3　文本目录要求参考

第一章　总则

简要说明规划范围、规划期限、规划目标、规划原则、主要规划内容及规划依据等内容。

第二章　基础条件研究

简要说明规划区城市发展定位、人口、社会经济、市政配套规模等内容。

第三章　竖向工程详细规划

简要说明规划区城市道路竖向、场地竖向、城市竖向开发指引、土石方统筹等内容。

第四章　给水工程详细规划

简要说明规划区城市用水量预测、原水系统规划、设施规划、给水管网规划等内容。

第五章　污水工程详细规划

简要说明规划区城市污水量预测、设施规划、污水管网规划等内容。

第六章　雨水工程详细规划

简要说明规划区城市雨水排放规划标准、排水分区、排水体制、雨水径流控制和资源化利用、雨水管网规划等内容。

第七章　电力工程详细规划

简要说明规划区城市电力负荷、220kV 变电站规划、110kV 变电站规划、电力线路通道规划等内容。

第八章　通信工程详细规划

简要说明规划区城市通信需求量预测、设施规划、通道规划等内容。

第九章　燃气工程规划

简要说明规划区城市燃气用气量预测、厂站规划、燃气管网规划等内容。

第十章　热力工程详细规划

简要说明规划区城市热力需求量预测、供热厂站规划、供热管网规划等内容。

第十一章　再生水工程详细规划

简要说明规划区城市再生水需求量预测、再生水厂站规划、再生水管网规划等内容。

第十二章　环卫工程详细规划

简要说明规划区城市环卫垃圾产生量预测、垃圾厂站规划等内容。

第十三章　消防工程详细规划

简要说明规划区城市防火分区、消防给水规划、消防车通道规划等内容。

第十四章　综合管廊工程详细规划

简要说明规划区城市干、支线综合管廊布局、缆线管廊布局、入廊管线、断面选型、重要控制节点规划、三维控制线划定、配套及附属设施等内容。

第十五章　管线综合详细规划

简要说明规划区城市市政干线通道、市政管网规划、重要节点规划等内容。

第十六章　应急避难场所布局详细规划

简要说明规划区城市各类应急避难场所规划、应急通道规划、避难场所配套及附属设施等内容。

第十七章　市政工程近期建设规划

简要说明规划区城市各类市政设施建设规划、市政管网建设规划等内容。

第十八章　市政设施用地统筹

简要说明规划区城市各类市政设施用地控制规划等内容。

第十九章　实施保障措施

简要说明规划实施保障措施，包括技术、政策、组织、施工、管理等方面内容。

附表

根据项目实际需要，附表可以包括市政负荷预测量预测汇总表、重大市政设施汇总表、规划市政主干通道一览表、综合管廊情况一览表、近期建设项目库等。

附录 4　图集目录要求参考

4.1　规划基础图目录参考

规划基础图即规划区内基础条件图，一般情况下必须包括区域位置图、土地利用现状图、土地利用规划图、道路交通现状图、道路交通规划图等图纸；在此基础上，根据规划区的实际情况可以增加城市更新规划分布图、近期城市建设分布图、市政管网分图索引图等图纸，见附表 4-1。

规划基础图目录参考　　附表 4-1

序号	图纸名称	主要内容	备注
1	区域位置图	标明规划区范围及相对区域位置	必做
2	土地利用现状图	主要表达规划区现状土地利用功能及开发情况	必做
3	土地利用规划图	表达规划区土地利用规划情况	必做
4	道路交通现状图	表达现状市政道路及轨道的建设情况	必做
5	道路交通规划图	表达规划区市政道路及轨道布局情况	必做
6	城市更新规划分布图	规划区域内城市更新（棚改项目、“三旧”用地、统筹更新、更新整备等项目）	选做
7	近期城市建设分布图	近期城市建设计划或近期道路、轨道、重点开发区域等内容	选做
8	市政管网分图索引图	若规划区范围较大，市政管网规划图需要以分图形式表达时，应该绘制此图	选做

4.2　规划成果图目录参考

规划编制时，应重点考虑市政工程详细规划的“系统性、综合性、可实施性”三个特点，并结合其特点进行图纸的编制。以下规划成果图目录所列图纸仅为各专业主要图纸，可按照具体实际情况进行调整，附表 4-2 中的图纸目录仅供参考。

规划成果图目录参考　　附表 4-2

序号	规划名称	主要图纸	主要表达内容
1	给水工程详细规划	城市用水量预测分布图	以街坊分区或控制性详细规划分区为基础，标明各分区（或地块）预测用水量
2		区域给水系统现状图	标明现状供水来源；标明现状水库及其名称；标明现状给水设施的位置、名称和规模；标明现状原水管道、给水干管的路由和规格；标明规划区给水系统与区外给水系统的衔接

续表

序号	规划名称	主要图纸	主要表达内容
3	给水工程详细规划	给水管网现状图	标明现状供水来源；标明现状水库及其名称；标明现状给水设施的位置、用地红线、名称和规模；标明现状原水管、给水管的路由和规格；标明现状原水管、水库的蓝线和名称
4		给水管网平差结果图	标明规划区给水管网及各管线管径和长度；标明各种工况下，各管线管径、长度、水头损失、水量及水压等
5		区域给水系统规划图	标明规划供水来源；标明现状保留及新改建的水库和名称；标明现状保留及新、改（扩）建的给水设施（包括给水厂、原水泵站、给水加压泵站、高位水池等）的位置、名称和规模；标明规划区给水系统与区外的衔接
6		给水管网规划图	标明规划供水来源；标明现状保留及新改建的水库和名称；标明现状保留及新、改（扩）建的给水设施的位置、用地红线、名称和规模；标明规划给水管的路由和规格；标明现状保留及新、改（扩）建的给水管
7		给水工程近期建设图	近期需要建设的给水设施及管网
8	污水工程详细规划	城市污水量预测分布图	以法定图则街坊分区或控制性详细规划分区为基础，标明各分区的现状和规划预测污水量
9		区域污水系统现状图	标明现状污水系统分区或污水出路；标明现状污水设施的位置、名称和规模；标明现状污水干管（渠）的路由、规格及排水方向。标明现状区污水系统与区外的衔接
10		污水管网现状图	标明区域现状污水设施的位置、用地红线、名称和规模；标明规划区现状污水管（渠）的路由、规格、长度、坡度、控制点标高和排水方向
11		区域污水系统规划图	标明规划污水系统分区或污水出路；标明现状保留及新、改（扩）建的污水设施的位置、名称和规模；标明现状保留及新、改（扩）建的污水干管（渠）的路由、规格及排水方向。标明规划区污水系统与区外的衔接
12		污水管网规划图	标明现状保留及新、改（扩）建的污水设施（包括污水处理厂、污水泵站等）的位置、用地红线、名称和规模；标明现状保留及新、改（扩）建的污水管（渠）的路由、规格、长度、坡度、控制点标高和排水方向
13		污水工程近期建设图	近期需要建设的污水设施及管网
14	雨水工程详细规划	雨水工程系统现状图	标明现状排水分区、河流水系、雨水设施的名称、位置和规模
15		雨水工程管网现状图	标明现状雨水管渠的位置、尺寸、标高、坡向及出口位置；标明已有的河道、湖、湿地及滞洪区等蓝线
16		雨水排水分区区划图	标明汇水分区界线及汇水面积；标明雨水设施的布局；标明雨水主干管渠的布局

续表

序号	规划名称	主要图纸	主要表达内容
17	雨水工程详细规划	雨水工程系统规划图	标明规划水系和名称；标明现状保留和新、（改）扩建雨水设施的名称、位置和规模；标明雨水主干管渠的布局；标明地形情况
18		雨水工程管网规划图	标明雨水设施的位置、规模及用地面积；标明雨水管渠的位置、管径、标高、坡向及出口
19		雨水行泄通道规划图	标明河流水系；标明雨水行泄通道的位置、规模及出口。
20		雨水工程近期建设图	标明近期建设的雨水设施位置及规模；标明近期建设的雨水管道布局、管径、标高及坡向
21	电力工程详细规划	区域现状电力系统地理接线图	标明现状电源位置、高压变配电设施的位置及规模；标明电网系统接线和走廊分布
22		电力负荷预测分布图	标明各分区（或地块）的电力负荷预测量
23		规划电力系统地理接线图	标明电厂、高压变配电设施的布局及规模；标明电力系统接线；高压走廊布局、控制宽度要求等；高压电缆通道分布
24		规划中压电缆沟通道分布图	标明市政中压电缆通道的位置及规模
25		电力工程近期建设图	近期需要建设的电力设施及管网
26	通信工程详细规划	通信业务预测分布图	标明各分区（或地块）固定通信业务用户预测量
27		现状通信设施分布图	标明现状大型通信设施的名称、位置，有线电视中心（灾备中心）的名称、位置
28		现状通信管道分布图	标明城市主、次、支道路通信管道的路由、规格，及其与区外的衔接
29		通信设施规划图	标明现状、新建、改（扩）建的通信机楼，标注其名称、位置及规模，标明现状保留、新建、改（扩）建的有线电
30		通信管网规划图	标明现状、新建、改（扩）建的通信管道的路由和规格及其与区外的衔接
31		通信工程近期建设图	近期需要建设的通信设施及管网
32	燃气工程详细规划	燃气用气用气量分布图	标明各分区（或地块）的天然气、液化石油气用气量
33		区域燃气气源分布图	标明区域气源管线的走向、设计压力、管径、供气规模，标明气源厂的布局和供气规模
34		燃气工程现状图	标明规划范围内城市燃气输配设施；标明高压、次高压输气管网位置、管径、设计压力，中压管网位置、管径、设计压力
35		燃气场站布局规划图	标明规划新增、保留、改（扩）建的各类燃气厂站位置、供应规模、占地面积、用地红线
36		燃气输配管网规划图	标明规划新增、保留、改（扩）建的高压、次高压及中压输气管道位置、管径、设计压力
37		燃气工程近期建设图	近期需要建设的燃气设施及管网

续表

序号	规划名称	主要图纸	主要表达内容
38	供热工程详细规划	区域集中供热系统总体布局图	标明区域集中供热系统的基本情况，包括热电厂、集中供热锅炉房等厂站的布局、供应规模，热水、蒸汽主干管网布局、管径，标明规划范围在区域集中供热系统中所处位置
39		供热系统现状图	标明规划范围内供热系统的详细情况，包括热电厂、集中供热锅炉房等集中热源厂站的位置、供应规模、占地面积、用地红线，热水、蒸汽供热管网路由、管径、设计压力，热力站、中继泵站等附属设施规模、布局、用地，分散供热热源厂站供应规模、布局及供热范围
40		供热分区示意图	划分供热分区，标明各供热分区采暖热负荷和供热面积、工业热负荷及其他热负荷
41		热源厂站规划图	标明规划新增、保留、改（扩）建的集中热源厂站位置、供应范围、供应规模、占地面积和用地红线
42		供热管网规划图	标明规划新增、保留、改（扩）建的供热管道位置、管径，标明供热介质及其参数，标明中继泵站位置、规模、占地面积、用地红线，标明热力站布局、供应范围、供热面积和热负荷
43		供热管网水力计算图	标明热源厂站、热力站等节点，各管段计算流量、长度、管径
44		供热工程近期建设图	近期需要建设的供热设施及管网
45	再生水工程详细规划	再生水系统现状图	标明现状再生水来源，标明现状再生水设施（包括再生水厂、加压泵站等）的位置、名称和规模；标明现状再生水干管的路由和规格
46		再生水预测水量分布图	按规划分区划分示意图划定的分区为基础，标明各分区规划预测再生水量，分别标明再生水大用户、重点供水区域的分布等
47		再生水系统规划图	标明现状保留及新、改（扩）建的再生水设施的位置、名称和规模；标明现状及新、改（扩）建新建的再生水干管的路由和规格
48		再生水管网规划图	标明再生水管径、管段长度、流速、流量等
49		再生水工程近期建设图	近期需要建设的再生水设施及管网
50	环卫工程详细规划	环卫设施现状布局图	标明现状生活垃圾转运站、处理厂等各类环卫设施位置与规模
51		垃圾产生量分布图	标明各分区（或地块）城市垃圾产生预测量
52		收运设施规划图	标明垃圾转运站的布局、规模和主要垃圾运输路线
53		处理设施规划图	标明规划垃圾处理设施的位置、处理规模及服务分区
54		环卫公共设施规划图	标明重要城市公共厕所、环卫车辆停车场、环卫洗车场、环卫工人休息场所等的位置、规模
55		环卫设施用地选址图	标明环境卫生处理设施的功能、规模、用地面积、防护范围及建设等要求
56		环卫工程近期建设图	标明近期建设的各类环卫设施的布局及规模

续表

序号	规划名称	主要图纸	主要表达内容
57	消防工程详细规划	消防工程现状图	标明现状大型易燃易爆危险品单位；标明现状消防站、消防水源位置及规模等，标明现状消防供水主干管道位置及管径；标明现状一、二级消防车通道等
58		消防安全布局图	标明火灾危险性相对集中区域，重大消防危险源、避难疏散场所位置、分布
59		公共消防设施布局规划图	标明消防站位置、站级及辖区范围；标明消防通信设施位置及规模；标明消防供水水源位置及规模，供水主干管位置及管径；标明一、二、三级消防车通道名称及位置
60		消防工程近期建设图	近期需要建设的消防设施及管网
61	综合管廊工程详细规划	综合管廊建设现状图	标明规划区内现状综合管廊情况（选做）
62		综合管廊建设分区图	标明综合管廊宜建区、优先建设区及慎重建设区
63		综合管廊系统布局规划图	标明干线、支线及缆线管廊规划布局图
64		管廊断面方案图	标明各段管廊对应的标准断面，断面尺寸，纳入管线等
65		三维控制线划定图	标明各段综合管廊横断面、纵断面等信息
66		重要节点竖向方案图	标明规划综合管廊与规划区内水系、地下空间、地下管线、地铁等重要设施的交叉控制信息
67		配套设施用地选址图	包括监控中心、变电所等配套设施的用地选址
68		综合管廊分期建设图	标明近期、远期综合管廊建设规划图
69	竖向工程详细规划	场地竖向规划图	标明主、次、支道路所围合地块的场地规划平均标高和地块角点标高
70		道路竖向规划图	标注主、次、支道路交叉点（变坡点）的竖向标高、道路长度及坡度、坡向
71		场地排水分区图	标明规划区主、次、支道路排水的方向及出路
72		土石方平衡分析图	标明各竖向分区在竖向方案下土石方的挖方与填方情况
73	管线综合详细规划	市政管线综合规划图	标明各市政主次干管的类别、位置和管径（标明各市政管线的类别、位置和管径）
74		市政主干通道布局规划图	标明规划区内市政主干通道的位置、管线种类等
75		市政管线标准横断面布置图	标明各市政管线道路中的平面位置和相互间距
76		市政管线关键点竖向布置图	标明各市政管线在关键点的竖向控制标高（市政管线道路交叉口竖向布置图；标明各市政管线在关键点和市政道路交叉口的竖向控制标高）

续表

序号	规划名称	主要图纸	主要表达内容
77	应急避难场所详细规划	现状应急避难场所分布图	标明应急避难场所位置及等级
78		防灾避难分区划分图	标明各防灾避难分区范围
79		应急疏散通道规划图	标明应急疏散主要通道和疏散路线
80		应急避难场所规划布局图	标明应急避难场所的布局、等级及规模，标明应急避难场所的位置、规模及用地面积
81		应急避难场所近期建设图	近期需要建设的避难场所设施
82	市政规划管控图	市政控制线分布图	标明市政黄线、蓝线、微波通道及市政相关防护范围市政控制线
83		更新整备市政设施规划管控图	标明需落实市政设施的更新整备范围及编号、名称、位置等
84		新、改（扩）建设施用地红线管控图	以控制线详细规划的用地规划图叠加地形图为底图，标明设施用地红线、名称和控制坐标
85		重要节点竖向管控图	标明新、改（扩）建重力流干管与地铁、河道、电缆隧道、综合管廊等地下空间相交节点的位置和重力流管线的地面、管顶、管底标高

附录 5　管线信息平台要求参考[116]

城市地下管线种类繁多，按照用途可以分为给水管线、排水管线、电力管线、电信管线、燃气管线、热力管线、综合管廊等类型。这些不同类型的管线为城市居民持续不断地传递信息、输送能源、排弃废物和防涝减灾，从而保证了城市的持续、健康和高效的发展。随着我国城镇化进程的不断深入，城市地下管线建设发展迅猛，但随之而来的地下管线现状信息难以掌握的问题也普遍存在。现阶段传统的城市地下管线二维管理模式，已根本无法满足当今人们对地下管网、管线大数据信息分析、表达、应用的实际需要。

为规范和统一城市综合地下管线信息系统的技术要求，促进城市地下管线信息化建设发展，国家出台了《城市综合地下管线信息系统技术规范》CJJ/T 269—2017。按照该规范，管线信息系统应根据地下管线管理的需要，采用面向服务的架构，提供数据交换共享接口，实现数据管理和应用服务功能，管线信息平台应用服务体系架构可分为应用支撑层和应用层，如附图 5-1 所示。

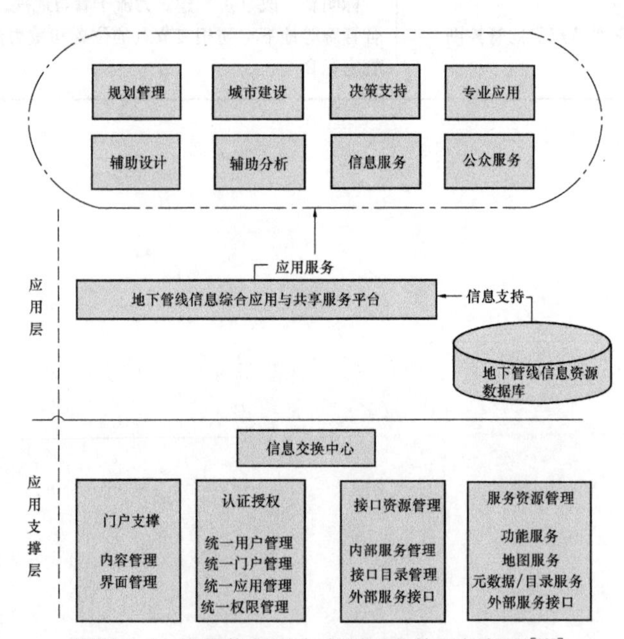

附图 5-1　管线信息平台应用服务体系框架图[117]

图片来源：王超，孙晓洪，李伟，刘光媛．基于顶层设计的地下管线信息管理新模式［J］．地下空间与工程学报，2010，6（6）：1118-1124.

管线信息平台应具备数据管理、数据应用、数据服务和系统管理的功能，可根据需要进行扩展。

数据管理的基本功能应包括图库管理、数据输入、数据检查、数据更新、数据备份与恢复、历时数据管理、数据输出、元数据管理等。

数据应用的基本功能应包括管线查询、管线统计、空间分析、图形浏览、辅助工具等。

数据服务应提供相关数据查询、数据浏览、分发下载等基本功能。

系统管理可根据需要扩展三维模拟、辅助规划、应急服务、动态监测、竖向隐患管理等功能。

在建立管线信息平台过程中，地下管线应进行统一分类和编码，而地下管线要素应在管线分类的基础上进行信息的分类和编码。

附录6　市政工程专项规划编制费用计算标准参考

6.1　市政专项总体（分区）规划编制费用计算标准参考

在国内现行计费标准中，主要有两种计费依据：一种是依据规划人口规模进行计算，主要代表为中国城市规划协会于2004年6月发布的《城市规划设计计费指导意见》；一种是依据规划面积进行计算，主要代表为广东省城市规划协会规划设计分会于2003年10月发布的《广东省城市规划收费标准的建议（行业指导价）》。下面分别列举如下：

1.《城市规划设计计费指导意见》(2017修订稿)

根据中国城市规划协会于2016年底正式启动修编工作成果情况，其计费标准见附表6-1。

市政专项总体（分区）规划计费标准　　附表6-1

序号	规模（km^2）	计费单价（万元/km^2）	序号	规模（km^2）	计费单价（万元/km^2）
1	20以下	2	3	50～100	1.2
2	20～50	1.6	4	100以上	0.8

注：1. 市政设施规划为国家相关专业规划编制办法所规定的深度。
2. 根据本计费标准，结合各专业的具体情况乘以如下专业系数：电力为1.3、配电网为1.8、燃气为0.9、给水为1.0、污水为1.2、雨水为1.0、再生水为0.6、饮用水源及保护为0.6、通信（不含基站）为0.9、有线电视为0.6、供热为1.3、环境卫生工程为1.1、河流水系为0.9、照明为0.8、市政工程设施规划综合为1.0，未列入以上专项的规划可按照0.8～1.2的系数计费。
3. 计费基价为30万元。
4. 开展相关专题研究，计费不少于20万元/个。
5. 能源（设施）规划和综合管廊规划计费，根据涉及多个单项规划的内容、深度情况累计计取。
6. 本计费标准不含法定规划修改费用，如需修改费用另计。
7. 若市政设施或管线仅开展总体层面规划，则按该规划计费50%计取。
表格来源：《城市规划设计计费指导意见》(2017修订稿)。

2.《广东省城市规划收费标准的建议（行业指导价）》(2003版)

（1）城市消防、防洪系统规划收费标准见附表6-2。

城市消防、防洪系统规划收费一览表　　附表6-2

序号	规划面积（km^2）	消防规划收费（万元）	防洪规划收费（万元）
1	≤20	28	20
2	50	55	35
3	100	90	50
4	>100	以0.6万元/km^2递增	以0.4万元/km^2递增

表格来源：《广东省城市规划收费标准的建议（行业指导价）》(2003版)。

（2）城市给水系统、排水系统规划收费标准见附表6-3。

城市给水、排水系统规划收费一览表　　附表 6-3

序号	规划面积（km²）	给水系统规划（万元）	排水系统规划（万元）
1	≤20	28	42
2	50	55	82
3	100	90	135
4	＞100	以 0.6 万元/km² 递增	以 0.9 万元/km² 递增

注：1. 仅做雨水系统规划或者污水系统规划，按排水系统规划收费标准的 60％收费。
2. 全部为雨污合流制系统，按排水系统规划收费标准的 80％收费。
表格来源：《广东省城市规划收费标准的建议（行业指导价）》（2003 版）。

（3）城市供电、通信、燃气系统规划、城市竖向规划收费标准见附表 6-4。

城市供电、通信、燃气系统规划及竖向规划收费一览表　　附表 6-4

序号	规划面积（km²）	城市供电、通信、燃气系统规划（万元）	城市竖向规划（万元）
1	≤20	20	28
2	50	35	55
3	100	50	90
4	＞100	以 0.4 万元/km² 递增	以 0.6 万元/km² 递增

表格来源：《广东省城市规划收费标准的建议（行业指导价）》（2003 版）。

6.2　市政工程详细规划编制费用计算标准参考

国内现尚无市政工程详细规划编制费用计算标准，结合市政工程详细规划工作深度和规划范围，可考虑采用两种计算方法：一是在上述市政专项总体（分区）规划计费基础上采用工作深度系数，按涉及专业累计计取；二是参考相应层次城市规划（即控制性详细规划）计费标准。

1. 工作深度系数法

中国城市规划协会于 2004 年 6 月发布的《城市规划设计计费指导意见》，控制性详细规划计费单价是分区规划计费单价 8.33 倍（新区）和 10 倍（旧城区），市政工程详细规划工作深度至少要达到控制性详细规划深度，结合市场价格情况，可考虑在市政专项总体（分区）规划计费基础上，采用工作深度系数为 2.0～4.0。市政工程详细规划编制费用按各专业累计计取。

2. 参照控制性详细规划计费法

市政工程详细规划中涉及常规市政管线专业（包括给水、污水、雨水、电力、通信、燃气等六个专业）内容整体按控制性详细规划计费标准的 40％～60％计。其余专业（包括再生水、综合管廊、竖向、应急避难场所、消防工程等专业）计费标准按上述工作深度系数法进行计取。市政工程详细规划编制费用按上述两部分费用累计计取。

3. 实例参考

以广东省某市某重点片区为例，该片区市政工程详细规划项目计费情况如下：

(1) 规划面积

某片区，属于城市新城区，规划面积14.2km²。

(2) 规划人口

至2030年，规划人口规模为16万人。

(3) 规划深度

项目需要达到详细规划深度，并指导片区市政基础设施的建设。

(4) 规划内容

结合规划区未来的实际需要，本次工作主要包含17个部分，包括以下内容：

1) 给水工程详细规划；2) 污水工程详细规划；3) 雨水工程详细规划；4) 防洪排涝工程详细规划；5) 电力工程详细规划；6) 通信工程详细规划；7) 燃气工程详细规划；8) 环卫工程详细规划；9) 竖向工程详细规划；10) 再生水工程详细规划；11) 消防工程详细规划；12) 管线综合详细规划；13) 综合管廊工程详细规划；14) 电动汽车充电基础设施布局规划；15) 应急避难场所详细规划；16) 区域集中供冷工程规划研究专题；17) 垃圾自动收集系统规划研究专题。

(5) 计费依据

该片区市政工程详细规划工作内容中，1) ～11) 项内容的取费基准，参照《广东省城市规划收费标准的建议（行业指导价)》(2003版) 中的收费标准，按照规划面积进行基准取费。

由于《广东省城市规划收费标准的建议（行业指导价)》(2003版) 中，并未规定12) ～15) 4项内容的取费标准，因此本案例中，根据12) ～15) 工作内容的特点，分别参照给水系统、排水系统、竖向系统、供电系统的收费标准作为基准取费。

16)、17) 两项专题研究，按照《城市规划设计计费指导意见》，专题收费标准30万元/个进行取费。

(6) 计费方法

方法一：工作深度系数法

由于涉及工作内容多，因此本案例中结合《广东省城市规划收费标准的建议（行业指导价)》(2003版)，采用工作深度系数法进行计费，分别计算出各单项工作内容的费用，再相加取总和，作为本项目的最终费用。按照上述工作深度系数范围，本案例中工作基础较好，深度系数取低值2.0进行计算。

方法二：参照控制性详细规划计费法

市政工程详细规划中涉及常规市政管线专业（包括给水、污水、雨水、电力、通信、燃气等六个专业）内容整体按控制性详细规划计费标准的40%～60%计。其余专业（包括再生水、综合管廊、竖向、应急避难场所、消防工程等专业）计费标准按上述工作深度系数法进行计取。

(7) 费用计算

采用方法一计算后，该片区市政工程详细规划项目费用为884万元。

本案例中，规划区规划面积为14.2km²，故对应于《广东省城市规划收费标准的建议

(行业指导价)》(2003 版)中的面积“≤20km²”的费用进行基准取费，具体各项费用计算情况见附表 6-5，最终该片区市政工程详细规划的项目收费为 884 万元。

市政工程详细规划费用计算一览表 (1) **附表 6-5**

序号	专业	基准取费（万元）	深度系数	规划费用（万元）	说明
1	给水工程详细规划	28	2	56	
2	排水工程详细规划	42	2	84	含雨水工程和污水工程
3	防洪排涝工程详细规划	40	2	80	含防洪工程和排涝工程
4	通信工程详细规划	20	2	40	
5	电力工程详细规划	20	2	40	
6	燃气工程详细规划	20	2	40	
7	环卫工程详细规划	28	2	56	
8	竖向工程详细规划	28	2	56	
9	再生水工程详细规划	28	2	56	
10	消防工程详细规划	28	2	56	
11	管线综合工程详细规划	28	2	56	参照给水系统取费基准
12	综合管廊工程详细规划	42	2	84	综合管廊规划目前无相应的取费标准，因综合管廊需要重点结合城市竖向布置，与排水工程规划工作内容相似，因此参照排水工程规划收费基准
13	电动汽车充电设施布局详细规划	40	2	80	充电设施布局规划目前无相应的取费标准，因主要涉及城市供电和城市交通等两个专业，因此在参考电力单项专业的取费基准的基础上乘以 2
14	应急避难场所布局详细规划	20	2	40	应急避难场所规划目前无相应的取费标准，因主要涉及城市交通、城市防洪等内容专业，因此参考防洪内容收费基准
15	区域集中供冷规划研究	30	—	30	专题研究
16	垃圾自动收集系统规划研究	30	—	30	专题研究
17	合计			884	

采用方法二计算后，该片区市政工程详细规划项目费用为 851 万元。

本案例中，规划区规划面积为 14.2km²，故对应于《广东省城市规划收费标准的建议(行业指导价)》(2003 版)中的控制性详细规划收费为 568 万元；因此常规市政管线专业规划（给水工程、雨水工程、污水工程、电力工程、通信工程、燃气工程）收费取控制性详细规划费用的40％，其他专业按照工作深度系数法计算费用，具体各项费用计算情况见附表6-6。

市政工程详细规划费用计算一览表（2） 附表6-6

序号	专业	基准取费（万元）	深度系数	规划费用（万元）	说明
1	给水工程详细规划	—	—	227	给水工程、雨水工程、污水工程、电力工程、通信工程、燃气工程6个专业收费取控制性详细规划费用的40％
2	排水工程详细规划	—	—		
3	通信工程详细规划	—	—		
4	电力工程详细规划	—	—		
5	燃气工程详细规划	—	—		
6	防洪排涝工程详细规划	40	2	80	含防洪工程和排涝工程
7	环卫工程详细规划	28	2	56	
8	竖向工程详细规划	28	2	56	
9	再生水工程详细规划	28	2	56	
10	消防工程详细规划	28	2	56	
11	管线综合工程详细规划	28	2	56	参照给水系统取费基准
12	综合管廊工程详细规划	42	2	84	综合管廊规划目前无相应的取费标准，因综合管廊需要重点结合城市竖向布置，与排水工程规划工作内容相似，因此参照排水工程规划收费基准
13	电动汽车充电设施布局详细规划	40	2	80	充电设施布局规划目前无相应的取费标准，因主要涉及城市供电和城市交通等两个专业，因此参考电力单项专业的取费基准的基础上乘以2
14	应急避难场所布局详细规划	20	2	40	应急避难场所规划目前无相应的取费标准，因主要涉及城市交通、城市防洪等内容专业，因此参考防洪内容收费基准
15	区域集中供冷规划研究	30	—	30	专题研究
16	垃圾自动收集系统规划研究	30	—	30	专题研究
17	合计			851	

两种方法计算得到的费用相差约3％，可以认为两种方法计算出的费用相对合理。

6.3 市政工程专项规划修编计费标准参考

市政工程专项规划应适时进行修编，修编计费应考虑修编计费系数：五年内发生修编的计费系数取0.7～0.9；五年后发生修编的计费系数取0.8～1.0。

6.4　市政工程专项规划编制费用分期付款比例参考

根据中国城市规划协会于2016年底正式启动《城市规划设计计费指导意见》修编工作成果情况，建议市政工程专项规划编制费用分期付款比例如下：

委托方应按进度分期支付城市规划设计费。在规划设计委托合同签订后3日内，支付规划设计费总额的40%作为定金；规划设计方案确定后3日内，支付40%的规划设计费，提交全部成果时，结清全部费用。

参 考 文 献

[1] 刘亚臣，汤铭潭．市政工程统筹规划与管理[M]．北京：中国建筑工业出版社，2015.
[2] 全国城市市政基础设施规划建设“十三五”规划[Z].
[3] 严盛虎，李宇，毛琦梁，等．我国城市市政基础设施建设成就、问题及对策[J]．城市发展研究，2012，19(5)：28-33.
[4] 张京祥，胡嘉佩．中国城镇体系规划发展与演进[M]．南京：东南大学出版社，2015.
[5] 武廷海．中国近现代区域规划[M]．北京：清华大学出版社，2006.
[6] 李浩．以钢为纲：由中共中央批准的“一五”包头规划[J]．城市规划，2018，42(1)：116-118.
[7] 王兴平．我国城市规划编制体系研究综述[J]．城市问题，2005，5(103)：16-19.
[8] 黄明华，王林申，李科昌．继承与创新：中国城市规划编制体系之管见[J]．规划师，2007，12(23)：71-75.
[9] 吴晓松，张莹，缪春胜．中英城市规划体系发展演变[M]．广州：中山大学出版社，2015.
[10] 蔡泰成．我国城市规划机构设置及职能研究[D]．广州：华南理工大学，2011.
[11] 王兴平．我国城市规划编制体系研究综述[J]．城市问题，2005，5(103)：16-19.
[12] 张秋凡．对我国城市规划编制体系中法定性的思考[J]．规划师，2004，3(20)：63-66.
[13] 欧阳丽．浅谈工业区市政工程详规的编制[J]．上海城市规划，2008. 6(83)：35-37.
[14] 欧阳丽，王晓明，赵建夫．我国城乡规划体系下公用设施规划编制现状探析[J]．现代城市研究，2015(9)：49-55.
[15] 郝天文．市政工程专项规划编制几点问题的探讨[J]．城市规划，2008，32(9)：84-86.
[16] 邓竞成．城市市政工程规划编制办法的研究[D]．重庆：重庆大学，2005.
[17] 戴慎志．城市工程系统规划(第二版)[M]．北京：中国建筑工业出版社，2013：8.
[18] 李百浩，王玮．深圳城市规划发展及其范型的历史研究[J]．城市规划，2007，31(2)：70-76.
[19] 王富海．从规划体系到规划制度——深圳城市规划历程剖析[J]．城市规划，2000，24(1)：28-33.
[20] 钟远岳．面向实施的综合性市政工程专项规划[J]．市政工程，2010，57：387-388.
[21] 陈锋．非法定规划的现状与走势[J]．城市规划，2005，29(11)：45-53.
[22] 城市给水工程规划规范 GB 50282—2016[S]．北京：中国建筑工业出版社，2017.
[23] 刘亚臣，汤铭潭．市政工程统筹规划与管理[M]．北京：中国建筑工业出版社，2015.
[24] 吴兆申，黄莆佳群，金家明．城市给水排水工程规划水量规模的确定[J]．给水排水，2003，29(4)：29-31.
[25] 林颖庭，骆瑞华，张刚．市政专项规划中给水量预测的结果与误差对比——以佛山市南海区大沥组团市政规划为例[J]．中山大学学报，2007，27(7)：296-299.
[26] 徐承华．截流式分流制排水系统[J]．中国给水排水，1999，15(9)：44-45.
[27] 王淑梅，王宝贞，曹向东．对我国城市排水体制的探讨[J]．中国给水排水，2007，23(12)：16-21.
[28] 贾旭亮，方娟，袁静．截留式合流制对排水体制选择和管渠设计的影响[J]．中国给水排水，2012，38(增)：442-443.
[29] 刘遂庆，严煦世．给水排水管网系统[M]．北京：中国建筑工业出版社，2003.

[30] 陈胜兵，娄金生．城市污水管网水力计算方法的探讨[J]．南华大学学报(自然科学版)，2008，22(3)：49-52.
[31] 深圳市规划和国土资源委员会，深圳市水务局，深圳市城市规划设计研究院有限公司，等．深圳市排水(雨水)防涝综合规划[R]．2014.
[32] 任心欣，俞露，等．海绵城市建设规划与管理[M]．北京：中国建筑工业出版社，2016.
[33] 城市电力规划规范 GB/T 50293—2014[S]．北京：中国建筑工业出版社，2014.
[34] 深圳市城市规划标准与准则[S]．深圳：深圳市人民政府，2013.
[35] 杜兵，卢媛媛．新型能源基础设施规划与管理[M]．北京：中国建筑工业出版社．2016.
[36] 李振中，宋捷，匡桂喜．建设智慧城市背景下通信专项规划内容探讨——以天津市为例[A]．持续发展理性规划——2017 中国城市规划年会论文集(03 城市工程规划)[C]．2017.
[37] 城市通信工程规划规范 GB/T 50853—2013[S]．北京：中国建筑工业出版社，2013.
[38] 张亚朋．新时期的通信设施专项规划编制方法探讨[A]．2015 中国城市规划年会论文集[C]．中国城市规划学会，贵阳市人民政府，2015：10.
[39] 陈永海．深圳市政基础设施集约建设案例及分析[J]．城乡规划(城市地理学术版)，2013(4)：100-106.
[40] 陈永海．通信管道：新产业、新内容、新管理[A]．中国城市规划学会．规划 50 年——2006 中国城市规划年会论文集(下册)[C]．中国城市规划学会，2006：4.
[41] 陈永海，蒋群峰，梁峥．深圳市通信管道计算方法及应用[J]．城市规划，2001(09)：71-75.
[42] 林峰，王健，徐虹，等．深圳市燃气专项规划的编制实践[J]．煤气与热力，2018，38(05)：43-46.
[43] 城镇燃气规划规范 GB/T 51098—2015[S]．北京：中国建筑工业出版社，2015.
[44] 深圳市城市规划设计研究院，中国市政工程西南设计研究院．《深圳市燃气系统布局规划(2006～2020 年)》说明书[R]．深圳：深圳市规划局，2008.
[45] 市政基础设施专业规划负荷计算标准 DB11/T 1440—2017[S]．北京：北京市规划和国土资源管理委员会，2017.
[46] 上海市控制性详细规划技术准则(2016 年修订版)[S]．上海：上海市规划和国土资源管理局，2016.
[47] 华润燃气(郑州)市政设计研究院有限公司．《潜江市天然气专项规划(2013～2020)》说明书[R]．潜江：潜江市人民政府，2013.
[48] 中国市政工程中南设计研究总院有限公司．《佛山市顺德区燃气专项规划(2015～2020)》说明书[R]．佛山：顺德区发展规划和统计局，2016.
[49] 李猷嘉．燃气输配系统的设计与实践[M]．北京：中国建筑工业出版社，2007：149.
[50] 段常贵．燃气输配(第五版)[M]．北京：中国建筑工业出版社，2015：89+93-94.
[51] 城市供热规划规范 GB/T 51074—2015[S]．北京：中国建筑工业出版社，2015.
[52] 国家发展改革委．北方地区冬季清洁取暖规划(2017～2021 年)[EB/OL]．http://www.ndrc.gov.cn/zcfb/zcfbtz/201712/W020171220351385133215.pdf，2017 年 12 月 5 日．
[53] 李善化，康慧集．集中供热设计手册[M]．北京：中国电力出版社，1996：53-94.
[54] 康艳兵．不同采暖方式的技术经济评价分析[J]．中国能源，2008，30(1)：16-22.
[55] 康慧，孙宝玉，李瑞国．我国清洁供暖问题探考[J]．中国能源，2017，39(8)：7-10.
[56] 贺平．供热工程(第五版)[M]．北京：中国建筑工业出版社，2009：164-183.

[57] 方豪，夏建军，李叶茂，等．低品位工业余热应用于城镇集中供暖系统若干关键问题及解决方法[J]．暖通空调，2016，46(12)：15-22.

[58] 方豪，夏建军，江亿．北方采暖新模式：低品位工业余热应用于城镇集中供热[J]．建筑科学，2016，12(2)：11-17.

[59] 国家发展改革委，住房城乡建设部．余热暖民工程实施方案[EB/OL]．http://www.ndrc.gov.cn/zcfb/zcfbtz/201511/W020151104392854983867.rar，2015 年 10 月 29 日．

[60] 祝侃，夏建军，江亿．工业余热用于集中供暖取热流程优化研究[J]．暖通空调，2013，43(10)：56-60.

[61] 张亮．回收工业余热废热用于集中供热的研究[D]．济南：山东建筑大学．2012.

[62] 方豪，夏建军．工业余热应用于城市集中供热的技术难点与解决办法探讨[J]．区域供热，2013(3)：22-27.

[63] 王大中，马昌文，董铎，等．核供热堆的研究发展现状及前景[J]．核动力工程，1990，20(5)：2-7.

[64] 刘飞．中核集团发布"燕龙"泳池式低温供热堆演示项目安全供热满 168 小时[N/OL]．https://www.sohu.com/a/207152371_362042，2017 年 11 月 28 日．

[65] 黄亚玲，张鸿郭，周少奇．城市垃圾焚烧及其余热利用[J]．环境卫生工程，2005，13(5)：37-40.

[66] 张慧明，王娟．禁止原煤直接燃烧和淘汰小锅炉，控制燃煤工业锅炉 SO_2 污染——中国燃煤工业锅炉 SO_2 污染综合防治对策(三)[J]．电力环境保护，2005(1)：51-54.

[67] 余洁．中国燃煤工业锅炉现状[J]．洁净煤技术，2012，18(3)：89-91+113.

[68] 王丹．浅析燃气锅炉作为采暖热源的优劣[J]．煤炭工程，2007(10)：89-91.

[69] 李舟，佟立志，孙娟．居住建筑分户式壁挂炉采暖与集中采暖对比与分析[J]．工业锅炉，2013(4)：30-33.

[70] 彭金梅，罗会龙，崔国民，等．热泵技术应用现状及发展动向[J]．昆明理工大学学报(自然科学版)，2012，37(05)：54-59.

[71] 张朝晖，王若楠，高钰，等．热泵技术的应用现状与发展前景[J]．制冷与空调，2018，18(1)：1-8.

[72] 张晶．空气源、水源及土壤源热泵系统对比分析[J]．中国高新科技，2017，1(11)：34-36.

[73] 周秋珍．标准型直燃机在严寒地区应用探讨[J]．节能，2005(3)：10-11.

[74] 张然．燃气直燃机应用于建筑冷热源的研究[J]．建筑节能，2014(6)：20-23+31.

[75] 石磊明，杨蒙，刘蓉，等．燃气直燃型吸收式机组的应用及经济性分析[J]．煤气与热力，2011，31(9)：5-8.

[76] 贾林．北京市公建采暖、制冷用能方式的研究[D]．北京：北京建筑大学，2014.

[77] 吴大为，王如竹．分布式能源定义及其与冷热电联产关系的探讨[J]．制冷与空调，2005(5)：1-6.

[78] 杜兵，卢媛媛．新型能源基础设施规划与管理[M]．北京：中国建筑工业出版社，2018：56-61.

[79] 郭森，马致远，李劲彬，等．我国地热供暖的现状及展望[J]．西北地质，2015，48(4)：204-209.

[80] 王贵玲，张薇，梁继运，等．中国地热资源潜力评价[J]．地球学报，2017，38(4)：448-459.

[81] 郑瑞澄，韩爱兴．我国太阳能供热采暖技术现状与发展[J]．建设科技，2013(1)：12-16.

[82] 中华人民共和国住房和城乡建设部标准定额司．《太阳能供热采暖工程技术标准(征求意见稿)》[EB/OL]. http：//www.mohurd.gov.cn/wjfb/201710/W020171013050429.doc，2017 年 10 月 13 日．

[83] 城市污水再生水利用分类 GB/T 18919—2002[S]. 北京：中国标准出版社，2003.

[84] 郭瑾，王淑莹．国内外再生水补给水源的实际应用与进展[J]. 中国给水排水，2007(6)：10-14.

[85] 农田灌溉水质标准 GB 5084—2005[S]. 北京：中国标准出版社，2006.

[86] 城市污水再生利用　工业用水水质 GB/T 19923—2005[S]. 北京：中国质检出版社，2006.

[87] 城市污水再生利用　城市杂用水水质 GB/T 18920—2002[S]. 北京：中国质检出版社，2003.

[88] 城市污水再生利用　景观环境用水水质 GB/T 18921—2002[S]. 北京：中国质检出版社，2003.

[89] 地表水环境质量标准 GB 3838—2002[S]. 北京：中国标准出版社，2003.

[90] 地下水质量标准 GB/T 14848—2017[S]. 北京：中国标准出版社，2018.

[91] 《中国城市生活垃圾管理状况评估报告》发布[J]. 中国资源综合利用，2015，33(5)：11-13.

[92] 陶渊，黄兴华．浅论影响环卫装备发展的若干问题[J]. 环境卫生工程，1999(3)：111-115.

[93] 于雄飞．我国城市生活垃圾焚烧发电形势分析及展望[J]. 中国电力企业管理，2018(19)：57-60.

[94] 唐圣钧，丁年，刘天亮，等．以环境园为核心的城市垃圾处理设施规划新方法[J]. 环境卫生工程，2010，18(2)：55-58.

[95] 吴剑，蹇瑞欢，刘涛．我国生活垃圾焚烧发电厂的能效水平研究[J]. 环境卫生工程，2018，26(3)：39-42.

[96] 奉均衡．垃圾焚烧项目规划选址环境因子影响研究——以深圳东部垃圾焚烧项目选址优化为例[A]. 2012 中国城市规划年会论文集(07. 城市工程规划)[C]. 中国城市规划学会，2012：7.

[97] 王亦楠．我国大城市生活垃圾焚烧发电现状及发展研究[J]. 宏观经济研究，2010(11)：12-23.

[98] 毕蕾，谭翊莅，董亚楠．宁波明州生活垃圾焚烧发电厂规避邻避问题的技术升级和建筑设计[J]. 环境卫生工程，2018，26(3)：75-77.

[99] 李征，郑福居，李佳，等．垃圾管道气力输送系统优缺点及应用前景分析[J]. 环境卫生工程，2016，24(4)：91-93.

[100] 邓轶，李爱勤，窦炜．城市消防站布局规划模型的对比分析[J]. 地球信息科学，2008(2)：242-246.

[101] 胡海燕，邓一兵，刘勇，等．海水用作沿海、海岛地区消防供水的探讨[J]. 水上消防，2009(6)：26-29.

[102] 兰正贵，刘小辉，黄贤滨，等．海水作为沿海石化企业消防用水可行性探讨[J]. 石油化工安全环保技术，2010，26(4)：57-59.

[103] 刘应明．城市地下综合管廊工程规划与管理[M]. 北京：中国建筑工业出版社，2016.

[104] 深圳市城市规划设计研究院．城乡规划编制技术手册[M]. 北京：中国建筑工业出版社，2015.

[105] 全国城市规划执业制度管理委员会．城市规划原理(2011 年版)[M]. 北京：中国计划出版社，2011.

[106] 雷明．场地竖向设计[M]. 北京：中国建筑工业出版社，2017.

[107] 张婷婷，王铁良．土方量计算方法研究[J]. 安徽农业科学，2006(22)：6047-6050.

[108] 李春梅，景海涛．基于 ArcGIS 的土方量计算及可视化[J]. 测绘科学，2010，35(2)：186-187.

[109] 江腾．新型背景下，城市竖向规划的方法探讨——以深圳市前海合作区为例[A]. 2014 中国城市规划年会论文集(02-城市工程规划)[C]. 中国城市规划学会，2014：10.

[110] 窦凯丽．城市防灾应急避难场所规划支持方法研究[D]．武汉：武汉大学，2014.

[111] 邱维．我国地下污水处理厂建设现状及展望[J]．中国给水排水，2017，33(6)：18-26.

[112] 陈永海．深圳交通市政基础设施集约建设案例分析[A]．中国城市规划学会．多元与包容——2012 中国城市规划年会论文集(07．城市工程规划)[C]．中国城市规划学会，2012：13.

[113] 刘全波，刘晓明．深圳城市规划"一张图"的探索与实践[J]．城市规划，2011，35(6)：50-54.

[114] 刘江涛，傅晓东．面向智慧管理的市政管线规划整合方法研究及应用[J]．测绘通报，2016(增)：1-4.

[115] 刘江涛，傅晓东．深圳市市政管线"一张图"的建设方法与实践[C]．城市规划年会论文集，2015.

[116] 城市综合管线信息·系统技术规范 CJJ/T 269—2017[S]．北京：中国建筑工业出版社，2017.

[117] 王超，孙晓洪，李伟，等．基于顶层设计的地下管线信息管理新模式[J]．地下空间与工程学报，2010，6(6)1118-1124.